Lecture Notes in Mathematics 1901

Olivier Wittenberg

Intersections de deux quadriques et pinceaux de courbes de genre 1

Intersections of two quadrics and pencils of curves of genus 1

Springer

Author

Olivier Wittenberg
Department of Mathematics, MS 136
Rice University
6100 S. Main Street
Houston, TX 77251-1892
USA
e-mail: olivier.wittenberg@rice.edu;
olivier.wittenberg@normalesup.org

Library of Congress Control Number: 2006939005

Mathematics Subject Classification (2000): Primary: 11G35; Secondary: 14J20, 14J27, 14J26, 11D09, 11D25, 14G05, 14G25, 14D10

ISSN print edition: 0075-8434
ISSN electronic edition: 1617-9692

ISBN 978-3-540-69137-2 Springer Berlin Heidelberg New York

DOI 10.1007/978-3-540-69141-9

Springer is a part of Springer Science+Business Media
springer.com

Typesetting by the author and SPi using a Springer LaTeX macro package
Cover design: WMXDesign GmbH, Heidelberg

Printed on acid-free paper SPIN: 11961260 VA41/3100/SPi 5 4 3 2 1 0

Note to the English reader

In an effort to make the contents of this French-language volume accessible to a wider audience, we have supplemented the original text with an extensive introduction written in English. The idea was the Springer Lecture Notes in Mathematics series editors', and I am grateful to them for suggesting it. As a side effect, this monograph contains two introductions. They are not translations of each other; rather, they are complementary, in spite of their more than substantial overlap. The emphasis in the English-language introduction is on the context, while the French-language introduction more systematically describes precise results and refers to the existing literature.

Remerciements

Le contenu de cet ouvrage reprend celui de ma thèse de doctorat de l'Université Paris-Sud, et j'ai plaisir à remercier encore une fois tous ceux qui ont contribué d'une manière ou d'une autre à son élaboration. Ma gratitude va en premier lieu à Jean-Louis Colliot-Thélène, qui a dirigé mon travail et a toujours trouvé le temps de répondre à mes questions. Je suis reconnaissant envers Peter Swinnerton-Dyer pour ses encouragements et pour les nombreux échanges mathématiques que nous avons eus. L'influence sur le contenu de cet ouvrage des idées qu'il a introduites et publiées depuis une douzaine d'années saurait difficilement être surestimée. Je tiens enfin à remercier David Harari de m'avoir transmis [34], sur lequel les résultats du troisième chapitre reposent, et Per Salberger, Jean-Pierre Serre et Alexei Skorobogatov pour l'intérêt qu'ils portent à ce travail.

Houston, octobre 2006 *Olivier Wittenberg*

Table des matières

General introduction

This monograph is devoted to the study, from the point of view of arithmetic geometry, of algebraic surfaces endowed with a pencil of curves of genus 1, and of intersections of two quadrics in projective space.

Some of the foundational questions of arithmetic geometry can be traced back at least to the work of Diophantus. Quite generally, given a system

$$\begin{cases} f_1(x_0, \ldots, x_n) = 0 \\ \vdots \\ f_m(x_0, \ldots, x_n) = 0 \end{cases} \tag{1}$$

of polynomial equations with integer (or rational) coefficients, one ultimately wants to understand the set of tuples $(x_0, \ldots, x_n)$ in $\mathbf{Z}^{n+1}$ (or in $\mathbf{Q}^{n+1}$) which are solutions of the system. The simplest specific questions that may be asked about this set are whether it is empty or not, whether it is finite or infinite; if it is finite, whether one can list its elements, and if it is infinite, whether one can still describe it in a satisfactory manner. Answers to these questions for particular systems of equations have been known for centuries. Suffice it to mention the theorems of Fermat, Gauss, and Lagrange on the representation of integers by sums of two, three, or four squares, and the work of Brahmagupta and of Lagrange on Pell's equation.

The proper language for discussing more recent work on these problems turns out to be that of algebraic geometry. Indeed, as was first recognised by Weil, the behaviour displayed by the set of integer (or rational) solutions of a system of polynomial equations with integer (or rational) coefficients depends very closely on the topology of the set of complex solutions, and hence on the geometry of the underlying algebraic variety. Naïve measures of the complexity of a system of equations such as the number of unknowns, the number of equations, or the degrees of the equations, are only of secondary relevance.

We now restrict attention to systems of homogeneous equations, in which case studying integer solutions and studying rational solutions are tantamount to each other. Let us fix a smooth and proper algebraic variety X over a number field k (for instance $k = \mathbf{Q}$). If X is the subvariety of n-dimensional projective space over k defined by the system (1), where the f_i are homogeneous polynomials, then the set of nonzero solutions $(x_0, \dots, x_n) \in k^{n+1}$ up to scaling is nothing but the set of rational points $X(k)$ of X over k. It is most natural to embed $X(k)$ diagonally into the topological space $X(\mathbf{A}_k)$ of adelic points of X. The latter may be defined as the product $\prod_{v \in \Omega} X(k_v)$, since X is proper. Here Ω denotes the set of places of k and k_v is the completion of k at a place $v \in \Omega$ (so that if $k = \mathbf{Q}$, the fields k_v for $v \in \Omega$ are the field $\mathbf{Q}_p$ of p-adic numbers for each prime p, and the field $\mathbf{R}$ of real numbers). We note that unlike $X(k)$, the set $X(\mathbf{A}_k)$ is fairly easy to understand from a qualitative point of view. Indeed, the tools of p-adic (resp. real) analysis can be applied to the study of $X(k_v)$ for each finite (resp. real) place v.

It should be clear to the reader from the outset that even determining whether $X(k)$ is empty or not is a notoriously difficult question. It might be undecidable in general (the analogous question for integral points if $k = \mathbf{Q}$ and X is not assumed to be proper is known to be undecidable, by Matiyasevich's negative answer to Hilbert's tenth problem). Understanding the set $X(k)$ for various classes of varieties whose geometry is not too intricate nevertheless remains a topic of very high current interest, as the huge literature on the arithmetic of elliptic curves clearly exemplifies.

Quadric hypersurfaces in projective space (hereafter called quadrics) were the first class of varieties whose arithmetic came to be elucidated. Work of Legendre, Minkowski, Hilbert, and Hasse resulted in the proof by Hasse in 1924 of the celebrated Hasse-Minkowski theorem, according to which $X(k)$ is nonempty as soon as $X(\mathbf{A}_k)$ is nonempty, if X is a quadric. Hence in this case there is a simple criterion for deciding whether $X(k)$ is empty; moreover, if $X(k)$ is nonempty, then projection from a rational point of X determines a k-birational equivalence between X and projective space of dimension $\dim(X)$, so that $X(k)$ is infinite, is dense in $X(\mathbf{A}_k)$, and can be described straightforwardly. Note that this also settles the case of curves of genus 0, since such curves are canonically isomorphic to plane conics.

Once the Hasse-Minkowski theorem was known, Hasse, and in his wake many more mathematicians than would be fitting to list here, studied the validity of the implication $X(\mathbf{A}_k) \neq \varnothing \Rightarrow X(k) \neq \varnothing$ in a systematic fashion. When this implication holds for a given variety X, one says that X satisfies the Hasse principle. A number of classes of varieties were thus shown to satisfy the Hasse principle, but many counterexamples were also found, in particular among curves of genus 1 (by Reichardt and Lind, then by Selmer), toric varieties (by Hasse and Witt), compactifications of principal homogeneous spaces under semisimple algebraic groups (by Serre), smooth cubic surfaces (by Swinnerton-Dyer, then by Cassels and Guy), surfaces endowed with a pencil of curves of genus 0 (by Iskovskikh), and smooth intersections of two quadrics in 4-dimensional projective space (by Birch and Swinnerton-Dyer).

The next major step towards the understanding of the Hasse principle was taken by Manin, who presented in his influential 1970 ICM address a general obstruction to the existence of rational points on arbitrary varieties. All of the hitherto known counterexamples to the Hasse principle thus found themselves given a common explanation (except for the cubic surface of Cassels and Guy, which was only properly dealt with fifteen years later, by Colliot-Thélène, Kanevsky, and Sansuc). The obstruction considered by Manin relies on the interplay between global class field theory on the one hand and Brauer groups of schemes, which had been introduced in the sixties by Grothendieck, on the other hand. We shall be content with simply mentioning that Manin defines a closed subset $X(\mathbf{A}_k)^{\mathrm{Br}} \subseteq X(\mathbf{A}_k)$ in the space of adelic points of X and proves that it must contain $X(k)$. When $X(\mathbf{A}_k)^{\mathrm{Br}}$ is empty, one says that there is a Brauer-Manin obstruction to the existence of a rational point on X. Of course, if $X(\mathbf{A}_k)$ is nonempty and there is a Brauer-Manin obstruction to the existence of a rational point on X, the Hasse principle can only fail.

The discovery, by Reichardt, Lind, and Selmer, of counterexamples to the Hasse principle among curves of genus 1 over $\mathbf{Q}$ triggered rapid progress in the arithmetic theory of elliptic curves, and most notably led to the definition of the Tate-Shafarevich group of an elliptic curve over a number field. This group measures the failure of the Hasse principle for principal homogeneous spaces under the given elliptic curve. It is conjectured to always be finite. Assuming this conjecture, a classical algorithm, known as descent and developed in particular by Mordell, Weil, Selmer, Cassels, and Tate, gives (at least in theory) a way to describe the set $X(k)$ if X is a curve of genus 1 over k. Namely, by applying descent, one first finds out whether $X(k)$ is empty; if it is not, the choice of a rational point of X determines, according to the Mordell-Weil theorem, the structure of a finitely generated abelian group on $X(k)$, and descent then provides an explicit presentation of this group. Already in 1970, Manin saw that the theory of descent on elliptic curves could be recast in the framework of the Brauer-Manin obstruction. He could thus prove, assuming the finiteness of Tate-Shafarevich groups of elliptic curves, that if X is a curve of genus 1, then $X(\mathbf{A}_k)^{\mathrm{Br}}$ is nonempty if and only if $X(k)$ is nonempty.

If, for a given variety X, one knows that the set $X(k)$ is dense in $X(\mathbf{A}_k)^{\mathrm{Br}}$, then many qualitative questions about $X(k)$ can be reduced to questions about $X(\mathbf{A}_k)^{\mathrm{Br}}$. The latter are often much more tractable (and sometimes entirely trivial: it can happen that $X(\mathbf{A}_k)^{\mathrm{Br}} = X(\mathbf{A}_k)$ for purely algebraic reasons, for instance this equality holds if X is a smooth complete intersection of dimension ≥ 3 in projective space). General theoretical considerations, as well as positive results for specific families of varieties, led Colliot-Thélène and Sansuc to conjecture in 1979 that $X(k)$ is dense in $X(\mathbf{A}_k)^{\mathrm{Br}}$ as soon as X is a rational surface (*i.e.*, a surface which becomes birational to the projective plane after an extension of scalars). This conjecture still stands today as one of the most important unsolved problems in the arithmetic of surfaces.

Rational surfaces are really the simplest of all surfaces from the geometric point of view. Despite unexpected recent progress concerning surfaces endowed with a pencil of curves of genus 1, the arithmetic of nonrational surfaces is so poorly understood on the whole that it does not even fit into a conjectural picture. (There are however a few important but specific conjectures about nonrational surfaces, most notably Lang's conjectures.) The situation for curves of arbitrary genus is only slightly better: if X is a curve of genus ≥ 2, then $X(k)$ is known to be finite by Faltings' theorem, but it is an open question whether $X(k)$ is dense in $X(\mathbf{A}_k)^{\mathrm{Br}}$ (for nonrational surfaces, $X(k)$ need not be dense in $X(\mathbf{A}_k)^{\mathrm{Br}}$; Skorobogatov gave an example of this in 1998).

Several methods have been developed to attack the question of the density of $X(k)$ in $X(\mathbf{A}_k)^{\mathrm{Br}}$ for various classes of varieties. One of them is the theory of descent on rational varieties of Colliot-Thélène and Sansuc. It mimics (and actually generalises) the classical theory of descent on elliptic curves. When applied to a rational variety X, it reduces the study of the Brauer-Manin obstruction on X to the study of the Hasse principle on certain auxiliary varieties of higher dimension whose arithmetic is hopefully easier to understand. One of the complete successes of this method was the proof in 1987, by Colliot-Thélène, Sansuc, and Swinnerton-Dyer, of the density of $X(k)$ in $X(\mathbf{A}_k)^{\mathrm{Br}}$ when X is a Châtelet surface, and of the Hasse principle for smooth intersections of two quadrics in projective space of dimension ≥ 8 over k. The Hasse principle for smooth intersections of two quadrics in projective space of dimension n over a number field k had previously been established for $k = \mathbf{Q}$ and $n \geq 12$ by Mordell in 1959, and for $k = \mathbf{Q}$ and $n \geq 10$ by Swinnerton-Dyer in 1964. (Conjecturally it holds for any number field k and any $n \geq 5$.) Châtelet surfaces are the simplest nontrivial conic bundle surfaces (*i.e.*, the simplest nontrivial rational surfaces which carry a pencil of curves of genus 0). The number of singular geometric fibres in the conic bundle structure of a Châtelet surface is exactly four. By 1991, thanks to a number of other results of Colliot-Thélène, Skorobogatov, and Salberger, it was known that $X(k)$ is dense in $X(\mathbf{A}_k)^{\mathrm{Br}}$ if X is a conic bundle surface with at most five singular geometric fibres. More complicated conic bundle surfaces have so far resisted all attempts at studying their rational points, except for a specific family of conic bundles with six singular geometric fibres, by Swinnerton-Dyer in 1999. As soon as the number of singular geometric fibres exceeds 7, if X is a conic bundle surface such that $X(k) \neq \varnothing$, one does not even know that $X(k)$ is dense in X for the Zariski topology.

It is possible to obtain much stronger results about the arithmetic of conic bundle surfaces if one accepts Schinzel's hypothesis (H). This hypothesis is a conjecture on the existence of prime values of polynomials with integer coefficients, which subsumes in particular the twin prime conjecture; its quantitative version, due to Bateman and Horn, is supported by compelling numerical evidence. The relevance of Schinzel's hypothesis to the study of rational points on conic bundle surfaces, at least over $\mathbf{Q}$, was first noticed by Colliot-Thélène and Sansuc, around 1978. In 1992, Serre proved the density of $X(k)$ in $X(\mathbf{A}_k)^{\mathrm{Br}}$ for arbitrary conic bundle surfaces over arbitrary number fields, under (H). Thus the conjecture of Colliot-Thélène and Sansuc mentioned above is known to hold, under (H), for a substantial class of rational surfaces. What are the remaining cases ? According to Enriques, Manin, and Iskovskikh, any rational surface is, up to k-birational equivalence, either a conic bundle surface or a del Pezzo surface. With each del Pezzo surface is associated an integer comprised between 1 and 9, called the degree; the lower the degree, the more complex the surface. From a qualitative point of view, the arithmetic of del Pezzo surfaces of degree ≥ 5 is featureless. Indeed, for such surfaces, the set $X(k)$ is dense in $X(\mathbf{A}_k)$ (in particular the Hasse principle holds), by theorems of Manin and Swinnerton-Dyer (proven in 1966 and 1970). Del Pezzo surfaces of degree 3 or 4 are very familiar objects: the del Pezzo surfaces of degree 3 (resp. 4) are exactly the smooth cubic surfaces (resp. the smooth intersections of two quadrics in 4-dimensional projective space). They do not satisfy the Hasse principle in general. Some del Pezzo surfaces of degree 4 are at the same time conic bundle surfaces. These conic bundle surfaces necessarily have four singular geometric fibres, so that the results discussed in the previous paragraph are applicable to them. However, most del Pezzo surfaces of degree 4 do not enjoy such a structure, and their arithmetic seems to be entirely unapproachable by the method of descent.

One of the main goals of this monograph is to establish, for the first time, positive results on the Hasse principle for general del Pezzo surfaces of degree 4. We shall take advantage of the abundance of curves of genus 1 lying on del Pezzo surfaces of degree 4. Because of this, we have to assume the finiteness of Tate-Shafarevich groups of elliptic curves over number fields. We also have to assume (H). Hopefully these assumptions are somewhat compensated for by the generality of our conclusions: only finitely many explicit exceptional families of del Pezzo surfaces of degree 4 evade our analysis. As a corollary of these results, we prove, again under (H) and the finiteness of Tate-Shafarevich groups, but this time without exceptions, that *smooth intersections of two quadrics in n-dimensional projective space satisfy the Hasse principle, over any number field and for any $n \geq 5$.*

Swinnerton-Dyer introduced in 1993 a new technique for dealing with surfaces which carry a pencil of curves of genus 1. It was greatly refined by Colliot-Thélène, Skorobogatov, and Swinnerton-Dyer in 1998, and has already been the key to a number of spectacular results. Swinnerton-Dyer's initial purpose was the study, under (H) and assuming the finiteness of Tate-Shafarevich groups, of del Pezzo surfaces of degree 4 defined by simultaneously diagonal quadratic forms (these constitute an exceptional family of del Pezzo surfaces of degree 4). In 2001, Swinnerton-Dyer was able to prove the Hasse principle for most diagonal cubic surfaces over $\mathbf{Q}$ (these form an exceptional family of del Pezzo surfaces of degree 3), assuming the finiteness of Tate-Shafarevich groups but not (H). Even the arithmetic of some nonrational surfaces could be tackled. The first results in this connection were obtained by Colliot-Thélène, Skorobogatov, and Swinnerton-Dyer in 1998. Shortly afterwards, Swinnerton-Dyer successfully studied a family of diagonal quartic surfaces (these are $K3$ surfaces), under (H) and the finiteness of Tate-Shafarevich groups, and in 2005, Skorobogatov and Swinnerton-Dyer established the Hasse principle for a class of Kummer surfaces, assuming the finiteness of Tate-Shafarevich groups but not (H).

We shall need to develop this technique further before we can look into del Pezzo surfaces of degree 4. The first two chapters of this volume are thus devoted to (not necessarily rational) surfaces endowed with a pencil of curves of genus 1; we refer the reader to their respective introductions for more details about their contents and their originality. The third chapter deals with del Pezzo surfaces of degree 4 and intersections of two quadrics. The results of the second chapter are a major ingredient in the proof of the main theorems of the third chapter, but quite a sizeable amount of additional work is required. Indeed the results of the first two chapters cannot be applied to a general del Pezzo surface of degree 4. We shall apply them to certain nonrational surfaces of Kodaira dimension 1 built out of del Pezzo surfaces of degree 4, following an ingenious construction of Swinnerton-Dyer that he introduced in 2000. Another ingredient is a theorem of general interest (also established in the third chapter) about the so-called "vertical" Brauer-Manin obstruction for fibrations over projective space, which extends a previous result of Colliot-Thélène, Skorobogatov, and Swinnerton-Dyer about fibrations over the projective line. The passage from dimension 1 to dimension > 1 is not a formality; our proof rests on a recent theorem of Harari.

Introduction générale

Le thème de cet ouvrage est l'étude qualitative des points rationnels des variétés algébriques définies sur un corps de nombres. Dans les deux premiers chapitres nous considérons les surfaces munies d'un pinceau de courbes de genre 1. Le troisième chapitre, qui repose sur le second, est quant à lui consacré aux intersections de deux quadriques et en particulier aux surfaces de del Pezzo de degré 4. Il est possible de lire le troisième chapitre après avoir seulement pris connaissance des énoncés du second. La lecture détaillée du second chapitre présuppose néanmoins celle du premier chapitre.

Les quelques paragraphes qui suivent ont pour but d'énoncer les deux résultats principaux de ce travail, après avoir rappelé le contexte dans lequel ils se placent. Il est impossible de donner une vue d'ensemble raisonnablement complète des questions, conjectures, théorèmes et méthodes qui interviennent dans l'étude qualitative des points rationnels des variétés algébriques sur les corps de nombres sans que l'exposé ne prenne de proportions incongrues. Nous nous sommes donc borné à décrire les résultats directement liés aux problèmes abordés dans cet ouvrage. Le lecteur trouvera de très nombreux compléments dans les articles de synthèse [12], [13], [15], [38], [54], [76] ainsi que dans le livre [68].

Soient k un corps de nombres et X une variété algébrique propre, lisse et géométriquement connexe sur k. Les premières questions qualitatives qui viennent à l'esprit lorsqu'on considère l'ensemble $\mathrm{X}(k)$ des points rationnels de X sont les suivantes : cet ensemble est-il non vide ? est-il infini ? est-il dense dans X pour la topologie de Zariski ? existe-t-il un algorithme (au sens de Turing), aussi inefficace soit-il, qui puisse répondre à chacune de ces questions en temps fini pour tout X ? Rappelons que les travaux de Matiyasevich et de ses prédécesseurs sur le dixième problème de Hilbert concernaient les solutions *entières* à des systèmes d'équations polynomiales à coefficients entiers ; ils ont établi qu'aucun algorithme ne peut déterminer systématiquement si de telles solutions existent. Le problème analogue avec des coefficients rationnels est une question ouverte (l'avis selon lequel sa réponse est négative n'est d'ailleurs pas universellement partagé).

Pour qu'il existe un point rationnel sur X, il est évidemment nécessaire que $X(k_v) \neq \varnothing$ pour toute place $v \in \Omega$, où Ω désigne l'ensemble des places de k et k_v le complété de k en v. Lorsque cette condition est suffisante, c'est-à-dire lorsque $\prod_{v\in\Omega} X(k_v) \neq \varnothing \Rightarrow X(k) \neq \varnothing$, on dit que *la variété* X *satisfait au principe de Hasse.* C'est en effet Hasse qui, le premier, étudia systématiquement la validité de cette implication. Il démontra notamment, dans la lignée des travaux de Legendre et de Minkowski, le célèbre théorème de Hasse-Minkowski : toute quadrique sur k satisfait au principe de Hasse.

Pendant la cinquantaine d'années qui suivirent cette découverte, le principe de Hasse fut établi pour de nombreuses classes de variétés, par des auteurs encore plus nombreux ; dans le même temps, on vit apparaître toute une série d'exemples de variétés pour lesquelles le principe de Hasse est en défaut. Le premier fut donné par Hasse lui-même. Il y en eut notamment parmi les courbes de genre 1 (Reichardt et Lind, puis Selmer), parmi les compactifications lisses d'espaces principaux homogènes sous des groupes algébriques semi-simples (Serre), parmi les surfaces cubiques lisses (Swinnerton-Dyer, puis Cassels et Guy), parmi les surfaces fibrées en coniques au-dessus de $\mathbf{P}^1_k$ (Iskovskikh) et parmi les intersections lisses de deux quadriques dans $\mathbf{P}^4_k$ (Birch et Swinnerton-Dyer).

Manin mit un terme à cette situation inconfortable en 1970 : il dégagea une condition nécessaire toute générale et cependant non triviale à la validité du principe de Hasse, depuis lors connue sous le nom d'*obstruction de Brauer-Manin* (cf. [49]). Cette obstruction permit d'expliquer tous les contre-exemples au principe de Hasse connus à cette date (excepté celui de Cassels et Guy, qui dut attendre une quinzaine d'années).

L'obstruction de Brauer-Manin se définit comme suit. Soit Br(X) le groupe de Brauer cohomologique de X, défini par Grothendieck (cf. [30]) ; si $\kappa(X)$ désigne le corps des fonctions de X, le groupe Br(X) n'est autre que le sous-groupe du groupe de Brauer usuel $\mathrm{Br}(\kappa(X))$ constitué des classes d'algèbres centrales simples sur $\kappa(X)$ qui admettent (en un certain sens) une bonne spécialisation en tout point de X. Si ℓ est une extension de k et $P \in X(\ell)$, on note $A \mapsto A(P)$ la flèche $\mathrm{Br}(X) \to \mathrm{Br}(\ell)$ de spécialisation (ou encore : d'évaluation) en P, où $\mathrm{Br}(\ell)$ est le groupe de Brauer usuel du corps ℓ. La théorie du corps de classes local fournit une injection $\mathrm{inv}_v \colon \mathrm{Br}(k_v) \hookrightarrow \mathbf{Q}/\mathbf{Z}$ pour toute place $v \in \Omega$. Grâce à la propreté de X, on peut montrer que pour tout $A \in \mathrm{Br}(X)$, il existe un ensemble fini $S \subset \Omega$ tel que pour tout $v \in \Omega \setminus S$ et tout $P \in X(k_v)$, on ait $A(P) = 0$. Ceci donne un sens à la somme $\sum_{v\in\Omega} \mathrm{inv}_v\, A(P_v) \in \mathbf{Q}/\mathbf{Z}$ pour tout $A \in \mathrm{Br}(X)$ et tout $(P_v)_{v\in\Omega} \in \prod_{v\in\Omega} X(k_v)$. Lorsque, pour une famille $(P_v)_{v\in\Omega}$ donnée, cette somme est nulle pour tout $A \in B$, où B est un sous-groupe de Br(X), on dit que *la famille* $(P_v)_{v\in\Omega}$ *est orthogonale au groupe* B. L'observation de Manin fut la suivante : l'image de tout point rationnel de X par l'inclusion diagonale $X(k) \subset \prod_{v\in\Omega} X(k_v)$ est orthogonale à Br(X). Cela résulte immédiatement de ce que la suite exacte

$$0 \longrightarrow \mathrm{Br}(k) \longrightarrow \bigoplus_{v\in\Omega} \mathrm{Br}(k_v) \xrightarrow{\sum \mathrm{inv}_v} \mathbf{Q}/\mathbf{Z} \longrightarrow 0,$$

issue de la théorie du corps de classes global, est un complexe. Autrement dit, notant $\mathbf{A}_k$ l'algèbre des adèles de k (de sorte que $\prod_{v\in\Omega} \mathrm{X}(k_v) = \mathrm{X}(\mathbf{A}_k)$ puisque X est propre) et $\mathrm{X}(\mathbf{A}_k)^{\mathrm{B}}$ le sous-ensemble de $\mathrm{X}(\mathbf{A}_k)$ constitué des familles orthogonales à B, on a toujours $\mathrm{X}(k) \subset \mathrm{X}(\mathbf{A}_k)^{\mathrm{B}}$. En particulier, si $\mathrm{X}(\mathbf{A}_k)^{\mathrm{B}} = \varnothing$, alors $\mathrm{X}(k) = \varnothing$; on dit dans ce cas qu'*il y a une obstruction de Brauer-Manin à l'existence d'un point rationnel sur* X *(associée à* B*)*.

Une fois cette obstruction définie, il est naturel de se demander pour quelles variétés l'absence d'obstruction de Brauer-Manin suffit à assurer l'existence d'un point rationnel. Autrement dit, il s'agit d'étudier la validité de l'implication $\mathrm{X}(\mathbf{A}_k)^{\mathrm{Br(X)}} \neq \varnothing \Rightarrow \mathrm{X}(k) \neq \varnothing$. Notons que celle-ci nous renseigne non seulement sur l'existence d'un point rationnel sur X, mais aussi sur la question algorithmique mentionnée précédemment ; en effet, comme le remarque Poonen (cf. [55, Remark 5.3]), il existe un algorithme permettant de déterminer si $\mathrm{X}(k)$ est vide pour toutes les variétés X pour lesquelles $\mathrm{X}(\mathbf{A}_k)^{\mathrm{Br(X)}} \neq \varnothing \Rightarrow \mathrm{X}(k) \neq \varnothing$.

Il n'est pas difficile de voir que $\mathrm{X}(\mathbf{A}_k)^{\mathrm{Br(X)}}$ est un fermé de $\mathrm{X}(\mathbf{A}_k)$. L'adhérence $\overline{\mathrm{X}(k)}$ de $\mathrm{X}(k)$ dans $\mathrm{X}(\mathbf{A}_k)$ est donc incluse dans $\mathrm{X}(\mathbf{A}_k)^{\mathrm{Br(X)}}$. La question la plus pertinente semble être la suivante : pour quelles variétés a-t-on $\overline{\mathrm{X}(k)} = \mathrm{X}(\mathbf{A}_k)^{\mathrm{Br(X)}}$? Il a toujours été clair que cette égalité ne devait pas être satisfaite en général (cela contredirait la conjecture selon laquelle les points rationnels ne sont jamais Zariski-denses sur une variété de type général) mais ce n'est que relativement récemment que le premier contre-exemple fut exhibé (cf. [67] ; il s'agit d'un contre-exemple tel que $\mathrm{X}(k) = \varnothing$ mais $\mathrm{X}(\mathbf{A}_k)^{\mathrm{Br(X)}} \neq \varnothing$). Il existe néanmoins plusieurs classes intéressantes de variétés pour lesquelles il est conjecturé que $\overline{\mathrm{X}(k)} = \mathrm{X}(\mathbf{A}_k)^{\mathrm{Br(X)}}$; nous en citerons quelques-unes ci-dessous.

Voici ce qui est connu au sujet des points rationnels sur les courbes, du point de vue qualitatif. Si X est une courbe de genre 0, c'est une conique plane, de sorte que $\overline{\mathrm{X}(k)} = \mathrm{X}(\mathbf{A}_k)$. En particulier, le principe de Hasse est satisfait, l'ensemble $\mathrm{X}(k)$ est infini s'il est non vide, et l'on peut décider algorithmiquement l'existence d'un point rationnel sur X. Si X est une courbe de genre 1, c'est un torseur sous une courbe elliptique. Manin a reformulé la théorie de la descente sur les courbes elliptiques en termes de l'obstruction de Brauer-Manin (*via* un résultat de Cassels), ce qui lui a permis d'établir l'implication $\mathrm{X}(\mathbf{A}_k)^{\mathrm{Br(X)}} \neq \varnothing \Rightarrow \mathrm{X}(k) \neq \varnothing$ en supposant le groupe de Tate-Shafarevich de la jacobienne de X fini. (Plus généralement, Wang a étudié la validité de l'égalité $\overline{\mathrm{X}(k)} = \mathrm{X}(\mathbf{A}_k)^{\mathrm{Br(X)}}$.) Si X est une courbe de genre $\geqslant 2$, le théorème de Faltings assure que l'ensemble $\mathrm{X}(k)$ est fini. Divers auteurs conjecturent que $X(\mathbf{A}_k)^{\mathrm{Br}(X)} \neq \varnothing \Rightarrow X(k) \neq \varnothing$ (et en particulier que l'on peut décider algorithmiquement l'existence d'un point rationnel sur X). D'autre part, si l'on admet une version effective de la conjecture *abc*, on dispose d'un algorithme permettant d'établir la liste de *tous* les éléments de $X(k)$.

Après les courbes viennent les surfaces. Compte tenu du principe général, remontant à Weil, selon lequel l'arithmétique d'une variété est gouvernée par sa géométrie, il est raisonnable de se limiter dans un premier temps aux surfaces dont la géométrie est la plus simple, à savoir celles qui sont rationnelles (sous-entendu, géométriquement). Il s'avère que les trois conditions $X(k) \neq \varnothing$, $X(\mathbf{A}_k)^{\mathrm{Br}(X)} \neq \varnothing$ et $\overline{X(k)} = X(\mathbf{A}_k)^{\mathrm{Br}(X)}$ sont des invariants k-birationnels des variétés propres et lisses sur k. Par ailleurs, Enriques, Iskovskikh et Manin ont établi une classification des surfaces rationnelles à équivalence k-birationnelle près (cf. [40]) : toute surface rationnelle sur k est k-birationnelle à une surface de del Pezzo (c'est-à-dire à une surface propre et lisse de faisceau anticanonique ample) ou à un fibré en coniques au-dessus d'une conique. Il suffit donc de s'intéresser à ces deux familles de surfaces rationnelles.

Supposons que X soit une surface rationnelle de l'un de ces deux types. On appelle *degré* de X, et l'on note d, le nombre d'auto-intersection du faisceau canonique de X. Si X est une surface de del Pezzo, alors $1 \leqslant d \leqslant 9$; si X est un fibré en coniques au-dessus d'une conique avec r fibres géométriques singulières, alors $d = 8 - r$ (de sorte que $d \leqslant 8$ et qu'il n'y a pas de borne inférieure pour d). Manin et Swinnerton-Dyer ont résolu toutes les questions qualitatives concernant l'ensemble $X(k)$ lorsque $d \geqslant 5$ (cf. [48] et [71]). Il résulte en effet de leurs travaux que l'on a toujours $\overline{X(k)} = X(\mathbf{A}_k)$ si $d \geqslant 5$; en particulier, le principe de Hasse est vérifié.

Restent les surfaces fibrées en coniques au-dessus d'une conique avec $r \geqslant 4$ fibres géométriques singulières et les surfaces de del Pezzo de degré $d \leqslant 4$. Le meilleur résultat connu à ce jour concernant les points rationnels des surfaces fibrées en coniques au-dessus d'une conique est dû à Colliot-Thélène, Salberger, Sansuc, Skorobogatov et Swinnerton-Dyer, qui établirent l'égalité $\overline{X(k)} = X(\mathbf{A}_k)^{\mathrm{Br}(X)}$ dès que $r \leqslant 5$ (c'est-à-dire $d \geqslant 3$). La démonstration en est extrêmement subtile (cf. [18], [19], [11], [57], [58]) ; notamment, le cas particulier des surfaces de Châtelet (cas où X est de degré 4 mais n'est pas une surface de del Pezzo) fut l'un des grands succès de la théorie de la descente de Colliot-Thélène et Sansuc. Swinnerton-Dyer a par ailleurs obtenu des résultats pour certaines surfaces fibrées en coniques au-dessus d'une conique avec six fibres géométriques singulières (cf. [68, §7.4]).

Soit X une surface de del Pezzo de degré $d \leqslant 4$. Si $d \geqslant 3$, le faisceau anti-canonique de X est très ample et permet de voir X comme une surface de degré d dans $\mathbf{P}^d_k$; les surfaces de del Pezzo de degré 3 sont exactement les surfaces cubiques lisses et les surfaces de del Pezzo de degré 4 sont les intersections lisses et de codimension 2 de deux quadriques dans $\mathbf{P}^4_k$ (cf. [48, p. 96]). Ainsi les exemples de Swinnerton-Dyer, Cassels et Guy puis Birch et Swinnerton-Dyer montrent-ils que le principe de Hasse peut être en défaut pour les surfaces de del Pezzo de degré 3 et 4 (et *a fortiori* pour les surfaces de del Pezzo de degré 2 : il suffit d'éclater un point de degré 2 sur une surface de del Pezzo de degré 4 qui est un contre-exemple au principe de Hasse). Salberger et Skorobogatov [58] ont établi que si $d = 4$ et si $\mathrm{X}(k) \neq \varnothing$, alors $\overline{\mathrm{X}(k)} = \mathrm{X}(\mathbf{A}_k)^{\mathrm{Br}(\mathrm{X})}$. C'est le seul résultat véritablement général dont on dispose à l'heure actuelle pour les surfaces de del Pezzo de degré $\leqslant 4$; il ne dit rien sur l'implication $\mathrm{X}(\mathbf{A}_k)^{\mathrm{Br}(\mathrm{X})} \neq \varnothing \Rightarrow \mathrm{X}(k) \neq \varnothing$, qui n'est connue que dans très peu de cas (dont nous dresserons la liste plus bas lorsque $d = 4$).

Suite à leurs travaux sur la descente pour les variétés rationnelles, Colliot-Thélène et Sansuc ont conjecturé en 1979 que l'égalité $\overline{\mathrm{X}(k)} = \mathrm{X}(\mathbf{A}_k)^{\mathrm{Br}(\mathrm{X})}$ vaut pour toute surface rationnelle X (et même pour toute variété rationnelle, cf. [12, p. 319]). Comme il ressort des deux paragraphes qui précèdent, on est encore très loin de savoir établir cette conjecture.

La situation est déjà plus favorable si l'on admet l'hypothèse de Schinzel (cf. [59]). Il s'agit d'une conjecture hardie englobant notamment la conjecture des nombres premiers jumeaux. Elle s'énonce ainsi : si $p_1, \ldots, p_s \in \mathbf{Z}[t]$ sont des polynômes irréductibles de coefficients dominants positifs et s'il n'existe pas d'entier $n > 1$ divisant $\prod_{i=1}^{s} p_i(m)$ pour tout $m \in \mathbf{Z}$, alors il existe une infinité de $m \in \mathbf{Z}$ tels que les entiers $p_1(m), \ldots, p_s(m)$ soient tous des nombres premiers. Le cas où $s = 1$ et $\deg(p_1) = 1$ est un théorème bien connu de Dirichlet. Hasse s'en servit pour démontrer le théorème de Hasse-Minkowski ; en 1978, Colliot-Thélène et Sansuc remarquèrent qu'un argument similaire à celui employé par Hasse permet d'établir l'existence de points rationnels sur certaines surfaces fibrées en coniques au-dessus de $\mathbf{P}^1_{\mathbf{Q}}$, à condition de remplacer le théorème de Dirichlet par l'hypothèse de Schinzel (cf. [17]). En 1992, Serre généralisa ce résultat et prouva : si X est une surface fibrée en coniques au-dessus d'une conique et si l'on admet l'hypothèse de Schinzel, alors $\overline{\mathrm{X}(k)} = \mathrm{X}(\mathbf{A}_k)^{\mathrm{Br}(\mathrm{X})}$ (cf. [62, Chapitre 2, Annexe, Théorème 7.6] et [23, §4] ; le corps de nombres k est ici quelconque). Ainsi, sous l'hypothèse de Schinzel, les seules surfaces rationnelles pour lesquelles il reste à établir que $\overline{\mathrm{X}(k)} = \mathrm{X}(\mathbf{A}_k)^{\mathrm{Br}(\mathrm{X})}$ sont les surfaces de del Pezzo de degré 1, 2, 3 et 4.

La preuve de l'implication $\mathrm{X}(\mathbf{A}_k)^{\mathrm{Br}(\mathrm{X})} \neq \varnothing \Rightarrow \mathrm{X}(k) \neq \varnothing$ lorsque X est un fibré en coniques au-dessus d'une conique, sous l'hypothèse de Schinzel, consiste à trouver un point rationnel de la conique de base au-dessus duquel la fibre de X possède un k_v-point pour toute place $v \in \Omega$. Il apparut bientôt que la démonstration de l'existence de telles fibres à partir de l'hypothèse de Schinzel fonctionnait pour de nombreuses fibrations au-dessus de $\mathbf{P}^1_k$, sans aucune restriction sur la géométrie des fibres lisses ; ceci fut formalisé par Colliot-Thélène, Skorobogatov et Swinnerton-Dyer dans [22]. Lorsque les fibres lisses satisfont au principe de Hasse et que les fibres singulières possèdent une composante irréductible de multiplicité 1 déployée par une extension abélienne du corps de base, on obtient ainsi l'implication $\mathrm{X}(\mathbf{A}_k)^{\mathrm{Br}(\mathrm{X})} \neq \varnothing \Rightarrow \mathrm{X}(k) \neq \varnothing$ pour l'espace total de la fibration considérée.

En 1993, Swinnerton-Dyer réussit le tour de force de combiner l'argument que l'on vient d'évoquer avec un processus de 2-descente sur une courbe elliptique variable afin d'établir le principe de Hasse pour certaines surfaces de del Pezzo de degré 4 sur $\mathbf{Q}$ munies d'une fibration en courbes de genre 1 au-dessus de $\mathbf{P}^1_{\mathbf{Q}}$, en admettant l'hypothèse de Schinzel et la finitude des groupes de Tate-Shafarevich des courbes elliptiques sur $\mathbf{Q}$ (cf. [73]). Si $\pi\colon \mathrm{X} \to \mathbf{P}^1_{\mathbf{Q}}$ est une fibration en courbes de genre 1 et de période 2 et si $b \in \mathbf{P}^1(\mathbf{Q})$ est tel que la fibre X_b soit lisse et admette un k_v-point pour tout $v \in \Omega$, il se peut très bien que X_b n'ait aucun point rationnel ; mais Swinnerton-Dyer parvint à trouver de tels b pour lesquels le sous-groupe de 2-torsion du groupe de Tate-Shafarevich de la jacobienne de X_b est nul, ce qui force X_b à contenir un point rationnel. Colliot-Thélène, Skorobogatov et Swinnerton-Dyer [21] généralisèrent l'argument de Swinnerton-Dyer [73] à tout corps de nombres et le formulèrent de manière que la donnée de départ soit une fibration en courbes de genre 1 abstraite (alors que Swinnerton-Dyer considérait une famille particulière de fibrations). Dans le cas où X est une surface de del Pezzo de degré 4, ils purent ainsi établir le principe de Hasse pour X, sous l'hypothèse de Schinzel et la finitude des groupes de Tate-Shafarevich des courbes elliptiques sur k, lorsque X est une intersection suffisamment générale (en un sens explicite) de deux quadriques *simultanément diagonales* dans $\mathbf{P}^4_k$.

Des idées similaires (mais plus délicates) permirent à Swinnerton-Dyer de démontrer le principe de Hasse pour une large classe de surfaces cubiques diagonales sur $\mathbf{Q}$, en supposant la finitude des groupes de Tate-Shafarevich des courbes elliptiques mais non l'hypothèse de Schinzel (cf. [75] ; l'hypothèse de Schinzel est remplacée par le théorème de Dirichlet, qui suffit dans le cas considéré).

De manière assez inattendue, le théorème principal de [21] et ses variantes s'appliquent également à des surfaces qui ne sont pas rationnelles, par exemple des surfaces K3. Swinnerton-Dyer prouva ainsi le principe de Hasse pour une famille de surfaces quartiques diagonales, sous l'hypothèse de Schinzel et la finitude des groupes de Tate-Shafarevich (cf. [74]). Plus récemment, et malgré des difficultés techniques formidables, Skorobogatov et Swinnerton-Dyer [69] ont pu démontrer le principe de Hasse pour certaines surfaces de Kummer, en admettant la finitude des groupes de Tate-Shafarevich des courbes elliptiques sur k mais non l'hypothèse de Schinzel (remplacée par le théorème de Dirichlet).

Pour ce qui est des variétés de dimension > 2, il est difficile à l'heure actuelle d'entamer une étude systématique des propriétés qualitatives de l'ensemble de leurs points rationnels, pour la simple raison que la classification géométrique des variétés à étudier n'est pas encore assez aboutie (et même dans les cas où elle est comprise, elle nécessiterait d'être précisée du point de vue k-birationnel pour k non algébriquement clos). On peut néanmoins considérer des variétés qui sont « simples » d'un certain point de vue ; par exemple, de nombreux résultats ont été obtenus par divers auteurs pour les compactifications lisses d'espaces homogènes sous des groupes algébriques linéaires ou, dans une autre direction, pour les espaces totaux des fibrations au-dessus de $\mathbf{P}^1_k$ dont les fibres vérifient l'égalité $\overline{X(k)} = X(\mathbf{A}_k)^{\mathrm{Br}(X)}$. Le lecteur trouvera dans [12] une conjecture prédisant l'égalité $\overline{X(k)} = X(\mathbf{A}_k)^{\mathrm{Br}(X)}$ pour une large classe de variétés non nécessairement rationnelles qui englobe notamment les surfaces fibrées en courbes de genre 1 étudiées dans [21]. Une autre possibilité est de considérer les variétés projectives définies par les équations les plus simples possibles : après les quadriques, qui satisfont au principe de Hasse, se trouvent les intersections de deux quadriques dans $\mathbf{P}^n_k$, puis les hypersurfaces cubiques, etc. Pour chaque tel type de variété projective, la théorie analytique des nombres permet d'établir le principe de Hasse si n est assez grand, avec une borne explicite, au moins lorsque $k = \mathbf{Q}$. Toute la difficulté est de s'approcher de la valeur minimale de n.

Soient $n \geqslant 4$ et X une intersection lisse de deux quadriques dans $\mathbf{P}^n_k$. Comme on l'a vu, il est conjecturé que $\overline{X(k)} = X(\mathbf{A}_k)^{\mathrm{Br}(X)}$ lorsque $n = 4$; cette conjecture implique que $\overline{X(k)} = X(\mathbf{A}_k)$ pour $n \geqslant 5$ (cf. [35]). Les deux assertions sont connues lorsque $X(k) \neq \varnothing$, de sorte que seul le principe de Hasse reste à étudier. Voici ce que l'on en sait. En 1959, Mordell [52] démontra le principe de Hasse pour X lorsque $n \geqslant 12$ et $k = \mathbf{Q}$. En 1964, Swinnerton-Dyer [70] l'établit pour $n \geqslant 10$ et $k = \mathbf{Q}$ (cf. également [19, Remark 10.5.2]). En 1971, Cook [25] y parvint pour $n \geqslant 8$ et $k = \mathbf{Q}$ lorsque X est une intersection lisse de deux quadriques *simultanément diagonales* dans $\mathbf{P}^n_k$. En 1987, pour k arbitraire, Colliot-Thélène, Sansuc et Swinnerton-Dyer obtinrent le principe de Hasse pour X lorsque $n \geqslant 8$ ainsi que dans quelques cas particuliers concernant les intersections de deux quadriques qui contiennent soit deux droites gauches conjuguées, soit une quadrique de dimension 2 (cf. [18], [19]). Par la suite, Debbache (non publié) démontra le principe de Hasse pour X lorsque $n \geqslant 7$ et que X est inclus dans un cône quadratique et Salberger (non publié) prouva que $X(\mathbf{A}_k)^{\mathrm{Br}(X)} \neq \varnothing \Rightarrow X(k) \neq \varnothing$ pour $n \geqslant 4$ si X contient une conique (ce qui revient, pour $n = 4$, à demander que X admette une structure de fibré en coniques sur $\mathbf{P}^1_k$). Si $n = 4$ et que le groupe de Picard de X est de rang 1 (c'est-à-dire lorsque X n'est ni l'éclaté d'une surface de del Pezzo de degré $\geqslant 5$ (auquel cas il n'y aurait rien à démontrer) et que X n'est pas un fibré en coniques sur $\mathbf{P}^1_k$), le seul autre résultat connu est celui, déjà cité, de Colliot-Thélène, Skorobogatov et Swinnerton-Dyer, qui établissent le principe de Hasse pour les intersections suffisamment générales de deux quadriques *simultanément diagonales* dans $\mathbf{P}^4_k$, sous l'hypothèse de Schinzel et la finitude des groupes de Tate-Shafarevich.

Les deux résultats principaux du présent travail sont les suivants.

Théorème (cf. théorème 3.3) — *Admettons l'hypothèse de Schinzel et la finitude des groupes de Tate-Shafarevich des courbes elliptiques sur les corps de nombres. Soit $n \geqslant 5$. Toute intersection lisse de deux quadriques dans $\mathbf{P}^n_k$ satisfait au principe de Hasse.*

Si X est une surface de del Pezzo de degré 4 sur k, choisissons des formes quadratiques homogènes q_1 et q_2 en cinq variables telles que X soit isomorphe à la variété projective d'équations $q_1 = q_2 = 0$. Numérotons les cinq racines du polynôme homogène $f(\lambda, \mu) = \det(\lambda q_1 + \mu q_2)$ dans un corps de décomposition k'/k et notons $G \subset \mathfrak{S}_5$ le groupe de Galois de k' sur k. La classe de conjugaison du sous-groupe $G \subset \mathfrak{S}_5$ ne dépend que de X. De plus, il est possible de diagonaliser d'autant plus de variables simultanément dans q_1 et q_2 que le polynôme f admet de racines k-rationnelles. À l'extrême, le polynôme f est scindé si et seulement s'il existe une base dans laquelle q_1 et q_2 sont simultanément diagonales.

Théorème (cf. théorème 3.2) — *Admettons l'hypothèse de Schinzel et la finitude des groupes de Tate-Shafarevich des courbes elliptiques sur les corps de nombres. Soit* X *une surface de del Pezzo de degré* 4 *sur* k*. Dans chacun des cas suivants,* X *satisfait au principe de Hasse :*
- *le sous-groupe* $G \subset \mathfrak{S}_5$ *est* 3*-transitif (*i.e. $G = \mathfrak{A}_5$ *ou* $G = \mathfrak{S}_5$*)* ;
- *le polynôme* f *admet exactement deux racines* k*-rationnelles et d'autre part* $\mathrm{Br}(X)/\mathrm{Br}(k) = 0$;
- *le polynôme* f *est scindé et* $\mathrm{Br}(X)/\mathrm{Br}(k) = 0$.

Ce théorème est le premier résultat positif concernant l'arithmétique des surfaces de del Pezzo de degré 4 générales (l'égalité $G = \mathfrak{S}_5$ est en effet satisfaite « en général »). Néanmoins son intérêt ne se limite pas à de telles surfaces : même dans le cas simultanément diagonal, ce théorème généralise strictement le résultat de Colliot-Thélène, Skorobogatov et Swinnerton-Dyer mentionné précédemment.

Les conditions suffisantes qui figurent dans l'énoncé du théorème ne sont qu'un échantillon ; en réalité, pour toute classe de conjugaison $\mathscr{C}$ de sous-groupes de $\mathfrak{S}_5$, nous obtenons le principe de Hasse dès que X est suffisamment générale (en un sens explicite) parmi les surfaces de del Pezzo de degré 4 pour lesquelles $G \in \mathscr{C}$.

Nous déduisons le premier théorème du second. La preuve de celui-ci repose entre autres sur une généralisation convenable de la méthode introduite par Swinnerton-Dyer [73] et développée par Colliot-Thélène, Skorobogatov et Swinnerton-Dyer [21] permettant d'étudier l'arithmétique des surfaces munies d'un pinceau de courbes de genre 1, sur une construction suggérée par Swinnerton-Dyer [1, §6] et sur un théorème récent d'Harari [34].

Conventions

Si M est un groupe abélien (ou un objet en groupes abéliens dans une certaine catégorie) et n un entier naturel, on note respectivement ${}_n\mathrm{M}$ et M/n le noyau et le conoyau de l'endomorphisme de multiplication par n. Plus généralement, si $f\colon \mathrm{M} \to \mathrm{N}$ est un homomorphisme de groupes, on note parfois ${}_f\mathrm{M}$ le noyau de f. Si p est un nombre premier, $\mathrm{M}\{p\}$ désigne le sous-groupe de torsion p-primaire de M. Le sous-groupe de M engendré par $x_1, \ldots, x_n$ est noté $\langle x_1, \ldots, x_n \rangle$; les x_i peuvent être des éléments ou des parties de M.

Si k est un corps et k', k'' sont deux extensions quadratiques ou triviales de k (ou plus généralement multiquadratiques), on note $k'k''$ l'extension composée de k'/k et k''/k (dans un corps arbitraire contenant k' et k'') ; elle est bien définie à isomorphisme près. Étant donnés un corps k et une propriété (P) des extensions de k, on dira qu'une extension ℓ/k est *la plus petite extension satisfaisant à* (P) si elle satisfait à (P) et si d'autre part elle se plonge dans toute extension de k satisfaisant à (P).

Soit X un schéma. Le corps résiduel d'un point $x \in \mathrm{X}$ est noté $\kappa(x)$. Si X est intègre, le corps des fonctions rationnelles sur X est noté $\kappa(\mathrm{X})$. On emploiera parfois la notation $\{x\}$ pour désigner le schéma $\mathrm{Spec}(\kappa(x))$. Un point $x \in \mathrm{X}$ est régulier si l'anneau local $\mathscr{O}_{\mathrm{X},x}$ est régulier ; il est *singulier* sinon. De même, le schéma X est dit *singulier* s'il n'est pas régulier. Si $\mathrm{R} \to \mathrm{S}$ est un morphisme d'anneaux (que l'on suppose toujours commutatifs et unitaires) et si X est un R-schéma, on notera $\mathrm{X} \otimes_{\mathrm{R}} \mathrm{S}$ ou parfois X_{S} (si aucune confusion n'est possible) le S-schéma $\mathrm{X} \times_{\mathrm{Spec(R)}} \mathrm{Spec(S)}$. Si $f\colon \mathrm{X} \to \mathrm{S}$ est un morphisme de schémas et si $s \in \mathrm{S}$, on notera $\mathrm{X}_s = f^{-1}(s)$ la fibre de f en s. L'ensemble des points de codimension 1 d'un schéma X est noté $\mathrm{X}^{(1)}$. Une *variété* sur un corps k est, par définition, un k-schéma de type fini. Une *courbe* (resp. *surface*) est une variété de dimension 1 (resp. 2). Une variété X est dite *rationnelle* si elle devient birationnelle à l'espace projectif après une extension des scalaires ; pour signifier que X est birationnelle à l'espace projectif sur le corps de base, on dira qu'elle est k-rationnelle. Enfin, lorsqu'on parlera de pinceaux sur une variété, il s'agira de pinceaux linéaires (c'est-à-dire de systèmes linéaires de dimension 1).

Pour tout schéma intègre S, on note $0, 1, \infty \in \mathbf{P}^1_{\mathrm{S}}$ les points de $\mathbf{P}^1(\kappa(\mathrm{S}))$ de coordonnées homogènes respectives $[1:0]$, $[1:1]$, $[0:1]$, ce qui détermine une immersion ouverte $\mathbf{A}^1_{\mathrm{S}} \hookrightarrow \mathbf{P}^1_{\mathrm{S}}$ fonctorielle en S ainsi qu'un isomorphisme $\kappa(\mathbf{P}^1_k) = k(t)$ pour tout corps k.

L'expression « faisceau étale sur X » désigne un faisceau sur le petit site étale du schéma X. La cohomologie employée sera toujours la cohomologie étale (ou la cohomologie galoisienne), de sorte qu'on ne la précisera pas en indice. Si $f\colon \mathrm{X} \to \mathrm{Y}$ est un morphisme de schémas et $\mathscr{F}$ un faisceau étale sur Y, on notera parfois $\mathrm{H}^n(\mathrm{X}, \mathscr{F})$ le groupe $\mathrm{H}^n(\mathrm{X}, f^\star\mathscr{F})$ (en particulier lorsque f est une immersion ouverte). Le foncteur de Picard relatif d'un morphisme de schémas $f\colon \mathrm{X} \to \mathrm{Y}$ est noté $\mathbf{Pic}_{\mathrm{X}/\mathrm{Y}}$; on ne le considérera que comme un faisceau étale sur Y, et en tant que tel, il coïncide avec $\mathrm{R}^1 f_\star \mathbf{G}_{\mathrm{m}}$ calculé pour la topologie étale, lorsque f est propre (cf. [5, p. 203]). Si S est un schéma et G un S-schéma en groupes, on réserve le terme « torseur » pour désigner les espaces principaux homogènes sous G qui sont des S-schémas. Enfin, si G est un schéma en groupes lisse et de type fini sur S, on appelle *composante neutre de* G l'unique sous-schéma en groupes ouvert de G à fibres connexes (cf. [EGA IV_3, 15.6.5]).

Le *groupe de Brauer* d'un schéma X (ou d'un anneau X), noté Br(X), est son groupe de Brauer cohomologique $\mathrm{H}^2(\mathrm{X}, \mathbf{G}_{\mathrm{m}})$ (cf. [30], [31]). Nous renvoyons à [23, §1] pour les propriétés de base du groupe de Brauer et pour les notions associées de ramification et de résidus. Si X est une variété sur k, nous commettrons l'abus consistant à noter $\mathrm{Br}(\mathrm{X})/\mathrm{Br}(k)$ le conoyau de la flèche naturelle $\mathrm{Br}(k) \to \mathrm{Br}(\mathrm{X})$, qui n'est pas nécessairement injective. Étant donné un morphisme de schémas $f\colon \mathrm{X} \to \mathrm{Y}$ avec Y intègre, le *groupe de Brauer vertical de* X, noté $\mathrm{Br}_{\mathrm{vert}}(\mathrm{X})$, est le sous-groupe de Br(X) constitué des classes dont la restriction à la fibre générique de f appartient à l'image de la flèche naturelle $\mathrm{Br}(\eta) \to \mathrm{Br}(\mathrm{X}_\eta)$, où η est le point générique de Y ; et le *groupe de Brauer horizontal de* X est $\mathrm{Br}_{\mathrm{hor}}(\mathrm{X}) = \mathrm{Br}(\mathrm{X})/\mathrm{Br}_{\mathrm{vert}}(\mathrm{X})$. Il existe donc une injection naturelle $\mathrm{Br}_{\mathrm{hor}}(\mathrm{X}) \hookrightarrow \mathrm{Br}_{\mathrm{hor}}(\mathrm{X}_\eta) = \mathrm{Br}(\mathrm{X}_\eta)/\mathrm{Br}(\eta)$. Soient enfin X une variété sur un corps k de caractéristique 0 et $\overline{k}$ une clôture algébrique de k. Le *groupe de Brauer algébrique* de X, noté $\mathrm{Br}_1(\mathrm{X})$, est le noyau de l'application naturelle $\mathrm{Br}(\mathrm{X}) \to \mathrm{Br}(\mathrm{X}_{\overline{k}})$. Par ailleurs, si X est lisse et connexe, une classe $\mathrm{A} \in \mathrm{Br}(\kappa(\mathrm{X}))$ sera dite *géométriquement non ramifiée* si son image dans $\mathrm{Br}(\kappa(\mathrm{X}) \otimes_k \overline{k})$ appartient au sous-groupe $\mathrm{Br}(\mathrm{X}_{\overline{k}})$. Ces deux notions ne dépendent pas du choix de $\overline{k}$.

Soient k un corps de nombres et X une variété sur k. Notons Ω l'ensemble des places de k et $\mathbf{A}_k$ l'anneau de ses adèles, de sorte que $\mathrm{X}(\mathbf{A}_k) = \prod_{v\in\Omega} \mathrm{X}(k_v)$ si X est propre sur k. On dit que X *satisfait au principe de Hasse* (resp. *à l'approximation faible*) si $\mathrm{X}(\mathbf{A}_k) \neq \varnothing \Rightarrow \mathrm{X}(k) \neq \varnothing$ (resp. si $\mathrm{X}(k)$ est dense dans $\mathrm{X}(\mathbf{A}_k)$ pour la topologie adélique). Pour $\mathrm{B} \subset \mathrm{Br}(\mathrm{X})$, on note $\mathrm{X}(\mathbf{A}_k)^{\mathrm{B}}$

l'ensemble des $(P_v)_{v\in\Omega} \in X(\mathbf{A}_k)$ tels que $\sum_{v\in\Omega} \mathrm{inv}_v\, A(P_v) = 0$ pour tout $A \in B$, où $\mathrm{inv}_v \colon \mathrm{Br}(k_v) \hookrightarrow \mathbf{Q}/\mathbf{Z}$ désigne l'invariant de la théorie du corps de classes local. On pose de plus $X(\mathbf{A}_k)^{\mathrm{Br}} = X(\mathbf{A}_k)^{\mathrm{Br}(X)}$, $X(\mathbf{A}_k)^{\mathrm{Br}_1} = X(\mathbf{A}_k)^{\mathrm{Br}_1(X)}$, et si l'on dispose d'un morphisme $f\colon X \to Y$ avec Y intègre, $X(\mathbf{A}_k)^{\mathrm{Br}_{\mathrm{vert}}} = X(\mathbf{A}_k)^{\mathrm{Br}_{\mathrm{vert}}(X)}$. On dit qu'il y a obstruction de Brauer-Manin à l'existence d'un point rationnel (resp. à l'approximation faible) sur X si $X(\mathbf{A}_k)^{\mathrm{Br}} = \varnothing$ (resp. si $X(\mathbf{A}_k)^{\mathrm{Br}} \neq X(\mathbf{A}_k)$). On définit de même l'obstruction de Brauer-Manin algébrique (resp. verticale, le cas échéant) en remplaçant Br par Br_1 (resp. par $\mathrm{Br}_{\mathrm{vert}}$). Il résulte de la théorie du corps de classes global que ce sont bien des obstructions (cf. [23, §3]).

Nous ferons souvent appel au théorème des fonctions implicites ; nous entendons par là [61, Theorem 2, Ch. III, §9], qui s'applique sur tout corps muni d'une valeur absolue pour laquelle il est complet.

Un autre outil dont nous aurons souvent besoin est un théorème dû à Harari et communément appelé « lemme formel ». L'énoncé auquel cette expression fera référence est le suivant. Il s'agit d'une variante de [35, Corollaire 2.6.1] que nous n'avons pas trouvée dans la littérature ; par souci de complétude et pour la commodité du lecteur, nous en donnons une preuve, mais celle-ci est directement adaptée de celle donnée par Harari dans [35].

Théorème (« lemme formel ») — *Soient k un corps de nombres et X une variété propre, lisse et géométriquement connexe sur k. Notons Ω l'ensemble des places de k et $\mathbf{A}_k$ l'anneau de ses adèles. Pour tout ouvert $U \subset X$, tout sous-groupe fini $B \subset \mathrm{Br}(U)$, tout sous-ensemble fini $S \subset \Omega$ et toute famille $(P_v)_{v\in\Omega} \in X(\mathbf{A}_k)^{\mathrm{Br}(X)\cap B}$ telle que $(P_v)_{v\in S} \in \prod_{v\in S} U(k_v)$, il existe un sous-ensemble fini $S_1 \subset \Omega$ contenant S et une famille $(Q_v)_{v\in S_1} \in \prod_{v\in S_1} U(k_v)$ tels que $Q_v = P_v$ pour tout $v \in S$ et $\sum_{v\in S_1} \mathrm{inv}_v\, A(Q_v) = 0$ pour tout $A \in B$.*

Démonstration — Notons $B^\star = \mathrm{Hom}(B, \mathbf{Q}/\mathbf{Z})$ le dual de Pontrjagin de B et $\varphi_v \colon U(k_v) \to B^\star$, pour $v \in \Omega$, l'application qui à $Q \in U(k_v)$ associe le caractère $A \mapsto \mathrm{inv}_v\, A(Q)$. Soit $\Gamma \subset B^\star$ le sous-groupe engendré par l'ensemble des éléments de $B^\star$ qui appartiennent à l'image de φ_v pour une infinité de v.

La finitude du groupe $B \cap \mathrm{Br}(X)$, le théorème des fonctions implicites et la continuité de l'évaluation des classes de Br(X) sur $X(k_v)$ permettent de supposer que P_v appartient à $U(k_v)$ pour tout $v \in \Omega$. Quitte à agrandir S, on peut aussi supposer que pour $v \in \Omega \setminus S$, l'application φ_v est à valeurs dans Γ.

Notons $w = \sum_{v\in S} \varphi_v(P_v) \in B^\star$ et prouvons que $w \in \Gamma$. La dualité de Pontrjagin des groupes abéliens finis étant une dualité parfaite, il suffit de vérifier que l'orthogonal de Γ pour l'accouplement canonique $B \times B^\star \to \mathbf{Q}/\mathbf{Z}$ est inclus dans l'orthogonal de w. Si $A \in B$ est orthogonal à Γ, on a $\mathrm{inv}_v\, A(Q) = 0$ pour tout $v \in \Omega \setminus S$ et tout $Q \in U(k_v)$. Par un théorème d'Harari, cela entraîne que $A \in \mathrm{Br}(X)$ (cf. [35, Théorème 2.1.1] et [15, Théorème 1.3]). Il s'ensuit que A est bien orthogonal à w, compte tenu que $(P_v)_{v\in\Omega} \in X(\mathbf{A}_k)^{\mathrm{Br}(X)\cap B}$ et que $\varphi_v(P_v) \in \Gamma$ pour $v \in \Omega \setminus S$.

L'appartenance de w (ou plutôt de $-w$) à Γ se traduit par l'existence d'un ensemble fini $\mathrm{T} \subset \Omega \setminus \mathrm{S}$ et d'une famille $(\mathrm{Q}_v)_{v\in\mathrm{T}} \in \prod_{v\in\mathrm{T}} \mathrm{U}(k_v)$ tels que $-w = \sum_{v\in\mathrm{T}} \varphi_v(\mathrm{Q}_v)$. Posant $\mathrm{S}_1 = \mathrm{S} \cup \mathrm{T}$ et $\mathrm{Q}_v = \mathrm{P}_v$ pour $v \in \mathrm{S}$, on obtient ainsi une famille $(\mathrm{Q}_v)_{v\in\mathrm{S}_1} \in \prod_{v\in\mathrm{S}_1} \mathrm{U}(k_v)$ qui vérifie la conclusion du théorème. □

Enfin, si E et E′ sont des courbes elliptiques sur un corps de nombres k et $f\colon \mathrm{E} \to \mathrm{E}'$ est une isogénie, on convient d'appeler *groupe de f-Selmer de* E, et de noter $\mathrm{Sel}_f(k, \mathrm{E})$, le sous-groupe de $\mathrm{H}^1(k, {}_f\mathrm{E})$ constitué des classes dont l'image dans $\mathrm{H}^1(k_v, \mathrm{E})$ est nulle pour toute place v de k. Cette définition semble être la plus répandue, mais il y a lieu de la préciser car elle n'est pas standard ; certains auteurs nomment ce groupe le groupe de f-Selmer de E′ (ce qui se justifie par l'interprétation des éléments de $\mathrm{H}^1(k, {}_f\mathrm{E})$ comme des f-revêtements de E′).

Chapitre 1

Arithmétique des pinceaux semi-stables de courbes de genre 1 dont les jacobiennes ont leur 2-torsion rationnelle

1.1 Introduction

Nous nous intéressons dans ce chapitre aux questions d'existence et de Zariski-densité des points rationnels pour certaines surfaces propres et lisses, fibrées en courbes de genre 1 au-dessus de la droite projective, définies sur un corps de nombres. Le tout premier théorème significatif concernant une question de ce type fut démontré par Swinnerton-Dyer [73]. C'est une famille spécifique de surfaces, de surcroît définies sur $\mathbf{Q}$, que Swinnerton-Dyer étudiait. Ses techniques furent développées par Colliot-Thélène, Skorobogatov et Swinnerton-Dyer, qui obtinrent ainsi dans [21] les premiers résultats généraux d'existence de points rationnels pour des surfaces fibrées en courbes de genre 1 au-dessus de la droite projective. Un certain nombre d'hypothèses apparaissent néanmoins dans leur théorème principal, dont notamment les trois suivantes : les fibres géométriques singulières de la fibration considérée sont des réunions de deux courbes rationnelles intègres se rencontrant transversalement en deux points distincts, tous les points d'ordre 2 de la jacobienne de la fibre générique sont rationnels, et soit la fibration ne possède pas de section et le rang de Mordell-Weil de la jacobienne de la fibre générique est nul, soit la fibration possède une section et le rang de la fibre générique est exactement 1.

Les idées introduites dans [21] furent réutilisées à plusieurs reprises dans des situations où le théorème principal de [21] ne s'appliquait pas. Swinnerton-Dyer [74] a en particulier obtenu des conditions suffisantes explicites génériquement vraies pour qu'une surface quartique diagonale

$$a_0x_0^4 + a_1x_1^4 + a_2x_2^4 + a_3x_3^4 = 0$$

avec $a_0, \ldots, a_3 \in \mathbf{Q}$ tels que $a_0a_1a_2a_3$ soit un carré dans $\mathbf{Q}^\star$ satisfasse au principe de Hasse, en admettant l'hypothèse de Schinzel et la finitude des groupes de Tate-Shafarevich des courbes elliptiques sur $\mathbf{Q}$. Pour ce faire, il s'est servi de l'existence sur de telles surfaces de pinceaux de courbes de genre 1 dont la jacobienne générique vérifie les conditions ci-dessus (rang de Mordell-Weil nul et points d'ordre 2 rationnels) mais dont les fibres singulières géométriques possèdent quatre composantes irréductibles, réduites et organisées en quadrilatère avec intersections transverses.

Seules certaines configurations de composantes irréductibles peuvent apparaître dans les fibres géométriques des pinceaux de courbes de genre 1 dont l'espace total est régulier. Dans le cas d'une fibration relativement minimale dont chaque fibre possède une composante irréductible de multiplicité 1, les configurations possibles ont été classifiées par Kodaira et Néron (cf. [45], [53], [64]). Il apparaît dans cette classification qu'un rôle crucial est joué par la propriété qu'a la jacobienne de la fibre générique d'être à réduction semi-stable (c'est-à-dire multiplicative ou bonne) ou non (réduction additive). Lorsqu'elle est à réduction semi-stable, les fibres géométriques singulières sont réduites et leurs composantes irréductibles sont des courbes rationnelles organisées en polygone à n côtés, avec intersections transverses. Le théorème principal de [21] traite le cas $n = 2$, et Swinnerton-Dyer dans [74] applique la méthode à un cas particulier pour lequel $n = 4$.

L'un des buts du présent chapitre est d'obtenir des résultats dans le cas général de réduction semi-stable, sans hypothèse sur n, afin notamment de couvrir simultanément les théorèmes principaux de [21] et de [74]. Nous en profitons pour supprimer l'hypothèse sur le rang générique, qui s'avère inessentielle. Ainsi prouvons-nous :

Théorème 1.1 (cf. théorème 1.50) — *Soient k un corps de nombres et X une surface propre, lisse et connexe sur k munie d'un morphisme $\pi\colon \mathrm{X} \to \mathbf{P}^1_k$ dont la fibre générique X_η est une courbe lisse et géométriquement connexe de genre 1 et de période 2, et dont les fibres sont toutes réduites. Supposons que la jacobienne de X_η soit à réduction semi-stable en tout point fermé de $\mathbf{P}^1_k$, que sa 2-torsion soit rationnelle et que π satisfasse à la condition* (D). *Admettons l'hypothèse de Schinzel et la finitude des groupes de Tate-Shafarevich des courbes elliptiques sur k. Alors $\mathrm{X}(k) \neq \varnothing$ dès que $\mathrm{X}(\mathbf{A}_k)^{\mathrm{Br}} \neq \varnothing$ (et $\mathrm{X}(k)$ est même Zariski-dense dans X).*

La condition (D) est une hypothèse technique étroitement liée au groupe de Brauer de X. Elle sera définie précisément au paragraphe 1.2. Qu'il suffise pour le moment de préciser qu'une hypothèse analogue apparaît dans [21] et dans [74], et que celle-ci en est une généralisation commune.

L'hypothèse de Schinzel et la finitude des groupes de Tate-Shafarevich sont deux conjectures qui semblent actuellement incontournables pour obtenir des résultats généraux sur les points rationnels d'une surface fibrée en courbes de genre 1 sur un corps de nombres au moyen des techniques introduites dans [21]. Au mieux peut-on espérer remplacer dans certains cas l'hypothèse de Schinzel par le théorème de Dirichlet sur les nombres premiers dans une progression arithmétique, comme l'ont fait Swinnerton-Dyer [75] pour les surfaces cubiques diagonales et Skorobogatov et Swinnerton-Dyer [69] pour certaines surfaces de Kummer.

Le théorème 1.1 est obtenu comme corollaire du théorème 1.4, d'énoncé plus technique. Ce chapitre contient deux autres applications du théorème 1.4.

La première concerne les pinceaux de courbes de genre 1 qui ne satisfont pas à la condition (D). Soit $\pi\colon \mathrm{X} \to \mathbf{P}^1_k$ un pinceau vérifiant toutes les hypothèses du théorème 1.1 autres que la condition (D). Admettant l'hypothèse de Schinzel, nous prouvons au paragraphe 1.8 (théorème 1.52) qu'en l'absence d'obstruction de Brauer-Manin à l'approximation faible sur X et moyennant une légère hypothèse technique (qui est en tout cas toujours satisfaite lorsque les fibres géométriques singulières de π possèdent deux composantes irréductibles, c'est-à-dire dans la situation envisagée dans [21] ; il s'agit de l'hypothèse « $\mathrm{L}_\mathrm{M} = \kappa(\mathrm{M})$ pour tout $\mathrm{M} \in \mathscr{M}$ » du théorème 1.52), il existe nécessairement des points rationnels $x \in \mathbf{P}^1(k)$ au-dessus desquels la fibre X_x est lisse, possède un k_v-point pour toute place v de k et vérifie la condition suivante : notant E_x la jacobienne de X_x, la classe de X_x dans le groupe de Tate-Shafarevich $\text{Ш}(\mathrm{E}_x)$ est orthogonale au sous-groupe ${}_2\text{Ш}(\mathrm{E}_x)$ pour l'accouplement de Cassels-Tate ; et l'ensemble de ces $x \in \mathbf{P}^1(k)$ est même dense dans $\mathbf{P}^1(\mathbf{A}_k)$ pour la topologie adélique.

L'intérêt de ce résultat est double. Tout d'abord, il a une conséquence concrète concernant l'approximation faible. Swinnerton-Dyer donne dans [74, §8] un exemple de famille de surfaces K3 pour lesquelles il exhibe un défaut d'approximation faible à l'aide d'une seconde descente sur des pinceaux de courbes de genre 1, cette seconde descente étant effectuée explicitement grâce à l'algorithme de Cassels [8]. Notre résultat montre que lorsque l'hypothèse technique du théorème 1.52 est satisfaite, un défaut d'approximation faible mis en évidence par cette méthode est nécessairement expliqué par l'obstruction de Brauer-Manin, si l'on admet l'hypothèse de Schinzel. Il se trouve que l'hypothèse technique du théorème 1.52 n'est pas vérifiée dans l'exemple de [74, §8], mais la méthode de Swinnerton-Dyer est toute générale et il ne fait pas de doute qu'elle conduit aussi à des défauts d'approximation faible notamment pour des fibrations du type envisagé dans [21].

Nous pensons cependant que l'intérêt du théorème 1.52 réside plus dans sa preuve que dans son énoncé. La condition (D) implique que le sous-groupe de torsion 2-primaire du groupe de Brauer de X est entièrement vertical, et la véritable raison pour laquelle jusqu'à présent cette condition ou une condition analogue est apparue dans tous les articles élaborant les idées de [21] est que l'on ne sait pas utiliser l'hypothèse qu'une classe de Br(X) ne fournit pas d'obstruction de Brauer-Manin si cette classe n'est pas verticale. Le théorème 1.52, qui s'applique que la condition (D) soit satisfaite ou non, représente donc un premier pas dans cette direction : sa preuve prend effectivement en compte les classes non verticales de Br(X).

Nous appliquons enfin le théorème 1.4 à la notion de courbe elliptique « de rang élevé » sur $k(t)$, où k est un corps de nombres. Ce sont les courbes elliptiques $\mathrm{E}/k(t)$ dont le rang de Mordell-Weil est strictement inférieur à celui de la spécialisation E_x/k en tout point rationnel $x \in \mathbf{P}^1(k)$ hors d'un ensemble fini. On n'en connaît aucun exemple inconditionnel ; admettant la conjecture de parité pour les courbes elliptiques, Cassels et Schinzel [10] puis Rohrlich [56] ont donné des exemples de courbes elliptiques de rang élevé sur $\mathbf{Q}(t)$. Leurs exemples sont tous isotriviaux. Conrad, Conrad et Helfgott [24] ont récemment montré qu'une courbe elliptique de rang élevé sur $k(t)$ est nécessairement isotriviale lorsque $k = \mathbf{Q}$, en admettant trois conjectures arithmétiques plus ou moins classiques, dont une conjecture de densité concernant les rangs des courbes elliptiques E_x lorsque x varie. Nous déduisons du théorème 1.4 un résultat similaire, également conditionnel, nécessitant de plus quelques hypothèses sur les courbes elliptiques considérées, mais valable sur tout corps de nombres et ne dépendant d'aucune conjecture qui concerne les courbes elliptiques (cf. théorème 1.55).

Le plan du chapitre est le suivant. Nous fixons les notations au paragraphe 1.2, nous y énonçons le théorème 1.4, nous y décrivons les grandes étapes de sa démonstration et nous y soulignons les difficultés qui n'existaient pas dans la situation de [21]. Pour les applications, il est important de disposer d'une forme explicite de la condition (D) ; nous en donnons une au paragraphe 1.3. La preuve du théorème 1.4 occupe les paragraphes 1.4 et 1.5. Au paragraphe 1.6, nous discutons les liens entre la condition (D), le groupe de Brauer et le groupe $\mathscr{D}$ introduit dans [21, §4]. Ce groupe, défini en toute généralité, permit aux auteurs de [21] de formuler une condition abstraite qui équivaut à la condition (D) sous les hypothèses de leur théorème principal (voir [21, §4.7]). Nous verrons que cette équivalence n'est plus valable dans la situation générale de réduction semi-stable ; c'est précisément de cette difficulté que naît l'hypothèse technique du théorème 1.52 sur la seconde descente. Nous consacrons ensuite le paragraphe 1.7 aux applications du théorème 1.4 à l'existence de points rationnels : d'une part nous établissons le théorème 1.1, qui généralise le théorème principal de [21], et d'autre part nous déduisons du théorème 1.1 les résultats de Swinnerton-Dyer sur les surfaces quartiques diagonales énoncés dans [74, §3]. Enfin, les paragraphes 1.8 et 1.9 contiennent respectivement l'application aux défauts d'approximation faible mis en évidence par une seconde descente, et l'application aux courbes elliptiques de rang élevé. Ils font tous deux usage des résultats obtenus au paragraphe 1.6.

1.2 Hypothèses et notations

Soient k un corps de caractéristique 0 et C un schéma de Dedekind connexe sur k, de point générique η. Supposons donnée une surface X lisse et géométriquement connexe sur k, munie d'un morphisme propre et plat $\pi\colon X \to C$ dont la fibre générique X_η est une courbe lisse de genre 1 sur $K = \kappa(C)$ et dont toutes les fibres sont réduites. Supposons de plus que la période de la courbe X_η divise 2, c'est-à-dire que la classe de $H^1(K, E_\eta)$ définie par le torseur X_η est tuée par 2, en notant E_η la jacobienne de X_η. Supposons enfin que la courbe elliptique E_η soit à réduction semi-stable en tout point fermé de C et que ses points d'ordre 2 soient tous K-rationnels.

Notons $\mathscr{E}$ le modèle de Néron de E_η sur C, $\mathscr{E}^0 \subset \mathscr{E}$ sa composante neutre, $\mathscr{M} \subset C$ l'ensemble des points fermés de mauvaise réduction pour E_η et U un ouvert dense de C au-dessus duquel π est lisse. Un tel ouvert est nécessairement disjoint de $\mathscr{M}$. Pour $M \in \mathscr{M}$, notons F_M le $\kappa(M)$-schéma en groupes fini étale $\mathscr{E}_M/\mathscr{E}^0_M$.

Lemme 1.2 — *Soit* $M \in \mathscr{M}$. *Si le* $\kappa(M)$*-groupe* F_M *n'est pas constant, il existe une extension quadratique* $L_M/\kappa(M)$ *telle que* $F_M \otimes_{\kappa(M)} L_M$ *soit un* L_M*-groupe constant, et* $\mathrm{Gal}(L_M/\kappa(M))$ *agit alors sur* $F_M(L_M)$ *par multiplication par* -1.

Démonstration — Ce lemme est prouvé en annexe, cf. proposition A.3. □

Lorsque F_M est constant, on notera $L_M = \kappa(M)$. Ainsi a-t-on défini dans tous les cas une extension au plus quadratique $L_M/\kappa(M)$. Il résulte des hypothèses de semi-stabilité de E_η et de K-rationalité de ses points d'ordre 2 que les groupes $F_M(L_M)$ pour $M \in \mathscr{M}$ sont cycliques d'ordre pair (cf. proposition A.3).

Pour $M \in C$, notons $\mathscr{O}^{sh}_M$ l'anneau strictement local de C en M et K^{sh}_M son corps des fractions. La suite spectrale de Leray associée au faisceau étale E_η sur K et au morphisme canonique $\eta \to C$ montre que la suite

$$0 \longrightarrow H^1(C, \mathscr{E}) \longrightarrow H^1(K, E_\eta) \longrightarrow \prod_{M \in C} H^1(K^{sh}_M, E_\eta) \qquad (1.1)$$

est exacte. Le groupe $H^1(C, \mathscr{E})$ joue donc le rôle d'un *groupe de Tate-Shafarevich géométrique* (cf. [31, §4] et [21, §4.1]).

La suite exacte de Kummer

$$0 \longrightarrow {}_2E_\eta \longrightarrow E_\eta \xrightarrow{\times 2} E_\eta \longrightarrow 0 \qquad (1.2)$$

induit une suite exacte

$$0 \longrightarrow E_\eta(K)/2 \longrightarrow H^1(K, {}_2E_\eta) \xrightarrow{\alpha} {}_2H^1(K, E_\eta) \longrightarrow 0.$$

Notons $\mathfrak{S}_2(C, \mathscr{E}) \subset H^1(K, {}_2E_\eta)$ l'image réciproque du sous-groupe ${}_2H^1(C, \mathscr{E})$ de ${}_2H^1(K, E_\eta)$ par α, de sorte que l'on obtient une suite exacte

$$0 \longrightarrow E_\eta(K)/2 \longrightarrow \mathfrak{S}_2(C, \mathscr{E}) \longrightarrow {}_2H^1(C, \mathscr{E}) \longrightarrow 0. \qquad (1.3)$$

Il y a lieu de nommer $\mathfrak{S}_2(\mathrm{C},\mathscr{E})$ *groupe de 2-Selmer géométrique* (cf. [21, §4.2]).

Lemme 1.3 — *On a l'inclusion* $\mathfrak{S}_2(\mathrm{C},\mathscr{E}) \subset \mathrm{H}^1(\mathrm{U},{}_2\mathscr{E})$ *de sous-groupes de* $\mathrm{H}^1(\mathrm{K},{}_2\mathrm{E}_\eta)$.

Démonstration — Combinant la suite exacte (1.1) pour $\mathrm{C}=\mathrm{U}$ avec la suite exacte obtenue de manière analogue à partir du faisceau ${}_2\mathrm{E}_\eta$, on obtient le diagramme commutatif

$$\begin{array}{ccccccc} 0 \longrightarrow & \mathrm{H}^1(\mathrm{U},{}_2\mathscr{E}) & \longrightarrow & \mathrm{H}^1(\mathrm{K},{}_2\mathrm{E}_\eta) & \longrightarrow & \prod_{\mathrm{M}\in\mathrm{U}} \mathrm{H}^1(\mathrm{K}_\mathrm{M}^{\mathrm{sh}},{}_2\mathrm{E}_\eta) \\ & \downarrow & & \downarrow & & \downarrow \\ 0 \longrightarrow & \mathrm{H}^1(\mathrm{U},\mathscr{E}) & \longrightarrow & \mathrm{H}^1(\mathrm{K},\mathrm{E}_\eta) & \longrightarrow & \prod_{\mathrm{M}\in\mathrm{U}} \mathrm{H}^1(\mathrm{K}_\mathrm{M}^{\mathrm{sh}},\mathrm{E}_\eta), \end{array}$$

dont les lignes sont exactes. Ainsi suffit-il de prouver que pour tout $\mathrm{M}\in\mathrm{U}$, la flèche naturelle $\mathrm{H}^1(\mathrm{K}_\mathrm{M}^{\mathrm{sh}},{}_2\mathrm{E}_\eta) \to \mathrm{H}^1(\mathrm{K}_\mathrm{M}^{\mathrm{sh}},\mathrm{E}_\eta)$ est injective, autrement dit que $\mathrm{E}_\eta(\mathrm{K}_\mathrm{M}^{\mathrm{sh}})/2=0$; ceci découle de la proposition A.12, compte tenu que E_η a bonne réduction en M. □

Comme les fibres de π sont réduites, on a $\mathrm{X}_\mathrm{M}(\mathrm{K}_\mathrm{M}^{\mathrm{sh}}) \neq \varnothing$ pour tout $\mathrm{M}\in\mathrm{C}$. La suite exacte (1.1) permet d'en déduire que la classe de $\mathrm{H}^1(\mathrm{K},\mathrm{E}_\eta)$ définie par le torseur X_η appartient au sous-groupe $\mathrm{H}^1(\mathrm{C},\mathscr{E})$. Cette classe correspond à un faisceau représentable d'après [50, Theorem 4.3], d'où l'existence d'un torseur $\mathscr{X}\to\mathrm{C}$ sous $\mathscr{E}$ dont la fibre générique est égale à X_η. Sa classe dans $\mathrm{H}^1(\mathrm{C},\mathscr{E})$ sera notée $[\mathscr{X}]$.

Pour $\mathrm{M}\in\mathscr{M}$, notons $\delta_\mathrm{M}\colon \mathrm{H}^1(\mathrm{C},\mathscr{E}) \to \mathrm{H}^1(\mathrm{L}_\mathrm{M},\mathrm{F}_\mathrm{M})$ la composée de la flèche induite par le morphisme de faisceaux $\mathscr{E}\to i_{\mathrm{M}\star}\mathrm{F}_\mathrm{M}$, où i_M désigne l'inclusion canonique $i_\mathrm{M}\colon \mathrm{Spec}(\kappa(\mathrm{M}))\to\mathrm{C}$, et de la flèche de restriction $\mathrm{H}^1(\kappa(\mathrm{M}),\mathrm{F}_\mathrm{M})\to\mathrm{H}^1(\mathrm{L}_\mathrm{M},\mathrm{F}_\mathrm{M})$. Soient $\mathfrak{T}_{\mathrm{D/C}}$ le noyau de l'application composée

$${}_2\mathrm{H}^1(\mathrm{C},\mathscr{E}) \xrightarrow{\prod\delta_\mathrm{M}} \prod_{\mathrm{M}\in\mathscr{M}} \mathrm{H}^1(\mathrm{L}_\mathrm{M},\mathrm{F}_\mathrm{M}) \longrightarrow \prod_{\mathrm{M}\in\mathscr{M}} \frac{\mathrm{H}^1(\mathrm{L}_\mathrm{M},\mathrm{F}_\mathrm{M})}{\langle\delta_\mathrm{M}([\mathscr{X}])\rangle}$$

et $\mathfrak{S}_{\mathrm{D/C}}\subset\mathfrak{S}_2(\mathrm{C},\mathscr{E})$ l'image réciproque de $\mathfrak{T}_{\mathrm{D/C}}$ par la flèche de droite de la suite exacte (1.3). On dira que *la condition* (D/C) *est satisfaite* si $\mathfrak{T}_{\mathrm{D/C}}$ est engendré par $[\mathscr{X}]$.

Supposons maintenant que k soit un corps de nombres. On note Ω l'ensemble de ses places, $\Omega_f\subset\Omega$ l'ensemble de ses places finies et $\mathbf{A}_k$ l'anneau des adèles de k. Soit

$$\mathscr{R}_\mathrm{A} = \{x\in\mathrm{U}(k)\,;\, \mathrm{X}_x(\mathbf{A}_k)\neq\varnothing\}$$

et soit $\mathscr{R}_{D/C}$ l'ensemble des $x \in \mathscr{R}_A$ tels que tout élément du groupe de 2-Selmer de $\mathscr{E}_x$ appartienne à l'image de la composée

$$\mathfrak{S}_{D/C} \subset \mathfrak{S}_2(C, \mathscr{E}) \subset H^1(U, {}_2\mathscr{E}) \to H^1(k, {}_2\mathscr{E}_x)$$

(dans laquelle l'avant-dernière flèche est donnée par le lemme 1.3 et la dernière flèche est l'évaluation en x) et tels que la restriction de cette composée à l'image réciproque de $\{0, [\mathscr{X}]\}$ par la flèche de droite de (1.3) soit injective.

Lorsque $C = \mathbf{P}^1_k$, on prend pour U le plus grand ouvert de $\mathbf{A}^1_k$ au-dessus duquel π est lisse et l'on note d'une part $\mathscr{R}_D$, $\mathfrak{T}_D$, $\mathfrak{S}_D$ et (D) les ensembles $\mathscr{R}_{D/\mathbf{P}^1_k}$, $\mathfrak{T}_{D/\mathbf{P}^1_k}$, $\mathfrak{S}_{D/\mathbf{P}^1_k}$ et la condition $(D/\mathbf{P}^1_k)$, et d'autre part $\mathscr{R}_{D_0}$, $\mathfrak{T}_{D_0}$, $\mathfrak{S}_{D_0}$ et (D_0) les ensembles $\mathscr{R}_{D/\mathbf{A}^1_k}$, $\mathfrak{T}_{D/\mathbf{A}^1_k}$, $\mathfrak{S}_{D/\mathbf{A}^1_k}$ et la condition $(D/\mathbf{A}^1_k)$, étant entendu que $\mathscr{R}_{D/\mathbf{A}^1_k}$, $\mathfrak{T}_{D/\mathbf{A}^1_k}$, $\mathfrak{S}_{D/\mathbf{A}^1_k}$ et la condition $(D/\mathbf{A}^1_k)$ désignent les ensembles et la condition obtenus en appliquant les définitions ci-dessus avec $C = \mathbf{A}^1_k$ après avoir restreint π au-dessus de $\mathbf{A}^1_k \subset \mathbf{P}^1_k$.

Le théorème dont la démonstration occupera les paragraphes 1.4 et 1.5 est le suivant.

Théorème 1.4 — *Admettons l'hypothèse de Schinzel. Supposons que* $C = \mathbf{P}^1_k$ *et que la fibre de* π *au-dessus du point* $\infty \in \mathbf{P}^1(k)$ *soit lisse. Il existe alors un ensemble fini* $S_0 \subset \Omega$ *et un sous-groupe fini* $B_0 \subset \mathrm{Br}(U)$ *tels que l'assertion suivante soit vérifiée. Soient un ensemble* $S_1 \subset \Omega$ *fini contenant* S_0 *et une famille* $(x_v)_{v \in S_1} \in \prod_{v \in S_1} U(k_v)$. *Supposons que* $X_{x_v}(k_v) \neq \varnothing$ *pour tout* $v \in S_1 \cap \Omega_f$ *et que*

$$\sum_{v \in S_1} \mathrm{inv}_v\, A(x_v) = 0$$

pour tout $A \in B_0$. *Supposons aussi que pour toute place* $v \in S_1$ *réelle, on ait* $X_\infty(k_v) \neq \varnothing$ *et* x_v *appartienne à la composante connexe non majorée de* $U(k_v)$. *Alors*

a) si $\mathscr{M} \neq \varnothing$, *il existe un élément de* $\mathscr{R}_D$ *arbitrairement proche de* x_v *en chaque place* $v \in S_1 \cap \Omega_f$ *et arbitrairement grand en chaque place archimédienne de* k *;*

b) il existe un élément de $\mathscr{R}_{D_0}$ *arbitrairement proche de* x_v *en chaque place* $v \in S_1 \cap \Omega_f$, *arbitrairement grand en chaque place archimédienne de* k *et entier hors de* S_1.

L'appartenance d'un $x \in U(k)$ à $\mathscr{R}_D$ (resp. à $\mathscr{R}_{D_0}$) est une condition arithmétique forte sur la courbe elliptique $\mathscr{E}_x$. Elle entraîne par exemple que l'ordre du groupe de 2-Selmer de $\mathscr{E}_x$ est majoré par celui de $\mathfrak{S}_D$ (resp. $\mathfrak{S}_{D_0}$), groupe que l'on peut calculer explicitement et qui ne dépend pas de x. Nous renvoyons le lecteur aux paragraphes 1.7 à 1.9 pour des conséquences plus concrètes de ce théorème.

Le principe général de la preuve du théorème 1.4 ne présente pas d'originalité par rapport à [21]. Contentons-nous donc de le rappeler brièvement. Étant donné un ensemble fini de places T contenant S_1, l'hypothèse de Schinzel fournit un $x \in U(k)$ satisfaisant des conditions locales prescrites aux places de T et tel que la courbe elliptique $\mathscr{E}_x$ ait bonne réduction hors de T sauf en $\mathrm{Card}(\mathscr{M})$ places, qui ne sont pas contrôlées mais en lesquelles la mauvaise réduction de $\mathscr{E}_x$ l'est. Si B_0 contient un système de représentants modulo $\mathrm{Br}(k)$ des classes de $\mathrm{Br}(U)$ qui deviennent non ramifiées sur X et si les conditions locales sur x aux places de T ont été choisies correctement, on sait déduire de la loi de réciprocité globale l'existence de points adéliques dans la fibre X_x — c'est maintenant un procédé standard, voir [22, Theorem 1.1]. La difficulté de la preuve du théorème 1.4 réside dans le contrôle du groupe de 2-Selmer de $\mathscr{E}_x$. Celui-ci s'effectue en trois étapes ; l'hypothèse de semi-stabilité est cruciale pour les deux dernières. La première consiste à exprimer le groupe de 2-Selmer de $\mathscr{E}_x$ comme noyau d'un certain accouplement symétrique. Dans la seconde étape, on établit un théorème de comparaison entre ces accouplements pour différents T et x comme ci-dessus. Celui-ci permet, si l'on fixe une fois pour toutes un point x_0 comme ci-dessus associé à l'ensemble $T = S_1$, de prévoir pour d'autres choix de T et de conditions locales aux places de $T \setminus S_1$ ce que sera le groupe de 2-Selmer de $\mathscr{E}_x$ quel que soit le point x donné par l'hypothèse de Schinzel. Le but de la troisième et dernière étape est d'en déduire que l'on peut construire un ensemble T et des conditions locales permettant d'obtenir la conclusion du théorème.

Les difficultés liées à la généralisation du cas de réduction I_2 au cas général de réduction semi-stable sont essentiellement dues aux trois phénomènes suivants :

(i) les $\kappa(M)$-groupes F_M ne sont plus nécessairement constants ;

(ii) il n'est plus envisageable de travailler sur des modèles propres et réguliers explicites des courbes elliptiques considérées et de leurs espaces principaux homogènes, le nombre d'éclatements nécessaires pour obtenir de tels modèles pouvant être arbitrairement grand ;

(iii) les groupes $E_\eta(K_M^{sh})/2$ pour $M \in \mathscr{M}$ ne sont plus nécessairement engendrés par les classes des points d'ordre 2.

La structure des groupes F_M intervient dans toutes les questions d'existence ou de non existence de points locaux sur les 2-revêtements des courbes elliptiques $\mathscr{E}_x$ pour $x \in U(k)$. Qu'ils ne soient pas constants n'est pas un problème si, pour les $x \in U(k)$ considérés, les groupes de composantes connexes des fibres du modèle de Néron de $\mathscr{E}_x$ au-dessus de $\mathrm{Spec}(\mathscr{O}_{S_1})$ sont, eux, constants. Il est possible de forcer cette condition à être satisfaite aux places de $T \setminus S_1$ en choisissant convenablement ces dernières ; on peut ensuite faire en sorte que cette condition soit nécessairement satisfaite en toute place de mauvaise réduction de $\mathscr{E}_x$ à l'aide d'un argument de réciprocité similaire à celui permettant de trouver des points adéliques dans les fibres de π.

Les conséquences des phénomènes (ii) et (iii) sont multiples. À titre d'exemple, l'explicitation des groupes de 2-Selmer géométriques $\mathfrak{S}_2(\mathbf{A}^1_k, \mathscr{E})$ et $\mathfrak{S}_2(\mathbf{P}^1_k, \mathscr{E})$ en termes d'une équation de Weierstrass pour E_η n'a plus rien d'immédiat (sans parler des applications δ_{M}) ; voir la preuve de la proposition 1.5. Ou encore, pour $x \in \mathrm{U}(k)$, si l'on cherche à montrer qu'un 2-revêtement de $\mathscr{E}_x$ n'admet pas de k_v-point pour un $v \in \Omega_f$ donné, on ne peut plus nécessairement exhiber un point d'ordre 2 de $\mathscr{E}_x$ dont la classe dans $\mathscr{E}_x(k_v)/2 \subset \mathrm{H}^1(k_v, {}_2\mathscr{E}_x)$ n'est pas orthogonale à celle du 2-revêtement en question (pour l'accouplement induit par l'accouplement de Weil). On comparera ainsi la preuve du lemme 1.36 et celle de [21, Lemma 2.5.2]. La différence la plus notable réside cependant dans la démonstration de l'indépendance par rapport à x et T convenables de l'accouplement symétrique qui permet de calculer le groupe de 2-Selmer de $\mathscr{E}_x$: un ingrédient nouveau s'avère indispensable (à savoir, le lemme 1.25).

De manière générale, afin de contourner les difficultés que l'on vient d'évoquer, nous avons remplacé dans la plupart des arguments le recours à une équation de Weierstrass par l'utilisation des modèles de Néron.

1.3 Explicitation de la condition (D)

Supposons que $\mathrm{C} = \mathbf{P}^1_k$ et que la courbe elliptique E_η ait bonne réduction à l'infini. Par souci de simplicité, supposons de plus que la fibration $\pi\colon \mathrm{X} \to \mathbf{P}^1_k$ soit relativement minimale. Conformément aux conventions du paragraphe 1.2, l'ouvert $\mathrm{U} \subset \mathbf{P}^1_k$ désigne alors le complémentaire de $\mathscr{M} \cup \{\infty\}$. Nous reformulons ici les conditions (D) et (D_0) sous une forme qui se prête plus facilement aux calculs dans des cas concrets (cf. notamment le paragraphe 1.7.2).

La courbe elliptique $\mathrm{E}_\eta/\mathrm{K}$ admet une équation de Weierstrass minimale de la forme

$$\mathrm{Y}^2 = (\mathrm{X} - e_1)(\mathrm{X} - e_2)(\mathrm{X} - e_3) \tag{1.4}$$

avec $e_1, e_2, e_3 \in k[t]$. Posons $p_i = e_j - e_k$ pour toute permutation cyclique (i, j, k) de $(1, 2, 3)$ et $r = p_1p_2p_3$. L'équation de Weierstrass (1.4) a pour discriminant $\Delta = 16r^2$, de sorte que l'ensemble $\mathscr{M}$ s'identifie au lieu d'annulation du polynôme r sur $\mathbf{P}^1_k$. Comme dans le théorème 1.4, nous supposons que la courbe elliptique E_η a bonne réduction à l'infini, ce qui revient à demander que les polynômes p_1, p_2 et p_3 soient du même degré et que ce degré soit pair. L'hypothèse de réduction semi-stable en tout point fermé de $\mathbf{P}^1_k$ équivaut à ce que les polynômes p_1, p_2 et p_3 soient deux à deux premiers entre eux. Pour $\mathrm{M} \in \mathscr{M}$, le nombre de composantes connexes de la fibre géométrique de $\mathscr{E}$ en M se lit alors comme l'ordre d'annulation de Δ en M (cf. [64, Step 2, p. 366]).

Il sera commode de noter $\mathfrak{H}(\mathrm{S}) = \mathbf{G}_{\mathrm{m}}(\mathrm{S})/2 \times \mathbf{G}_{\mathrm{m}}(\mathrm{S})/2$ pour tout schéma ou anneau S. Fixons un K-isomorphisme ${}_2\mathrm{E}_\eta \xrightarrow{\sim} (\mathbf{Z}/2)^2$ en choisissant d'envoyer le point de coordonnées $(\mathrm{X},\mathrm{Y}) = (e_1, 0)$ sur $(0,1)$ et le point de coordonnées $(\mathrm{X},\mathrm{Y}) = (e_2, 0)$ sur $(1,0)$. Des isomorphismes $\mathrm{H}^1(\mathrm{K}, {}_2\mathrm{E}_\eta) = \mathfrak{H}(\mathrm{K})$ et $\mathrm{H}^1(\mathrm{U}, {}_2\mathscr{E}) = \mathfrak{H}(\mathrm{U}) = \mathfrak{H}(k[t][1/r])$ s'en déduisent par additivité de la cohomologie. La définition suivante permet de préserver la symétrie entre les e_i dans les énoncés à venir : pour $\mathfrak{m} \in \mathfrak{H}(\mathrm{K})$, nous dirons que *le triplet* (m_1, m_2, m_3) *représente* $\mathfrak{m}$ si c'est un triplet de polynômes séparables de $k[t]$ dont le produit est un carré (non nul) et si la classe dans $\mathfrak{H}(\mathrm{K})$ du couple (m_1, m_2) est égale à $\mathfrak{m}$.

Les trois propositions suivantes explicitent respectivement les groupes de 2-Selmer géométriques, les extensions $\mathrm{L}_\mathrm{M}/\kappa(\mathrm{M})$ et les applications δ_M ; autrement dit, tous les objets qui apparaissent dans la définition de la condition (D).

Proposition 1.5 — *Le sous-groupe* $\mathfrak{S}_2(\mathbf{A}^1_k, \mathscr{E}) \subset \mathrm{H}^1(\mathrm{U}, {}_2\mathscr{E}) = \mathfrak{H}(k[t][1/r])$ *(cf. lemme 1.3) est égal à l'ensemble des classes* $\mathfrak{m} \in \mathfrak{H}(k[t][1/r])$ *représentées par des triplets* (m_1, m_2, m_3) *tels que pour tout* $i \in \{1,2,3\}$, *les polynômes* m_i *et* p_i *soient premiers entre eux. Le sous-groupe* $\mathfrak{S}_2(\mathbf{P}^1_k, \mathscr{E}) \subset \mathfrak{S}_2(\mathbf{A}^1_k, \mathscr{E})$ *est égal à l'ensemble obtenu en ajoutant la condition que les polynômes* m_i *soient tous de degré pair.*

Pour $\mathrm{M} \in \mathscr{M}$, notons $v_\mathrm{M}\colon \mathrm{K}^\star \to \mathbf{Z}$ la valuation normalisée en M.

Démonstration — Si M est un point fermé de $\mathbf{P}^1_k$, l'image de $\mathfrak{m}$ dans $\mathrm{H}^1(\mathrm{K}^{\mathrm{sh}}_\mathrm{M}, {}_2\mathrm{E}_\eta) = \mathbf{Z}/2 \times \mathbf{Z}/2$ est égale à la classe du couple $(v_\mathrm{M}(m_1), v_\mathrm{M}(m_2))$. Notamment, pour $\mathrm{M} = \infty$, il en résulte que les m_i sont tous de degré pair si et seulement si l'image de $\mathfrak{m}$ dans $\mathrm{H}^1(\mathrm{K}^{\mathrm{sh}}_\infty, {}_2\mathrm{E}_\eta)$ est nulle. Comme la courbe elliptique E_η a bonne réduction à l'infini, on a $\mathrm{E}_\eta(\mathrm{K}^{\mathrm{sh}}_\infty)/2 = 0$ (cf. proposition A.12) ; par conséquent, l'image de $\mathfrak{m}$ dans $\mathrm{H}^1(\mathrm{K}^{\mathrm{sh}}_\infty, {}_2\mathrm{E}_\eta)$ est nulle si et seulement si l'image de $\mathfrak{m}$ dans $\mathrm{H}^1(\mathrm{K}^{\mathrm{sh}}_\infty, \mathrm{E}_\eta)$ est nulle. La seconde assertion de la proposition découle donc de la première.

Pour prouver celle-ci, il suffit de vérifier que pour tout $i \in \{1,2,3\}$ et tout facteur irréductible p de p_i, notant $\mathrm{M} \in \mathscr{M}$ le point où p s'annule, l'image de $\mathfrak{m}$ dans $\mathrm{H}^1(\mathrm{K}^{\mathrm{sh}}_\mathrm{M}, {}_2\mathrm{E}_\eta)$ appartient au sous-groupe $\mathrm{E}_\eta(\mathrm{K}^{\mathrm{sh}}_\mathrm{M})/2$ si et seulement si les polynômes m_i et p sont premiers entre eux.

Lemme 1.6 — *Soit* $\mathrm{M} \in \mathscr{M}$. *L'unique point d'ordre* 2 *de* E_η *qui se spécialise sur* $\mathscr{E}^0_\mathrm{M}$ *est celui de coordonnées* $(\mathrm{X},\mathrm{Y}) = (e_i, 0)$, *où* $i \in \{1,2,3\}$ *est tel que* $p_i(\mathrm{M}) = 0$ *(cf. lemme A.13).*

Démonstration — Comme l'équation de Weierstrass (1.4) est minimale, l'ouvert de lissité sur $\mathbf{A}^1_k$ du sous-schéma fermé de $\mathbf{P}^2_k \times_k \mathbf{A}^1_k$ défini par (1.4) s'identifie à $\mathscr{E}^0_{\mathbf{A}^1_k}$ (cf. [64, Ch. IV, §9, Cor. 9.1]). Il suffit donc de lire l'équation (1.4) modulo M pour déterminer quel point d'ordre 2 se spécialise sur

$\mathscr{E}^0_{\mathrm{M}}$: c'est celui qui ne se spécialise pas sur le point singulier de la cubique réduite. □

Soient $i \in \{1,2,3\}$ et p un facteur irréductible de p_i, s'annulant en $\mathrm{M} \in \mathscr{M}$. D'après le lemme 1.6 et la proposition A.14, le sous-groupe $\mathrm{E}_\eta(\mathrm{K}^{\mathrm{sh}}_{\mathrm{M}})/2 \subset \mathrm{H}^1(\mathrm{K}^{\mathrm{sh}}_{\mathrm{M}}, {}_2\mathrm{E}_\eta) = {}_2\mathrm{E}_\eta(\mathrm{K})$ est égal au sous-groupe de ${}_2\mathrm{E}_\eta(\mathrm{K})$ engendré par le point de coordonnées $(\mathrm{X},\mathrm{Y}) = (e_i, 0)$. L'image de $\mathfrak{m}$ dans $\mathrm{H}^1(\mathrm{K}^{\mathrm{sh}}_{\mathrm{M}}, {}_2\mathrm{E}_\eta)$ appartient donc à $\mathrm{E}_\eta(\mathrm{K}^{\mathrm{sh}}_{\mathrm{M}})/2$ si et seulement si $v_{\mathrm{M}}(m_i) = 0$, d'où la proposition. □

Proposition 1.7 — *Soit* $\mathrm{M} \in \mathscr{M}$. *Si le polynôme* r *s'annule en* M *avec multiplicité* 1, *alors* $\mathrm{L}_{\mathrm{M}} = \kappa(\mathrm{M})$. *Sinon, la classe dans* $\kappa(\mathrm{M})^\star/\kappa(\mathrm{M})^{\star 2}$ *de l'extension quadratique ou triviale* $\mathrm{L}_{\mathrm{M}}/\kappa(\mathrm{M})$ *est égale à la classe de* $p_j(\mathrm{M})$, *où* (i,j,k) *est l'unique permutation cyclique de* $(1,2,3)$ *telle que* $p_i(\mathrm{M}) = 0$.

Démonstration — Notons n l'ordre du groupe $\mathrm{F}_{\mathrm{M}}(\mathrm{L}_{\mathrm{M}})$. Comme $n = 2v_{\mathrm{M}}(r)$, soit r s'annule en M avec multiplicité 1, auquel cas $n = 2$ et donc $\mathrm{L}_{\mathrm{M}} = \kappa(\mathrm{M})$, soit $n > 2$ et L_{M} est alors la plus petite extension de $\kappa(\mathrm{M})$ sur laquelle sont définies les pentes des tangentes au point singulier de la cubique obtenue en réduisant l'équation (1.4) modulo M (cf. proposition A.4 et lemme A.7). La classe de cette dernière extension est bien celle de $p_j(\mathrm{M})$. □

Pour $\mathrm{M} \in \mathscr{M}$, notons $\gamma_{\mathrm{M}} \in \kappa(\mathrm{M})^\star/\kappa(\mathrm{M})^{\star 2}$ la classe de $\mathrm{L}_{\mathrm{M}}/\kappa(\mathrm{M})$. Comme le L_{M}-groupe $\mathrm{F}_{\mathrm{M}} \otimes_{\kappa(\mathrm{M})} \mathrm{L}_{\mathrm{M}}$ est constant cyclique d'ordre pair (cf. proposition A.3), les suites exactes

$$0 \longrightarrow {}_2\mathrm{F}_{\mathrm{M}} \longrightarrow \mathrm{F}_{\mathrm{M}} \longrightarrow 2\mathrm{F}_{\mathrm{M}} \longrightarrow 0 \tag{1.5}$$

et

$$0 \longrightarrow 2\mathrm{F}_{\mathrm{M}} \longrightarrow \mathrm{F}_{\mathrm{M}} \longrightarrow \mathrm{F}_{\mathrm{M}}/2 \longrightarrow 0 \tag{1.6}$$

permettent de voir que ${}_2\mathrm{H}^1(\mathrm{L}_{\mathrm{M}}, \mathrm{F}_{\mathrm{M}}) = \mathrm{H}^1(\mathrm{L}_{\mathrm{M}}, {}_2\mathrm{F}_{\mathrm{M}}) = \mathrm{H}^1(\mathrm{L}_{\mathrm{M}}, \mathbf{Z}/2) = \mathrm{L}^\star_{\mathrm{M}}/\mathrm{L}^{\star 2}_{\mathrm{M}}$, d'où une injection canonique $\kappa(\mathrm{M})^\star/\langle\kappa(\mathrm{M})^{\star 2}, \gamma_{\mathrm{M}}\rangle \hookrightarrow \mathrm{H}^1(\mathrm{L}_{\mathrm{M}}, \mathrm{F}_{\mathrm{M}})$.

Proposition 1.8 — *Soit* $\mathrm{M} \in \mathscr{M}$. *L'image de* $\delta_{\mathrm{M}} \colon \mathfrak{S}_2(\mathbf{A}^1_k, \mathscr{E}) \to \mathrm{H}^1(\mathrm{L}_{\mathrm{M}}, \mathrm{F}_{\mathrm{M}})$ *est incluse dans le sous-groupe* $\kappa(\mathrm{M})^\star/\langle\kappa(\mathrm{M})^{\star 2}, \gamma_{\mathrm{M}}\rangle \subset \mathrm{H}^1(\mathrm{L}_{\mathrm{M}}, \mathrm{F}_{\mathrm{M}})$. *Pour tout* $\mathfrak{m} \in \mathfrak{S}_2(\mathbf{A}^1_k, \mathscr{E})$, *on a*

$$\delta_{\mathrm{M}}(\mathfrak{m}) = m_i(\mathrm{M})\,\big(p_j(\mathrm{M})\big)^{v_{\mathrm{M}}(m_j)} \in \kappa(\mathrm{M})^\star/\langle\kappa(\mathrm{M})^{\star 2}, \gamma_{\mathrm{M}}\rangle,$$

où le triplet (m_1, m_2, m_3) *représente* $\mathfrak{m}$ *et* (i,j,k) *est l'unique permutation cyclique de* $(1,2,3)$ *telle que* $p_i(\mathrm{M}) = 0$.

(Par un léger abus d'écriture, nous notons encore δ_{M} la composée de la flèche naturelle $\mathfrak{S}_2(\mathbf{A}^1_k, \mathscr{E}) \to {}_2\mathrm{H}^1(\mathbf{A}^1_k, \mathscr{E})$ (cf. suite exacte (1.3)) et de l'application δ_{M} du paragraphe 1.2.)

Démonstration — Posons $G = \mathrm{Gal}(L_M/\kappa(M))$. Les suites spectrales de Hochschild-Serre $H^p(G, H^q(L_M, A)) \Longrightarrow H^{p+q}(\kappa(M), A)$ pour $A = F_M$ et $A = {}_2F_M$ fournissent le diagramme commutatif

$$\begin{array}{ccccc} H^1(\kappa(M), {}_2F_M) & \longrightarrow & H^1(L_M, {}_2F_M)^G & \longrightarrow & H^2(G, {}_2F_M(L_M)) \\ \downarrow & & \downarrow & & \downarrow \\ {}_2H^1(\kappa(M), F_M) & \longrightarrow & {}_2H^1(L_M, F_M)^G & \longrightarrow & {}_2H^2(G, F_M(L_M)), \end{array}$$

dont la ligne supérieure est exacte et la ligne inférieure est un complexe. On a déjà remarqué que la flèche verticale du milieu est un isomorphisme. La flèche verticale de droite est par ailleurs injective ; en effet, si le groupe G n'est pas trivial, il est isomorphe à $\mathbf{Z}/2$ et agit par multiplication par -1 sur $F_M(L_M)$ (cf. lemme 1.2), auquel cas la périodicité de la cohomologie modifiée des groupes cycliques permet d'identifier la flèche qui nous intéresse à l'inclusion naturelle $H^0(G, {}_2F_M(L_M)) \to {}_2H^0(G, F_M(L_M))$. Une chasse au diagramme montre maintenant que l'image de la flèche de restriction ${}_2H^1(\kappa(M), F_M) \to {}_2H^1(L_M, F_M)$ est incluse dans l'image de la composée $H^1(\kappa(M), {}_2F_M) \to H^1(L_M, {}_2F_M) = {}_2H^1(L_M, F_M)$, autrement dit dans le sous-groupe $\kappa(M)^\star/\langle\kappa(M)^{\star 2}, \gamma_M\rangle$. La première assertion de la proposition est donc établie.

Pour la seconde, quitte à étendre les scalaires de k à $\kappa(M)$ puis à L_M, on peut supposer que le point M est k-rationnel et que $L_M = \kappa(M)$, de sorte que $\gamma_M = 1$. Notons alors $\mathscr{O}_M^h$ le hensélisé de l'anneau local de $\mathbf{P}^1_k$ en M, K_M^h son corps des fractions et v la valuation normalisée associée. Posons $C = \mathrm{Spec}(\mathscr{O}_M^h)$. Si $\mathfrak{m} \in \mathfrak{S}_2(C, \mathscr{E})$, nous dirons que *le triplet* (m_1, m_2, m_3) *représente* $\mathfrak{m}$ si c'est un triplet d'éléments de K_M^h dont le produit est un carré, si $v(m_1), v(m_2), v(m_3) \in \{0, 1\}$ et si la classe dans $\mathfrak{H}(K_M^h)$ du couple (m_1, m_2) est égale à $\mathfrak{m}$. Soit (i, j, k) l'unique permutation cyclique de $(1, 2, 3)$ telle que $p_i(M) = 0$. Comme dans la proposition 1.5, le sous-groupe $\mathfrak{S}_2(C, \mathscr{E}) \subset \mathfrak{H}(K_M^h)$ est égal à l'ensemble des classes représentées par un triplet (m_1, m_2, m_3) tel que $v(m_i) = 0$.

Soit δ_C la composée $\mathfrak{S}_2(C, \mathscr{E}) \to {}_2H^1(C, \mathscr{E}) \to {}_2H^1(\kappa(M), F_M)$, où la première flèche est issue de la suite exacte (1.3) et la seconde est induite par le morphisme $\mathscr{E} \to i_{M\star}F_M$. Vu le triangle commutatif

$$\begin{array}{ccc} \mathfrak{S}_2(\mathbf{A}^1_k, \mathscr{E}) & & \\ \downarrow & \searrow^{\delta_M} & \\ & & {}_2H^1(\kappa(M), F_M), \\ & \nearrow_{\delta_C} & \\ \mathfrak{S}_2(C, \mathscr{E}) & & \end{array}$$

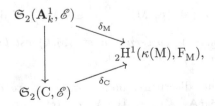

il suffit, pour conclure, d'établir que l'on a $\delta_{\mathrm{C}}(\mathfrak{m}) = m_i(\mathrm{M})(p_j(\mathrm{M}))^{v(m_j)}$ dans $\kappa(\mathrm{M})^\star/\kappa(\mathrm{M})^{\star 2}$ pour tout $\mathfrak{m} \in \mathfrak{S}_2(\mathrm{C},\mathscr{E})$, où le triplet (m_1, m_2, m_3) représente $\mathfrak{m}$.

Vérifions d'abord cette égalité lorsque $\mathfrak{m} \in \mathrm{E}_\eta(\mathrm{K}_\mathrm{M}^\mathrm{h})/2 \subset \mathfrak{S}_2(\mathrm{C},\mathscr{E})$ et que $v(m_j) = 1$. Comme $\delta_{\mathrm{C}}(\mathfrak{m}) = 1$ (cf. suite exacte (1.3)), il s'agit de montrer que $m_i(\mathrm{M}) = p_j(\mathrm{M})$ à un carré de $\kappa(\mathrm{M})$ près. Choisissons un relèvement $\mathrm{P} \in \mathrm{E}_\eta(\mathrm{K}_\mathrm{M}^\mathrm{h})$ de $\mathfrak{m}$. Soit $\varphi_\eta \colon \mathrm{E}_\eta \to \mathrm{E}''_\eta$ le quotient de E_η par l'unique point d'ordre 2 de $\mathrm{E}_\eta(\mathrm{K})$ qui se spécialise sur $\mathscr{E}^0_\mathrm{M}$. Notons φ''_η l'isogénie duale de φ_η et considérons le diagramme commutatif

$$\begin{array}{ccccccccc} 0 & \longrightarrow & {}_2\mathrm{E}_\eta & \longrightarrow & \mathrm{E}_\eta & \xrightarrow{2} & \mathrm{E}_\eta & \longrightarrow & 0 \\ & & \downarrow & & \downarrow{\scriptstyle \varphi_\eta} & & \| & & \\ 0 & \longrightarrow & \mathbf{Z}/2 & \longrightarrow & \mathrm{E}''_\eta & \xrightarrow{\varphi''_\eta} & \mathrm{E}_\eta & \longrightarrow & 0, \end{array} \tag{1.7}$$

dont les lignes sont exactes. Le lemme 1.6 montre que la classe de m_i dans $\mathrm{K}_\mathrm{M}^{\mathrm{h}\star}/\mathrm{K}_\mathrm{M}^{\mathrm{h}\star 2} = \mathrm{H}^1(\mathrm{K}_\mathrm{M}^\mathrm{h}, \mathbf{Z}/2)$ est égale à l'image de P par le bord de la suite exacte inférieure de ce diagramme, puisque celui-ci commute. Soient $\mathscr{E}''$ le modèle de Néron de E''_η sur C, $\mathscr{E}''^0 \subset \mathscr{E}''$ sa composante neutre, F''_M la fibre spéciale de $\mathscr{E}''/\mathscr{E}''^0$ et $i_\mathrm{M} \colon \mathrm{Spec}(\kappa(\mathrm{M})) \to \mathrm{C}$ l'immersion fermée canonique. L'isogénie φ''_η induit un morphisme de suites exactes de faisceaux étales sur C

$$\begin{array}{ccccccccc} 0 & \longrightarrow & \mathscr{E}''^0 & \longrightarrow & \mathscr{E}'' & \longrightarrow & i_{\mathrm{M}\star}\mathrm{F}''_\mathrm{M} & \longrightarrow & 0 \\ & & \downarrow & & \downarrow & & \downarrow & & \\ 0 & \longrightarrow & \mathscr{E}^0 & \longrightarrow & \mathscr{E} & \longrightarrow & i_{\mathrm{M}\star}\mathrm{F}_\mathrm{M} & \longrightarrow & 0, \end{array}$$

où l'on convient de noter encore $\mathscr{E}$ la restriction de $\mathscr{E}$ à C. La flèche verticale de gauche est surjective d'après le lemme A.1, la flèche verticale de droite l'est d'après la proposition A.8 ; la flèche verticale du milieu est donc elle aussi surjective. Compte tenu que le noyau de la flèche verticale de droite est isomorphe à $i_{\mathrm{M}\star}\mathbf{Z}/2$ (cf. proposition A.8), il en résulte que les lignes du diagramme commutatif

$$\begin{array}{ccccccccc} 0 & \longrightarrow & \mathbf{Z}/2 & \longrightarrow & \mathscr{E}'' & \longrightarrow & \mathscr{E} & \longrightarrow & 0 \\ & & \downarrow & & \downarrow & & \downarrow & & \\ 0 & \longrightarrow & i_{\mathrm{M}\star}\mathbf{Z}/2 & \longrightarrow & i_{\mathrm{M}\star}\mathrm{F}''_\mathrm{M} & \longrightarrow & i_{\mathrm{M}\star}\mathrm{F}_\mathrm{M} & \longrightarrow & 0 \end{array} \tag{1.8}$$

sont exactes. Notons $\alpha \in \mathrm{F}_\mathrm{M}(\kappa(\mathrm{M}))$ l'image de P par la flèche verticale de droite. Comme (1.8) commute, l'image β de α dans $\mathrm{H}^1(\kappa(\mathrm{M}), \mathbf{Z}/2) = \kappa(\mathrm{M})^\star/\kappa(\mathrm{M})^{\star 2}$ par le bord de la suite exacte inférieure de ce diagramme est égale à la classe de $m_i(\mathrm{M})$; il reste donc seulement à vérifier que β coïncide avec la classe de $p_j(\mathrm{M})$. Soit $\mathrm{L}''_\mathrm{M}/\kappa(\mathrm{M})$ l'extension quadratique ou triviale minimale telle que le L''_M-groupe $\mathrm{F}''_\mathrm{M} \otimes_{\kappa(\mathrm{M})} \mathrm{L}''_\mathrm{M}$ soit constant (cf. proposition A.3). L'application $\mathrm{F}''_\mathrm{M}(\mathrm{L}''_\mathrm{M}) \to \mathrm{F}_\mathrm{M}(\mathrm{L}''_\mathrm{M})$ induite par φ''_η est surjective puisque le L''_M-groupe $\mathrm{F}''_\mathrm{M} \otimes_{\kappa(\mathrm{M})} \mathrm{L}''_\mathrm{M}$ est constant ; la classe β appartient donc au noyau de la flèche de restriction $\mathrm{H}^1(\kappa(\mathrm{M}), \mathbf{Z}/2) \to \mathrm{H}^1(\mathrm{L}''_\mathrm{M}, \mathbf{Z}/2)$. D'autre part, comme $\mathrm{F}_\mathrm{M}(\mathrm{L}_\mathrm{M})$ est d'ordre pair, la suite exacte inférieure du diagramme (1.8) montre que $\mathrm{F}''_\mathrm{M}(\mathrm{L}''_\mathrm{M})$ est d'ordre > 2. Compte tenu de la proposition A.4 et du lemme A.7, il en résulte que la classe de l'extension $\mathrm{L}''_\mathrm{M}/\kappa(\mathrm{M})$ dans $\kappa(\mathrm{M})^\star/\kappa(\mathrm{M})^{\star 2}$ est égale à la classe de $p_j(\mathrm{M})$. Ainsi a-t-on nécessairement $\beta = 1$ ou $\beta = p_j(\mathrm{M})$ dans $\kappa(\mathrm{M})^\star/\kappa(\mathrm{M})^{\star 2}$. Supposons, par l'absurde, que $\beta \neq p_j(\mathrm{M})$, auquel cas $\beta = 1$. Cela signifie que α appartient à l'image de la flèche $\mathrm{F}''_\mathrm{M}(\kappa(\mathrm{M})) \to \mathrm{F}_\mathrm{M}(\kappa(\mathrm{M}))$ induite par φ''_η. Comme $\beta \neq p_j(\mathrm{M})$ et que $\beta = 1$, on a $p_j(\mathrm{M}) \neq 1$ (toujours dans $\kappa(\mathrm{M})^\star/\kappa(\mathrm{M})^{\star 2}$), de sorte que $\mathrm{L}''_\mathrm{M} \neq \kappa(\mathrm{M})$. Autrement dit, le $\kappa(\mathrm{M})$-groupe F''_M n'est pas constant. Vu la proposition A.3 et la ligne inférieure du diagramme (1.8), il s'ensuit que la flèche $\mathrm{F}''_\mathrm{M}(\kappa(\mathrm{M})) \to \mathrm{F}_\mathrm{M}(\kappa(\mathrm{M}))$ induite par φ''_η est nulle, et donc que $\alpha = 0$. La proposition A.12 permet d'en déduire que l'image de $\mathfrak{m}$ dans $\mathrm{E}_\eta(\mathrm{K}^\mathrm{sh}_\mathrm{M})/2$ est nulle, ce qui contredit l'hypothèse selon laquelle $v(m_j) = 1$.

Passons maintenant au cas général. Fixons $\mathfrak{m} \in \mathfrak{S}_2(\mathrm{C}, \mathscr{E})$ et considérons le diagramme commutatif

$$\begin{array}{ccc} \mathrm{E}_\eta(\mathrm{K}^\mathrm{h}_\mathrm{M})/2 & \longrightarrow & \mathrm{F}_\mathrm{M}(\kappa(\mathrm{M}))/2 \\ \downarrow & & \downarrow \\ \mathrm{E}_\eta(\mathrm{K}^\mathrm{sh}_\mathrm{M})/2 & \longrightarrow & \mathrm{F}_\mathrm{M}\left(\overline{\kappa(\mathrm{M})}\right)/2, \end{array}$$

où $\overline{\kappa(\mathrm{M})}$ est le corps résiduel de $\mathscr{O}^\mathrm{sh}_\mathrm{M}$. La proposition A.12 montre que la flèche horizontale supérieure est surjective et que la flèche horizontale inférieure est bijective. D'autre part, la flèche verticale de droite est bijective puisque le $\kappa(\mathrm{M})$-groupe F_M est constant. Il en résulte que la flèche verticale de gauche est surjective.

L'image de $\mathfrak{m}$ dans $\mathrm{H}^1(\mathrm{K}^\mathrm{sh}_\mathrm{M}, {}_2\mathrm{E}_\eta) = \mathbf{Z}/2 \times \mathbf{Z}/2$ est égale à $(v(m_1), v(m_2))$ et appartient par ailleurs au sous-groupe $\mathrm{E}_\eta(\mathrm{K}^\mathrm{sh}_\mathrm{M})/2 \subset \mathrm{H}^1(\mathrm{K}^\mathrm{sh}_\mathrm{M}, {}_2\mathrm{E}_\eta)$, par définition du groupe de Selmer géométrique. D'après la propriété de surjectivité que l'on vient d'établir, il existe un élément $\mathfrak{m}' \in \mathrm{E}_\eta(\mathrm{K}^\mathrm{h}_\mathrm{M})/2$ ayant même image que $\mathfrak{m}$ dans $\mathrm{H}^1(\mathrm{K}^\mathrm{sh}_\mathrm{M}, {}_2\mathrm{E}_\eta)$. Comme l'égalité que l'on veut démontrer est multiplicative et qu'elle a déjà été établie pour $\mathfrak{m}'$ si l'image de $\mathfrak{m}$ dans $\mathrm{H}^1(\mathrm{K}^\mathrm{sh}_\mathrm{M}, {}_2\mathrm{E}_\eta)$ n'est pas nulle, on peut supposer, quitte à remplacer $\mathfrak{m}$ par $\mathfrak{m} + \mathfrak{m}'$, que $v(m_1) = v(m_2) = v(m_3) = 0$, auquel cas $\mathfrak{m} \in \mathrm{H}^1(\mathrm{C}, {}_2\mathscr{E}) \subset \mathfrak{S}_2(\mathrm{C}, \mathscr{E})$. Le carré commutatif

$$\begin{array}{ccc} \mathrm{H}^1(\mathrm{C}, {}_2\mathscr{E}) & \longrightarrow & \mathrm{H}^1(\mathrm{C}, \mathscr{E}) \\ \big\downarrow & & \big\downarrow \\ \mathrm{H}^1(\kappa(\mathrm{M}), {}_2\mathrm{F}_\mathrm{M}) & \longrightarrow & \mathrm{H}^1(\kappa(\mathrm{M}), \mathrm{F}_\mathrm{M}) \end{array}$$

montre maintenant que $\delta_\mathrm{C}(\mathfrak{m}) \in \kappa(\mathrm{M})^\star/\kappa(\mathrm{M})^{\star 2} = \mathrm{H}^1(\kappa(\mathrm{M}), {}_2\mathrm{F}_\mathrm{M})$ est égal à l'image de $\mathfrak{m}$ par la flèche $\mathrm{H}^1(\mathrm{C}, {}_2\mathscr{E}) \to \mathrm{H}^1(\kappa(\mathrm{M}), {}_2\mathrm{F}_\mathrm{M})$ induite par le morphisme de faisceaux ${}_2\mathscr{E} \to i_{\mathrm{M}\star}({}_2\mathrm{F}_\mathrm{M})$. Celui-ci s'identifie à la composée ${}_2\mathscr{E} \to i_{\mathrm{M}\star}({}_2\mathscr{E}_\mathrm{M}) \to i_{\mathrm{M}\star}({}_2\mathscr{E}_\mathrm{M}/{}_2\mathscr{E}^0_\mathrm{M})$, compte tenu que ${}_2\mathscr{E}_\mathrm{M} = \mathbf{Z}/2 \times \mathbf{Z}/2$, ${}_2\mathscr{E}^0_\mathrm{M} = \mathbf{Z}/2$ et ${}_2\mathrm{F}_\mathrm{M} = \mathbf{Z}/2$. Comme $\mathrm{H}^1(\mathrm{C}, {}_2\mathscr{E}) = \mathfrak{H}(\mathscr{O}^\mathrm{h}_\mathrm{M}) = \mathfrak{H}(\kappa(\mathrm{M}))$ et que ces isomorphismes canoniques appliquent $\mathfrak{m} \in \mathrm{H}^1(\mathrm{C}, {}_2\mathscr{E})$ sur $(m_1(\mathrm{M}), m_2(\mathrm{M})) \in \mathfrak{H}(\kappa(\mathrm{M}))$, on en conclut que $\delta_\mathrm{C}(\mathfrak{m})$ est égal à l'image de $(m_1(\mathrm{M}), m_2(\mathrm{M}))$ par l'application $\mathfrak{H}(\kappa(\mathrm{M})) \longrightarrow \kappa(\mathrm{M})^\star/\kappa(\mathrm{M})^{\star 2}$ obtenue en tensorisant par $\kappa(\mathrm{M})^\star/\kappa(\mathrm{M})^{\star 2}$ la flèche ${}_2\mathrm{F}_\eta(\mathrm{K}) = \mathbf{Z}/2 \times \mathbf{Z}/2 \longrightarrow \mathbf{Z}/2$ de quotient par l'unique point d'ordre 2 de $\mathrm{E}_\eta(\mathrm{K})$ qui se spécialise sur $\mathscr{E}^0_\mathrm{M}$. D'où le résultat, grâce au lemme 1.6. □

L'énoncé de la proposition 1.8 se simplifie dans le cas de mauvaise réduction en M de type I_n avec $n > 2$.

Corollaire 1.9 — *Soit* $\mathrm{M} \in \mathscr{M}$ *tel que le polynôme* r *s'annule avec multiplicité* > 1 *en* M. *Pour tout* $\mathfrak{m} \in \mathfrak{S}_2(\mathbf{A}^1_k, \mathscr{E})$, *on a* $\delta_\mathrm{M}(\mathfrak{m}) = m_i(\mathrm{M}) \in \kappa(\mathrm{M})^\star/\langle \kappa(\mathrm{M})^{\star 2}, \gamma_\mathrm{M}\rangle$, *où le triplet* (m_1, m_2, m_3) *représente* $\mathfrak{m}$ *et* $i \in \{1,2,3\}$ *est tel que* $p_i(\mathrm{M}) = 0$.

Démonstration — Vu la proposition 1.8, il suffit de vérifier que la classe de $p_j(\mathrm{M})$ dans $\kappa(\mathrm{M})^\star/\kappa(\mathrm{M})^{\star 2}$ est égale à γ_M ; ceci résulte de la proposition A.4 et du lemme A.7. □

L'explicitation de la condition (D) permet de donner une preuve courte du résultat de finitude suivant, qui sera utile à la fois pour la preuve du théorème 1.4 et pour son application aux secondes descentes (théorème 1.52).

Corollaire 1.10 — *Si* $\mathscr{M} \neq \varnothing$, *les groupes* $\mathfrak{S}_\mathrm{D}$ *et* $\mathfrak{S}_{\mathrm{D}_0}$ *sont finis.*

Démonstration — Le sous-groupe $\mathfrak{H}(k) \subset \mathfrak{S}_2(\mathbf{A}^1_k, \mathscr{E})$ étant d'indice fini (cf. proposition 1.5), il suffit de prouver que le noyau de la flèche

$$\mathfrak{H}(k) \xrightarrow{\prod \delta_\mathrm{M}} \prod_{\mathrm{M} \in \mathscr{M}} \kappa(\mathrm{M})^\star/\langle \kappa(\mathrm{M})^{\star 2}, \gamma_\mathrm{M}\rangle$$

est fini. L'hypothèse $\mathscr{M} \neq \varnothing$ signifie que le polynôme r n'est pas constant. Il en résulte qu'aucun des p_i n'est constant, puisqu'ils sont tous du même degré.

Par conséquent, il existe $M_1, M_2 \in \mathscr{M}$ tels que $p_1(M_1) = 0$ et $p_2(M_2) = 0$. D'après la proposition 1.8, l'application

$$\mathfrak{H}(k) \xrightarrow{\delta_{M_1}\times\delta_{M_2}} \kappa(M_1)^\star/\langle\kappa(M_1)^{\star 2}, \gamma_{M_1}\rangle \times \kappa(M_2)^\star/\langle\kappa(M_2)^{\star 2}, \gamma_{M_2}\rangle$$

envoie $(m_1, m_2) \in \mathfrak{H}(k)$ sur la classe de (m_1, m_2). On conclut alors en choisissant une extension finie galoisienne ℓ/k dans laquelle se plongent L_{M_1} et L_{M_2} et en remarquant que le noyau de la flèche de restriction $\mathfrak{H}(k) \to \mathfrak{H}(\ell)$ est fini puisqu'il s'identifie au groupe de cohomologie $H^1(\mathrm{Gal}(\ell/k), \mathbf{Z}/2\times\mathbf{Z}/2)$. □

1.4 Symétrisation du calcul de Selmer

Nous détaillons ici une construction due à Colliot-Thélène, Skorobogatov et Swinnerton-Dyer (cf. [21, §1]) permettant d'exprimer le groupe de 2-Selmer d'une courbe elliptique sur un corps de nombres comme le noyau d'une certaine forme bilinéaire symétrique, l'intérêt de cette opération étant que le comportement en famille de ladite forme bilinéaire sera plus facile à étudier que celui du groupe de 2-Selmer. Les résultats de ce paragraphe ne sont pas nouveaux, à l'exception de la proposition 1.16 ; tout au plus leur présentation est-elle quelque peu simplifiée (notamment, les espaces $\mathscr{W}_v$ n'interviennent que dans la proposition 1.16).

La symétrisation du calcul de Selmer nécessite trois types d'ingrédients : les théorèmes de dualité locale (pour les modules finis et pour les courbes elliptiques, cf. [51, Ch. I, §2 et §3]), un peu de théorie du corps de classes global, et de l'algèbre linéaire sur $\mathbf{F}_2$. Les preuves sont légèrement plus simples lorsque les points d'ordre 2 de la courbe elliptique considérée sont tous rationnels (et nous ferons donc cette hypothèse) ; le type de réduction ne joue en revanche aucun rôle.

Les notations de ce paragraphe sont indépendantes de celles du reste du chapitre. Soit k un corps de nombres. Notons Ω l'ensemble de ses places, et fixons un sous-ensemble fini $S_0 \subset \Omega$ contenant les places archimédiennes, les places dyadiques et un système de générateurs du groupe de classes de k. Soit E une courbe elliptique sur k dont tous les points d'ordre 2 sont rationnels. Pour $v \in \Omega$, on définit les $\mathbf{F}_2$-espaces vectoriels suivants :

$$V_v = H^1(k_v, {}_2E) \quad ; \quad W_v(E) = E(k_v)/2 \quad ; \quad T_v = \mathrm{Ker}\left(V_v \to H^1(k_v^{\mathrm{nr}}, {}_2E)\right),$$

où k_v^{nr} désigne une extension non ramifiée maximale de k_v. La suite exacte de Kummer permet de voir $W_v(E)$ naturellement comme un sous-espace de V_v. Pour $S \subset \Omega$ fini contenant S_0, on pose :

$$V_S = \bigoplus_{v\in S} V_v \quad ; \quad I^S = \mathrm{Ker}\left(H^1(k, {}_2E) \to \prod_{v\in\Omega\setminus S} H^1(k_v^{\mathrm{nr}}, {}_2E)\right).$$

Lemme 1.11 — *La flèche naturelle* $\mathrm{I}^{\mathrm{S}} \to \mathrm{V}_{\mathrm{S}}$ *est injective.*

Démonstration — Le choix d'un isomorphisme de k-groupes ${}_2\mathrm{E} \xrightarrow{\sim} (\mathbf{Z}/2)^2$ nous ramène à prouver que la flèche naturelle $\mathscr{O}_{\mathrm{S}}^\star/\mathscr{O}_{\mathrm{S}}^{\star 2} \to \prod_{v\in\mathrm{S}} k_v^\star/k_v^{\star 2}$ est injective, en notant $\mathscr{O}_{\mathrm{S}}$ l'anneau des S-entiers de k. Il s'agit là d'une conséquence de la théorie du corps de classes (cf. [9, Chapter VII, Lemma 9.2] ; c'est ici que l'hypothèse que S_0 contient un système de générateurs du groupe de classes de k sert). □

L'accouplement de Weil ${}_2\mathrm{E} \times {}_2\mathrm{E} \to \mathbf{Z}/2$ et le cup-produit induisent une forme bilinéaire alternée non dégénérée $\mathrm{V}_v \times \mathrm{V}_v \to \mathbf{Z}/2$ pour tout $v \in \Omega$ (cf. [51, Ch. I, Cor. 2.3 et Th. 2.13]), notée par la suite $\langle\cdot,\cdot\rangle_v$. Le sous-espace $\mathrm{W}_v(\mathrm{E}) \subset \mathrm{V}_v$ est totalement isotrope maximal (cf. [51, Ch I, Cor. 3.4 et Rem. 3.7]). De plus, il résulte du théorème de F. K. Schmidt que $\mathrm{W}_v(\mathrm{E}) = \mathrm{T}_v$ pour toute place $v \in \Omega\setminus\mathrm{S}_0$ de bonne réduction pour E.

Munissons V_{S} de la somme orthogonale des accouplements $\langle\cdot,\cdot\rangle_v$. La loi de réciprocité globale montre que le sous-espace $\mathrm{I}^{\mathrm{S}} \subset \mathrm{V}_{\mathrm{S}}$ est totalement isotrope ; un calcul de dimensions utilisant le théorème des unités de Dirichlet et la formule du produit permet de voir qu'il est même totalement isotrope maximal (cf. [21, Prop. 1.1.1]).

Lemme 1.12 — *Il existe des sous-espaces totalement isotropes maximaux* $\mathrm{K}_v \subset \mathrm{V}_v$ *pour* $v \in \mathrm{S}_0$ *tels que* $\mathrm{V}_{\mathrm{S}_0} = \mathrm{I}^{\mathrm{S}_0} \oplus \bigoplus_{v\in\mathrm{S}_0} \mathrm{K}_v$.

Démonstration — Ce lemme est prouvé dans [21, Lemma 1.1.3]. En voici une démonstration plus courte, due à Swinnerton-Dyer. Les espaces V_v s'écrivent comme des sommes orthogonales de plans hyperboliques. Il suffit donc de voir qu'étant donnés une famille $(\mathrm{V}_i)_{1\leqslant i\leqslant n}$ de plans hyperboliques sur $\mathbf{F}_2$ et un sous-espace totalement isotrope maximal I de leur somme orthogonale $\mathrm{V} = \bigoplus \mathrm{V}_i$, il existe des droites $\mathrm{K}_i \subset \mathrm{V}_i$ telles que $\mathrm{V} = \mathrm{I} \oplus \bigoplus \mathrm{K}_i$. Prouvons-le par récurrence sur n. Si $n = 0$, il n'y a rien à démontrer. Supposons donc $n > 0$ et prenons pour K_n une droite quelconque de V_n non incluse dans I. Posons $\mathrm{V}^- = \bigoplus_{i=1}^{n-1} \mathrm{V}_i$ et $\mathrm{I}^- = \mathrm{V}^- \cap (\mathrm{I}+\mathrm{K}_n)$. Il est facile de voir que $\mathrm{I}^- \subset \mathrm{V}^-$ est totalement isotrope. De plus, $\dim(\mathrm{V}^-) = 2n-2$ et $\dim(\mathrm{I}^-) \geqslant \dim(\mathrm{V}^-) + \dim(\mathrm{I}+\mathrm{K}_n) - \dim(\mathrm{V}) = n-1$, ce qui montre que I^- est totalement isotrope maximal. L'hypothèse de récurrence fournit des droites $\mathrm{K}_i \subset \mathrm{V}_i$ pour $i < n$ telles que $\mathrm{V}^- = \mathrm{I}^- \oplus \bigoplus_{i=1}^{n-1} \mathrm{K}_i$. On a alors $(\mathrm{I}+\mathrm{K}_n) \cap \bigoplus_{i=1}^{n-1} \mathrm{K}_i \subset \mathrm{I}^- \cap \bigoplus_{i=1}^{n} \mathrm{K}_i = 0$, donc $\mathrm{I} \cap \bigoplus_{i=1}^{n} \mathrm{K}_i \subset \mathrm{I} \cap \mathrm{K}_n = 0$, d'où finalement $\mathrm{V} = \mathrm{I} \oplus \bigoplus_{i=1}^{n} \mathrm{K}_i$. □

Supposons choisis des $\mathrm{K}_v \subset \mathrm{V}_v$ pour $v \in \mathrm{S}_0$ comme dans le lemme ci-dessus et notons $\mathrm{K}_v = \mathrm{T}_v$ pour $v \in \Omega\setminus\mathrm{S}_0$. On dispose maintenant d'un sous-espace totalement isotrope maximal $\mathrm{K}_v \subset \mathrm{V}_v$ pour chaque $v \in \Omega$. Posons $\mathrm{K}_{\mathrm{S}} = \bigoplus_{v\in\mathrm{S}} \mathrm{K}_v$ pour $\mathrm{S} \subset \Omega$.

Lemme 1.13 — *On a* $\mathrm{V}_{\mathrm{S}} = \mathrm{I}^{\mathrm{S}} \oplus \mathrm{K}_{\mathrm{S}}$ *pour tout* $\mathrm{S} \subset \Omega$ *fini contenant* S_0.

Démonstration — En effet on a l'inclusion $I^S \cap K_S \subset I^{S_0} \cap K_{S_0}$ de sous-groupes de $H^1(k, {}_2E)$, or $I^{S_0} \cap K_{S_0} = 0$ par définition des K_v. □

Le groupe de 2-Selmer de E est par définition le sous-groupe $\mathrm{Sel}_2(k, E)$ de $H^1(k, {}_2E)$ constitué des classes dont l'image dans V_v appartient à $W_v(E)$ pour tout $v \in \Omega$. Il s'identifie à $I^S \cap W_S(E)$ si S contient l'ensemble des places de mauvaise réduction pour E puisqu'alors $W_v(E) = T_v$ pour $v \notin S$. Nous allons maintenant nous intéresser à un sous-groupe intermédiaire entre $\mathrm{Sel}_2(k, E)$ et I^S, à savoir

$$\mathscr{I}^S(E) = I^S \cap (W_S(E) + K_S).$$

Cette définition est à mettre en parallèle avec celle du groupe de 2-Selmer *géométrique* d'une courbe elliptique sur le corps des fonctions de la droite projective, dans laquelle intervenaient les hensélisés stricts des anneaux locaux de la base (par opposition aux hensélisés).

Soient $a, b \in \mathscr{I}^S(E)$. Par hypothèse, il existe α_v, α'_v pour $v \in S$ avec $\alpha_v \in W_v(E)$, $\alpha'_v \in K_v$ et $a = \sum_{v \in S}(\alpha_v + \alpha'_v)$. Posons

$$\langle a, b \rangle = \sum_{v \in S} \langle \alpha_v, b \rangle_v. \tag{1.9}$$

Étant donné que $W_v(E)$ et K_v sont totalement isotropes, cet élément de $\mathbf{Z}/2$ ne dépend que du couple (a, b). La formule ci-dessus définit donc une forme bilinéaire $\mathscr{I}^S(E) \times \mathscr{I}^S(E) \to \mathbf{Z}/2$.

Soient $\beta_v \in W_v(E)$, $\beta'_v \in K_v$ pour $v \in S$ tels que $b = \sum_{v \in S}(\beta_v + \beta'_v)$. La loi de réciprocité globale entraîne que $\sum_{v \in \Omega} \langle a, b \rangle_v = 0$. Par ailleurs, $\langle a, b \rangle_v = 0$ pour $v \notin S$ car les images de a et b dans V_v pour $v \notin S$ appartiennent au sous-espace totalement isotrope $W_v(E) = T_v$; d'où $\sum_{v \in S} \langle a, b \rangle_v = 0$. Utilisant à nouveau la propriété qu'ont $W_v(E)$ et K_v d'être totalement isotropes, on en déduit immédiatement :

Proposition 1.14 — *La forme bilinéaire* $\mathscr{I}^S(E) \times \mathscr{I}^S(E) \to \mathbf{Z}/2$ *définie par (1.9) est symétrique.*

Il est évident sur (1.9) que $\langle a, b \rangle = 0$ si $b \in \mathrm{Sel}_2(k, E)$; le groupe de 2-Selmer est donc inclus dans le noyau de cette forme bilinéaire symétrique. Montrons maintenant :

Proposition 1.15 — *Si* S *contient l'ensemble des places de mauvaise réduction pour* E*, le noyau de la forme bilinéaire symétrique définie par (1.9) est égal au groupe de 2-Selmer de* E.

Démonstration — Supposons que $b \in \mathscr{I}^S(E)$ appartienne au noyau. On veut montrer que $b \in I^S \cap W_S(E)$; pour cela, il suffit que b soit orthogonal à $W_S(E)$ dans V_S, puisque $W_S(E)$ est totalement isotrope maximal. Soit $w \in W_S(E)$.

D'après le lemme 1.13, il existe $a \in \mathrm{I}^{\mathrm{S}}$ tel que $a - w \in \mathrm{K}_{\mathrm{S}}$. On a alors $a \in \mathscr{I}^{\mathrm{S}}(\mathrm{E})$, et par hypothèse $\langle a, b\rangle = 0$, ce qui signifie précisément que w et b sont orthogonaux dans V_{S}. □

Notons $\mathscr{W}_v(\mathrm{E})$ l'image de $\mathrm{W}_v(\mathrm{E})$ par la flèche de restriction $\mathrm{H}^1(k_v, {}_2\mathrm{E}) \to \mathrm{H}^1(k_v^{\mathrm{nr}}, {}_2\mathrm{E})$, pour $v \in \Omega \setminus \mathrm{S}_0$. Le sous-espace $\mathrm{W}_v(\mathrm{E}) + \mathrm{K}_v$ de V_v est exactement l'image réciproque de $\mathscr{W}_v(\mathrm{E})$ par cette flèche, puisque $\mathrm{K}_v = \mathrm{T}_v$ pour de tels v. Autrement dit, le sous-espace $\mathscr{W}_v(\mathrm{E})$ de $\mathrm{H}^1(k_v^{\mathrm{nr}}, {}_2\mathrm{E})$ suffit à déterminer la condition en une place $v \in \mathrm{S} \setminus \mathrm{S}_0$ pour qu'un élément de I^{S} appartienne à $\mathscr{I}^{\mathrm{S}}(\mathrm{E})$. La proposition suivante nous sera utile par la suite : elle permet d'exprimer cette condition en termes de modèles de Néron.

Proposition 1.16 — *Soit $v \in \Omega \setminus \mathrm{S}_0$. Notons κ le corps résiduel de v, $\overline{\kappa}$ une clôture algébrique de κ et F le κ-schéma en groupes fini étale des composantes connexes de la fibre spéciale du modèle de Néron de $\mathrm{E} \otimes_k k_v$ sur $\mathscr{O}_v$. On a alors canoniquement* $\mathscr{W}_v(\mathrm{E}) = \mathrm{Im}\,(\mathrm{F}(\kappa) \to \mathrm{F}(\overline{\kappa})/2)$.

Démonstration — Vu le carré commutatif

$$\begin{array}{ccc} \mathrm{E}(k_v)/2 & \hookrightarrow & \mathrm{H}^1(k_v, {}_2\mathrm{E}) \\ \downarrow & & \downarrow \\ \mathrm{E}(k_v^{\mathrm{nr}})/2 & \hookrightarrow & \mathrm{H}^1(k_v^{\mathrm{nr}}, {}_2\mathrm{E}), \end{array}$$

le groupe $\mathscr{W}_v(\mathrm{E})$ s'identifie à l'image de la flèche naturelle $\mathrm{E}(k_v)/2 \to \mathrm{E}(k_v^{\mathrm{nr}})/2$. Considérons maintenant le carré commutatif

$$\begin{array}{ccc} \mathrm{E}(k_v)/2 & \xrightarrow{r} & \mathrm{F}(\kappa)/2 \\ \downarrow & & \downarrow \\ \mathrm{E}(k_v^{\mathrm{nr}})/2 & \xrightarrow{r'} & \mathrm{F}(\overline{\kappa})/2, \end{array}$$

où r et r' sont induites par les flèches de spécialisation. Il résulte de la proposition A.12 que r' est un isomorphisme et que r est surjective, d'où le résultat. □

1.5 Preuve du théorème 1.4

Pour prouver le théorème 1.4, on peut évidemment supposer la fibration $\pi\colon \mathrm{X} \to \mathbf{P}^1_k$ relativement minimale. L'intérêt de cette hypothèse est essentiellement qu'elle permet d'écrire que $\mathrm{U} = \mathbf{A}^1_k \setminus \mathscr{M}$. On désigne par $\mathscr{O}$ (resp. $\mathscr{O}_{\mathrm{S}}$, pour $\mathrm{S} \subset \Omega$) l'anneau des entiers (resp. des S-entiers) de k. D'autre part, on conserve la notation $\mathfrak{H}(\mathrm{X}) = \mathbf{G}_{\mathrm{m}}(\mathrm{X})/2 \times \mathbf{G}_{\mathrm{m}}(\mathrm{X})/2$ du paragraphe 1.3.

Les paragraphes 1.5.1 à 1.5.3 contiennent des définitions et résultats préliminaires à la preuve proprement dite du théorème 1.4, qui occupe le paragraphe 1.5.4.

1.5.1 Triplets préadmissibles, admissibles

Si $x \in \mathbf{P}^1_k$ est un point fermé, on note $\widetilde{x}$ son adhérence schématique dans $\mathbf{P}^1_{\mathscr{O}}$. C'est un $\mathscr{O}$-schéma fini génériquement étale. On définit de même l'adhérence $\widetilde{x}$ de x dans $\mathbf{P}^1_{\mathscr{O}_v}$ lorsque x est un point fermé de $\mathbf{P}^1_{k_v}$ et que $v \in \Omega_f$. Si $\mathrm{S} \subset \Omega$ est assez grand pour que $\widetilde{x} \cap \mathbf{P}^1_{\mathscr{O}_\mathrm{S}}$ soit étale sur $\mathrm{Spec}(\mathscr{O}_\mathrm{S})$, l'ensemble des points fermés de $\widetilde{x} \cap \mathbf{P}^1_{\mathscr{O}_\mathrm{S}}$ s'identifie à l'ensemble des places de $\kappa(x)$ dont la trace sur k n'appartient pas à S. On utilisera librement cette identification par la suite.

Soit S un ensemble fini de places finies de k contenant les places dyadiques. Soit $\mathscr{T}$ une famille $(\mathrm{T}'_\mathrm{M})_{\mathrm{M}\in\mathscr{M}}$, où T'_M est un ensemble fini de places finies de $\kappa(\mathrm{M})$. Notons $\mathrm{T}_\mathrm{M} \subset \Omega_f$ l'ensemble des traces sur k des places de T'_M. On dit que le couple $(\mathrm{S}, \mathscr{T})$ est *préadmissible* si la condition suivante est satisfaite :

(1.10) les sous-ensembles $\mathrm{T}_\mathrm{M} \subset \Omega$ pour $\mathrm{M} \in \mathscr{M}$ sont deux à deux disjoints et disjoints de S ; le $\mathscr{O}_\mathrm{S}$-schéma $\mathbf{P}^1_{\mathscr{O}_\mathrm{S}} \cap \bigcup_{\mathrm{M}\in\mathscr{M}\cup\{\infty\}} \widetilde{\mathrm{M}}$ est étale ; pour tout $\mathrm{M} \in \mathscr{M}$, l'application trace $\mathrm{T}'_\mathrm{M} \to \mathrm{T}_\mathrm{M}$ est bijective.

Soit $x \in \mathrm{U}(k)$. On dit que le triplet $(\mathrm{S}, \mathscr{T}, x)$ est *préadmissible* si le couple $(\mathrm{S}, \mathscr{T})$ l'est et si de plus la condition suivante est satisfaite :

(1.11) x est entier hors de S (*i.e.* $\widetilde{x} \cap \widetilde{\infty} \cap \mathbf{P}^1_{\mathscr{O}_\mathrm{S}} = \varnothing$) ; pour tout $\mathrm{M} \in \mathscr{M}$, le schéma $\widetilde{x} \cap \widetilde{\mathrm{M}} \cap \mathbf{P}^1_{\mathscr{O}_\mathrm{S}}$ est réduit, et son ensemble sous-jacent est la réunion de T'_M et d'une place de $\kappa(\mathrm{M})$ hors de T'_M, que l'on note w_M.

Étant donné un tel triplet $(\mathrm{S}, \mathscr{T}, x)$, on notera v_M la trace de w_M sur k, et l'on posera

$$\mathrm{T} = \mathrm{S} \cup \bigcup_{\mathrm{M}\in\mathscr{M}} \mathrm{T}_\mathrm{M}$$

et

$$\mathrm{T}(x) = \mathrm{T} \cup \{v_\mathrm{M}\,;\, \mathrm{M} \in \mathscr{M}\}.$$

Les conditions de préadmissibilité sont de nature géométrique. Nous voudrons aussi imposer une condition arithmétique sur les triplets considérés afin d'assurer l'existence de points locaux sur X_x (cf. condition (1.13) ci-dessous, et proposition 1.30). Le lemme suivant, valable sur tout corps de caractéristique 0, nous sera utile pour définir cette condition.

Lemme 1.17 — *Soit* $\mathrm{M} \in \mathscr{M}$. *Pour tout* $d \in {}_2\mathrm{H}^1(\kappa(\mathrm{M}), \mathrm{F}_\mathrm{M})$, *il existe une extension quadratique ou triviale minimale* $\mathrm{K}_{\mathrm{M},d}$ *de* $\kappa(\mathrm{M})$ *telle que* d *appartienne au noyau de la restriction* $\mathrm{H}^1(\kappa(\mathrm{M}), \mathrm{F}_\mathrm{M}) \to \mathrm{H}^1(\mathrm{L}_\mathrm{M}\mathrm{K}_{\mathrm{M},d}, \mathrm{F}_\mathrm{M})$ *et que* $\mathrm{L}_\mathrm{M}\mathrm{K}_{\mathrm{M},d}$ *se plonge* L_M*-linéairement dans toute extension* $\ell/\mathrm{L}_\mathrm{M}$ *telle que l'image de* d *dans* $\mathrm{H}^1(\ell, \mathrm{F}_\mathrm{M})$ *soit nulle.*

Démonstration — Choisissons un isomorphisme $F_M(L_M) \xrightarrow{\sim} \mathbf{Z}/2n$ pour un $n \in \mathbf{N}^\star$. Cet isomorphisme induit une action de $G = \mathrm{Gal}(L_M/\kappa(M))$ sur $\mathbf{Z}/2n$ par transport de structure. Munissons $\mathbf{Z}/n$ et $\mathbf{Z}/4n$ de l'action triviale de G si $G = 1$, de l'action de G par multiplication par -1 si $G = \mathbf{Z}/2$, et considérons le diagramme commutatif de groupes abéliens suivant, dont les lignes et les colonnes sont exactes :

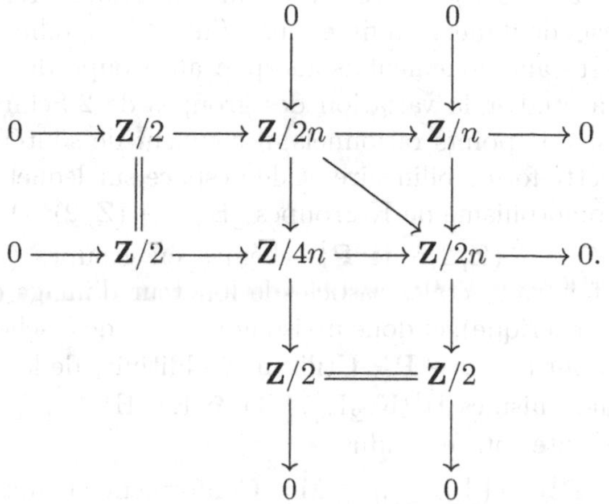

(1.12)

Compte tenu du lemme 1.2, toutes les flèches de ce diagramme sont G-équivariantes, de sorte que des suites exactes de cohomologie s'en déduisent par passage aux invariants sous G. Notons $u\colon H^1(\kappa(M), \mathbf{Z}/2) \to H^1(\kappa(M), F_M)$ l'application induite par l'inclusion $\mathbf{Z}/2 \hookrightarrow F_M$ et $v\colon \mathbf{Z}/2 \to H^1(\kappa(M), F_M)$ le bord de la suite exacte verticale de gauche du diagramme ci-dessus. Remarquant que la flèche oblique est l'endomorphisme de multiplication par 2 dans $\mathbf{Z}/2n$, une chasse au diagramme permet de voir qu'il existe $\alpha \in H^1(\kappa(M), \mathbf{Z}/2)$ et $\beta \in \mathbf{Z}/2$ tels que $d = u(\alpha) + v(\beta)$, grâce à l'hypothèse selon laquelle $2d = 0$. Soit $K_{M,d}$ l'extension quadratique ou triviale de $\kappa(M)$ définie par α. L'image de $v(\beta)$ dans $H^1(L_M, F_M)$ est nulle puisque l'application $H^0(L_M, \mathbf{Z}/4n) \to H^0(L_M, \mathbf{Z}/2)$ issue de la suite exacte verticale du diagramme (1.12) est surjective. Il en résulte que l'extension $K_{M,d}/\kappa(M)$ satisfait bien aux conditions voulues. □

On notera par la suite K_M le corps $K_{M,d}$ donné par le lemme 1.17 en prenant pour d l'image de $[\mathscr{X}]$ par la flèche naturelle $H^1(C, \mathscr{E}) \to H^1(\kappa(M), F_M)$.

Le couple $(S, \mathscr{T})$ sera dit *admissible* s'il est préadmissible et que la condition suivante est vérifiée :

(1.13) pour tout $M \in \mathscr{M}$, les places de T'_M sont totalement décomposées dans $L_M K_M$.

Si $x \in \mathrm{U}(k)$, on dit enfin que le triplet $(\mathrm{S}, \mathscr{T}, x)$ est *admissible* s'il est préadmissible, si le couple $(\mathrm{S}, \mathscr{T})$ est admissible et si pour tout $\mathrm{M} \in \mathscr{M}$, la place w_{M} est totalement décomposée dans $\mathrm{L_M K_M}$.

1.5.2 Calcul symétrique des groupes de Selmer en famille

Pour chaque $x \in \mathrm{U}(k)$, les résultats du paragraphe 1.4 fournissent un $\mathbf{F}_2$-espace vectoriel de dimension finie muni d'une forme bilinéaire symétrique dont le noyau est canoniquement isomorphe au groupe de 2-Selmer de $\mathscr{E}_x$. Si l'on cherche à étudier la variation des groupes de 2-Selmer des fibres de $\mathscr{E}_{\mathrm{U}} \to \mathrm{U}$ au-dessus de points rationnels, il convient de s'intéresser d'abord à la variation de cette forme bilinéaire et de l'espace sur lequel elle est définie.

Fixons un isomorphisme de K-groupes ${}_2\mathrm{E}_\eta \xrightarrow{\sim} (\mathbf{Z}/2)^2$. Il s'en déduit un isomorphisme ${}_2\mathscr{E} \xrightarrow{\sim} (\mathbf{Z}/2)^2$ de $\mathbf{P}^1_k$-schémas en groupes (par exemple en appliquant aux faisceaux étales associés le foncteur d'image directe par l'inclusion du point générique), et donc un isomorphisme de k-schémas en groupes ${}_2\mathscr{E}_x \xrightarrow{\sim} (\mathbf{Z}/2)^2$ pour tout $x \in \mathbf{P}^1_k$. Utilisant l'additivité de la cohomologie, on obtient des isomorphismes $\mathrm{H}^1(\mathrm{K}, {}_2\mathrm{E}_\eta) \xrightarrow{\sim} \mathfrak{H}(\mathrm{K})$, $\mathrm{H}^1(k, {}_2\mathscr{E}_x) \xrightarrow{\sim} \mathfrak{H}(k)$, etc. Ils seront par la suite sous-entendus.

Posons $\mathscr{U} = \mathbf{P}^1_{\mathscr{O}} \setminus \left(\bigcup_{\mathrm{M}\in\mathscr{M}\cup\{\infty\}} \widetilde{\mathrm{M}}\right)$. Conformément aux conventions de l'introduction, nous noterons $\mathscr{U}_{\mathscr{O}_\mathrm{S}}$ le $\mathscr{O}_\mathrm{S}$-schéma $\mathscr{U} \otimes_{\mathscr{O}} \mathscr{O}_\mathrm{S}$, pour $\mathrm{S} \subset \Omega$. Il est égal à $\mathscr{U} \cap \mathbf{P}^1_{\mathscr{O}_\mathrm{S}}$. Soit $\mathrm{S}_0 \subset \Omega$ un ensemble fini contenant l'ensemble S_0 du paragraphe 1.4, assez grand pour que l'image de ${}_2\mathrm{E}_\eta(\mathrm{K})$ dans $\mathrm{E}_\eta(\mathrm{K})/2 \subset \mathrm{H}^1(\mathrm{U}, \mathbf{Z}/2) = \mathfrak{H}(\mathrm{U})$ (cf. lemme 1.3) soit incluse dans $\mathfrak{H}(\mathscr{U}_{\mathscr{O}_{\mathrm{S}_0}})$ et pour que la conclusion du lemme suivant soit satisfaite.

Lemme 1.18 — *Il existe un ensemble fini* $\mathrm{S}_0 \subset \Omega$ *tel que pour tout triplet admissible* $(\mathrm{S}, \mathscr{T}, x)$ *avec* $\mathrm{S}_0 \subset \mathrm{S}$, *tout* $\mathrm{M} \in \mathscr{M}$ *et tout* $v \in \mathrm{T_M} \cup \{v_\mathrm{M}\}$, *le* $\kappa(v)$*-groupe des composantes connexes de la fibre spéciale du modèle de Néron de* $\mathscr{E}_x \otimes_k k_v$ *au-dessus de* $\mathscr{O}_v$ *soit constant isomorphe à* $\mathrm{F_M}(\mathrm{L_M})$ *et l'isomorphisme canonique* ${}_2\mathscr{E}_x(k) = {}_2\mathrm{E}_\eta(\mathrm{K})$ *fasse se correspondre l'unique point de* ${}_2\mathscr{E}_x(k) \setminus \{0\}$ *qui se spécialise sur la composante neutre du modèle de Néron de* $\mathscr{E}_x \otimes_k k_v$ *au-dessus de* $\mathscr{O}_v$ *et l'unique point de* ${}_2\mathrm{E}_\eta(\mathrm{K}) \setminus \{0\}$ *qui se spécialise sur* $\mathscr{E}^0_\mathrm{M}$ *(cf. lemme A.13).*

Démonstration — La courbe elliptique $\mathrm{E}_\eta/\mathrm{K}$ admet une équation de Weierstrass minimale de la forme

$$\mathrm{Y}^2 = (\mathrm{X} - e_1)(\mathrm{X} - e_2)(\mathrm{X} - e_3) \tag{1.14}$$

avec $e_1, e_2, e_3 \in k[t]$. Soit $\mathrm{S}_0 \subset \Omega$ l'ensemble des places finies en lesquelles l'un des coefficients des polynômes e_i pour $i \in \{1,2,3\}$ n'est pas entier ou le coefficient dominant de l'un des polynômes $e_i - e_j$ pour $i, j \in \{1,2,3\}$ distincts n'est pas une unité. Soit $(\mathrm{S}, \mathscr{T}, x)$ un triplet admissible tel que $\mathrm{S}_0 \subset \mathrm{S}$. La courbe elliptique $\mathscr{E}_x/k$ a pour équation de Weierstrass

$$\mathrm{Y}^2 = (\mathrm{X} - e_1(x))(\mathrm{X} - e_2(x))(\mathrm{X} - e_3(x)). \tag{1.15}$$

Soient $\mathrm{M} \in \mathscr{M}$ et $v \in \mathrm{T_M} \cup \{v_\mathrm{M}\}$. Comme E_η est à réduction multiplicative en M, un et un seul des polynômes $e_1 - e_2$, $e_2 - e_3$ et $e_3 - e_1$ s'annule en M. Quitte à renuméroter les e_i, on peut supposer que $(e_1 - e_2)(\mathrm{M}) = 0$. Notons v (resp. v_M) la valuation normalisée de k (resp. de K) associée à la place v (resp. au point M). La définition de S_0 et la préadmissibilité du triplet $(\mathrm{S}, \mathscr{T}, x)$ entraînent que les coefficients de l'équation (1.15) sont des entiers v-adiques et que $v(e_i(x) - e_j(x)) = v_\mathrm{M}(e_i - e_j)$ pour tous i, j distincts. Comme $(e_1 - e_2)(\mathrm{M}) = 0$, $(e_2 - e_3)(\mathrm{M}) \neq 0$ et $(e_3 - e_1)(\mathrm{M}) \neq 0$, il en résulte que l'équation de Weierstrass (1.15) est minimale en v, que la courbe elliptique $\mathscr{E}_x$ est à réduction multiplicative en v, qu'elle est à réduction multiplicative déployée si et seulement si l'image de $e_1(x) - e_3(x)$ dans $\kappa(v)$ est un carré, que le $\kappa(v)$-groupe des composantes connexes de la fibre spéciale du modèle de Néron de $\mathscr{E} \otimes_k k_v$ au-dessus de $\mathscr{O}_v$ est constant si $e_1 - e_2$ s'annule en M avec multiplicité 1 et enfin qu'il est isomorphe à $\mathrm{F_M}(\mathrm{L_M})$ s'il est constant. Vérifions maintenant que ce groupe est constant si $v_\mathrm{M}(e_1 - e_2) > 1$. Sous cette hypothèse, la classe dans $\kappa(\mathrm{M})^\star/\kappa(\mathrm{M})^{\star 2}$ de l'extension quadratique ou triviale $\mathrm{L_M}/\kappa(\mathrm{M})$ est égale à celle de $(e_1 - e_3)(\mathrm{M})$ (cf. proposition 1.7). Comme le triplet $(\mathrm{S}, \mathscr{T}, x)$ est admissible, l'unique place w de $\kappa(\mathrm{M})$ divisant v et appartenant à l'intersection $\widetilde{x} \cap \widetilde{\mathrm{M}}$ est totalement décomposée dans $\mathrm{L_M}$; autrement dit, l'image de $(e_1 - e_3)(\mathrm{M})$ dans $\kappa(\mathrm{M})^\star_w$ est un carré. La courbe elliptique $\mathscr{E}_x$ est donc à réduction multiplicative déployée en v, compte tenu que $(e_1 - e_3)(\mathrm{M}) \in \kappa(\mathrm{M})$ est une unité w-adique et que son image modulo w est égale à l'image de $e_1(x) - e_3(x)$ dans $\kappa(v)$. L'assertion voulue s'ensuit (cf. corollaire A.5).

L'équation de Weierstrass (1.14) (resp. (1.15)) étant minimale, il suffit de la réduire modulo M (resp. modulo v) pour déterminer quel point d'ordre 2 se spécialise sur la composante neutre du modèle de Néron (cf. preuve du lemme 1.6). On voit ainsi que c'est le point de coordonnée $\mathrm{X} = e_3(\mathrm{M})$ (resp. $\mathrm{X} = e_3(x)$), d'où le résultat. □

Choisissons une fois pour toutes une famille de sous-espaces $(\mathrm{K}_v)_{v \in \mathrm{S}_0}$ vérifiant la conclusion du lemme 1.12.

Soit $(\mathrm{S}, \mathscr{T}, x)$ un triplet admissible tel que $\mathrm{S}_0 \subset \mathrm{S}$. Notons $\mathrm{N} = \mathscr{I}^{\mathrm{T}(x)}(\mathscr{E}_x)$, vu comme sous-groupe de $\mathrm{H}^1(k, {}_2\mathscr{E}_x) = \mathfrak{H}(k)$. Par un léger abus de langage, pour $v \in \Omega_f$, on parlera de la valuation en v d'un élément de $\mathfrak{H}(k)$ pour désigner son image dans $(\mathbf{Z}/2)^2$ par la flèche induite par la valuation normalisée associée à v ; de même pour la valuation en $\mathrm{M} \in \mathscr{M}$ d'un élément de $\mathfrak{H}(\mathrm{U})$.

La valuation d'un élément de $\mathfrak{H}(k)$ est égale à son image par la flèche de restriction $\mathfrak{H}(k) = \mathrm{H}^1(k, {}_2\mathscr{E}_x) \to \mathrm{H}^1(k_v^{\mathrm{nr}}, {}_2\mathscr{E}_x) = \mathfrak{H}(k_v^{\mathrm{nr}}) = (\mathbf{Z}/2)^2$. La condition en une place $v \in \mathrm{T}(x) \setminus \mathrm{S}$ sur un $a \in \mathfrak{H}(k)$ pour qu'il appartienne à N est donc que sa valuation en v appartienne au sous-groupe $\mathscr{W}_v(\mathscr{E}_x) \subset (\mathbf{Z}/2)^2$ introduit au paragraphe 1.4.

Soit $\mathrm{N}_1 \subset \mathrm{N}$ le sous-groupe constitué des vecteurs $e \in \mathrm{N}$ ayant mêmes valuations en v et en v_M pour tout $\mathrm{M} \in \mathscr{M}$ et tout $v \in \mathrm{T}_\mathrm{M}$. Nous allons maintenant montrer que l'on peut injecter N dans le groupe de 2-Selmer géométrique de $\mathscr{E}$ au-dessus de la droite affine, ce qui permettra ensuite de comparer les sous-espaces N_1 pour diverses valeurs de x et $\mathscr{T}$.

Lemme 1.19 — *L'application $\mathfrak{H}(\mathscr{U}_{\mathscr{O}_\mathrm{T}}) \to \mathfrak{H}(\mathscr{O}_{\mathrm{T}(x)})$ d'évaluation en x est un isomorphisme.*

Démonstration — Remarquons d'abord que l'application en question est bien définie, car $\widetilde{x} \cap \mathbf{P}^1_{\mathscr{O}_{\mathrm{T}(x)}} \subset \mathscr{U}_{\mathscr{O}_\mathrm{T}}$. Elle s'inscrit dans le diagramme

$$\begin{array}{ccccccccc} 0 & \longrightarrow & \mathfrak{H}(\mathscr{O}_\mathrm{T}) & \longrightarrow & \mathfrak{H}(\mathscr{U}_{\mathscr{O}_\mathrm{T}}) & \xrightarrow{\alpha} & \prod_{\mathrm{M}\in\mathscr{M}} (\mathbf{Z}/2)^2 & \longrightarrow & 0 \\ & & \| & & \downarrow & & \| & & \\ 0 & \longrightarrow & \mathfrak{H}(\mathscr{O}_\mathrm{T}) & \longrightarrow & \mathfrak{H}(\mathscr{O}_{\mathrm{T}(x)}) & \xrightarrow{\beta} & \prod_{\mathrm{M}\in\mathscr{M}} (\mathbf{Z}/2)^2 & \longrightarrow & 0, \end{array} \tag{1.16}$$

où α associe à un couple de classes de fonctions rationnelles sur $\mathbf{P}^1_k$ la famille des classes modulo 2 de leurs ordres d'annulation aux points de $\mathscr{M}$, et β est induite par les valuations v_M sur k. Ce diagramme commute en vertu de l'hypothèse de transversalité dans la définition d'un couple préadmissible, et ses lignes sont exactes parce que les groupes $\mathrm{Pic}(\mathbf{A}^1_{\mathscr{O}_\mathrm{T}})$ et $\mathrm{Pic}(\mathscr{O}_\mathrm{T})$ sont nuls (par construction de S_0). Le lemme des cinq permet de conclure. □

On notera $\psi\colon \mathfrak{H}(\mathscr{O}_{\mathrm{T}(x)}) \to \mathfrak{H}(\mathscr{U}_{\mathscr{O}_\mathrm{T}})$ l'isomorphisme inverse de l'évaluation en x. Le groupe $\mathrm{I}^{\mathrm{T}(x)} \subset \mathrm{H}^1(k, {}_2\mathrm{E}) = \mathfrak{H}(k)$ s'identifie à $\mathfrak{H}(\mathscr{O}_{\mathrm{T}(x)})$ puisque $\mathrm{T}(x)$ contient un système de générateurs du groupe de classes de k. On peut donc considérer l'image de N par ψ.

Proposition 1.20 — *Pour tout $\mathrm{M} \in \mathscr{M}$ et tout $a \in \mathfrak{H}(\mathscr{U}_{\mathscr{O}_\mathrm{T}})$, l'image de a dans $\mathrm{H}^1(\mathrm{K}^{\mathrm{sh}}_\mathrm{M}, {}_2\mathrm{E}_\eta) = (\mathbf{Z}/2)^2$ appartient au sous-groupe $\mathrm{E}_\eta(\mathrm{K}^{\mathrm{sh}}_\mathrm{M})/2$ si et seulement si l'image de $a(x)$ par la valuation v_M appartient au sous-groupe $\mathscr{W}_{v_\mathrm{M}}(\mathscr{E}_x) \subset (\mathbf{Z}/2)^2$.*

Démonstration — Vu la commutativité du diagramme (1.16), il suffit de montrer que les sous-groupes $\mathscr{W}_{v_\mathrm{M}}(\mathscr{E}_x)$ et $\mathrm{E}_\eta(\mathrm{K}^{\mathrm{sh}}_\mathrm{M})/2$ de $(\mathbf{Z}/2)^2$ sont égaux, ce qui résulte du lemme suivant. □

Lemme 1.21 — *Pour tout $\mathrm{M} \in \mathscr{M}$ et tout $v \in \mathrm{T}_\mathrm{M} \cup \{v_\mathrm{M}\}$, les sous-groupes $\mathscr{W}_v(\mathscr{E}_x)$ et $\mathrm{E}_\eta(\mathrm{K}^{\mathrm{sh}}_\mathrm{M})/2$ de $(\mathbf{Z}/2)^2$ sont égaux et d'ordre 2.*

Démonstration — La proposition A.14 montre que $\mathrm{E}_\eta(\mathrm{K}^{\mathrm{sh}}_{\mathrm{M}})/2 = \mathscr{E}_x(k_v^{\mathrm{nr}})/2$ (comme sous-groupes de $(\mathbf{Z}/2)^2$), compte tenu de la conclusion du lemme 1.18. Par ailleurs, le groupe $\mathrm{E}_\eta(\mathrm{K}^{\mathrm{sh}}_{\mathrm{M}})/2$ est d'ordre 2 d'après les propositions A.12 et A.3. Comme $\mathscr{W}_v(\mathscr{E}_x)$ est inclus dans $\mathscr{E}_x(k_v^{\mathrm{nr}})/2$ (en tant que sous-groupe de $(\mathbf{Z}/2)^2$), il reste seulement à vérifier que $\mathscr{W}_v(\mathscr{E}_x) \neq 0$; or ceci découle de la proposition 1.16 puisque le $\kappa(v)$-groupe des composantes connexes de la fibre spéciale du modèle de Néron de $\mathscr{E}_x \otimes_k k_v$ sur $\mathscr{O}_v$ est un $\kappa(v)$-groupe constant cyclique d'ordre pair (cf. proposition A.3 et conclusion du lemme 1.18). □

Corollaire 1.22 — *Le sous-espace* $\psi(\mathrm{N})$ *de* $\mathfrak{H}(\mathrm{K}) = \mathrm{H}^1(\mathrm{K}, {}_2\mathrm{E}_\eta)$ *est inclus dans* $\mathfrak{S}_2(\mathbf{A}^1_k, \mathscr{E})$.

Démonstration — Étant donné que $\psi(\mathrm{N}) \subset \mathfrak{H}(\mathrm{U}) \subset \mathrm{H}^1(\mathrm{U}, {}_2\mathscr{E})$, il suffit d'appliquer la proposition 1.20. □

Proposition 1.23 — *Soit* $(x_v)_{v\in\mathrm{S}} \in \prod_{v\in\mathrm{S}}(\mathbf{P}^1_k \setminus \mathscr{M})(k_v)$. *Il existe une famille* $(\mathscr{A}_v)_{v\in\mathrm{S}}$ *de voisinages* v*-adiques des* x_v *telle que ni le sous-espace* $\psi(\mathrm{N}_1)$ *de* $\mathfrak{S}_2(\mathbf{A}^1_k, \mathscr{E})$ *ni la forme bilinéaire symétrique*

$$\psi(\mathrm{N}_1) \times \psi(\mathrm{N}_1) \longrightarrow \mathbf{Z}/2 \tag{1.17}$$

induite par la restriction à N_1 *de la forme bilinéaire sur* N *définie par (1.9) ne varient lorsque* $(\mathscr{T}, x)$ *parcourt l'ensemble des couples tels que le triplet* $(\mathrm{S}, \mathscr{T}, x)$ *soit admissible et que* $x \in \mathscr{A}_v$ *pour tout* $v \in \mathrm{S}$.

Remarque — L'énoncé ci-dessus ne sous-entend pas que l'ensemble parcouru par le couple $(\mathscr{T}, x)$ n'est pas vide.

Démonstration — La préadmissibilité du triplet $(\mathrm{S}, \mathscr{T}, x)$ entraîne que

$$\mathfrak{H}(\mathscr{U}_{\mathscr{O}_\mathrm{S}}) = \{a \in \mathfrak{H}(\mathscr{U}_{\mathscr{O}_\mathrm{T}})\,;\, \forall \mathrm{M} \in \mathscr{M},\ \forall v \in \mathrm{T}_\mathrm{M},\ v(a(x)) = v_\mathrm{M}(a(x)) \in (\mathbf{Z}/2)^2\}.$$

De cette égalité, de la définition de N_1 et du lemme 1.21, on déduit :

$$\psi(\mathrm{N}_1) = \mathfrak{S}_2(\mathbf{A}^1_k, \mathscr{E}) \cap \{a \in \mathfrak{H}(\mathscr{U}_{\mathscr{O}_\mathrm{S}})\,;\, \forall v \in \mathrm{S},\ a(x)|_{\mathrm{V}_v} \in \mathrm{W}_v(\mathscr{E}_x) + \mathrm{K}_v\},$$

où $a(x)|_{\mathrm{V}_v}$ désigne l'image de $a(x)$ par la flèche naturelle $\mathfrak{H}(k) \to \mathfrak{H}(k_v) = \mathrm{V}_v$. Le membre de droite est évidemment indépendant de $\mathscr{T}$, et il ne dépend pas non plus de x si l'on choisit les voisinages $\mathscr{A}_v$ assez petits, comme le montre le lemme suivant.

Lemme 1.24 — *Pour tout* $v \in \Omega$, *le sous-groupe* $\mathrm{W}_v(\mathscr{E}_{x_v})$ *de* $\mathfrak{H}(k_v)$ *est une fonction localement constante de* $x_v \in \mathrm{U}'(k_v)$, *où* $\mathrm{U}' = \mathbf{P}^1_k \setminus \mathscr{M}$.

Démonstration — Comme $\mathfrak{H}(k_v)$ est fini, il suffit de voir que pour tout $\alpha \in \mathfrak{H}(k_v)$, l'ensemble des $x_v \in \mathrm{U}'(k_v)$ tels que α appartienne à $\mathrm{W}_v(\mathscr{E}_{x_v})$ est ouvert et fermé dans $\mathrm{U}'(k_v)$. Autrement dit, si l'on note $\mathrm{Y} \to \mathrm{U}'_{k_v}$ un torseur sous $\mathscr{E}_{\mathrm{U}'_{k_v}}$ dont la classe dans $\mathrm{H}^1(\mathrm{U}'_{k_v}, \mathscr{E})$ est l'image de α par la composée

$$\mathfrak{H}(k_v) \subset \mathfrak{H}(\mathrm{U}'_{k_v}) \subset \mathrm{H}^1(\mathrm{U}'_{k_v}, {}_2\mathscr{E}) \longrightarrow \mathrm{H}^1(\mathrm{U}'_{k_v}, \mathscr{E}),$$

on doit prouver que l'image de l'application $\mathrm{Y}(k_v) \to \mathrm{U}'(k_v)$ est ouverte et fermée. Ces deux propriétés découlent respectivement de la lissité et de la propreté du morphisme $\mathrm{Y} \to \mathrm{U}'_{k_v}$ (l'image est ouverte d'après le théorème des fonctions implicites ; pour montrer qu'elle est fermée, on peut remarquer que le morphisme $\mathrm{Y} \to \mathrm{U}'_{k_v}$ est projectif, auquel cas l'assertion est évidente, ou se servir du lemme de Chow pour se ramener à cette situation). □

Passons maintenant à l'étude de la forme bilinéaire symétrique $\langle \cdot, \cdot \rangle$ sur $\psi(\mathrm{N}_1)$ induite par la forme bilinéaire $\mathrm{N} \times \mathrm{N} \to \mathbf{Z}/2$ définie par (1.9).

Lemme 1.25 — *Pour tout* $\mathrm{M} \in \mathscr{M}$, *il existe* $g_{\mathrm{M}} \in \mathfrak{S}_2(\mathbf{A}^1_k, \mathscr{E}) \cap \mathfrak{H}(\mathscr{U}_{\mathscr{O}_\mathrm{S}})$ *tel que pour tous* $\mathscr{T}$ *et* x *tels que* $(\mathrm{S}, \mathscr{T}, x)$ *soit admissible et tout* $v \in \mathrm{T}_\mathrm{M} \cup \{v_\mathrm{M}\}$, *l'image de* $g_\mathrm{M}(x)$ *dans* V_v *appartienne à* $\mathrm{W}_v(\mathscr{E}_x)$ *mais pas à* K_v.

Démonstration — Soit $\mathrm{M} \in \mathscr{M}$. Supposons d'abord que le groupe $\mathrm{F}_\mathrm{M}(\mathrm{L}_\mathrm{M})$ ne soit pas d'ordre 2. Comme $\mathrm{Pic}(\mathscr{O}_\mathrm{S}) = 0$, il existe une fonction $f \in \mathbf{G}_\mathrm{m}(\mathscr{U}_{\mathscr{O}_\mathrm{S}})$ de valuation 1 en M et de valuation nulle en tout autre point de $\mathscr{M}$. Notons $\mathrm{P} \in {}_2\mathrm{E}_\eta(\mathrm{K})$ l'unique point d'ordre 2 qui se spécialise sur $\mathscr{E}^0_\mathrm{M}$ (cf. lemme A.13) et $g_\mathrm{M} \in \mathfrak{H}(\mathscr{U}_{\mathscr{O}_\mathrm{S}})$ l'image de f par l'application obtenue en tensorisant par $\mathbf{G}_\mathrm{m}(\mathscr{U}_{\mathscr{O}_\mathrm{S}})/2$ l'inclusion $\iota\colon \mathbf{Z}/2 \hookrightarrow \mathbf{Z}/2 \times \mathbf{Z}/2$ de P dans ${}_2\mathrm{E}_\eta(\mathrm{K}) = \mathbf{Z}/2 \times \mathbf{Z}/2$.

Montrons que $g_\mathrm{M} \in \mathfrak{S}_2(\mathbf{A}^1_k, \mathscr{E})$. La condition aux points de $\mathscr{M} \setminus \{\mathrm{M}\}$ est satisfaite puisque l'image de g_M dans $\mathrm{H}^1(\mathrm{K}^{\mathrm{sh}}_{\mathrm{M}'}, {}_2\mathrm{E}_\eta)$ est même nulle pour $\mathrm{M}' \neq \mathrm{M}$. Pour vérifier que l'image de g_M dans $\mathrm{H}^1(\mathrm{K}^{\mathrm{sh}}_\mathrm{M}, {}_2\mathrm{E}_\eta)$ appartient au sous-groupe $\mathrm{E}_\eta(\mathrm{K}^{\mathrm{sh}}_\mathrm{M})/2$, il suffit de constater qu'elle appartient à l'image de la flèche $\mathrm{H}^1(\mathrm{K}^{\mathrm{sh}}_\mathrm{M}, \mathbf{Z}/2) \to \mathrm{H}^1(\mathrm{K}^{\mathrm{sh}}_\mathrm{M}, {}_2\mathrm{E}_\eta)$ induite par ι (c'est l'image de la classe de f) et d'appliquer la proposition A.14.

Soient $\mathscr{T}$ et x tels que le triplet $(\mathrm{S}, \mathscr{T}, x)$ soit admissible. Soit $v \in \mathrm{T}_\mathrm{M} \cup \{v_\mathrm{M}\}$. La commutativité du diagramme (1.16) entraîne que les images respectives de g_M et de $g_\mathrm{M}(x)$ dans $(\mathbf{Z}/2)^2$ par les valuations en M et en v_M coïncident. Compte tenu du lemme 1.21 et de la définition de g_M, il en résulte que l'image de $g_\mathrm{M}(x)$ dans V_v appartient à $\mathrm{W}_v(\mathscr{E}_x) + \mathrm{K}_v$ mais pas à K_v. Il reste seulement à prouver qu'elle appartient à $\mathrm{W}_v(\mathscr{E}_x)$, ou encore, ce qui revient au même, que son image γ dans $\mathrm{H}^1(k_v, \mathscr{E}_x)$ est nulle. Notons $\mathrm{P}_x \in \mathscr{E}_x(k)$ l'image de P par l'isomorphisme canonique ${}_2\mathrm{E}_\eta(\mathrm{K}) = {}_2\mathscr{E}_x(k)$ et $\varphi\colon \mathscr{E}_x \to \mathscr{E}''_x$ le quotient de $\mathscr{E}_x$ par P_x. Soient $\underline{\mathscr{E}}_x$ (resp. $\underline{\mathscr{E}}''_x$) le modèle de Néron de $\mathscr{E}_x \otimes_k k_v$ (resp. $\mathscr{E}''_x \otimes_k k_v$) au-dessus de $\mathscr{O}_v$ et F (resp. F″) le $\kappa(v)$-groupe fini étale des composantes connexes de la fibre spéciale de $\underline{\mathscr{E}}_x$ (resp. $\underline{\mathscr{E}}''_x$). D'après la propriété universelle des modèles de Néron, l'isogénie φ s'étend en un morphisme $\underline{\varphi}\colon \underline{\mathscr{E}}_x \to \underline{\mathscr{E}}''_x$. L'appartenance de l'image de $g_{\mathrm{M}}(x)$ dans V_v au sous-groupe $\mathrm{W}_v(\mathscr{E}_x) + \mathrm{K}_v$ se traduit par celle de γ à $\mathrm{H}^1(\mathscr{O}_v, \underline{\mathscr{E}}_x)$, d'après la suite spectrale de Leray pour le faisceau étale $\mathscr{E}_x \otimes_k k_v$ sur $\mathrm{Spec}(k_v)$ et l'inclusion du point générique de $\mathrm{Spec}(\mathscr{O}_v)$. Comme $\mathrm{F}_{\mathrm{M}}(\mathrm{L}_{\mathrm{M}})$ est d'ordre pair (cf. proposition A.3) différent de 2, il résulte de la conclusion du lemme 1.18 que la courbe elliptique $\mathscr{E}_x$ est à réduction multiplicative déployée en v (cf. corollaire A.5). La flèche de spécialisation $\mathrm{H}^1(\mathscr{O}_v, \underline{\mathscr{E}}_x) \to \mathrm{H}^1(\kappa(v), \mathrm{F})$ est donc injective (d'après le théorème de Hilbert 90 et le lemme de Hensel, cf. preuve de la proposition A.12 pour les détails), de sorte qu'il suffit, pour conclure, de prouver que l'image de γ dans $\mathrm{H}^1(\kappa(v), \mathrm{F})$ est nulle.

La classe γ appartient à l'image de la flèche $\mathrm{H}^1(k_v, \mathbf{Z}/2) \to \mathrm{H}^1(k_v, \mathscr{E}_x)$ induite par l'inclusion de P_x dans $\mathscr{E}_x$. Son image par la flèche $\mathrm{H}^1(\mathscr{O}_v, \underline{\mathscr{E}}_x) \to \mathrm{H}^1(\mathscr{O}_v, \underline{\mathscr{E}}''_x)$ induite par $\underline{\varphi}$ est donc nulle. Notant i l'inclusion du point générique de $\mathrm{Spec}(\mathscr{O}_v)$ et $\underline{\varphi}_0\colon \mathrm{F} \to \mathrm{F}''$ le morphisme déduit de $\underline{\varphi}$, le carré commutatif

$$\begin{array}{ccc} \underline{\mathscr{E}}_x & \xrightarrow{\underline{\varphi}} & \underline{\mathscr{E}}''_x \\ \downarrow & & \downarrow \\ i_\star \mathrm{F} & \xrightarrow{i_\star \underline{\varphi}_0} & i_\star \mathrm{F}'' \end{array}$$

permet d'en déduire que l'image de γ dans $\mathrm{H}^1(\kappa(v), \mathrm{F})$ appartient au noyau de la flèche $\mathrm{H}^1(\kappa(v), \mathrm{F}) \to \mathrm{H}^1(\kappa(v), \mathrm{F}'')$ induite par $\underline{\varphi}_0$. D'après la proposition A.8 et la conclusion du lemme 1.18, on a une suite exacte

$$0 \longrightarrow \mathrm{F} \longrightarrow \mathrm{F}'' \longrightarrow \mathbf{Z}/2 \longrightarrow 0$$

de $\kappa(v)$-groupes. Comme $\mathscr{E}_x$ est à réduction multiplicative déployée en v et de type I_n avec $n > 2$, les $\kappa(v)$-groupes de cette suite exacte sont tous constants (cf. corollaire A.9). La flèche $\mathrm{H}^1(\kappa(v), \mathrm{F}) \to \mathrm{H}^1(\kappa(v), \mathrm{F}'')$ est donc injective, ce qui prouve finalement que $\gamma = 0$.

Il reste à traiter le cas où $\mathrm{F}_{\mathrm{M}} = \mathbf{Z}/2$. On choisit alors $\mathrm{Q} \in {}_2\mathrm{E}_\eta(\mathrm{K}) \setminus \{0, \mathrm{P}\}$ et l'on définit g_{M} comme l'image de Q dans $\mathrm{E}_\eta(\mathrm{K})/2 \subset \mathfrak{S}_2(\mathbf{A}^1_k, \mathscr{E})$. On a $g_{\mathrm{M}} \in \mathfrak{H}(\mathscr{U}_{\mathscr{O}_{\mathrm{S}}})$ par définition de S_0. Il est évident que l'image de $g_{\mathrm{M}}(x)$ dans V_v appartient à $\mathrm{W}_v(\mathscr{E}_x)$ pour tout $x \in \mathrm{U}(k)$ et toute place v. Supposons qu'il existe $\mathscr{T}$ et x tels que le triplet $(\mathrm{S}, \mathscr{T}, x)$ soit admissible, et une place $v \in \mathrm{T}_{\mathrm{M}} \cup \{v_{\mathrm{M}}\}$ telle que l'image de $g_{\mathrm{M}}(x)$ dans V_v appartienne à K_v, autrement dit telle que l'image de $g_{\mathrm{M}}(x)$ dans $\mathrm{H}^1(k_v^{\mathrm{nr}}, {}_2\mathscr{E}_x)$ soit nulle. Compte tenu de l'inclusion $\mathscr{E}_x(k_v^{\mathrm{nr}})/2 \subset \mathrm{H}^1(k_v^{\mathrm{nr}}, {}_2\mathscr{E}_x)$, l'image de Q_x dans $\mathscr{E}_x(k_v^{\mathrm{nr}})/2$ est alors nulle, où $\mathrm{Q}_x \in {}_2\mathscr{E}_x(k)$ désigne l'image de Q par l'isomorphisme canonique ${}_2\mathrm{E}_\eta(\mathrm{K}) = {}_2\mathscr{E}_x(k)$. D'après le corollaire A.12, cela signifie que l'image de Q_x dans $\mathrm{F}(\kappa(v)) = \mathrm{F}(\kappa(v))/2 = \mathbf{Z}/2$ est nulle ; en d'autres termes, le point Q_x partage avec P_x la propriété de se spécialiser dans $\underline{\mathscr{E}}^0$ (cf. conclusion du lemme 1.18). Vu le lemme A.13, il en résulte que $\mathrm{Q}_x \in \{0, \mathrm{P}_x\}$, d'où une contradiction. □

Soient $a, b \in \psi(\mathrm{N}_1)$ et $\alpha_v \in \mathrm{W}_v(\mathscr{E}_x)$, $\alpha'_v \in \mathrm{K}_v$ pour $v \in \mathrm{T}(x)$ tels que l'image de $a(x)$ dans $\mathrm{V}_{\mathrm{T}(x)}$ s'écrive $\sum_{v\in \mathrm{T}(x)}(\alpha_v + \alpha'_v)$. Posons :

$$\mathscr{M}(a) = \left\{\mathrm{M} \in \mathscr{M} \,;\, a \notin \mathrm{Ker}\left(\mathfrak{H}(\mathrm{U}) \to \mathfrak{H}(\mathrm{K}_{\mathrm{M}}^{\mathrm{sh}})\right)\right\}.$$

Pour tout $\mathrm{M} \in \mathscr{M}$ et tout $v \in \mathrm{T}_{\mathrm{M}} \cup \{v_{\mathrm{M}}\}$, on a $\mathrm{M} \in \mathscr{M}(a)$ si et seulement si $\alpha_{v_{\mathrm{M}}} \notin \mathrm{K}_{v_{\mathrm{M}}}$ (commutativité du diagramme (1.16)), si et seulement si $\alpha_v \notin \mathrm{K}_v$ (définition de N_1), si et seulement si $\alpha_v - g_{\mathrm{M}}(x) \in \mathrm{K}_v$ (propriétés de $g_{\mathrm{M}}(x)$ et lemme 1.21, qui affirme que $\mathscr{W}_v(\mathscr{E}_x)$ est d'ordre 2). Quitte à modifier les α'_v, on peut donc supposer que $\alpha_v = g_{\mathrm{M}}(x)$ pour tout $v \in \bigcup_{\mathrm{M}\in\mathscr{M}(a)}(\mathrm{T}_{\mathrm{M}} \cup \{v_{\mathrm{M}}\})$ et que $\alpha_v = 0$ pour tout autre $v \in \mathrm{T}(x) \setminus \mathrm{S}$. On a alors

$$\begin{aligned}\langle a, b\rangle &= \sum_{v\in\mathrm{T}(x)} \langle \alpha_v, b(x)\rangle_v \\ &= \sum_{v\in\mathrm{S}}\langle \alpha_v, b(x)\rangle_v + \sum_{\mathrm{M}\in\mathscr{M}(a)}\left(\sum_{v\in\mathrm{T}_{\mathrm{M}}\cup\{v_{\mathrm{M}}\}} \langle g_{\mathrm{M}}(x), b(x)\rangle_v\right).\end{aligned}$$

Le terme $\sum_{v\in\mathrm{S}}\langle\alpha_v, b(x)\rangle_v$ est indépendant de $(\mathscr{T}, x)$ si les $\mathscr{A}_v$ sont assez petits, d'après le lemme 1.24. Le lemme suivant montre qu'il en va de même pour les autres termes de la somme ci-dessus, ce qui termine de prouver la proposition 1.23. □

Lemme 1.26 — *Soient* $f, g \in \mathfrak{S}_2(\mathbf{A}^1_k, \mathscr{E}) \cap \mathfrak{H}(\mathscr{U}_{\mathscr{O}_\mathrm{S}})$. *Pour tout* $\mathrm{M} \in \mathscr{M}$,

$$\sum_{v\in\mathrm{T}_{\mathrm{M}}\cup\{v_{\mathrm{M}}\}} \langle f(x), g(x)\rangle_v \in \mathbf{Z}/2$$

est indépendant du couple $(\mathscr{T}, x)$ *tel que le triplet* $(\mathrm{S}, \mathscr{T}, x)$ *soit admissible et que* $x \in \mathscr{A}_v$ *pour tout* $v \in \mathrm{S}$.

Démonstration — La surjectivité de l'application

$$\mathbf{G}_{\mathrm{m}}(\mathscr{U}_{\mathscr{O}_\mathrm{S}})/2 \longrightarrow \prod_{\mathrm{M}\in\mathscr{M}} \mathbf{Z}/2,$$

qui est une conséquence de la nullité de $\mathrm{Pic}(\mathbf{A}^1_{\mathscr{O}_\mathrm{S}})$, permet de supposer que la valuation de f est nulle en tout point de $\mathscr{M}$ sauf au plus un, et de même pour g. Quitte à remplacer f ou g par fg, ce qui ne modifie pas la somme ci-dessus puisque l'accouplement $\langle\cdot,\cdot\rangle_v$ est alterné, on peut supposer qu'au moins l'un de f et de g est de valuation nulle en M ; en effet, les valuations de f et de g en M sont égales si elles ne sont pas nulles puisque $f, g \in \mathfrak{S}_2(\mathbf{A}^1_k, \mathscr{E})$ et que $\mathrm{E}_\eta(\mathrm{K}_{\mathrm{M}}^{\mathrm{sh}})/2$ est d'ordre 2. Enfin, quitte à échanger f et g, on peut supposer la valuation de f en M nulle.

Tout $h \in \mathbf{G}_{\mathrm{m}}(\mathbf{A}^1_{\mathscr{O}_{\mathrm{S}}} \setminus \widetilde{\mathrm{M}})/2$ est représenté par une fonction régulière sur $\mathbf{A}^1_{\mathscr{O}_{\mathrm{S}}}$, autrement dit par un polynôme $p(t) \in \mathscr{O}_{\mathrm{S}}[t]$. Fixons h et supposons p non constant. Alors $\kappa(\mathrm{M}) = k[t]/(p(t))$, et si l'on note $\theta \in \kappa(\mathrm{M})$ l'image de la classe de t et $u \in \mathscr{O}_{\mathrm{S}}$ le coefficient dominant de p, on a $p(t) = u\mathrm{N}_{\kappa(\mathrm{M})/k}(t-\theta)$. Comme $\widetilde{\mathrm{M}}$ ne rencontre pas la section à l'infini au-dessus de $\mathscr{O}_{\mathrm{S}}$ (par définition de la préadmissibilité), le polynôme $\mathrm{N}_{\kappa(\mathrm{M})/k}(t-\theta)$ est de valuation nulle en toute place $v \notin \mathrm{S}$. Par conséquent $u \in \mathscr{O}_{\mathrm{S}}^{\star}$. Ainsi a-t-on prouvé que $\mathbf{G}_{\mathrm{m}}(\mathbf{A}^1_{\mathscr{O}_{\mathrm{S}}} \setminus \widetilde{\mathrm{M}})/2$ est engendré par $\mathbf{G}_{\mathrm{m}}(\mathscr{O}_{\mathrm{S}})/2$ et par le sous-groupe des normes de $\kappa(\mathrm{M})$ à k.

Appliquons ceci aux deux composantes de g : il existe $g_1 \in \mathfrak{H}(\mathbf{A}^1_{\kappa(\mathrm{M})} \setminus \{\mathrm{M}\})$ et $u \in \mathfrak{H}(\mathscr{O}_{\mathrm{S}})$ tels que $g = u\mathrm{N}_{\kappa(\mathrm{M})/k}(g_1)$. On a alors $g(x) = u\mathrm{N}_{\kappa(\mathrm{M})/k}(g_1(x))$. Notons $f(x) \cup g(x)$ la classe de ${}_2\mathrm{Br}(k)$ obtenue par l'accouplement de Weil et le cup-produit des classes de $f(x)$ et de $g(x)$ dans $\mathrm{H}^1(k, {}_2\mathscr{E}_x)$. Par définition de l'invariant de la théorie du corps de classes local, on a $\mathrm{inv}_v(f(x) \cup g(x)) = \langle f(x), g(x)\rangle_v$. D'autre part, pour $v \in \mathrm{T}_{\mathrm{M}} \cup \{v_{\mathrm{M}}\}$, on a $\mathrm{inv}_v(f(x) \cup u) = 0$ puisque $\mathrm{T}_v \subset \mathrm{V}_v$ est totalement isotrope et que u et $f(x)$ sont de valuation nulle en v (nullité de la valuation de f en M et préadmissibilité). On en déduit, à l'aide de la formule de projection (cf. [60, Ch. XIV, Ex. 4]) et de la compatibilité de l'invariant à la corestriction :

$$\langle f(x), g(x)\rangle_v = \mathrm{inv}_v \operatorname{Cores}_{\kappa(\mathrm{M})/k}(f(x) \cup g_1(x)) = \sum_{w|v} \mathrm{inv}_w(f(x) \cup g_1(x)),$$

où la seconde somme porte sur les places w de $\kappa(\mathrm{M})$ divisant v. Comme la valuation de f en M est nulle et que $\widetilde{x}$ rencontre transversalement $\widetilde{\mathrm{M}}$ au-dessus de v, la classe de $f(x)f(\mathrm{M})$ dans $\mathfrak{H}(\kappa(\mathrm{M})_w)$ est triviale pour toute place w de $\kappa(\mathrm{M})$ divisant v. D'où

$$\langle f(x), g(x)\rangle_v = \sum_{w|v} \mathrm{inv}_w(f(\mathrm{M}) \cup g_1(x)) = \mathrm{inv}_v \operatorname{Cores}_{\kappa(\mathrm{M})/k}(f(\mathrm{M}) \cup g_1(x))$$

pour $v \in \mathrm{T}_{\mathrm{M}} \cup \{v_{\mathrm{M}}\}$. Les hypothèses sur f, g et x impliquent que $f(\mathrm{M})$ et $g_1(x)$ sont de valuation nulle en toute place de $\kappa(\mathrm{M})$ dont la trace sur k n'appartient pas à $\mathrm{S} \cup \mathrm{T}_{\mathrm{M}} \cup \{v_{\mathrm{M}}\}$. La loi de réciprocité globale permet donc finalement de déduire de l'égalité précédente que

$$\sum_{v \in \mathrm{T}_{\mathrm{M}} \cup \{v_{\mathrm{M}}\}} \langle f(x), g(x)\rangle_v = \sum_{v \in \mathrm{S}} \mathrm{inv}_v \operatorname{Cores}_{\kappa(\mathrm{M})/k}(f(\mathrm{M}) \cup g_1(x)),$$

et cette quantité est clairement indépendante du couple $(\mathscr{T}, x)$ choisi si les voisinages $\mathscr{A}_v$ pour $v \in \mathrm{S}$ sont suffisamment petits. □

Nous énonçons pour terminer une conséquence immédiate de la définition de N_1 et du lemme 1.21 :

Lemme 1.27 — *La codimension du sous-*$\mathbf{F}_2$*-espace vectoriel* N_1 *de* N *est inférieure ou égale au cardinal de* $\mathrm{T} \setminus \mathrm{S}$.

(On peut prouver que cette inégalité est en fait une égalité, mais cela ne nous servira pas.)

1.5.3 Admissibilité et existence de points adéliques

Soit $(\mathrm{S}, \mathscr{T}, x)$ un triplet préadmissible tel que $\mathrm{X}_x(k_v) \neq \varnothing$ pour toute place $v \in \mathrm{S}$. On cherche ici à relier l'existence de points adéliques sur la courbe X_x à des conditions portant uniquement sur les places de $\mathscr{T}$. Ceci n'est pas possible en général : d'autres paramètres sont à prendre en compte, notamment l'obstruction de Brauer-Manin verticale à l'existence d'un point rationnel sur X, qui est également une obstruction à l'existence d'un $x \in \mathrm{U}(k)$ tel que $\mathrm{X}_x(\mathbf{A}_k) \neq \varnothing$. On va montrer que les hypothèses du théorème 1.4 permettent d'exprimer un tel lien à condition que B_0 soit adéquatement choisi.

Pour $\mathrm{M} \in \mathscr{M}$, notons $\theta_\mathrm{M} \in \kappa(\mathrm{M})$ l'image de t par le morphisme $k[t] \to \kappa(\mathrm{M})$ déduit de l'inclusion de M dans $\mathbf{A}^1_k$. Si E est une extension quadratique ou triviale de $\kappa(\mathrm{M})$, on pose

$$\mathrm{A}_{\mathrm{E}/\kappa(\mathrm{M})} = \mathrm{Cores}_{\kappa(\mathrm{M})(t)/k(t)}(\mathrm{E}/\kappa(\mathrm{M}), t - \theta_\mathrm{M}) \in {}_2\mathrm{Br}(\mathrm{U}),$$

où $(\cdot,\cdot)$ désigne le symbole de Hilbert sur le corps $\kappa(\mathrm{M})(t)$. Soit $\mathrm{B}_0 \subset \mathrm{Br}(\mathrm{U})$ le sous-groupe engendré par les classes $\mathrm{A}_{\mathrm{K}_\mathrm{M}/\kappa(\mathrm{M})}$ et $\mathrm{A}_{\mathrm{L}_\mathrm{M}/\kappa(\mathrm{M})}$ pour $\mathrm{M} \in \mathscr{M}$ (cf. lemme 1.17 pour la définition de K_M).

Lemme 1.28 — *Soit* $v \in \Omega_f$. *Supposons que pour tout* $\mathrm{M} \in \mathscr{M}$, *toute place de* $\kappa(\mathrm{M})$ *divisant* v *soit totalement décomposée dans* $\mathrm{L}_\mathrm{M}\mathrm{K}_\mathrm{M}$. *Alors* $\mathrm{inv}_v\, \mathrm{A}(x_v) = 0$ *pour tout* $\mathrm{A} \in \mathrm{B}_0$ *et tout* $x_v \in \mathrm{U}(k_v)$.

Démonstration — On peut supposer que $\mathrm{A} = \mathrm{A}_{\mathrm{E}/\kappa(\mathrm{M})}$ pour un $\mathrm{M} \in \mathscr{M}$ et un $\mathrm{E} \in \{\mathrm{L}_\mathrm{M}, \mathrm{K}_\mathrm{M}\}$. On a alors

$$\mathrm{inv}_v\, \mathrm{A}(x_v) = \sum_{w|v} \mathrm{inv}_w(\mathrm{E}/\kappa(\mathrm{M}), x_v - \theta_\mathrm{M}),$$

où la somme porte sur les places de $\kappa(\mathrm{M})$ divisant v. L'image de la classe de l'extension quadratique ou triviale $\mathrm{E}/\kappa(\mathrm{M})$ dans $\kappa(\mathrm{M})^\star_w/\kappa(\mathrm{M})^{\star 2}_w$ est nulle par hypothèse, d'où le résultat. □

Proposition 1.29 — *Soit* $(\mathrm{S}, \mathscr{T}, x)$ *un triplet préadmissible tel que le couple* $(\mathrm{S}, \mathscr{T})$ *soit admissible et que*

$$\sum_{v \in \mathrm{S}} \mathrm{inv}_v\, \mathrm{A}(x) = 0$$

pour tout $A \in B_0$. *Supposons de plus les extensions finies* L_M/k *et* K_M/k *non ramifiées hors de* S *pour tout* $M \in \mathscr{M}$. *Alors le triplet* $(S, \mathscr{T}, x)$ *est admissible.*

Démonstration — On doit prouver que pour tout $M \in \mathscr{M}$, la place w_M de $\kappa(M)$ est totalement décomposée dans L_M et dans K_M. Soit $E \in \{L_M, K_M\}$; notons $A = A_{E/\kappa(M)}$. Pour toute place $v \in \Omega$, on a

$$\mathrm{inv}_v A(x) = \sum_{w|v} \mathrm{inv}_w(E/\kappa(M), x - \theta_M),$$

où la somme porte sur les places w de $\kappa(M)$ divisant v. L'élément $x - \theta_M \in \kappa(M)$ est une unité en toute place w de $\kappa(M)$ dont la trace n'appartient pas à S, à l'exception des places de $T'_M \cup \{w_M\}$, en lesquelles $x - \theta_M$ est une uniformisante. Comme $E/\kappa(M)$ est non ramifiée en-dehors des places divisant S et que S contient les places dyadiques et les places archimédiennes, on en déduit que $\mathrm{inv}_v A(x) = 0$ pour tout $v \in \Omega \setminus (T_M \cup \{v_M\})$ et que pour $v \in T_M \cup \{v_M\}$, $\mathrm{inv}_v A(x) = 0$ si et seulement si l'unique place de $T'_M \cup \{w_M\}$ divisant v est totalement décomposée dans E (cf. [23, Prop. 1.1.3]). Cette dernière condition est satisfaite pour toute place $v \in T_M$ puisque le couple $(\mathscr{T}, x)$ est admissible. L'hypothèse de la proposition et la loi de réciprocité globale permettent d'en déduire que $\mathrm{inv}_{v_M} A(x) = 0$, et donc que w_M est bien totalement décomposée dans E. □

Proposition 1.30 — *Il existe un ensemble fini* $S_0 \subset \Omega$ *tel que pour tout triplet admissible* $(S, \mathscr{T}, x)$ *vérifiant* $S_0 \subset S$ *et* $X_x(k_v) \neq \varnothing$ *pour tout* $v \in S \setminus T_\infty$, *on ait* $X_x(\mathbf{A}_k) \neq \varnothing$, *en notant* T_∞ *l'ensemble des places de* $S \setminus S_0$ *en lesquelles* x *n'est pas entier.*

Démonstration — La surface X est propre et lisse sur k, donc projective, par un théorème de Zariski (cf. [78]). Il s'ensuit que le morphisme π est projectif et plat, d'où l'existence d'un ensemble fini $S_0 \subset \Omega$ et d'un morphisme projectif et plat $g\colon \widetilde{X} \to \mathbf{P}^1_{\mathscr{O}_{S_0}}$ dont la restriction au-dessus de $\mathbf{P}^1_k$ est égale à π. Quitte à agrandir S_0, on peut supposer le $\mathscr{O}_{S_0}$-schéma $\widetilde{X}$ et les fibres de g au-dessus du complémentaire de $\mathbf{P}^1_{\mathscr{O}_{S_0}} \cap \bigcup_{M \in \mathscr{M}} \widetilde{M}$ dans $\mathbf{P}^1_{\mathscr{O}_{S_0}}$ lisses.

Le lemme [22, Lemma 1.2] (assertions (b) et (c)) montre alors que, quitte à agrandir encore S_0, on a $X_x(k_v) \neq \varnothing$ pour toute place $v \in \Omega \setminus S_0$ et tout $x \in U(k)$ pour lesquels soit $\widetilde{x}$ ne rencontre au-dessus de v aucun $\widetilde{M}$ pour $M \in \mathscr{M}$, soit il existe $M \in \mathscr{M}$ et une composante irréductible Z de X_M de multiplicité 1 tels que $\widetilde{x}$ rencontre $\widetilde{M}$ en une place w de $\kappa(M)$ divisant v et totalement décomposée dans la fermeture algébrique de $\kappa(M)$ dans $\kappa(Z)$. On conclut à l'aide du lemme suivant. □

Lemme 1.31 — *Pour tout* $M \in \mathscr{M}$, *il existe une composante irréductible* Z *de la fibre* X_M *de* π *en* M, *de multiplicité* 1 *et telle que la fermeture algébrique de* $\kappa(M)$ *dans* $\kappa(Z)$ *se plonge dans* $L_M K_M$.

Démonstration — Fixons $\mathrm{M} \in \mathscr{M}$. La suite exacte

$$0 \longrightarrow \mathscr{E}^0_{\mathrm{M}} \longrightarrow \mathscr{E}_{\mathrm{M}} \longrightarrow \mathrm{F}_{\mathrm{M}} \longrightarrow 0$$

induit une suite exacte

$$\mathrm{H}^1(\mathrm{L}_{\mathrm{M}}\mathrm{K}_{\mathrm{M}}, \mathscr{E}^0_{\mathrm{M}}) \longrightarrow \mathrm{H}^1(\mathrm{L}_{\mathrm{M}}\mathrm{K}_{\mathrm{M}}, \mathscr{E}_{\mathrm{M}}) \longrightarrow \mathrm{H}^1(\mathrm{L}_{\mathrm{M}}\mathrm{K}_{\mathrm{M}}, \mathrm{F}_{\mathrm{M}}).$$

L'image de $[\mathscr{X}]$ dans $\mathrm{H}^1(\mathrm{L}_{\mathrm{M}}\mathrm{K}_{\mathrm{M}}, \mathrm{F}_{\mathrm{M}})$ est triviale (par définition de K_{M}), ce qui signifie que les composantes irréductibles de $\mathscr{X}_{\mathrm{M}} \otimes_{\kappa(\mathrm{M})} \mathrm{L}_{\mathrm{M}}\mathrm{K}_{\mathrm{M}}$ sont géométriquement irréductibles sur $\mathrm{L}_{\mathrm{M}}\mathrm{K}_{\mathrm{M}}$. En effet, l'image dans $\mathrm{H}^1(\mathrm{L}_{\mathrm{M}}\mathrm{K}_{\mathrm{M}}, \mathscr{E}_{\mathrm{M}})$ d'un élément de $\mathrm{H}^1(\mathrm{L}_{\mathrm{M}}\mathrm{K}_{\mathrm{M}}, \mathscr{E}^0_{\mathrm{M}})$ représenté par un torseur T sous $\mathscr{E}^0_{\mathrm{M}} \otimes_{\kappa(\mathrm{M})} \mathrm{L}_{\mathrm{M}}\mathrm{K}_{\mathrm{M}}$ est la classe du torseur $\coprod_{\alpha \in \mathrm{F}_{\mathrm{M}}(\mathrm{L}_{\mathrm{M}})} \mathrm{T}(\alpha)$ sous $\mathscr{E}_{\mathrm{M}} \otimes_{\kappa(\mathrm{M})} \mathrm{L}_{\mathrm{M}}\mathrm{K}_{\mathrm{M}}$, où $\mathrm{T}(\alpha)$ désigne le produit contracté sous $\mathscr{E}^0_{\mathrm{M}}$ de T et de l'image réciproque de α par $\mathscr{E}_{\mathrm{M}} \to \mathrm{F}_{\mathrm{M}}$ (qui est un torseur sous $\mathscr{E}^0_{\mathrm{M}}$).

Notons $\mathscr{O}^{\mathrm{h}}_{\mathrm{M}}$ l'anneau local hensélisé de $\mathscr{O}_{\mathrm{M}}$. On peut relever l'extension finie $\mathrm{L}_{\mathrm{M}}\mathrm{K}_{\mathrm{M}}$ de $\kappa(\mathrm{M})$ en une $\mathscr{O}^{\mathrm{h}}_{\mathrm{M}}$-algèbre finie étale locale R de corps résiduel $\mathrm{L}_{\mathrm{M}}\mathrm{K}_{\mathrm{M}}$ (cf. [EGA IV_4, 18.1.1]). On a vu que la fibre spéciale du R-schéma $\mathscr{X} \times_{\mathbf{P}^1_k} \mathrm{Spec}(\mathrm{R})$ admet une composante irréductible géométriquement irréductible et de multiplicité 1. Il en va nécessairement de même pour le R-schéma $\mathrm{X} \times_{\mathbf{P}^1_k} \mathrm{Spec}(\mathrm{R})$ d'après [66, Lemma 1.1], d'où le résultat. □

1.5.4 Fin de la preuve

Maintenant que tous les outils nécessaires sont à notre disposition, passons à la preuve du théorème 1.4 proprement dite. Soit $\mathrm{S}_0 \subset \Omega$ un ensemble fini contenant les places archimédiennes, un système de générateurs du groupe de classes de k, les places divisant un nombre premier inférieur ou égal au degré de $\mathscr{M}$ vu comme k-schéma fini réduit et les places finies de k au-dessus desquelles le morphisme

$$\bigcup_{\mathrm{M} \in \mathscr{M} \cup \{\infty\}} \widetilde{\mathrm{M}} \longrightarrow \mathrm{Spec}(\mathscr{O})$$

n'est pas étale, assez grand pour que les extensions $\mathrm{L}_{\mathrm{M}}/k$ et $\mathrm{K}_{\mathrm{M}}/k$ soient non ramifiées hors de S_0 pour tout $\mathrm{M} \in \mathscr{M}$, pour que le sous-groupe de $\mathfrak{H}(\mathrm{U})$ image réciproque de $\{0, [\mathscr{X}]\}$ par la flèche de droite de (1.3), fini d'après le théorème de Mordell-Weil généralisé, soit inclus dans $\mathfrak{H}(\mathscr{U}_{\mathscr{O}_{\mathrm{S}_0}})$, pour qu'il existe un schéma abélien au-dessus de $\left(\mathbf{P}^1_{\mathscr{O}} \setminus \bigcup_{\mathrm{M} \in \mathscr{M}} \widetilde{\mathrm{M}}\right) \otimes_{\mathscr{O}} \mathscr{O}_{\mathrm{S}_0}$ dont la fibre générique soit égale à E_η et pour que les conclusions du lemme 1.18 et de la proposition 1.30 soient satisfaites. On a alors :

Lemme 1.32 — *Pour tout triplet préadmissible* $(\mathrm{S}, \mathscr{T}, x)$ *avec* $\mathrm{S}_0 \subset \mathrm{S}$, *la courbe elliptique* $\mathscr{E}_x$ *a bonne réduction hors de* $\mathrm{T}(x) \setminus \mathrm{T}_\infty$, *où* T_∞ *désigne l'ensemble des places de* $\mathrm{S} \setminus \mathrm{S}_0$ *en lesquelles* x *n'est pas entier.*

Soit $B_0 \subset Br(U)$ le sous-groupe fini défini au paragraphe 1.5.3. Soient $S_1 \subset \Omega$ fini contenant S_0 et $(x_v)_{v\in S_1} \in \prod_{v\in S_1} U(k_v)$ satisfaisant aux hypothèses du théorème 1.4. On va prouver l'existence de $x \in U(k)$ arbitrairement proche de x_v pour $v \in S_1 \cap \Omega_f$ et arbitrairement grand aux places archimédiennes de k, tel que $x \in \mathscr{R}_D$ si $\mathscr{M} \neq \varnothing$, ou tel que $x \in \mathscr{R}_{D_0}$ et que x soit entier hors de S_1.

Commençons par définir un ensemble fini $T_\infty \subset \Omega$ disjoint de S_1. Nous allons prouver simultanément les deux conclusions du théorème, mais avec des choix différents pour l'ensemble T_∞. Pour prouver l'assertion b) du théorème, on pose $T_\infty = \varnothing$. Pour prouver l'assertion a), on pose $T_\infty = \{v_\infty\}$, où v_∞ est choisie comme suit. Considérons le sous-groupe de $\mathfrak{H}(U)$ engendré par $\mathfrak{H}(\mathscr{U}_{\mathscr{O}_{S_1}})$ et par $\mathfrak{S}_{D_0}$. Il est fini en vertu du théorème des unités de Dirichlet et du corollaire 1.10 lorsque $\mathscr{M} \neq \varnothing$. Son intersection avec $\mathfrak{H}(k)$ est donc elle aussi finie, et par conséquent incluse dans $\mathfrak{H}(\mathscr{O}_{S'})$ pour un ensemble $S' \subset \Omega$ fini assez grand. Le théorème de Čebotarev fournit une infinité de places $v \in \Omega$ telles que pour tout $M \in \mathscr{M}$, toute place de $\kappa(M)$ divisant v soit totalement décomposée dans $L_M K_M$. On choisit pour v_∞ une telle place hors de $S_1 \cup S'$ et l'on note $x_{v_\infty} \in k_{v_\infty}$ l'inverse d'une uniformisante.

Posons $S = S_1 \cup T_\infty$. Pour chaque place finie $v \in S$, fixons un voisinage v-adique arbitrairement petit $\mathscr{A}_v$ de $x_v \in \mathbf{P}^1(k_v)$, suffisamment petit pour que tout élément de $\mathscr{A}_v$ soit l'inverse d'une uniformisante si $v \in T_\infty$, pour que $\operatorname{inv}_v A(x) = \operatorname{inv}_v A(x_v)$ pour tout $x \in \mathscr{A}_v$ et tout $A \in B_0$, et pour que $X_x(k_v) \neq \varnothing$ pour tout $x \in \mathscr{A}_v$ si $v \in S_1$. Il est possible de satisfaire cette dernière condition grâce au théorème des fonctions implicites et à l'hypothèse que $X_{x_v}(k_v) \neq \varnothing$ pour $v \in S_1 \cap \Omega_f$. Fixons de même un voisinage v-adique arbitrairement petit $\mathscr{A}_v$ de $\infty \in \mathbf{P}^1(k_v)$ pour chaque place complexe $v \in \Omega$, et un ouvert connexe non majoré arbitrairement petit $\mathscr{A}_v \subset U(k_v)$ pour chaque place réelle $v \in \Omega$, suffisamment petit pour que $X_x(k_v) \neq \varnothing$ pour tout $x \in \mathscr{A}_v$.

Lemme 1.33 — *Soit $x \in U(k)$ appartenant à $\mathscr{A}_v$ pour tout $v \in S$. Alors $\sum_{v\in S} \operatorname{inv}_v A(x) = 0$ pour tout $A \in B_0$.*

Démonstration — On a $\operatorname{inv}_v A(x_v) = \operatorname{inv}_v A(x)$ pour $v \in S \cap \Omega_f$ par définition des $\mathscr{A}_v$. Cette égalité vaut aussi pour v archimédienne, puisque si v est réelle, x_v et x appartiennent à la même composante connexe de $U(k_v)$, d'après l'hypothèse du théorème 1.4 et la définition de $\mathscr{A}_v$. Par conséquent

$$\sum_{v\in S} \operatorname{inv}_v A(x) = \sum_{v\in S_1} \operatorname{inv}_v A(x_v) + \sum_{v\in T_\infty} \operatorname{inv}_v A(x_v).$$

Le premier terme est nul par hypothèse ; il reste donc seulement à vérifier que $\operatorname{inv}_v A(x_v) = 0$ pour tout $v \in T_\infty$, or ceci résulte du lemme 1.28. □

Notons $\mathscr{L}$ l'ensemble des entiers naturels n pour lesquels il existe une famille $\mathscr{T}$ et un point $x \in \mathrm{U}(k)$ tels que le triplet $(\mathrm{S}, \mathscr{T}, x)$ soit admissible, que $x \in \mathscr{A}_v$ pour tout $v \in \mathrm{S}$ et que $\dim_{\mathbf{F}_2} \mathrm{Sel}_2(k, \mathscr{E}_x) = n$.

Proposition 1.34 — *Admettons l'hypothèse de Schinzel. Soit* $\mathscr{T} = (\mathrm{T}'_\mathrm{M})_{\mathrm{M} \in \mathscr{M}}$ *une famille telle que le couple* $(\mathrm{S}, \mathscr{T})$ *soit préadmissible. Supposons donné, pour tout* $\mathrm{M} \in \mathscr{M}$ *et tout* $v \in \mathrm{T}_\mathrm{M}$, *un* $x_v \in \mathbf{A}^1(\mathscr{O}_v)$ *rencontrant transversalement* $\widetilde{\mathrm{M}}$ *en l'unique place de* T'_M *qui divise* v. *Alors il existe* $x \in \mathrm{U}(k)$ *arbitrairement proche de* x_v *pour* $v \in \mathrm{T} \cap \Omega_f$ *et arbitrairement grand aux places archimédiennes de* k, *tel que le triplet* $(\mathrm{S}, \mathscr{T}, x)$ *soit préadmissible.*

Démonstration — Comme $\mathrm{Pic}(\mathscr{O}_\mathrm{S}) = 0$, il existe une famille de polynômes irréductibles $(r_\mathrm{M}(t))_{\mathrm{M} \in \mathscr{M}}$ de $k[t]$ vérifiant $r_\mathrm{M}(\mathrm{M}) = 0$ et $v(r_\mathrm{M}) = 0$ pour tout $\mathrm{M} \in \mathscr{M}$ et tout $v \in \Omega \setminus \mathrm{S}$. L'hypothèse de Schinzel fournit alors (cf. [23, Prop. 4.1]) un $x \in \mathrm{U}(k)$ arbitrairement proche de x_v pour $v \in \mathrm{T} \cap \Omega_f$, arbitrairement grand aux places archimédiennes et entier hors de T, tel que $\widetilde{x} \cap \widetilde{\mathrm{M}} \cap \mathbf{P}^1_{\mathscr{O}_\mathrm{T}}$ soit le spectre d'un corps pour tout $\mathrm{M} \in \mathscr{M}$. (Remarquer que l'on peut supprimer le mot « perhaps » dans l'énoncé de l'hypothèse (H_1) de [23] : il suffit de choisir m assez grand à la fin de la preuve de [23, Prop. 4.1].) Le triplet $(\mathrm{S}, \mathscr{T}, x)$ sera bien préadmissible si l'on choisit x suffisamment proche de x_v pour $v \in \mathrm{T} \setminus \mathrm{S}$. □

La proposition 1.34 appliquée à la famille $\mathscr{T} = (\varnothing)_{\mathrm{M} \in \mathscr{M}}$ prouve l'existence d'un $x \in \mathrm{U}(k)$ appartenant à $\mathscr{A}_v$ pour tout $v \in \mathrm{S}$, tel que le triplet $(\mathrm{S}, \mathscr{T}, x)$ soit préadmissible. Le triplet $(\mathrm{S}, \mathscr{T}, x)$ est même admissible d'après la proposition 1.29, applicable grâce au lemme 1.33 ; d'où $\mathscr{L} \neq \varnothing$. L'ensemble $\mathscr{L}$ possède donc un minimum. Soient $\mathscr{T} = (\mathrm{T}'_\mathrm{M})_{\mathrm{M} \in \mathscr{M}}$ et $x \in \mathrm{U}(k)$ tels que le triplet $(\mathrm{S}, \mathscr{T}, x)$ soit admissible et que $\dim_{\mathbf{F}_2} \mathrm{Sel}_2(k, \mathscr{E}_x) = \min \mathscr{L}$, avec $x \in \mathscr{A}_v$ pour tout $v \in \mathrm{S}$. On a $\mathrm{X}_x(k_v) \neq \varnothing$ pour $v \in \mathrm{S}_1$ par construction des voisinages $\mathscr{A}_v$. La conclusion de la proposition 1.30 permet d'en déduire que $x \in \mathscr{R}_\mathrm{A}$.

Proposition 1.35 — *On a* $x \in \mathscr{R}_{\mathrm{D}_0}$. *De plus, si* $\mathrm{T}_\infty \neq \varnothing$, *on a* $x \in \mathscr{R}_\mathrm{D}$.

La démonstration de la proposition 1.35 va nous occuper jusqu'à la fin de ce paragraphe.

Démonstration — Reprenons les notations du paragraphe 1.5.2. Fixons la famille de sous-espaces $(\mathrm{K}_v)_{v \in \mathrm{S}_0}$ et un isomorphisme ${}_2\mathrm{E}_\eta \xrightarrow{\sim} (\mathbf{Z}/2)^2$. L'injectivité de la restriction à l'image réciproque de $\{0, [\mathscr{X}]\}$ par la flèche de droite de (1.3) de la composée

$$\mathfrak{S}_{\mathrm{D}_0} \subset \mathfrak{S}_2(\mathbf{A}^1_k, \mathscr{E}) \subset \mathrm{H}^1(\mathrm{U}, {}_2\mathscr{E}) \to \mathrm{H}^1(k, {}_2\mathscr{E}_x)$$

est une conséquence immédiate du lemme 1.19 et de la définition de S_0.

Soit $\alpha \in \mathrm{Sel}_2(k, \mathscr{E}_x)$. La courbe elliptique $\mathscr{E}_x$ a bonne réduction hors de $\mathrm{T}(x)$ (lemme 1.32). Par conséquent $\mathrm{Sel}_2(k, \mathscr{E}_x) \subset \mathfrak{H}(\mathscr{O}_{\mathrm{T}(x)})$, et l'on peut donc considérer l'image de α par l'isomorphisme $\psi \colon \mathfrak{H}(\mathscr{O}_{\mathrm{T}(x)}) \xrightarrow{\sim} \mathfrak{H}(\mathscr{U}_{\mathscr{O}_\mathrm{T}})$ défini après le lemme 1.19. On a $\psi(\alpha) \in \mathfrak{S}_2(\mathbf{A}^1_k, \mathscr{E})$ par le corollaire 1.22.

Lemme 1.36 — *Pour tout* $e \in {}_2\mathrm{H}^1(\mathbf{A}^1_k, \mathscr{E}) \setminus \mathfrak{T}_{\mathrm{D}_0}$*, il existe* $\mathrm{M} \in \mathscr{M}$ *et une infinité de places* $v \in \Omega \setminus \mathrm{S}_0$ *telles qu'il existe une place* w *de* $\kappa(\mathrm{M})$ *totalement décomposée dans* $\mathrm{L_M K_M}$*, divisant* v*, non ramifiée et de degré résiduel* 1 *sur* v*, telle que pour tout* $x_v \in \mathbf{A}^1(\mathscr{O}_v)$ *rencontrant transversalement* $\widetilde{\mathrm{M}}$ *en* w*, l'image de* e *par la flèche* $\mathrm{H}^1(\mathbf{A}^1_k, \mathscr{E}) \to \mathrm{H}^1(k_v, \mathscr{E}_{x_v})$ *d'évaluation en* x_v *soit non nulle.*

Démonstration — Soient $\mathscr{Y} \to \mathbf{A}^1_k$ un torseur sous $\mathscr{E}_{\mathbf{A}^1_k}$ dont la classe dans $\mathrm{H}^1(\mathbf{A}^1_k, \mathscr{E})$ soit égale à e et $\mathrm{Y} \to \mathbf{A}^1_k$ un modèle propre et plat régulier minimal de $\mathscr{Y}_\eta$ sur $\mathbf{A}^1_k$. On peut étendre $\mathrm{Y} \to \mathbf{A}^1_k$ en un morphisme propre et plat $g \colon \widetilde{\mathrm{Y}} \to \mathbf{A}^1_\mathrm{V}$ avec $\widetilde{\mathrm{Y}}$ régulier, où V est un ouvert dense de $\mathrm{Spec}(\mathscr{O}_{\mathrm{S}_0})$ (cf. [EGA IV$_3$, 8.8.2, 9.6.1 et 11.1.1] et [EGA IV$_2$, 6.12.6]). Comme le modèle $\mathrm{Y} \to \mathbf{A}^1_k$ est minimal, on peut supposer, quitte à choisir V suffisamment petit, qu'il existe un fermé $\mathrm{F} \subset \widetilde{\mathrm{Y}}$ étale sur $g(\mathrm{F})$ tel que la restriction de g à $\widetilde{\mathrm{Y}} \setminus \mathrm{F}$ soit lisse et que $g(\mathrm{F}) \subset \mathbf{A}^1_\mathrm{V} \cap \bigcup_{\mathrm{M} \in \mathscr{M}} \widetilde{\mathrm{M}}$.

L'hypothèse que $e \notin \mathfrak{T}_{\mathrm{D}_0}$ se traduit par l'existence d'un $\mathrm{M} \in \mathscr{M}$ tel que $\delta_\mathrm{M}(e)$ n'appartienne pas à $\{0, \delta_\mathrm{M}([\mathscr{X}])\}$. Soient d l'image de e dans ${}_2\mathrm{H}^1(\kappa(\mathrm{M}), \mathrm{F_M})$ et $\mathrm{K}_{\mathrm{M},d}/\kappa(\mathrm{M})$ une extension quadratique vérifiant les conditions du lemme 1.17. Étant donné que l'extension $\mathrm{L_M K_M}/\mathrm{L_M}$ est quadratique ou triviale et que le groupe $\mathrm{F_M}(\mathrm{L_M K_M}) = \mathrm{F_M}(\mathrm{L_M})$ est cyclique, la suite exacte d'inflation-restriction montre que le noyau de la flèche de restriction $\mathrm{H}^1(\mathrm{L_M}, \mathrm{F_M}) \to \mathrm{H}^1(\mathrm{L_M K_M}, \mathrm{F_M})$ est d'ordre au plus 2. Notons N ce noyau. Si $\mathrm{N} \neq 0$, alors $\mathrm{L_M K_M} \neq \mathrm{L_M}$, de sorte que la définition de $\mathrm{K_M}$ entraîne que $\delta_\mathrm{M}([\mathscr{X}]) \in \mathrm{N} \setminus \{0\}$; le groupe N est donc dans tous les cas engendré par $\delta_\mathrm{M}([\mathscr{X}])$. Par conséquent, l'image de e dans $\mathrm{H}^1(\mathrm{L_M K_M}, \mathrm{F_M})$ n'est pas nulle. L'extension quadratique $\mathrm{K}_{\mathrm{M},d}/\kappa(\mathrm{M})$ ne se plonge donc pas dans $\mathrm{L_M K_M}/\kappa(\mathrm{M})$. On en déduit, à l'aide du théorème de Čebotarev, l'existence d'une infinité de places finies de $\mathrm{L_M K_M}$ non ramifiées et de degré résiduel 1 sur k, inertes dans $\mathrm{L_M K_M K}_{\mathrm{M},d}$ (cf. [35, Proposition 2.2]). Soient w la trace sur $\kappa(\mathrm{M})$ d'une telle place et $v \in \Omega_f$ la trace sur k de w. Supposons que $v \in \mathrm{V}$ et montrons que v convient.

La place w est totalement décomposée dans $\mathrm{L_M K_M}$, inerte dans $\mathrm{K}_{\mathrm{M},d}$, non ramifiée et de degré résiduel 1 sur v. Supposons qu'il existe $x_v \in \mathbf{A}^1(\mathscr{O}_v)$ rencontrant transversalement $\widetilde{\mathrm{M}}$ en w et tel que l'image de e dans $\mathrm{H}^1(k_v, \mathscr{E}_{x_v})$ soit nulle, autrement dit tel que $\mathscr{Y}_{x_v}(k_v) \neq \varnothing$, et aboutissons à une contradiction.

Lemme 1.37 — *Pour toute extension* ℓ/k *et tout* $m \in \mathbf{A}^1(\ell)$*,* Y_m *possède un* ℓ*-point régulier si et seulement si* $\mathscr{Y}_m(\ell) \neq \varnothing$*.*

Démonstration — Notons R le hensélisé de l'anneau local de $\mathbf{A}^1_\ell$ en m et Q son corps des fractions. D'après la propreté de $\mathrm{Y} \to \mathbf{A}^1_k$, la régularité de Y, la lissité de $\mathscr{Y} \to \mathbf{A}^1_k$ et l'injectivité de la flèche de restriction $\mathrm{H}^1(\mathrm{R}, \mathscr{E}) \to \mathrm{H}^1(\mathrm{Q}, \mathrm{E}_\eta)$, les conditions de l'énoncé sont toutes les deux équivalentes à l'existence d'un Q-point sur $\mathscr{Y}_\eta$. (L'injectivité de la flèche de restriction découle de la suite spectrale de Leray pour l'inclusion du point générique de R et le faisceau étale E_η sur Spec(Q), une fois que l'on sait que $\mathscr{E} \times_{\mathbf{P}^1_k} \mathrm{Spec}(\mathrm{R})$ est un modèle de Néron de $\mathrm{E}_\eta \otimes_{\mathrm{K}} \mathrm{Q}$. Pour cela, cf. [5, 7.2/2].) □

Notons $z \in \mathbf{A}^1_{\mathrm{V}}$ l'image du point fermé de $\mathrm{Spec}(\mathscr{O}_v)$ par le morphisme $x_v \colon \mathrm{Spec}(\mathscr{O}_v) \to \mathbf{A}^1_{\mathrm{V}}$. Le lemme 1.37 montre que $\mathrm{Y}_{x_v}(k_v) \neq \varnothing$. Comme $\widetilde{\mathrm{Y}}_{x_v}$ est propre sur $\mathrm{Spec}(\mathscr{O}_v)$, on en déduit que $\widetilde{\mathrm{Y}}_{x_v}(\mathscr{O}_v) \neq \varnothing$, puis que $\widetilde{\mathrm{Y}}_z$ possède un $\kappa(v)$-point régulier, grâce au lemme suivant.

Lemme 1.38 — *Le schéma* $\widetilde{\mathrm{Y}}_{x_v}$ *est régulier.*

Démonstration — Si S est un schéma et $s \in \mathrm{S}$, notons $\mathrm{T}_s\mathrm{S}$ l'espace tangent à S en s ; c'est par définition le $\kappa(s)$-espace vectoriel dual de $\mathfrak{m}_s/\mathfrak{m}_s^2$.

Soit $p \in \widetilde{\mathrm{Y}}_{x_v}$. On va montrer que $\widetilde{\mathrm{Y}}_{x_v}$ est régulier en p, c'est-à-dire que $\dim_{\kappa(p)}(\mathrm{T}_p\widetilde{\mathrm{Y}}_{x_v}) = \dim(\mathscr{O}_{\widetilde{\mathrm{Y}}_{x_v},p})$. Comme la restriction de g à $\widetilde{\mathrm{Y}} \setminus \mathrm{F}$ est lisse et que $\mathrm{Spec}(\mathscr{O}_v)$ est régulier, on peut supposer que $p \in \widetilde{\mathrm{Y}}_z \cap \mathrm{F}$ (cf. [EGA IV$_2$, 6.5.2]). Le morphisme $\mathrm{T}_p\mathrm{F} \to \mathrm{T}_z\widetilde{\mathrm{M}} \otimes_{\kappa(z)} \kappa(p)$ induit par g est un isomorphisme, puisque F est étale sur $g(\mathrm{F})$. Le carré commutatif

$$\begin{array}{ccc}
\mathrm{T}_p\mathrm{F} & \hookrightarrow & \mathrm{T}_p\widetilde{\mathrm{Y}} \\
\downarrow \wr & & \downarrow \mathrm{T}_p g \\
\mathrm{T}_z\widetilde{\mathrm{M}} \otimes_{\kappa(z)} \kappa(p) & \hookrightarrow & \mathrm{T}_z\mathbf{A}^1_{\mathrm{V}} \otimes_{\kappa(z)} \kappa(p)
\end{array}$$

permet d'en déduire que l'image I de $\mathrm{T}_p g$ contient $\mathrm{T}_z\widetilde{\mathrm{M}} \otimes_{\kappa(z)} \kappa(p)$.

Les sous-schémas fermés x_v et $\widetilde{\mathrm{M}} \otimes_{\mathscr{O}} \mathscr{O}_v$ de $\mathbf{P}^1_{\mathscr{O}_v}$ se rencontrent transversalement en z, par hypothèse. Ceci se traduit par l'égalité $\mathrm{T}_z x_v + \mathrm{T}_z\widetilde{\mathrm{M}} = \mathrm{T}_z\mathbf{A}^1_{\mathrm{V}}$ (moyennant le léger abus de notation consistant à identifier $\mathrm{T}_z\mathbf{A}^1_{\mathrm{V}}$ et $\mathrm{T}_z\mathbf{A}^1_{\mathscr{O}_v}$), d'où l'on tire, d'après ce qui précède : $\mathrm{T}_z x_v \otimes_{\kappa(z)} \kappa(p) + \mathrm{I} = \mathrm{T}_z\mathbf{A}^1_{\mathrm{V}} \otimes_{\kappa(z)} \kappa(p)$. Le morphisme

$$\mathrm{T}_p\widetilde{\mathrm{Y}} \longrightarrow (\mathrm{T}_z\mathbf{A}^1_{\mathrm{V}}/\mathrm{T}_z x_v) \otimes_{\kappa(z)} \kappa(p)$$

induit par $\mathrm{T}_p g$ est donc surjectif, d'où une suite exacte de $\kappa(p)$-espaces vectoriels

$$0 \longrightarrow \mathrm{T}_p\widetilde{\mathrm{Y}}_{x_v} \longrightarrow \mathrm{T}_p\widetilde{\mathrm{Y}} \longrightarrow (\mathrm{T}_z\mathbf{A}^1_{\mathrm{V}}/\mathrm{T}_z x_v) \otimes_{\kappa(z)} \kappa(p) \longrightarrow 0.$$

On en déduit l'égalité

$$\dim_{\kappa(p)} \mathrm{T}_p\widetilde{\mathrm{Y}}_{x_v} = \dim_{\kappa(p)} \mathrm{T}_p\widetilde{\mathrm{Y}} - \dim_{\kappa(z)} \mathrm{T}_z\mathbf{A}^1_{\mathrm{V}} + \dim_{\kappa(z)} \mathrm{T}_z x_v.$$

Les schémas $\mathbf{A}^1_{\mathrm{V}}$, $\widetilde{\mathrm{Y}}$ et $x_v \simeq \mathrm{Spec}(\mathscr{O}_v)$ étant tous réguliers, il en résulte que $\dim_{\kappa(p)} \mathrm{T}_p\widetilde{\mathrm{Y}}_{x_v} = \dim(\mathscr{O}_{\widetilde{\mathrm{Y}},p}) - \dim(\mathscr{O}_{\mathbf{A}^1_{\mathrm{V}},z}) + \dim(\mathscr{O}_{x_v,z})$. Enfin, grâce à la platitude de g, le membre de droite de cette dernière équation est égal à $\dim(\mathscr{O}_{\widetilde{\mathrm{Y}}_{x_v},p})$ (cf. [EGA IV_3, 14.2.1], appliqué deux fois), d'où le résultat recherché. □

Comme $\widetilde{\mathrm{Y}}_z$ est aussi la fibre en z de $\widetilde{\mathrm{Y}}_{\widetilde{\mathrm{M}}}$, le lemme de Hensel permet de relever un $\kappa(v)$-point régulier de $\widetilde{\mathrm{Y}}_z$ en un $\kappa(\mathrm{M})_w$-point régulier de Y_{M}. D'où $\mathscr{Y}_{\mathrm{M}}(\kappa(\mathrm{M})_w) \neq \varnothing$, compte tenu du lemme 1.37. L'image de e dans $\mathrm{H}^1(\kappa(\mathrm{M})_w, \mathrm{F}_{\mathrm{M}})$ est donc nulle. La place w étant totalement décomposée dans L_{M}, l'extension $\mathrm{L}_{\mathrm{M}}/\kappa(\mathrm{M})$ se plonge dans $\kappa(\mathrm{M})_w/\kappa(\mathrm{M})$; par conséquent, vu la définition de $\mathrm{K}_{\mathrm{M},d}$, il en va de même pour l'extension $\mathrm{K}_{\mathrm{M},d}/\kappa(\mathrm{M})$, ce qui contredit l'hypothèse selon laquelle w est inerte dans $\mathrm{K}_{\mathrm{M},d}$. □

Supposons que $\psi(\alpha) \notin \mathfrak{S}_{\mathrm{D}_0}$. On peut alors appliquer le lemme 1.36 à l'image e de $\psi(\alpha)$ dans ${}_2\mathrm{H}^1(\mathbf{A}^1_k, \mathscr{E})$, d'où un point $\mathrm{M}_0 \in \mathscr{M}$, une place $v_0 \in \Omega \setminus \mathrm{T}$ et une place w_0 de $\kappa(\mathrm{M}_0)$ vérifiant la conclusion du lemme. Soit $\mathscr{T}^+ = (\mathrm{T}'^+_{\mathrm{M}})_{\mathrm{M}\in\mathscr{M}}$ la famille définie par $\mathrm{T}'^+_{\mathrm{M}} = \mathrm{T}'_{\mathrm{M}}$ pour $\mathrm{M} \neq \mathrm{M}_0$ et $\mathrm{T}'^+_{\mathrm{M}_0} = \mathrm{T}'_{\mathrm{M}_0} \cup \{w_0\}$. Posons $\mathrm{S}^\sharp = \mathrm{T}$. Soit $\mathscr{T}^\sharp = (\mathrm{T}'^\sharp_{\mathrm{M}})_{\mathrm{M}\in\mathscr{M}}$ la famille définie par $\mathrm{T}'^\sharp_{\mathrm{M}} = \varnothing$ pour tout M. Soit enfin $\mathscr{T}^{\sharp+} = (\mathrm{T}'^{\sharp+}_{\mathrm{M}})_{\mathrm{M}\in\mathscr{M}}$ la famille définie par $\mathrm{T}'^{\sharp+}_{\mathrm{M}} = \varnothing$ pour $\mathrm{M} \neq \mathrm{M}_0$ et $\mathrm{T}'^{\sharp+}_{\mathrm{M}_0} = \{w_0\}$.

Les couples $(\mathrm{S}, \mathscr{T}^+)$ et $(\mathrm{S}^\sharp, \mathscr{T}^{\sharp+})$ et le triplet $(\mathrm{S}^\sharp, \mathscr{T}^\sharp, x)$ sont admissibles, puisque w_0 est totalement décomposée dans $\mathrm{L}_{\mathrm{M}}\mathrm{K}_{\mathrm{M}}$. Fixons $x_{v_0} \in \mathbf{A}^1(\mathscr{O}_{v_0})$ rencontrant transversalement $\widetilde{\mathrm{M}_0}$ en w_0. Un tel x_{v_0} existe car la place w_0 est non ramifiée et de degré résiduel 1 sur v_0. D'après la proposition 1.34, il existe $x^+ \in \mathrm{U}(k)$ arbitrairement proche de x pour $v \in \mathrm{T}\cap\Omega_f$ et arbitrairement grand aux places archimédiennes, tel que le triplet $(\mathrm{S}, \mathscr{T}^+, x^+)$ soit préadmissible. On peut notamment supposer que $x^+ \in \mathscr{A}_v$ pour tout $v \in \mathrm{S}$, auquel cas on a $\mathrm{inv}_v\, \mathrm{A}(x^+) = \mathrm{inv}_v\, \mathrm{A}(x)$ pour tout $\mathrm{A} \in \mathrm{B}_0$ et tout $v \in \mathrm{S}$. La proposition 1.29 permet d'en déduire que le triplet $(\mathrm{S}, \mathscr{T}^+, x^+)$ est admissible. Par conséquent $\dim_{\mathbf{F}_2} \mathrm{Sel}_2(k, \mathscr{E}_{x^+}) \in \mathscr{L}$, d'où

$$\dim_{\mathbf{F}_2} \mathrm{Sel}_2(k, \mathscr{E}_x) \leqslant \dim_{\mathbf{F}_2} \mathrm{Sel}_2(k, \mathscr{E}_{x^+}). \tag{1.18}$$

Reprenons les notations du paragraphe 1.5.2 associées aux diverses familles que l'on vient de construire, en les assortissant d'un + et/ou d'un $\sharp$ en exposant. On dispose ainsi d'un isomorphisme $\psi^+ \colon \mathfrak{H}(\mathscr{O}_{\mathrm{T}^+(x^+)}) \xrightarrow{\sim} \mathfrak{H}(\mathscr{U}_{\mathscr{O}_{\mathrm{T}^+}})$, d'espaces vectoriels N_1, N_1^+, $\mathrm{N}_1^\sharp$, $\mathrm{N}_1^{\sharp+}$, etc. Quitte à choisir x^+ suffisamment proche de x aux places de $\mathrm{T} \cap \Omega_f$ et suffisamment grand aux places archimédiennes, la proposition 1.23 permet de supposer que $\psi(\mathrm{N}_1^\sharp) = \psi^+(\mathrm{N}_1^{\sharp+})$ et que les accouplements symétriques induits sur cet espace par les deux formes bilinéaires $\mathrm{N}_1^\sharp \times \mathrm{N}_1^\sharp \to \mathbf{Z}/2$ et $\mathrm{N}_1^{\sharp+} \times \mathrm{N}_1^{\sharp+} \to \mathbf{Z}/2$ coïncident.

Notons $\mathrm{R} = \psi(\mathrm{N}^\sharp)$ et $\mathrm{R}^+ = \psi^+(\mathrm{N}^{\sharp+})$. On a $\mathrm{N}_1^\sharp = \mathrm{N}^\sharp$ puisque $\mathrm{T}_\mathrm{M}^\sharp = \varnothing$ pour tout $\mathrm{M} \in \mathscr{M}$, d'où $\mathrm{R} = \psi^+(\mathrm{N}_1^{\sharp+}) \subset \mathrm{R}^+$. La codimension de R dans R^+ est au plus 1, comme le montre le lemme 1.27. Notons $\varphi \colon \mathrm{R}^+ \times \mathrm{R}^+ \to \mathbf{Z}/2$ la forme bilinéaire symétrique donnée sur R^+ et $\varphi|_\mathrm{R}$ sa restriction à $\mathrm{R} \times \mathrm{R}$. La proposition 1.15 et le lemme 1.32 montrent que les noyaux de φ et de $\varphi|_\mathrm{R}$ sont respectivement égaux à $\psi^+(\mathrm{Sel}_2(k, \mathscr{E}_{x^+}))$ et à $\psi(\mathrm{Sel}_2(k, \mathscr{E}_x))$. Par définition de v_0, le 2-revêtement de $\mathscr{E}_{x^+}$ déterminé par la classe $\psi(\alpha)(x^+) \in \mathrm{H}^1(k, {}_2\mathscr{E}_{x^+})$ ne possède pas de k_{v_0}-point. Par conséquent $\psi(\alpha)$ n'appartient pas au noyau de φ, bien qu'il appartienne au noyau de $\varphi|_\mathrm{R}$.

Résumons la situation : on dispose d'un $\mathbf{F}_2$-espace vectoriel de dimension finie R^+, d'un sous-espace $\mathrm{R} \subset \mathrm{R}^+$ de codimension au plus 1 et d'une forme bilinéaire symétrique φ sur R^+ ; et l'on sait que le noyau de la restriction $\varphi|_\mathrm{R}$ n'est pas inclus dans celui de φ. Il est alors automatique que le noyau de φ est inclus dans R, et donc strictement inclus dans le noyau de $\varphi|_\mathrm{R}$. Ceci contredit l'inégalité (1.18) ; ainsi a-t-on prouvé, par l'absurde, que $\psi(\alpha) \in \mathfrak{S}_{\mathrm{D}_0}$.

La première partie de la proposition est maintenant établie. Pour la seconde, supposons que $\mathrm{T}_\infty \neq \varnothing$. Il reste à démontrer que $\psi(\alpha) \in \mathfrak{S}_\mathrm{D}$. Il suffit pour cela de vérifier que l'image de $\psi(\alpha)$ dans $\mathrm{H}^1(\mathrm{K}_\infty^{\mathrm{sh}}, {}_2\mathrm{E}_\eta)$ est nulle, autrement dit que la valuation de $\psi(\alpha)$ au point $\infty \in \mathbf{P}_k^1$ est nulle.

Lemme 1.39 — *On a l'inclusion* $\mathfrak{S}_{\mathrm{D}_0} \cap \mathfrak{H}(\mathscr{U}_{\mathscr{O}_\mathrm{T}}) \subset \mathfrak{H}(\mathscr{U}_{\mathscr{O}_{\mathrm{T}\setminus\{v_\infty\}}})$.

Démonstration — Soit $a \in \mathfrak{S}_{\mathrm{D}_0} \cap \mathfrak{H}(\mathscr{U}_{\mathscr{O}_\mathrm{T}})$. Comme l'application

$$\mathbf{G}_\mathrm{m}(\mathscr{U}_{\mathscr{O}_{\mathrm{S}_0}})/2 \longrightarrow \prod_{\mathrm{M} \in \mathscr{M}} \mathbf{Z}/2$$

est surjective (d'après la nullité de $\mathrm{Pic}(\mathbf{A}^1_{\mathscr{O}_{\mathrm{S}_0}})$), il existe $b \in \mathfrak{H}(\mathscr{O}_\mathrm{T})$ et $c \in \mathfrak{H}(\mathscr{U}_{\mathscr{O}_{\mathrm{S}_0}})$ tels que $a = bc$. Rappelons que tout élément de $\mathfrak{H}(k)$ appartenant au sous-groupe de $\mathfrak{H}(\mathrm{K})$ engendré par $\mathfrak{S}_{\mathrm{D}_0}$ et par $\mathfrak{H}(\mathscr{U}_{\mathscr{O}_{\mathrm{S}_1}})$ est de valuation nulle en v_∞, par construction de v_∞. En particulier, comme $b = ac$, on a $b \in \mathfrak{H}(\mathscr{O}_{\mathrm{T}\setminus\{v_\infty\}})$, d'où $a \in \mathfrak{H}(\mathscr{U}_{\mathscr{O}_{\mathrm{T}\setminus\{v_\infty\}}})$. □

L'intersection de $\widetilde{x}$ avec la section à l'infini au-dessus de v_∞ est transverse puisque $x \in \mathscr{A}_{v_\infty}$. Le lemme 1.39 permet d'en déduire l'égalité

$$v_\infty(\psi(\alpha)) = v_\infty(\psi(\alpha)(x)),$$

où v_∞ désigne dans le premier membre la valuation normalisée de K associée au point $\infty \in \mathbf{P}^1_k$ et dans le second membre la valuation normalisée de k associée à la place v_∞. La courbe $\mathscr{E}_x$ a bonne réduction en v_∞ (lemme 1.32). On a par conséquent $v_\infty(\psi(\alpha)(x)) = v_\infty(\alpha) = 0$, d'où le résultat. Ainsi la proposition 1.35 est-elle établie. □

Le théorème 1.4 est maintenant prouvé. En effet, x est entier en-dehors de S_1 lorsque $T_\infty = \varnothing$, puisqu'il est entier en-dehors de S (préadmissibilité du triplet $(S, \mathscr{T}, x)$) et que $S = S_1$ si $T_\infty = \varnothing$.

1.6 Condition (D), groupe $\mathscr{D}$ et groupe de Brauer

Les auteurs de [21] ont montré que la condition qu'ils notent (D) est étroitement liée à la nullité de la 2-torsion du groupe de Brauer horizontal de la fibration $\pi\colon X \to C$ (cf. [21, §4]). Pour ce faire, ils ont défini en toute généralité (c'est-à-dire sans hypothèse sur le type de réduction de E_η) un groupe $\mathscr{D}$, puis ont d'une part étudié sa relation avec le groupe de Brauer horizontal et d'autre part traduit leur condition (D), sous certaines hypothèses, en termes du groupe $\mathscr{D}$.

Nous allons ici rappeler la définition du groupe $\mathscr{D}$ et préciser quelques-uns des énoncés qui viennent d'être mentionnés. Cela nous permettra de comparer notre condition (D) avec le groupe $\mathscr{D}$ en toute généralité et avec la condition (D) de [21] sous les hypothèses de [21]. Cela servira aussi à fixer les notations en vue de l'utilisation de ces résultats au paragraphe 1.8.

Reprenons les notations du paragraphe 1.2 et supposons que k soit un corps de nombres. Pour $M \in C$, notons D_M le groupe abélien libre sur l'ensemble des composantes irréductibles de la fibre géométrique de π en M et Δ_M le quotient de D_M par la classe de la fibre géométrique tout entière. Ces groupes abéliens sont naturellement munis d'une action continue du groupe de Galois absolu de $\kappa(M)$. On pourra donc les considérer comme des faisceaux étales sur $\mathrm{Spec}(\kappa(M))$. Notons enfin $i_M\colon \mathrm{Spec}(\kappa(M)) \to C$ (resp. $j\colon \eta \to C$) l'inclusion de $M \in \mathscr{M}$ (resp. du point générique de C).

Lemme 1.40 — *On a une suite exacte canonique*

$$0 \longrightarrow \prod_{M\in\mathscr{M}} i_{M\star}\Delta_M \longrightarrow \mathbf{Pic}_{X/C} \longrightarrow j_\star\mathbf{Pic}_{X_\eta/\eta} \longrightarrow 0 \qquad (1.19)$$

de faisceaux étales sur C.

Démonstration — Il s'agit essentiellement de vérifier que pour tout $M \in C$, il existe une suite exacte canonique de groupes abéliens

$$0 \longrightarrow \Delta_M \longrightarrow \mathrm{Pic}(X_{\mathscr{O}^{sh}_M}) \longrightarrow \mathrm{Pic}(X_{K^{sh}_M}) \longrightarrow 0.$$

La régularité de X assure que la flèche de gauche est bien définie et que la flèche de droite est surjective. L'injectivité de la flèche de gauche est une conséquence de la propreté de π. Enfin, l'exactitude au milieu est évidente. □

Lemme 1.41 — *On a canoniquement* $\mathrm{H}^1(\mathrm{C}, j_\star \mathbf{Pic}_{\mathrm{X}_\eta/\eta}) = \mathrm{H}^1(\mathrm{C}, \mathscr{E})/\langle[\mathscr{X}]\rangle$.

Démonstration — La suite exacte

$$0 \longrightarrow \mathrm{E}_\eta \longrightarrow \mathbf{Pic}_{\mathrm{X}_\eta/\eta} \longrightarrow \mathbf{Z} \longrightarrow 0$$

induit un isomorphisme $\mathrm{H}^1(\mathrm{K}, \mathbf{Pic}_{\mathrm{X}_\eta/\eta}) = \mathrm{H}^1(\mathrm{K}, \mathrm{E}_\eta)/\langle[\mathscr{X}]\rangle$. Comme les fibres de π sont réduites, on a $\mathrm{X}_\mathrm{M}(\mathrm{K}_\mathrm{M}^{\mathrm{sh}}) \neq \varnothing$ pour tout $\mathrm{M} \in \mathrm{C}$. La suite exacte ci-dessus induit donc aussi un isomorphisme $\mathrm{H}^1(\mathrm{K}_\mathrm{M}^{\mathrm{sh}}, \mathbf{Pic}_{\mathrm{X}_\eta/\eta}) = \mathrm{H}^1(\mathrm{K}_\mathrm{M}^{\mathrm{sh}}, \mathrm{E}_\eta)$. Les suites exactes de bas degré issues des suites spectrales de Leray pour le morphisme j associées aux faisceaux étales $\mathbf{Pic}_{\mathrm{X}_\eta/\eta}$ et E_η permettent de conclure. □

Vu le lemme 1.41, la suite exacte (1.19) induit une suite exacte

$$\mathrm{H}^1(\mathrm{C}, \mathbf{Pic}_{\mathrm{X}/\mathrm{C}}) \longrightarrow \frac{\mathrm{H}^1(\mathrm{C}, \mathscr{E})}{\langle[\mathscr{X}]\rangle} \longrightarrow \prod_{\mathrm{M} \in \mathscr{M}} \mathrm{H}^2(\kappa(\mathrm{M}), \Delta_\mathrm{M}).$$

Posons alors :

$$\mathscr{D}(\mathrm{C}, \mathrm{X}) = \mathrm{Ker}\left(\frac{\mathrm{H}^1(\mathrm{C}, \mathscr{E})}{\langle[\mathscr{X}]\rangle} \longrightarrow \prod_{\mathrm{M} \in \mathscr{M}} \mathrm{H}^2(\kappa(\mathrm{M}), \Delta_\mathrm{M})\right).$$

Proposition 1.42 — *Le groupe* $\mathscr{D}(\mathrm{C}, \mathrm{X})$ *est égal au noyau de la flèche naturelle*

$$\frac{\mathrm{H}^1(\mathrm{C}, \mathscr{E})}{\langle[\mathscr{X}]\rangle} \longrightarrow \prod_{\mathrm{M} \in \mathscr{M}} \frac{\mathrm{H}^1(\kappa(\mathrm{M}), \mathrm{F}_\mathrm{M})}{\langle\delta_\mathrm{M}^0([\mathscr{X}])\rangle},$$

où $\delta_\mathrm{M}^0 \colon \mathrm{H}^1(\mathrm{C}, \mathscr{E}) \to \mathrm{H}^1(\kappa(\mathrm{M}), \mathrm{F}_\mathrm{M})$ *est l'application induite par le morphisme* $\mathscr{E} \to i_{\mathrm{M}\star}\mathrm{F}_\mathrm{M}$.

Démonstration — Cf. [21, Prop. 4.3.1]. En toute rigueur, il faut d'abord remarquer que l'on peut supposer la fibration π relativement minimale (ce qui est évident), puisque cette hypothèse est faite dans [21, §4.3]. Le même commentaire s'applique à plusieurs reprises ci-dessous mais nous ne le répéterons pas. □

Il en résulte immédiatement :

Corollaire 1.43 — *On a l'inclusion*

$$\mathscr{D}(\mathrm{C},\mathrm{X}) \cap \frac{{}_2\mathrm{H}^1(\mathrm{C},\mathscr{E})}{\langle[\mathscr{X}]\rangle} \subset \frac{\mathfrak{T}_{\mathrm{D/C}}}{\langle[\mathscr{X}]\rangle}$$

de sous-groupes de $\mathrm{H}^1(\mathrm{C},\mathscr{E})/\langle[\mathscr{X}]\rangle$. *Si* $\mathrm{L_M} = \kappa(\mathrm{M})$ *pour tout* $\mathrm{M} \in \mathscr{M}$, *cette inclusion est une égalité. En particulier, on a alors une injection canonique* $\mathfrak{T}_{\mathrm{D/C}}/\langle[\mathscr{X}]\rangle \hookrightarrow {}_2\mathscr{D}(\mathrm{C},\mathrm{X})$, *qui est un isomorphisme si de plus* $[\mathscr{X}]$ *n'est pas divisible par* 2 *dans* $\mathrm{H}^1(\mathrm{C},\mathscr{E})$.

Corollaire 1.44 — *Supposons que* $\mathrm{C} = \mathbf{P}^1_k$ *et que* $\mathrm{F_M} = \mathbf{Z}/2$ *pour tout* $\mathrm{M} \in \mathscr{M}$. *Sous ces hypothèses, une condition* (D) *est également définie dans [21, p. 583]. Alors, si* π *n'admet pas de section, la condition* (D) *de [21] est satisfaite si et seulement si la nôtre l'est et que le groupe* $\mathrm{E}_\eta(\mathrm{K})$ *est fini ; si* π *admet une section, la condition* (D) *de [21] est satisfaite si et seulement si la nôtre l'est et que le groupe* $\mathrm{E}_\eta(\mathrm{K})$ *est de rang au plus* 1.

Démonstration — Le groupe $\mathscr{D}(\mathbf{P}^1_k,\mathrm{X}) \cap {}_2\mathrm{H}^1(\mathbf{P}^1_k,\mathscr{E})/\langle[\mathscr{X}]\rangle$ est isomorphe au groupe noté $\mathscr{D}^2(\mathrm{X}/\mathbf{P}^1_k)$ dans [21]. Par ailleurs, l'hypothèse $\mathrm{F_M} = \mathbf{Z}/2$ entraîne que $\mathrm{L_M} = \kappa(\mathrm{M})$ pour tout $\mathrm{M} \in \mathscr{M}$, d'où l'on déduit, grâce au corollaire 1.43, que

$$\mathscr{D}(\mathbf{P}^1_k,\mathrm{X}) \cap {}_2\mathrm{H}^1(\mathbf{P}^1_k,\mathscr{E})/\langle[\mathscr{X}]\rangle = \mathfrak{T}_{\mathrm{D/C}}/\langle[\mathscr{X}]\rangle.$$

Notre condition (D) est donc satisfaite si et seulement si le groupe noté $\mathscr{D}^2(\mathrm{X}/\mathbf{P}^1_k)$ dans [21] est nul. Lorsque π n'admet pas de section, le premier énoncé de [21, §4.7] permet de conclure. On constate tout de suite que la preuve de cet énoncé s'adapte sans difficulté au cas où π possède une section, avec la réserve que l'on doit autoriser le rang de $\mathrm{E}_\eta(\mathrm{K})$ à être égal à 1. □

L'injection $\mathfrak{T}_{\mathrm{D/C}}/\langle[\mathscr{X}]\rangle \hookrightarrow {}_2\mathscr{D}(\mathrm{C},\mathrm{X})$ donnée par le corollaire 1.43 n'existe malheureusement que sous l'hypothèse que $\mathrm{L_M} = \kappa(\mathrm{M})$ pour tout $\mathrm{M} \in \mathscr{M}$. Ainsi, à la différence de ce qui se passait dans la situation de [21], le groupe $\mathscr{D}(\mathrm{C},\mathrm{X})$ ne suffit plus à exprimer la condition (D/C) dans le cas général de réduction semi-stable. C'est pourtant toujours $\mathscr{D}(\mathrm{C},\mathrm{X})$ qui est naturellement lié au groupe de Brauer horizontal de X, comme le montre la proposition suivante.

La suite spectrale de Leray pour la fibre générique de π et le faisceau étale $\mathbf{G}_\mathrm{m}$ fournit une suite exacte

$$\mathrm{Br}(\mathrm{K}) \longrightarrow \mathrm{Br}_1(\mathrm{X}_\eta) \longrightarrow \mathrm{H}^1(\mathrm{K},\mathbf{Pic}_{\mathrm{X}_\eta/\eta}) \longrightarrow \mathrm{H}^3(\mathrm{K},\mathbf{G}_\mathrm{m}).$$

On a $\mathrm{Br}_1(\mathrm{X}_\eta) = \mathrm{Br}(\mathrm{X}_\eta)$ puisque X_η est une courbe lisse sur K (théorème de Tsen, cf. [31, Corollaire 1.2]) et $\mathrm{H}^3(\mathrm{K},\mathbf{G}_\mathrm{m}) = 0$ d'après l'hypothèse que k est un corps de nombres et la théorie du corps de classes (cf. [35, p. 241]), d'où

$\mathrm{Br}(\mathrm{X}_\eta)/\mathrm{Br}(\mathrm{K}) = \mathrm{H}^1(\mathrm{K}, \mathbf{Pic}_{\mathrm{X}_\eta/\eta})$. Ceci permet de considérer $\mathscr{D}(\mathrm{C}, \mathrm{X})$ comme un sous-groupe de $\mathrm{Br}(\mathrm{X}_\eta)/\mathrm{Br}(\mathrm{K})$, grâce au lemme 1.41.

Proposition 1.45 — *On a l'inclusion* $\mathrm{Br}_{\mathrm{hor}}(\mathrm{X}) \subset \mathscr{D}(\mathrm{C}, \mathrm{X})$ *de sous-groupes de* $\mathrm{Br}(\mathrm{X}_\eta)/\mathrm{Br}(\mathrm{K})$*. C'est une égalité si* $\mathrm{C} = \mathbf{A}^1_k$ *ou si* π *admet une section.*

Démonstration — Cf. [21, Th. 4.5.2]. Pour voir que l'inclusion est une égalité lorsque π admet une section, cf. les commentaires à la fin de [21, §4.6]. □

Corollaire 1.46 — *Si la condition* (D/C) *est satisfaite et si la classe* $[\mathscr{X}]$ *n'est pas divisible par* 2 *dans* $\mathrm{H}^1(\mathrm{C}, \mathscr{E})$*, le sous-groupe de torsion* 2*-primaire de* $\mathrm{Br}(\mathrm{X})/\mathrm{Br}(k)$ *est inclus dans* $\mathrm{Br}_{\mathrm{vert}}(\mathrm{X})/\mathrm{Br}(k)$.

Démonstration — D'après le corollaire 1.43 et l'hypothèse sur $[\mathscr{X}]$, le groupe ${}_2\mathscr{D}(\mathrm{C}, \mathrm{X})$ est nul. La proposition 1.45 permet alors de conclure. □

Proposition 1.47 — *Si* $\mathrm{C} = \mathbf{P}^1_k$ *et que* X_∞ *est lisse,* $\mathscr{D}(\mathrm{C}, \mathrm{X})$ *est égal au sous-groupe* $\mathrm{Br}^{\mathrm{gnr}/\mathrm{X}}_{\mathrm{hor}}(\mathrm{X}_{\mathbf{A}^1_k})$ *de* $\mathrm{Br}(\mathrm{X}_\eta)/\mathrm{Br}(\mathrm{K})$ *engendré par les classes de* $\mathrm{Br}(\mathrm{X}_{\mathbf{A}^1_k})$ *géométriquement non ramifiées sur* X.

Démonstration — Cela résulte de [21, Th. 4.5.1] et de la surjectivité de la flèche

$$\mathrm{Br}(\mathrm{K}) \longrightarrow \bigoplus_{\mathrm{M} \in \mathbf{A}^{1\,(1)}_k} \mathrm{H}^1(\kappa(\mathrm{M}), \mathbf{Q}/\mathbf{Z})$$

induite par les résidus (cf. [23, Prop. 1.2.1]). □

On déduit enfin des propositions 1.45 et 1.47 et du corollaire 1.43, compte tenu que le groupe $\mathrm{Br}(\mathrm{X}_{\mathbf{A}^1_k})$ est de torsion :

Corollaire 1.48 — *Supposons que* $[\mathscr{X}]$ *ne soit pas divisible par* 2*, que* $\mathrm{C} = \mathbf{P}^1_k$*, que* X_∞ *soit lisse et que* $\mathrm{L}_\mathrm{M} = \kappa(\mathrm{M})$ *pour tout* $\mathrm{M} \in \mathscr{M}$*. Alors les conditions* (D_0) *et* (D) *équivalent respectivement aux inclusions* $\mathrm{Br}(\mathrm{X}_{\mathbf{A}^1_k})\{2\} \subset \mathrm{Br}_{\mathrm{vert}}(\mathrm{X}_{\mathbf{A}^1_k})$ *et* $\mathrm{Br}^{\mathrm{gnr}/\mathrm{X}}(\mathrm{X}_{\mathbf{A}^1_k})\{2\} \subset \mathrm{Br}_{\mathrm{vert}}(\mathrm{X}_{\mathbf{A}^1_k})$.

Il est possible de traduire les conditions (D) et (D_0) en termes de groupe de Brauer sans supposer que $\mathrm{L}_\mathrm{M} = \kappa(\mathrm{M})$ pour tout $\mathrm{M} \in \mathscr{M}$; cependant, la traduction est alors nettement moins agréable et c'est pourquoi nous avons choisi de l'omettre.

1.7 Applications à l'existence de points rationnels

1.7.1 Obstruction de Brauer-Manin

Les conséquences du théorème 1.4 quant à l'existence de points rationnels sur les pinceaux semi-stables de courbes de genre 1 dont les jacobiennes ont leur 2-torsion rationnelle sont les suivantes. Reprenons les notations du paragraphe 1.2.

On suppose que k est un corps de nombres, que C est isomorphe à $\mathbf{P}^1_k$ et que $\mathscr{M} \neq \varnothing$.

Théorème 1.49 — *Admettons l'hypothèse de Schinzel. Alors l'adhérence de* $\mathscr{R}_{\mathrm{D}}$ *dans* $\mathrm{C}(\mathbf{A}_k)$ *est égale à* $\pi(\mathrm{X}(\mathbf{A}_k)^{\mathrm{Br}_{\mathrm{vert}}})$.

Démonstration — L'inclusion $\mathscr{R}_{\mathrm{D}} \subset \pi(\mathrm{X}(\mathbf{A}_k)^{\mathrm{Br}_{\mathrm{vert}}})$ est triviale ; de fait, tout point adélique de X contenu dans une fibre de π au-dessus d'un point rationnel de U est orthogonal à $\mathrm{Br}_{\mathrm{vert}}(\mathrm{X})$. Soit $(\mathrm{P}_v)_{v\in\Omega} \in \mathrm{X}(\mathbf{A}_k)^{\mathrm{Br}_{\mathrm{vert}}}$. Étant donnés un ensemble $\mathrm{S} \subset \Omega$ fini et pour chaque $v \in \mathrm{S}$, un voisinage $\mathscr{A}_v$ de $\pi(\mathrm{P}_v)$ dans $\mathrm{C}(k_v)$, on veut montrer qu'il existe un élément de $\mathscr{R}_{\mathrm{D}}$ appartenant à $\mathscr{A}_v$ pour tout $v \in \mathrm{S}$.

Le théorème des fonctions implicites et la propriété d'approximation faible sur $\mathbf{P}^1_k$ entraînent l'existence d'un point $\infty \in \mathrm{C}(k)$ au-dessus duquel la fibre de π est lisse, tel que $\mathrm{X}_\infty(k_v) \neq \varnothing$ et $\infty \in \mathscr{A}_v$ pour toute place $v \in \Omega$ archimédienne, et tel que pour toute place $v \in \Omega$ réelle, les points $\pi(\mathrm{P}_v)$ et ∞ appartiennent à la même composante connexe de $\mathrm{O}(k_v)$, en notant O le plus grand ouvert de C au-dessus duquel π est lisse. Fixons un isomorphisme $\mathrm{C} \xrightarrow{\sim} \mathbf{P}^1_k$ envoyant $\infty \in \mathrm{C}(k)$ sur $\infty \in \mathbf{P}^1(k)$ et $\pi(\mathrm{P}_v)$ dans la composante connexe non majorée de l'image de $\mathrm{U}(k_v)$ pour v réelle, où $\mathrm{U} = \mathrm{O} \setminus \{\infty\}$. On peut maintenant appliquer le théorème 1.4, ce qui produit deux ensembles finis $\mathrm{S}_0 \subset \Omega$ et $\mathrm{B}_0 \subset \mathrm{Br}(\mathrm{U})$. Quitte à agrandir S et à poser $\mathscr{A}_v = \mathrm{C}(k_v)$ pour les places ainsi introduites, on peut supposer que S contient S_0 et l'ensemble des places archimédiennes de k. D'après le théorème des fonctions implicites, la continuité de l'évaluation des classes de $\mathrm{Br}(\mathrm{X})$ sur $\mathrm{X}(k_v)$ et la finitude de B_0, il existe $(\mathrm{P}'_v)_{v\in\Omega} \in \mathrm{X}(\mathbf{A}_k)^{\mathrm{B}_0\cap\mathrm{Br}(\mathrm{X})}$ arbitrairement proche de $(\mathrm{P}_v)_{v\in\Omega}$ et tel que $\pi(\mathrm{P}'_v) \in \mathrm{U}(k_v)$ pour tout $v \in \Omega$. On peut notamment supposer que $\pi(\mathrm{P}'_v) \in \mathscr{A}_v \cap \mathrm{U}(k_v)$ pour tout $v \in \mathrm{S}$ et que $\pi(\mathrm{P}'_v)$ et $\pi(\mathrm{P}_v)$ appartiennent à la même composante connexe de $\mathrm{U}(k_v)$ pour $v \in \Omega$ réelle. D'après le « lemme formel », il existe $\mathrm{S}_1 \subset \Omega$ fini contenant S et $(\mathrm{Q}_v)_{v\in\mathrm{S}_1} \in \prod_{v\in\mathrm{S}_1} \mathrm{X}_\mathrm{U}(k_v)$ tels que $\mathrm{Q}_v = \mathrm{P}'_v$ pour $v \in \mathrm{S}$ et que

$$\sum_{v\in\mathrm{S}_1} \mathrm{inv}_v(\pi^\star\mathrm{A})(\mathrm{Q}_v) = 0$$

pour tout $\mathrm{A} \in \mathrm{B}_0$. Posons $x_v = \pi(\mathrm{Q}_v)$ pour $v \in \mathrm{S}_1$. Comme $(\pi^\star\mathrm{A})(\mathrm{Q}_v) = \mathrm{A}(x_v)$, le théorème 1.4 permet maintenant de conclure. □

Théorème 1.50 — *Admettons l'hypothèse de Schinzel et la finitude des groupes de Tate-Shafarevich des courbes elliptiques* $\mathscr{E}_x$ *pour* $x \in \mathrm{U}(k)$. *Supposons que la condition* (D) *soit vérifiée et que* $\mathrm{X}(\mathbf{A}_k)^{\mathrm{Br}_{\mathrm{vert}}} \neq \varnothing$. *Alors* $\mathrm{X}(k) \neq \varnothing$. *Si de plus* π *ne possède pas de section, l'ensemble* $\mathrm{X}(k)$ *est Zariski-dense dans* X.

Démonstration — Supposons que $\mathrm{X}(\mathbf{A}_k)^{\mathrm{Br}_{\mathrm{vert}}} \neq \varnothing$. Le théorème 1.49 permet d'en déduire que $\mathscr{R}_{\mathrm{D}} \neq \varnothing$. Soit $x \in \mathscr{R}_{\mathrm{D}}$. Puisque la condition (D) est satisfaite, le conoyau de la flèche naturelle $\mathscr{E}(\mathrm{U})/2 \to \mathfrak{S}_{\mathrm{D}}$ est d'ordre $\leqslant 2$ (cf. paragraphe 1.2). L'appartenance de x à $\mathscr{R}_{\mathrm{D}}$ et la commutativité du carré

$$\begin{array}{ccc} \mathscr{E}(\mathrm{U})/2 & \longrightarrow & \mathfrak{S}_{\mathrm{D}} \\ \downarrow & & \downarrow \\ \mathscr{E}_x(k)/2 & \longrightarrow & \mathrm{H}^1(k, {}_2\mathscr{E}_x) \end{array}$$

permettent d'en déduire que $\dim_{\mathbf{F}_2}({}_2\text{Ш}(k,\mathscr{E}_x)) \leqslant 1$.

L'accouplement de Cassels-Tate $\text{Ш}(k,\mathscr{E}_x) \times \text{Ш}(k,\mathscr{E}_x) \to \mathbf{Q}/\mathbf{Z}$ est non dégénéré d'après la finitude de $\text{Ш}(k,\mathscr{E}_x)$. Par ailleurs, il est alterné. Comme tout groupe abélien fini muni d'une forme bilinéaire alternée non dégénérée à valeurs dans $\mathbf{Q}/\mathbf{Z}$, le groupe $\text{Ш}(k,\mathscr{E}_x)$ est isomorphe à $\mathrm{T} \times \mathrm{T}$ pour un certain groupe T. L'entier $\dim_{\mathbf{F}_2}({}_2\text{Ш}(k,\mathscr{E}_x))$ est donc pair ; étant positif et $\leqslant 1$, il est nécessairement nul, d'où ${}_2\text{Ш}(k,\mathscr{E}_x) = 0$. On a en particulier $\mathrm{X}_x(k) \neq \varnothing$ puisque $x \in \mathscr{R}_{\mathrm{A}}$, et donc $\mathrm{X}(k) \neq \varnothing$.

Supposons de plus que π ne possède pas de section. Notons $\mathrm{G} \subset \mathfrak{S}_{\mathrm{D}}$ le sous-groupe image réciproque de $\{0, [\mathscr{X}]\}$ par la flèche de droite de la suite exacte (1.3). C'est un groupe d'ordre au moins 8 puisque la 2-torsion de E_η est rationnelle et que π ne possède pas de section. Par définition de $\mathscr{R}_{\mathrm{D}}$, la flèche $\mathrm{G} \to \mathrm{Sel}_2(k,\mathscr{E}_x)$ d'évaluation en x est injective. Le groupe $\mathrm{Sel}_2(k,\mathscr{E}_x)$ est donc lui aussi d'ordre au moins 8, ce qui entraîne que la courbe elliptique $\mathscr{E}_x$ est de rang non nul, puisque sa 2-torsion est rationnelle et que ${}_2\text{Ш}(k,\mathscr{E}_x) = 0$. L'ensemble $\mathrm{X}_x(k)$, en bijection avec $\mathscr{E}_x(k)$, est donc infini. L'ensemble $\mathscr{R}_{\mathrm{D}}$ étant non seulement non vide mais même infini d'après le théorème 1.4, on en déduit que les points rationnels de X sont Zariski-denses, en faisant varier $x \in \mathscr{R}_{\mathrm{D}}$. □

Lorsque $\mathscr{M} = \varnothing$ et que $\mathrm{C} = \mathbf{P}^1_k$, on peut bien sûr obtenir des énoncés similaires, avec $\mathscr{R}_{\mathrm{D}_0}$ et la condition (D_0) à la place de $\mathscr{R}_{\mathrm{D}}$ et de la condition (D).

Le théorème principal de [21] n'est autre que le cas particulier du théorème 1.50 où les hypothèses supplémentaires suivantes sont supposées satisfaites :

– pour tout $\mathrm{M} \in \mathscr{M}$, le groupe F_{M} est d'ordre 2 ;

– soit le rang de Mordell-Weil de la courbe elliptique $\mathrm{E}_\eta/\mathrm{K}$ est nul et π ne possède pas de section, soit le rang est exactement 1 et π possède une section.

(Cf. corollaire 1.44.)

1.7.2 Surfaces quartiques diagonales

Nous vérifions dans ce paragraphe que le théorème 1.50 permet de retrouver les résultats de Swinnerton-Dyer [74, §3] sur l'arithmétique des surfaces quartiques diagonales définies sur $\mathbf{Q}$ et nous en profitons pour les généraliser à tout corps de nombres.

Théorème 1.51 — *Soit k un corps de nombres. Admettons l'hypothèse de Schinzel et la finitude des groupes de Tate-Shafarevich des courbes elliptiques sur k. Soit $\mathrm{X} \subset \mathbf{P}^3_k$ la surface projective et lisse d'équation*

$$a_0x_0^4 + a_1x_1^4 + a_2x_2^4 + a_3x_3^4 = 0,$$

où $a_0, \ldots, a_3 \in k^\star$. Supposons que $\mathrm{X}(\mathbf{A}_k)^{\mathrm{Br}_1} \neq \varnothing$. Si $a_0a_1a_2a_3$ est un carré dans k mais pas une puissance quatrième et que pour tous $i, j \in \{0, \ldots, 3\}$ distincts, ni a_ia_j ni $-a_ia_j$ n'est un carré, alors $\mathrm{X}(k) \neq \varnothing$.

Rappelons que $\mathrm{Br}_1(\mathrm{X})$ désigne le sous-groupe des classes *algébriques* de $\mathrm{Br}(\mathrm{X})$, c'est-à-dire tuées par extension des scalaires de k à une clôture algébrique de k.

Remarque — L'énoncé du théorème 1.51 soulève naturellement la question suivante : sous les hypothèses de ce théorème, a-t-on nécessairement $\mathrm{Br}_1(\mathrm{X}) = \mathrm{Br}(\mathrm{X})$? Le corollaire 1.46 permet, dans certains cas très particuliers, de prouver l'égalité entre les sous-groupes de torsion 2-primaire de $\mathrm{Br}_1(\mathrm{X})/\mathrm{Br}(k)$ et de $\mathrm{Br}(\mathrm{X})/\mathrm{Br}(k)$. Il s'avère que le groupe $\mathrm{Br}_1(\mathrm{X})/\mathrm{Br}(k)$ est toujours fini d'ordre une puissance de 2 (cf. [6]). En revanche, sans condition sur les coefficients a_i, le groupe $\mathrm{Br}(\mathrm{X})/\mathrm{Br}(k)$ peut comporter des éléments de tout ordre ; en effet, la surface X est une surface K3 de nombre de Picard géométrique 20, de sorte qu'il existe un isomorphisme

$$\mathrm{Br}(\mathrm{X} \otimes_k \overline{k}) \simeq \bigoplus_\ell (\mathbf{Q}_\ell/\mathbf{Z}_\ell)^2,$$

où ℓ parcourt l'ensemble des nombres premiers et $\overline{k}$ désigne une clôture algébrique de k (cf. [30, Corollaire 3.4]).

Démonstration du théorème 1.51 — La démonstration qui suit est essentiellement une transcription des calculs de [74, §2–§3]. Supposons que $\mathrm{X}(\mathbf{A}_k) \neq \varnothing$. D'après le théorème de Hasse-Minkowski, la surface quadrique d'équation

$a_0x_0^2 + a_1x_1^2 + a_2x_2^2 + a_3x_3^2 = 0$ possède alors un point k-rationnel. Comme $a_0a_1a_2a_3 \in k^{\star 2}$, elle contient même une droite k-rationnelle. Par conséquent, sa trace sur tout hyperplan k-rationnel admet un point k-rationnel. Il existe en particulier $r_1, r_2, r_3 \in k$ non tous nuls tels que $a_1r_1^2 + a_2r_2^2 + a_3r_3^2 = 0$. Remarquons qu'en vertu des hypothèses du théorème, aucun des r_i ne peut être nul. Soit alors $\theta \in k^\star$ une racine carrée de $a_0a_1a_2a_3$, et posons

$$A = \theta r_2x_0^2 + a_1a_3(r_3x_1^2 - r_1x_3^2), \qquad B = \theta r_3x_0^2 - a_1a_2(r_2x_1^2 + r_1x_2^2),$$
$$C = a_3\theta r_3x_0^2 - a_1a_2a_3(r_2x_1^2 - r_1x_2^2), \quad D = -a_2\theta r_2x_0^2 - a_1a_2a_3(r_3x_1^2 + r_1x_3^2),$$

de sorte que $a_0x_0^4 + a_1x_1^4 + a_2x_2^4 + a_3x_3^4 = (\mathrm{AD} - \mathrm{BC})/(a_1^2r_1^2a_2a_3)$. Notons $\pi\colon X \to \mathbf{P}^1_k$ le morphisme $[x_0 : x_1 : x_2 : x_3] \mapsto [A : B]$. (C'est évidemment une application rationnelle ; on peut vérifier à la main qu'elle est définie partout ou alors invoquer le lemme selon lequel toute application rationnelle d'une surface K3 vers $\mathbf{P}^1_k$ est un morphisme.) La fibre générique de π est la courbe de genre 1 définie par le système d'équations $B = tA$, $D = tC$ sur $\kappa(\mathbf{P}^1_k) = k(t)$. Éliminant tour à tour x_2^2 et x_3^2 dans ces équations, on obtient le système équivalent

$$\begin{cases} m_1x_1^2 - m_3x_3^2 = (e_3 - e_1)x_0^2, \\ m_1x_1^2 - m_2x_2^2 = (e_2 - e_1)x_0^2, \end{cases} \tag{1.20}$$

où $e_1 = 0$, $e_2 = a_1a_2a_3^2r_1^2\theta f_3^2$, $e_3 = -a_1a_3a_2^2r_1^2\theta f_2^2$, $m_1 = a_1^2a_2^2a_3^2r_1^2f_2f_3$, $m_2 = a_1^2a_2^2a_3^2r_1^3f_1f_3$, $m_3 = a_1^2a_2^2a_3^2r_1^3f_1f_2$, $f_1 = a_3t^2 + a_2$, $f_2 = a_3r_2t^2 - 2a_3r_3t - a_2r_2$ et $f_3 = a_3r_3t^2 + 2a_2r_2t - a_2r_3$. Il sera utile de remarquer que $e_2 - e_3 = -a_2a_3a_1^2r_1^4\theta f_1^2$.

La jacobienne de (1.20) a pour équation de Weierstrass l'équation (1.4), où les $e_i \in k[t]$ sont les polynômes que l'on vient de définir. On vérifie tout de suite que les polynômes f_1, f_2 et f_3 sont irréductibles et deux à deux premiers entre eux. L'équation de Weierstrass (1.4) est donc minimale, ce qui permet d'appliquer les résultats du paragraphe 1.3, dont on reprend les notations et conventions. Pour $i \in \{1, 2, 3\}$, soit $M_i \in \mathbf{P}^1_k$ le point fermé en lequel s'annule f_i. La courbe elliptique E_η a réduction de type I_4 en M_1, M_2 et M_3 et bonne réduction partout ailleurs (cf. commentaires au début du paragraphe 1.3). D'autre part, la courbe (1.20) est un 2-revêtement de E_η ; sa classe dans $H^1(K, {}_2E_\eta) = \mathfrak{H}(K)$ est la classe du couple (m_1, m_2). Notons-la $\mathfrak{m}$. La proposition 1.5 montre que $\mathfrak{m} \in \mathfrak{S}_2(\mathbf{P}^1_k, \mathscr{E})$, de sorte que les fibres de π sont réduites. Toutes les hypothèses du paragraphe 1.2 sont donc satisfaites. Pour conclure, il reste seulement à vérifier que la condition (D) l'est aussi, compte tenu du théorème 1.50 et de l'inclusion $\mathrm{Br}_{\mathrm{vert}}(X) \subset \mathrm{Br}_1(X)$, qui est une conséquence du théorème de Tsen.

Soit $\mathfrak{m}' \in \mathfrak{S}_D$, représenté par un triplet (m_1', m_2', m_3'). Nous allons montrer que $\mathfrak{m}'$ appartient au sous-groupe engendré par $\mathfrak{m}$ et par les images des points d'ordre 2 de $E_\eta(K)$. Vu la proposition 1.5, il existe $\alpha_1, \alpha_2, \alpha_3 \in k^\star$ et $\varepsilon_1, \varepsilon_2, \varepsilon_3 \in \{0, 1\}$ tels que $m_i' = \alpha_i f_j^{\varepsilon_j} f_k^{\varepsilon_k}$ pour toute permutation (i, j, k)

de $(1,2,3)$. Par ailleurs, à l'aide de la proposition 1.7, on constate que pour toute permutation cyclique (i,j,k) de $(1,2,3)$, on a $\kappa(\mathrm{M}_i) = k\left(\sqrt{-a_j a_k}\right)$ et γ_{M_i} est égal à la classe de $-a_i a_k \theta$ dans $\kappa(\mathrm{M}_i)^\star/\kappa(\mathrm{M}_i)^{\star 2}$. Comme $\mathfrak{m}' \in \mathfrak{S}_\mathrm{D}$, le corollaire 1.9 montre que pour tout $i \in \{1,2,3\}$, l'image de $m'_i(\mathrm{M}_i) \in \kappa(\mathrm{M}_i)^\star$ dans $\kappa(\mathrm{M}_i)^\star/\kappa(\mathrm{M}_i)^{\star 2}$ appartient au sous-groupe engendré par γ_{M_i} et $m_i(\mathrm{M}_i)$. Il existe donc $\rho_1, \rho_2, \rho_3, \sigma_1, \sigma_2, \sigma_3 \in \{0,1\}$ tels que $m'_i(\mathrm{M}_i)(m_i(\mathrm{M}_i))^{\rho_i}\gamma_{\mathrm{M}_i}^{\sigma_i} \in \kappa(\mathrm{M}_i)^{\star 2}$ pour tout $i \in \{1,2,3\}$. Passant aux normes de $\kappa(\mathrm{M}_i)$ à k et remarquant que γ_{M_i} provient de $k^\star/k^{\star 2}$, on en déduit que

$$\mathrm{N}_{\kappa(\mathrm{M}_i)/k}(f_j(\mathrm{M}_i))^{\varepsilon_j+\rho_i} \sim \mathrm{N}_{\kappa(\mathrm{M}_i)/k}(f_k(\mathrm{M}_i))^{\varepsilon_k+\rho_i} \tag{1.21}$$

pour toute permutation (i,j,k) de $(1,2,3)$, où le symbole $\sim$ désigne l'égalité dans $k^\star/k^{\star 2}$. Un calcul facile montre que $\mathrm{N}_{\kappa(\mathrm{M}_i)/k}(f_j(\mathrm{M}_i)) \sim -a_i a_j$ pour tous $i,j \in \{1,2,3\}$ distincts, de sorte que les relations (1.21) entraînent que $\varepsilon_1 = \varepsilon_2 = \varepsilon_3 = \rho_1 = \rho_2 = \rho_3$ puisqu'aucun des $-a_i a_j$ n'est un carré. Quitte à remplacer $\mathfrak{m}'$ par $\mathfrak{m}\mathfrak{m}'$, on peut donc supposer que $\varepsilon_1 = \varepsilon_2 = \varepsilon_3 = \rho_1 = \rho_2 = \rho_3 = 0$. Que $m_i(\mathrm{M}_i)\gamma_{\mathrm{M}_i}^{\sigma_i} \in \kappa(\mathrm{M}_i)^{\star 2}$ pour tout i signifie maintenant ceci : pour toute permutation cyclique (i,j,k) de $(1,2,3)$, on a $\alpha_i \sim 1$ ou $\alpha_i \sim -a_j a_k$ ou $\alpha_i \sim a_i a_j \theta$ ou encore $\alpha_i \sim -a_i a_k \theta$. Ces quatre valeurs possibles pour la classe de α_i dans $k^\star/k^{\star 2}$ sont précisément les valeurs obtenues lorsque $\mathfrak{m}'$ est l'image de l'un des quatre points d'ordre 2 de $\mathrm{E}_\eta(\mathrm{K})$; on peut donc supposer que $\alpha_1 \sim 1$, quitte à translater $\mathfrak{m}'$ par un point d'ordre 2 bien choisi. Comme $m'_1 m'_2 m'_3$ est un carré, on a alors $\alpha_2 \sim \alpha_3$. Compte tenu d'une part des valeurs possibles pour les classes de α_2 et de α_3 dans $k^\star/k^{\star 2}$ et d'autre part des hypothèses du théorème, on voit à présent que nécessairement $\alpha_2 \sim \alpha_3 \sim 1$, d'où le résultat. □

1.8 Secondes descentes et approximation faible

Notons $\mathscr{R}_\mathrm{O}$ l'ensemble des $x \in \mathscr{R}_\mathrm{A}$ tels que la classe de X_x dans $\text{Ш}(k, \mathscr{E}_x)$ soit orthogonale à ${}_2\text{Ш}(k, \mathscr{E}_x)$ pour l'accouplement de Cassels-Tate, et $\overline{\mathscr{R}_\mathrm{O}}$ son adhérence dans $\mathrm{C}(\mathbf{A}_k)$ pour la topologie adélique.

On suppose que C est isomorphe à $\mathbf{P}^1_k$ et que $\mathscr{M} \neq \varnothing$.

Théorème 1.52 — *Admettons l'hypothèse de Schinzel. Supposons de plus que* $\mathrm{L}_\mathrm{M} = \kappa(\mathrm{M})$ *pour tout* $\mathrm{M} \in \mathscr{M}$. *On a alors* $\pi(\mathrm{X}(\mathbf{A}_k)^{\mathrm{Br}}) \subset \overline{\mathscr{R}_\mathrm{O}}$. *En particulier, si* $\mathrm{X}(\mathbf{A}_k)^{\mathrm{Br}} = \mathrm{X}(\mathbf{A}_k)$, *l'ensemble* $\mathscr{R}_\mathrm{O}$ *est dense dans* $\mathscr{R}_\mathrm{A}$.

Démonstration — Soit $(\mathrm{P}_v)_{v\in\Omega} \in \mathrm{X}(\mathbf{A}_k)^{\mathrm{Br}}$. Étant donnés un ensemble $\mathrm{S} \subset \Omega$ fini et pour chaque $v \in \mathrm{S}$, un voisinage $\mathscr{A}_v$ de $\pi(\mathrm{P}_v)$ dans $\mathrm{C}(k_v)$, on veut montrer qu'il existe un élément de $\mathscr{R}_\mathrm{O}$ appartenant à $\mathscr{A}_v$ pour tout $v \in \mathrm{S}$.

Le théorème des fonctions implicites et la propriété d'approximation faible sur $\mathbf{P}^1_k$ entraînent l'existence d'un point $\infty \in \mathrm{C}(k)$ au-dessus duquel la fibre de π est lisse, tel que $\mathrm{X}_\infty(k_v) \neq \varnothing$ et $\infty \in \mathscr{A}_v$ pour toute place $v \in \Omega$ archimédienne, et tel que pour toute place $v \in \Omega$ réelle, les points $\pi(\mathrm{P}_v)$ et ∞ appartiennent à la même composante connexe de $\mathrm{O}(k_v)$, en notant O le plus grand ouvert de C au-dessus duquel π est lisse. Fixons un isomorphisme $\mathrm{C} \xrightarrow{\sim} \mathbf{P}^1_k$ envoyant $\infty \in \mathrm{C}(k)$ sur $\infty \in \mathbf{P}^1(k)$ et $\pi(\mathrm{P}_v)$ dans la composante connexe non majorée de l'image de $\mathrm{U}(k_v)$ pour v réelle, où $\mathrm{U} = \mathrm{O} \setminus \{\infty\}$. On peut maintenant appliquer le théorème 1.4, ce qui produit deux ensembles finis $\mathrm{S}_0 \subset \Omega$ et $\mathrm{B}_0 \subset \mathrm{Br}(\mathrm{U})$.

Soit $s\colon \mathrm{Br}_{\mathrm{hor}}(\mathrm{X}_{\mathbf{A}^1_k}) \to \mathrm{Br}(\mathrm{X}_{\mathbf{A}^1_k})$ une section ensembliste de la projection naturelle. Le corollaire 1.43 et la proposition 1.45 fournissent une application canonique $i\colon \mathfrak{T}_{\mathrm{D}_0} \to \mathrm{Br}_{\mathrm{hor}}(\mathrm{X}_{\mathbf{A}^1_k})$. Notons $\mathrm{B}_1 \subset \mathrm{Br}(\mathrm{X}_{\mathbf{A}^1_k})$ le sous-groupe engendré par $s(i(\mathfrak{T}_{\mathrm{D}_0}))$ et $\mathrm{B} = \mathrm{B}_1 + \pi^\star \mathrm{B}_0 \subset \mathrm{Br}(\mathrm{X}_\mathrm{U})$. Le groupe B est fini en vertu du corollaire 1.10. Quitte à agrandir S et à poser $\mathscr{A}_v = \mathrm{C}(k_v)$ pour les places ainsi introduites, on peut supposer :

- que S contient S_0 et l'ensemble des places archimédiennes de k ;
- que $\forall \mathrm{A} \in \mathrm{B} \cap \mathrm{Br}(\mathrm{X})$, $\forall v \in \Omega \setminus \mathrm{S}$, $\forall p \in \mathrm{X}(k_v)$, $\mathrm{A}(p) = 0$ (en effet, comme B est fini, quitte à choisir S assez grand, on peut étendre X en un $\mathscr{O}_\mathrm{S}$-schéma propre sur lequel les classes de $\mathrm{B} \cap \mathrm{Br}(\mathrm{X})$ sont non ramifiées ; tout k_v-point de X s'étend alors en un $\mathscr{O}_v$-point de ce schéma, et la nullité de $\mathrm{Br}(\mathscr{O}_v)$ permet de conclure) ;
- qu'il existe un morphisme propre et plat $\widetilde{\mathrm{X}} \to \mathbf{A}^1_{\mathscr{O}_\mathrm{S}}$ dont la restriction au-dessus de $\mathbf{A}^1_k$ est égale à $\mathrm{X}_{\mathbf{A}^1_k} \to \mathbf{A}^1_k$, avec $\widetilde{\mathrm{X}}$ régulier ;
- que $\mathrm{B}_1 \subset \mathrm{Br}(\widetilde{\mathrm{X}})$.

D'après le théorème des fonctions implicites, la continuité de l'évaluation des classes de $\mathrm{Br}(\mathrm{X})$ sur $\mathrm{X}(k_v)$ et la finitude de B, il existe $(\mathrm{P}'_v)_{v\in\Omega} \in \mathrm{X}(\mathbf{A}_k)^{\mathrm{B}\cap\mathrm{Br}(\mathrm{X})}$ arbitrairement proche de $(\mathrm{P}_v)_{v\in\Omega}$ et tel que $\pi(\mathrm{P}'_v) \in \mathrm{U}(k_v)$ pour tout $v \in \Omega$. On peut notamment supposer que $\pi(\mathrm{P}'_v) \in \mathscr{A}_v \cap \mathrm{U}(k_v)$ pour tout $v \in \mathrm{S}$ et que $\pi(\mathrm{P}'_v)$ et $\pi(\mathrm{P}_v)$ appartiennent à la même composante connexe de $\mathrm{U}(k_v)$ pour $v \in \Omega$ réelle. D'après le « lemme formel », il existe $\mathrm{S}_1 \subset \Omega$ fini contenant S et $(\mathrm{Q}_v)_{v\in\mathrm{S}_1} \in \prod_{v\in\mathrm{S}_1} \mathrm{X}_\mathrm{U}(k_v)$ tels que $\mathrm{Q}_v = \mathrm{P}'_v$ pour $v \in \mathrm{S}$ et que

$$\sum_{v\in\mathrm{S}_1} \mathrm{inv}_v\, \mathrm{A}(\mathrm{Q}_v) = 0 \tag{1.22}$$

pour tout $\mathrm{A} \in \mathrm{B}$. Posons $x_v = \pi(\mathrm{Q}_v)$ pour $v \in \mathrm{S}_1$. On a en particulier

$$\sum_{v\in\mathrm{S}_1} \mathrm{inv}_v\, \mathrm{A}(x_v) = 0$$

pour tout $\mathrm{A} \in \mathrm{B}_0$, d'où l'existence, grâce au théorème 1.4, de $x \in \mathscr{R}_{\mathrm{D}_0}$ entier hors de S_1 et arbitrairement proche de x_v pour tout $v \in \mathrm{S}_1$. On peut notamment supposer que $x \in \mathscr{A}_v$ pour tout $v \in \mathrm{S}$ et qu'il existe une famille

$(Q'_v)_{v\in S_1} \in \prod_{v\in S_1} X_x(k_v)$ arbitrairement proche de $(Q_v)_{v\in S_1}$ (théorème des fonctions implicites) et en particulier telle que pour tout $A \in B$ et tout $v \in S_1$, on ait $\mathrm{inv}_v\, A(Q'_v) = \mathrm{inv}_v\, A(Q_v)$. Choisissons arbitrairement $Q'_v \in X_x(k_v)$ pour $v \in \Omega \setminus S_1$ (de tels Q'_v existent puisque $x \in \mathscr{R}_A$). On dispose à présent d'un point adélique $(Q'_v)_{v\in\Omega} \in X_x(\mathbf{A}_k)$.

Nous allons maintenant montrer que $x \in \mathscr{R}_O$, ce qui conclura la preuve du théorème. Fixons $\alpha \in {}_2\text{Ш}(k, \mathscr{E}_x)$. Si Z est une variété sur k, notons

$$\text{Б}(k, Z) = \mathrm{Ker}\left(\mathrm{Br}(Z) \longrightarrow \prod_{v\in\Omega} \mathrm{Br}(Z \otimes_k k_v)/\mathrm{Br}(k_v)\right).$$

La suite spectrale de Leray (pour le morphisme structural $X_x \to \mathrm{Spec}(k)$ et le faisceau étale $\mathbf{G}_m$) et l'égalité $H^1(k, \mathbf{Pic}_{X_x/k}) = H^1(k, \mathscr{E}_x)/\langle[X_x]\rangle$ fournissent un morphisme canonique $r\colon \mathrm{Br}(X_x) \to H^1(k, \mathscr{E}_x)/\langle[X_x]\rangle$. Notant $\langle\cdot,\cdot\rangle$ l'accouplement de Cassels-Tate sur $\text{Ш}(k, \mathscr{E}_x)$, on a

$$\langle\alpha, [X_x]\rangle = \sum_{v\in\Omega} \mathrm{inv}_v\, a(Q'_v)$$

pour tout $a \in \text{Б}(k, X_x)$ tel que $r(a)$ soit égal à la classe de α, d'après un théorème de Manin (cf. [68, Theorem 6.2.3]).

Comme $x \in \mathscr{R}_{D_0}$, il existe $b \in \mathfrak{T}_{D_0}$ dont l'image par la flèche $H^1(\mathbf{A}^1_k, \mathscr{E}) \to H^1(k, \mathscr{E}_x)$ d'évaluation en x soit égale à α. Pour $A \in \mathrm{Br}(X_{\mathbf{A}^1_k})$, notons $A|_{X_x}$ l'image de A par la flèche $\mathrm{Br}(X_{\mathbf{A}^1_k}) \to \mathrm{Br}(X_x)$ déduite de l'inclusion $X_x \subset X_{\mathbf{A}^1_k}$.

Lemme 1.53 — *On a* $(s \circ i)(b)|_{X_x} \in \text{Б}(k, X_x)$ *et la classe de* α *dans* $H^1(k, \mathscr{E}_x)/\langle[X_x]\rangle$ *est égale à* $r((s\circ i)(b)|_{X_x})$.

Démonstration — Le noyau de r est constitué des classes constantes ; de même pour l'application analogue à r au niveau de chaque complété de k. La première assertion est donc une conséquence de la seconde et de l'appartenance de α à $\text{Ш}(k, \mathscr{E}_x)$.

Notons $j_U\colon U \to \mathbf{A}^1_k$, $j\colon \eta \to \mathbf{A}^1_k$ et $i_x\colon \mathrm{Spec}(k) \to \mathbf{A}^1_k$ les morphismes canoniques associés à U, η et x et posons :

$$P = \mathbf{Pic}_{X_{\mathbf{A}^1_k}/\mathbf{A}^1_k} \quad ; \quad P_U = \mathbf{Pic}_{X_U/U} \quad ; \quad P_\eta = \mathbf{Pic}_{X_\eta/\eta} \quad ; \quad P_x = \mathbf{Pic}_{X_x/k},$$

de sorte que $P_\eta = j^\star P$. Le lemme 1.40, appliqué à $C = U$, montre que $j_{U\star}P_U = j_\star P_\eta$, d'où l'existence d'un morphisme $j_\star P_\eta \to i_{x\star}P_x$ rendant le diagramme de faisceaux étales suivant commutatif :

$$\begin{array}{ccccc} P & \longrightarrow & j_\star P_\eta & \longleftarrow & \mathscr{E} = j_\star E_\eta \\ & \searrow & \downarrow & & \downarrow \\ & & i_{x\star}P_x & \longleftarrow & i_{x\star}\mathscr{E}_x \end{array}$$

Passant en cohomologie, on en déduit le diagramme commutatif :

$$\begin{array}{ccccc} \mathrm{H}^1(\mathbf{A}^1_k,\mathrm{P}) & \longrightarrow & \mathrm{H}^1(\mathbf{A}^1_k, j_\star \mathrm{P}_\eta) & \longleftarrow & \mathrm{H}^1(\mathbf{A}^1_k,\mathscr{E})/\langle[\mathscr{X}]\rangle \\ & \searrow & \downarrow & & \downarrow \\ & & \mathrm{H}^1(k,\mathrm{P}_x) & \longleftarrow & \mathrm{H}^1(k,\mathscr{E}_x)\langle[\mathrm{X}_x]\rangle \end{array} \tag{1.23}$$

Les flèches horizontales de droite sont des isomorphismes (cf. lemme 1.41).

La régularité de X entraîne que $\mathrm{R}^2\pi_\star\mathbf{G}_\mathrm{m} = 0$, d'après un théorème d'Artin (cf. [31, Cor. 3.2]). La suite spectrale de Leray pour le morphisme $\mathrm{X}_{\mathbf{A}^1_k} \to \mathbf{A}^1_k$ et le faisceau $\mathbf{G}_\mathrm{m}$ fournit donc une flèche $\mathrm{Br}(\mathrm{X}_{\mathbf{A}^1_k}) \to \mathrm{H}^1(\mathbf{A}^1_k,\mathrm{P})$ rendant le diagramme

$$\begin{array}{ccc} \mathrm{Br}(\mathrm{X}_\eta) & \longrightarrow & \mathrm{H}^1(\mathrm{K},\mathrm{P}_\eta) \\ \uparrow & & \uparrow \\ \mathrm{Br}(\mathrm{X}_{\mathbf{A}^1_k}) & \longrightarrow & \mathrm{H}^1(\mathbf{A}^1_k,\mathrm{P}) \\ \downarrow & & \downarrow \\ \mathrm{Br}(\mathrm{X}_x) & \longrightarrow & \mathrm{H}^1(k,\mathrm{P}_x) \end{array} \tag{1.24}$$

commutatif (les flèches verticales sont en effet induites par des morphismes entre les suites spectrales qui donnent naissance aux flèches horizontales). Combinant (1.23) et (1.24), on obtient le diagramme commutatif :

$$\begin{array}{ccccccc} \mathrm{Br}(\mathrm{X}_\eta)/\mathrm{Br}(\mathrm{K}) & & \xrightarrow{\quad\sim\quad} & & \mathrm{H}^1(\mathrm{K},\mathrm{P}_\eta) & & \mathfrak{T}_{\mathrm{D}_0} \\ \uparrow & & & \nearrow & \uparrow & & \downarrow \\ \mathrm{Br}(\mathrm{X}_{\mathbf{A}^1_k}) & \longrightarrow & \mathrm{H}^1(\mathbf{A}^1_k,\mathrm{P}) & \longrightarrow & \mathrm{H}^1(\mathbf{A}^1_k, j_\star\mathrm{P}_\eta) & \xleftarrow{\ \sim\ } & \mathrm{H}^1(\mathbf{A}^1_k,\mathscr{E})/\langle[\mathscr{X}]\rangle \\ \downarrow & & & \searrow & \downarrow & & \downarrow \\ \mathrm{Br}(\mathrm{X}_x) & & \xrightarrow{\quad r\quad} & & \mathrm{H}^1(k,\mathrm{P}_x) & \xleftarrow{\ \sim\ } & \mathrm{H}^1(k,\mathscr{E}_x)/\langle[\mathrm{X}_x]\rangle \end{array}$$

La partie supérieure de ce diagramme montre que $(s \circ i)(b) \in \mathrm{Br}(\mathrm{X}_{\mathbf{A}^1_k})$ s'envoie sur la classe de b dans $\mathrm{H}^1(\mathbf{A}^1_k,\mathscr{E})/\langle[\mathscr{X}]\rangle$ par la composée des flèches horizontales de la ligne du milieu, compte tenu de la définition du morphisme i (cf. notamment les remarques qui précèdent la proposition 1.45). La partie inférieure du digramme permet d'en déduire le résultat voulu. □

Posons $\mathrm{A} = (s \circ i)(b) \in \mathrm{Br}(\mathrm{X}_{\mathbf{A}^1_k})$. Nous avons maintenant établi que

$$\langle \alpha, [\mathrm{X}_x]\rangle = \sum_{v\in\Omega} \mathrm{inv}_v\, \mathrm{A}(\mathrm{Q}'_v). \tag{1.25}$$

Comme $A \in B_1$ et $\mathrm{inv}_v A(Q'_v) = \mathrm{inv}_v A(Q_v)$ pour tout $v \in S_1$, on tire des équations (1.22) et (1.25) l'égalité $\langle \alpha, [X_x] \rangle = \sum_{v \in \Omega \setminus S_1} \mathrm{inv}_v A(Q'_v)$.

Lemme 1.54 — *On a* $A(Q'_v) = 0$ *pour tout* $v \in \Omega \setminus S_1$.

Démonstration — Soit $v \in \Omega \setminus S_1$. Comme par hypothèse x est entier hors de S_1, il existe un morphisme $\widetilde{x}\colon \mathrm{Spec}(\mathscr{O}_v) \to \mathbf{A}^1_{\mathscr{O}_S}$ rendant le carré

$$\begin{array}{ccc} \mathrm{Spec}(k_v) & \xrightarrow{Q'_v} & \widetilde{X} \\ \downarrow & \cdot^{\cdot^{\cdot}} & \downarrow \\ \mathrm{Spec}(\mathscr{O}_v) & \xrightarrow{\widetilde{x}} & \mathbf{A}^1_{\mathscr{O}_S} \end{array}$$

commutatif (sans la flèche en pointillés). La propreté de $\widetilde{X} \to \mathbf{A}^1_{\mathscr{O}_S}$ entraîne l'existence d'une flèche en pointillés telle que le diagramme reste commutatif. Étant donné que $\mathrm{Br}(\mathscr{O}_v) = 0$, on en déduit que la flèche $\mathrm{Br}(\widetilde{X}) \to \mathrm{Br}(k_v)$ d'évaluation en Q'_v est nulle. En particulier $A(Q'_v) = 0$, puisque $A \in B_1$ et $B_1 \subset \mathrm{Br}(\widetilde{X})$. □

Ainsi avons-nous prouvé que $\langle \alpha, [X_x] \rangle = 0$ pour tout $\alpha \in {}_2\text{Ш}(k, \mathscr{E}_x)$, autrement dit que $x \in \mathscr{R}_O$; la démonstration du théorème 1.52 est donc achevée. □

Remarques — (i) L'hypothèse $L_M = \kappa(M)$ pour tout $M \in \mathscr{M}$ est notamment satisfaite lorsque $F_M = \mathbf{Z}/2$ pour tout $M \in \mathscr{M}$; le théorème 1.52 s'applique donc à toutes les surfaces considérées dans [21].

(ii) L'hypothèse $L_M = \kappa(M)$ pour tout $M \in \mathscr{M}$ n'est pas satisfaite dans la situation considérée par Swinnerton-Dyer dans [74, §8.2].

Le résultat suivant, bien connu, précise le lien entre l'ensemble $\mathscr{R}_O$ et les secondes descentes : si E est une courbe elliptique sur k et α un élément de $\mathrm{Sel}_2(k, E)$, l'image de α dans $\text{Ш}(k, E)$ est orthogonale à ${}_2\text{Ш}(k, E)$ pour l'accouplement de Cassels-Tate si et seulement si α appartient à l'image du morphisme

$$\mathrm{Sel}_4(k, E) \longrightarrow \mathrm{Sel}_2(k, E)$$

induit par la flèche ${}_4E \to {}_2E$ de multiplication par 2. Notant $D \to E$ un 2-revêtement de E dont la classe dans $H^1(k, {}_2E)$ soit égale à α, cette condition équivaut encore à l'existence d'un 4-revêtement $D' \to E$ et d'un morphisme $D' \to D$ tels que le triangle

$$\begin{array}{ccc} & & D' \\ & \swarrow & \downarrow \\ D & & \\ & \searrow & \downarrow \\ & & E \end{array}$$

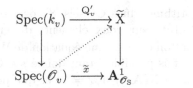

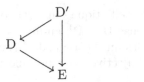

soit commutatif et que $D'(\mathbf{A}_k) \neq \varnothing$. Selon la terminologie consacrée, on dit alors que le 2-revêtement D « provient d'une seconde descente ». La conclusion du théorème 1.52 signifie que si $X(\mathbf{A}_k) \neq \varnothing$ et si l'obstruction de Brauer-Manin à l'approximation faible sur X s'évanouit, on peut trouver beaucoup de points rationnels de C au-dessus desquels la fibre de π non seulement possède des points partout localement, mais de plus provient d'une seconde descente.

Il existe un algorithme, dû à Cassels [8], permettant de calculer l'accouplement de Cassels-Tate sur deux éléments du groupe de 2-Selmer d'une courbe elliptique dont on connaît une équation de Weierstrass. À l'aide de cet algorithme, il est parfois possible, étant donné $s \in \mathfrak{S}_{\mathrm{D}}$, de trouver un ouvert $\mathscr{A} \subset \mathbf{P}^1(\mathbf{A}_k)$ tel que $\pi(X(\mathbf{A}_k)) \cap \mathscr{A} \neq \varnothing$ et que pour tout $x \in \mathscr{R}_{\mathrm{A}} \cap \mathscr{A}$, la classe $s(x) \in \mathrm{H}^1(k, {}_2\mathscr{E}_x)$ appartienne au groupe de 2-Selmer de $\mathscr{E}_x$ et ne soit pas orthogonale à $[X_x]$ pour l'accouplement de Cassels-Tate. En particulier $X_x(k) = \varnothing$ pour tout $x \in \mathscr{R}_{\mathrm{A}} \cap \mathscr{A}$; la surface X présente alors un défaut d'approximation faible.

Le théorème 1.52 montre, lorsque $\mathrm{L}_{\mathrm{M}} = \kappa(\mathrm{M})$ pour tout $\mathrm{M} \in \mathscr{M}$, que *tout défaut d'approximation faible mis en évidence par cette méthode est expliqué par l'obstruction de Brauer-Manin*, si l'on admet l'hypothèse de Schinzel. Notons que sa preuve n'est pas constructive ; l'explicitation d'une classe de Br(X) responsable de l'obstruction n'est en rien facilitée.

Remarque — Lorsque l'hypothèse $\mathrm{L}_{\mathrm{M}} = \kappa(\mathrm{M})$ n'est pas satisfaite, on peut malgré tout appliquer le corollaire 1.43 pour C = U et une variante de la proposition 1.45 afin d'obtenir un morphisme canonique $i \colon \mathfrak{T}_{\mathrm{D}_0} \to \mathrm{Br}_{\mathrm{hor}}(\mathrm{X}_{\mathrm{U}})$. Le reste de la démonstration s'applique encore, excepté le lemme 1.54. Se souvenant que le point x provenait d'un triplet $(\mathrm{S}_1, \mathscr{T}, x)$ admissible (cf. proposition 1.34), on voit que $\mathrm{inv}_v\, \mathrm{A}(\mathrm{Q}'_v) = 0$ pour tout $v \in \Omega \setminus \mathrm{T}(x)$. Seules posent donc problème les places de $\mathrm{T}(x) \setminus \mathrm{S}_1$. En une place $v \in \mathrm{T}_{\mathrm{M}} \cup \{v_{\mathrm{M}}\}$, il est possible de relier $\mathrm{inv}_v\, \mathrm{A}(\mathrm{Q}'_v)$ aux résidus de $(s \circ i)(b)$ en les composantes irréductibles de X_{M}, mais on est alors confronté à une autre difficulté, déjà présente lorsque $\mathrm{L}_{\mathrm{M}} = \kappa(\mathrm{M})$ pour tout $\mathrm{M} \in \mathscr{M}$ si l'on n'a pas pris soin de choisir $(s \circ i)(b)$ non ramifié sur $\mathrm{X}_{\mathbf{A}^1_k}$: ces résidus dépendent de la section $s \colon \mathrm{Br}_{\mathrm{hor}}(\mathrm{X}_{\mathrm{U}}) \to \mathrm{Br}(\mathrm{X}_{\mathrm{U}})$ choisie, et l'on ne peut donc pas espérer qu'ils seront toujours nuls en v.

1.9 Application aux courbes elliptiques de rang élevé

Soit E une courbe elliptique sur $k(t)$, où k est un corps de nombres. Il existe un ouvert dense $\mathrm{U} \subset \mathbf{P}^1_k$ au-dessus duquel E s'étend en un schéma abélien $\mathscr{E} \to \mathrm{U}$. D'après un théorème de Silverman, la flèche de spécialisation $\mathrm{E}(k(t)) \to \mathscr{E}_x(k)$ est injective pour presque tout $x \in \mathrm{U}(k)$ (cf. [64, Ch. III,

Th. 11.4 et Ex. 3.16]) ; l'expression « presque tout x » signifie bien sûr ici « tout x sauf un nombre fini ». En particulier, l'inégalité

$$\mathrm{rg}(\mathrm{E}(k(t))) \leqslant \mathrm{rg}(\mathscr{E}_x(k))$$

vaut pour presque tout $x \in \mathrm{U}(k)$. Lorsqu'elle est stricte pour presque tout x, la courbe elliptique E est dite *de rang élevé*.

À ce jour, aucun exemple de courbe elliptique de rang élevé n'est connu. Cassels et Schinzel [10] puis Rohrlich [56] ont fabriqué des courbes elliptiques isotriviales sur $\mathbf{Q}(t)$ dont ils montrent qu'elles sont de rang élevé en admettant la conjecture de parité. Dans la direction opposée, mais toujours sur $\mathbf{Q}$, Conrad, Conrad et Helfgott [24] prouvent que toute courbe elliptique de rang élevé sur $\mathbf{Q}(t)$ est isotriviale, en admettant deux conjectures de théorie analytique des nombres (la conjecture de Chowla et une conjecture quantifiant le nombre de valeurs sans facteur carré prises par un polynôme de $\mathbf{Z}[t]$) ainsi qu'une conjecture de densité concernant les rangs des courbes elliptiques $\mathscr{E}_x$ lorsque x varie. Le théorème suivant est également un résultat de non existence de courbes elliptiques de rang élevé. Il est lui aussi conditionnel, et par ailleurs ne s'applique que sous certaines hypothèses sur les courbes elliptiques considérées ; en revanche, il présente l'avantage d'être valable sur tout corps de nombres et de ne faire intervenir aucune conjecture concernant les courbes elliptiques.

Théorème 1.55 — *Admettons l'hypothèse de Schinzel. Soient k un corps de nombres et* E *une courbe elliptique sur $k(t)$. Notons $\mathrm{X} \to \mathbf{P}^1_k$ un modèle propre et régulier de* E *et $\mathrm{Br}^0(\mathrm{X})$ le noyau de la flèche $\mathrm{Br}(\mathrm{X}) \to \mathrm{Br}(\mathbf{P}^1_k)$ induite par la section nulle. Si les points d'ordre* 2 *de* E *sont rationnels, si* E *est à réduction de type I_2 en tout point de mauvaise réduction et si ${}_2\mathrm{Br}^0(\mathrm{X}) = 0$, alors* E *n'est pas de rang élevé.*

Démonstration — Le morphisme $\pi\colon \mathrm{X} \to \mathbf{P}^1_k$ satisfait aux hypothèses du paragraphe 1.2, dont on reprend les notations. Le morphisme canonique $\mathrm{Br}^0(\mathrm{X}) \to \mathrm{Br}_{\mathrm{hor}}(\mathrm{X})$ est un isomorphisme ; en effet, il est injectif puisque $\mathrm{Br}_{\mathrm{vert}}(\mathrm{X}) \cap \mathrm{Br}^0(\mathrm{X}) = 0$, surjectif puisque la suite exacte

$$0 \longrightarrow \mathrm{Br}^0(\mathrm{X}) \longrightarrow \mathrm{Br}(\mathrm{X}) \longrightarrow \mathrm{Br}(\mathbf{P}^1_k) \longrightarrow 0$$

est scindée. Il s'ensuit que ${}_2\mathrm{Br}_{\mathrm{hor}}(\mathrm{X}) = 0$. Par ailleurs, comme la courbe elliptique E est à réduction de type I_2 en tout point de $\mathscr{M}$, on a $\mathrm{L}_{\mathrm{M}} = \kappa(\mathrm{M})$ pour tout $\mathrm{M} \in \mathscr{M}$. Le corollaire 1.43 et la proposition 1.45 permettent d'en déduire l'existence d'une injection $\mathfrak{T}_{\mathrm{D}} \hookrightarrow {}_2\mathrm{Br}_{\mathrm{hor}}(\mathrm{X})$, compte tenu que $[\mathscr{X}] = 0$. Il en résulte que $\mathfrak{T}_{\mathrm{D}} = 0$, d'où finalement $\mathfrak{S}_{\mathrm{D}} = \mathrm{E}(k(t))/2$.

Supposons que la courbe elliptique E soit de rang élevé. Il est clair que E ne peut pas être constante ; autrement dit, on a nécessairement $\mathscr{M} \neq \varnothing$. Le théorème 1.49 montre maintenant que l'ensemble $\mathscr{R}_{\mathrm{D}}$ est infini, étant donné que $\pi(\mathrm{X}(k)) = \mathbf{P}^1(k)$. Comme E est de rang élevé, il existe donc $x \in \mathscr{R}_{\mathrm{D}}$ tel que $\mathrm{rg}(\mathrm{E}(k(t))) < \mathrm{rg}(\mathscr{E}_x(k))$. On a alors

$$\begin{aligned}
\mathrm{rg}(\mathscr{E}_x(k)) &= \dim_{\mathbf{F}_2}(\mathscr{E}_x(k)/2) - 2 && \text{(car la 2-torsion de } \mathscr{E}_x \text{ est rationnelle)}\\
&\leqslant \dim_{\mathbf{F}_2} \mathrm{Sel}_2(k, \mathscr{E}_x) - 2 &&\\
&\leqslant \dim_{\mathbf{F}_2}(\mathfrak{S}_{\mathrm{D}}) - 2 && \text{(car } x \in \mathscr{R}_{\mathrm{D}})\\
&= \dim_{\mathbf{F}_2}(\mathrm{E}(k(t))/2) - 2 && \text{(car } \mathfrak{S}_{\mathrm{D}} = \mathrm{E}(k(t))/2)\\
&= \mathrm{rg}(\mathrm{E}(k(t))) && \text{(car la 2-torsion de E est rationnelle),}
\end{aligned}$$

d'où une contradiction. □

Remarques — (i) Le théorème 1.55 ne concerne que les courbes elliptiques non isotriviales, bien que cette restriction ne figure pas explicitement dans son énoncé. En effet, une courbe elliptique isotriviale sur $k(t)$ ne peut avoir réduction semi-stable sur $\mathbf{P}^1_k$ à moins d'être constante : l'invariant j admet un pôle en tout point de réduction multiplicative (cf. [64, Ch. IV, §9]).

(ii) Le groupe $\mathrm{Br}^0(\mathrm{X})$ joue le rôle d'un « groupe de Tate-Shafarevich » pour la courbe elliptique $\mathrm{E}/k(t)$. Il se plonge en tout cas dans le groupe de Tate-Shafarevich géométrique de E et l'on peut en principe calculer son sous-groupe de 2-torsion au moyen d'une 2-descente (cf. suite exacte (1.3)). De ce point de vue, la preuve du théorème 1.55 consiste essentiellement à exhiber une infinité de points $x \in \mathrm{U}(k)$ pour lesquels le groupe de 2-Selmer de $\mathscr{E}_x$ ne soit pas plus gros que le « groupe de 2-Selmer » de E ; comme ce dernier est par hypothèse réduit à $\mathrm{E}(k(t))/2$, le rang de $\mathscr{E}_x$ est nécessairement inférieur ou égal à celui de E.

(iii) Il est bien sûr possible de déduire du théorème 1.49 un résultat analogue au théorème 1.55 pour les courbes elliptiques à réduction semi-stable, sans restriction sur le type de réduction, mais la condition à imposer sur le groupe de Brauer est alors moins agréable à exprimer.

Chapitre 2

Arithmétique des pinceaux semi-stables de courbes de genre 1 dont les jacobiennes possèdent une section d'ordre 2

2.1 Introduction

À la suite des travaux de Colliot-Thélène, Skorobogatov et Swinnerton-Dyer [21] concernant les points rationnels des surfaces munies d'un pinceau de courbes de genre 1 et de période 2 dont les jacobiennes ont leur 2-torsion entièrement rationnelle, Bender et Swinnerton-Dyer [1] étudièrent la possibilité d'obtenir des résultats similaires pour les surfaces munies d'un pinceau de courbes de genre 1 et de période 2 dont les jacobiennes ont *au moins un* point d'ordre 2 rationnel. Leur conclusion fut que les techniques de [21] s'appliquent encore dans ce cadre, à condition d'effectuer des descentes par 2-isogénie simultanément sur deux familles de courbes elliptiques au lieu d'une simple 2-descente complète sur la fibration jacobienne du pinceau considéré. Ils aboutirent ainsi à deux théorèmes, de domaines d'application disjoints ; nous renvoyons le lecteur à [1, §1] pour leurs énoncés précis. Colliot-Thélène [14] reformula ensuite ces théorèmes et leurs preuves en termes d'obstruction de Brauer-Manin verticale.

À la fin de [1], Swinnerton-Dyer expose quelques idées laissant espérer que l'on puisse se servir du théorème 1 de [1] (ou du théorème B de [14]) afin d'établir qu'une surface de del Pezzo de degré 4 admet un point rationnel dès que l'obstruction de Brauer-Manin ne s'y oppose pas. Il s'avère que les résultats de [1, §6] sont incorrects mais que la construction proposée par Swinnerton-Dyer permet néanmoins de prouver que le principe de Hasse vaut sur de telles surfaces sous des conditions très générales, quoique au prix d'un travail conséquent ; c'est là le sujet du chapitre 3. Cependant, les théorèmes de [1] et de [14] sont insuffisants pour l'application en vue : ils contiennent plusieurs hypothèses techniques qui ne seront pas satisfaites par les pinceaux considérés au chapitre 3, notamment les conditions (1) et (2) de [14, Theorem B] (cf. aussi les conditions 1 et 2 de [1] et l'avant-dernier paragraphe de [1, p. 323] ; celui-ci contient un argument permettant d'affaiblir quelque peu les conditions 1 et 2, mais pour le chapitre 3 il est nécessaire de supprimer entièrement la condition 2).

Ce chapitre a pour but premier d'établir une version des théorèmes A et B de [14] épurée de toute hypothèse parasite et de laquelle il soit possible de déduire des résultats sur les surfaces de del Pezzo de degré 4. À cette fin, nous emploierons systématiquement les propriétés des modèles de Néron là où [1] et [14] font appel à des équations explicites. D'autre part, nous généraliserons au cas de réduction semi-stable arbitraire les théorèmes de [14], qui ne s'appliquent que lorsque la jacobienne de la fibre générique du pinceau considéré est à réduction de type I_1 ou I_2 en chaque point de mauvaise réduction, et nous supprimerons toute hypothèse concernant le rang de Mordell-Weil de cette courbe elliptique, comme au chapitre 1. Ces améliorations permettent notamment d'obtenir un seul énoncé qui implique à la fois les théorèmes A et B de [14] (et les théorèmes 1 et 2 de [1]), contribuant ainsi à les clarifier.

Les idées générales qui sous-tendent la preuve du théorème principal de ce chapitre sont bien sûr les mêmes que dans [1], [14], [21] ou que dans le chapitre 1. Néanmoins, leur mise en œuvre contient une innovation substantielle, qui mérite d'être signalée : l'argument se déroule directement au niveau des groupes de Selmer des courbes elliptiques concernées, sans plus passer par l'étude d'un certain accouplement dont les noyaux à gauche et à droite sont isomorphes à ces groupes de Selmer et dont la variation en famille est contrôlable. Les sous-espaces totalement isotropes maximaux K_v (cf. lemme 1.12, [21, Proposition 1.1.2], [1, Lemma 8], [14, Proposition 1.1.2]), dont le rôle semblait pour le moins mystérieux, ont ainsi totalement disparu. Cette modification de l'argument ne semble pas être une opération de nature purement formelle ; un indice en ce sens est l'utilisation dans la preuve ci-dessous de réciprocités dans lesquelles interviennent des algèbres de quaternions sur $k(t)$ qui n'avaient été considérées dans aucun des articles [1], [14], [21] (cf. paragraphe 2.3.4 et preuve de la proposition 2.20).

Outre la simplification conceptuelle que cette innovation apporte, elle représente un premier pas, quoique modeste, vers l'obtention de résultats indépendants de l'hypothèse de Schinzel. Nombre de notions (principe de Hasse, obstruction de Brauer-Manin) et d'outils (notamment, le « lemme formel » d'Harari) utiles dans l'étude des questions d'existence de points rationnels possèdent un analogue adapté aux questions d'existence de 0-cycles de degré 1. Dans ce contexte, l'analogue de l'hypothèse de Schinzel est un théorème, connu sous le nom d'astuce de Salberger (cf. [22, §3]). Grâce à ce théorème, on sait démontrer inconditionnellement l'existence d'un 0-cycle de degré 1 sur les surfaces admettant un pinceau de coniques, dès que l'obstruction de Brauer-Manin ne s'y oppose pas (cf. [22, §4]). Si l'on cherche à combiner l'astuce de Salberger et les méthodes de [21] afin d'étudier les 0-cycles de degré 1 sur des surfaces munies d'un pinceau de courbes de genre 1, on est naturellement confronté à deux difficultés, liées au fait que l'on doit comparer uniformément les groupes de Selmer de courbes elliptiques $\mathscr{E}_x$ pour divers points *fermés* (et non plus rationnels) $x \in \mathrm{U}$, où $\mathscr{E} \to \mathrm{U}$ est une courbe elliptique relative et U un ouvert de $\mathbf{P}^1_k$: d'une part, si S est un ensemble fixé de places de k, arbitrairement grand mais indépendant de x, on ne contrôle pas le groupe des S-unités du corps $\kappa(x)$, et d'autre part, on ne contrôle pas non plus le groupe de classes de S-idéaux de $\kappa(x)$. Le groupe des S-unités intervient dans le diagramme (1.16) ; quant au groupe de classes de S-idéaux, il est nécessaire qu'il soit nul pour que l'on puisse *définir* l'accouplement de la proposition 1.14 (resp. l'accouplement de [1, Lemma 10], [14, Proposition 1.4.3]). L'intérêt de la preuve que nous donnons dans ce chapitre est qu'en évitant l'emploi d'un accouplement analogue à celui de la proposition 1.14, elle fait tout simplement disparaître la seconde de ces difficultés ; nous ne supposerons à aucun moment qu'un quelconque ensemble fini de places de k contient un système de générateurs du groupe de classes.

2.2 Énoncé du résultat principal et applications

Soient k un corps de caractéristique 0 et C un schéma de Dedekind connexe sur k, de point générique η. Supposons donnée une surface X lisse et géométriquement connexe sur k, munie d'un morphisme propre et plat $\pi\colon \mathrm{X} \to \mathrm{C}$ dont la fibre générique X_η est une courbe lisse de genre 1 sur $\mathrm{K} = \kappa(\mathrm{C})$ et dont toutes les fibres sont réduites. Supposons de plus que la période de la courbe X_η divise 2, c'est-à-dire que la classe de $\mathrm{H}^1(\mathrm{K}, \mathrm{E}'_\eta)$ définie par le torseur X_η soit tuée par 2, en notant E'_η la jacobienne de X_η. Supposons enfin que la courbe elliptique E'_η soit à réduction semi-stable en tout point fermé de C et qu'elle possède un point K-rationnel P′ d'ordre 2.

Notons E''_η la courbe elliptique quotient de E'_η par P′, $\varphi'_\eta\colon \mathrm{E}'_\eta \to \mathrm{E}''_\eta$ la 2-isogénie associée et $\varphi''_\eta\colon \mathrm{E}''_\eta \to \mathrm{E}'_\eta$ la duale de φ'_η, de sorte que $\varphi'_\eta \circ \varphi''_\eta = 2$ et $\varphi''_\eta \circ \varphi'_\eta = 2$. Le noyau de φ''_η contient un unique point K-rationnel non nul ; on le note $\mathrm{P}'' \in \mathrm{E}''_\eta(\mathrm{K})$. Soient $\mathscr{E}'$ et $\mathscr{E}''$ les modèles de Néron respectifs de E'_η et de E''_η sur C. D'après la propriété universelle des modèles de Néron, les isogénies φ'_η et φ''_η se prolongent en des morphismes de schémas en groupes $\varphi'\colon \mathscr{E}' \to \mathscr{E}''$ et $\varphi''\colon \mathscr{E}'' \to \mathscr{E}'$. Ceux-ci induisent des morphismes surjectifs $\varphi'^0\colon \mathscr{E}'^0 \to \mathscr{E}''^0$ et $\varphi''^0\colon \mathscr{E}''^0 \to \mathscr{E}'^0$, où $\mathscr{E}'^0 \subset \mathscr{E}'$ et $\mathscr{E}''^0 \subset \mathscr{E}''$ désignent les composantes neutres.

Notons $\mathscr{M} \subset \mathrm{C}$ l'ensemble des points fermés de mauvaise réduction pour E'_η. C'est aussi l'ensemble des points fermés de mauvaise réduction pour E''_η, et la courbe elliptique E''_η est à réduction semi-stable en ces points (cf. [5, 7.3/7]). Fixons un ouvert dense $\mathrm{U} \subset \mathrm{C}$ au-dessus duquel π est lisse. Pour $\mathrm{M} \in \mathscr{M}$, notons respectivement F'_M et F''_M les $\kappa(\mathrm{M})$-schémas en groupes finis étales $\mathscr{E}'_\mathrm{M}/\mathscr{E}'^0_\mathrm{M}$ et $\mathscr{E}''_\mathrm{M}/\mathscr{E}''^0_\mathrm{M}$. Les morphismes φ' et φ'' induisent des morphismes $\varphi'_\mathrm{M}\colon \mathrm{F}'_\mathrm{M} \to \mathrm{F}''_\mathrm{M}$ et $\varphi''_\mathrm{M}\colon \mathrm{F}''_\mathrm{M} \to \mathrm{F}'_\mathrm{M}$.

Posons

$$\mathscr{M}' = \{\mathrm{M} \in \mathscr{M}\,;\ \varphi'_\mathrm{M} \text{ est injectif}\}$$

et

$$\mathscr{M}'' = \{\mathrm{M} \in \mathscr{M}\ ;\ \varphi''_{\mathrm{M}} \text{ est injectif}\}.$$

La proposition A.8 montre que $\mathscr{M}' \cap \mathscr{M}'' = \varnothing$ et que $\mathscr{M}' \cup \mathscr{M}'' = \mathscr{M}$. Elle montre aussi que les morphismes φ'_{M} et φ''_{M} s'insèrent dans des suites exactes

$$\begin{gathered} 0 \longrightarrow \mathrm{F}'_{\mathrm{M}} \xrightarrow{\varphi'_{\mathrm{M}}} \mathrm{F}''_{\mathrm{M}} \longrightarrow \mathbf{Z}/2 \longrightarrow 0 \\ 0 \longrightarrow \mathbf{Z}/2 \longrightarrow \mathrm{F}''_{\mathrm{M}} \xrightarrow{\varphi''_{\mathrm{M}}} \mathrm{F}'_{\mathrm{M}} \longrightarrow 0 \end{gathered} \tag{2.1}$$

si $\mathrm{M} \in \mathscr{M}'$ et

$$\begin{gathered} 0 \longrightarrow \mathbf{Z}/2 \longrightarrow \mathrm{F}'_{\mathrm{M}} \xrightarrow{\varphi'_{\mathrm{M}}} \mathrm{F}''_{\mathrm{M}} \longrightarrow 0 \\ 0 \longrightarrow \mathrm{F}''_{\mathrm{M}} \xrightarrow{\varphi''_{\mathrm{M}}} \mathrm{F}'_{\mathrm{M}} \longrightarrow \mathbf{Z}/2 \longrightarrow 0 \end{gathered} \tag{2.2}$$

si $\mathrm{M} \in \mathscr{M}''$.

Les suites exactes

$$0 \longrightarrow \mathbf{Z}/2 \xrightarrow{\mathrm{P}'} \mathrm{E}'_\eta \xrightarrow{\varphi'_\eta} \mathrm{E}''_\eta \longrightarrow 0$$

et

$$0 \longrightarrow \mathbf{Z}/2 \xrightarrow{\mathrm{P}''} \mathrm{E}''_\eta \xrightarrow{\varphi''_\eta} \mathrm{E}'_\eta \longrightarrow 0$$

induisent des suites exactes

$$0 \longrightarrow \mathrm{E}''_\eta(\mathrm{K})/\operatorname{Im}(\varphi'_\eta) \longrightarrow \mathrm{K}^\star/\mathrm{K}^{\star 2} \xrightarrow{\alpha'} {}_{\varphi'_\eta}\mathrm{H}^1(\mathrm{K}, \mathrm{E}'_\eta) \longrightarrow 0$$

et

$$0 \longrightarrow \mathrm{E}'_\eta(\mathrm{K})/\operatorname{Im}(\varphi''_\eta) \longrightarrow \mathrm{K}^\star/\mathrm{K}^{\star 2} \xrightarrow{\alpha''} {}_{\varphi''_\eta}\mathrm{H}^1(\mathrm{K}, \mathrm{E}''_\eta) \longrightarrow 0.$$

Pour $\mathrm{M} \in \mathrm{C}$, notons $\mathscr{O}^{\mathrm{sh}}_{\mathrm{M}}$ l'anneau strictement local de C en M et $\mathrm{K}^{\mathrm{sh}}_{\mathrm{M}}$ son corps des fractions. Rappelons que pour $\mathscr{E} \in \{\mathscr{E}', \mathscr{E}''\}$, si E_η désigne la fibre générique de $\mathscr{E} \to \mathrm{C}$, le groupe $\mathrm{H}^1(\mathrm{C}, \mathscr{E})$ s'identifie au noyau du produit $\mathrm{H}^1(\mathrm{K}, \mathrm{E}_\eta) \to \prod_{\mathrm{M} \in \mathrm{C}} \mathrm{H}^1(\mathrm{K}^{\mathrm{sh}}_{\mathrm{M}}, \mathrm{E}_\eta)$ (cf. suite exacte (1.1)). Notons respectivement $\mathfrak{S}_{\varphi'}(\mathrm{C}, \mathscr{E}')$ et $\mathfrak{S}_{\varphi''}(\mathrm{C}, \mathscr{E}'')$ les images réciproques des sous-groupes ${}_{\varphi'}\mathrm{H}^1(\mathrm{C}, \mathscr{E}') \subset {}_{\varphi'_\eta}\mathrm{H}^1(\mathrm{K}, \mathrm{E}'_\eta)$ et ${}_{\varphi''}\mathrm{H}^1(\mathrm{C}, \mathscr{E}'') \subset {}_{\varphi''_\eta}\mathrm{H}^1(\mathrm{K}, \mathrm{E}''_\eta)$ par α' et α'', de sorte que l'on obtient des suites exactes

$$0 \longrightarrow \mathrm{E}''_\eta(\mathrm{K})/\operatorname{Im}(\varphi'_\eta) \longrightarrow \mathfrak{S}_{\varphi'}(\mathrm{C}, \mathscr{E}') \longrightarrow {}_{\varphi'}\mathrm{H}^1(\mathrm{C}, \mathscr{E}') \longrightarrow 0 \tag{2.3}$$

et

$$0 \longrightarrow \mathrm{E}'_\eta(\mathrm{K})/\operatorname{Im}(\varphi''_\eta) \longrightarrow \mathfrak{S}_{\varphi''}(\mathrm{C},\mathscr{E}'') \longrightarrow {}_{\varphi''}\mathrm{H}^1(\mathrm{C},\mathscr{E}'') \longrightarrow 0. \qquad (2.4)$$

Les groupes $\mathfrak{S}_{\varphi'}(\mathrm{C},\mathscr{E}')$ et $\mathfrak{S}_{\varphi''}(\mathrm{C},\mathscr{E}'')$ méritent qu'on les appelle respectivement *groupe de φ'-Selmer géométrique de* E'_η et *groupe de φ''-Selmer géométrique de* E''_η (cf. [21, §4.2]).

Proposition 2.1 — *On a* $\mathfrak{S}_{\varphi'}(\mathrm{C},\mathscr{E}') = \mathrm{H}^1(\mathrm{C} \setminus \mathscr{M}', \mathbf{Z}/2)$ *et* $\mathfrak{S}_{\varphi''}(\mathrm{C},\mathscr{E}'') = \mathrm{H}^1(\mathrm{C} \setminus \mathscr{M}'', \mathbf{Z}/2)$ *en tant que sous-groupes de* $\mathrm{K}^\star/\mathrm{K}^{\star 2} = \mathrm{H}^1(\mathrm{K}, \mathbf{Z}/2)$.

Démonstration — Les deux assertions étant symétriques, il suffit de démontrer la première. Vu la définition du groupe $\mathfrak{S}_{\varphi'}(\mathrm{C},\mathscr{E}')$, il suffit de prouver que $\mathrm{E}''_\eta(\mathrm{K}^{\mathrm{sh}}_\mathrm{M})/\operatorname{Im}(\varphi'_\eta) = \mathrm{H}^1(\mathrm{K}^{\mathrm{sh}}_\mathrm{M}, \mathbf{Z}/2)$ pour tout $\mathrm{M} \in \mathscr{M}'$ et $\mathrm{E}''_\eta(\mathrm{K}^{\mathrm{sh}}_\mathrm{M})/\operatorname{Im}(\varphi'_\eta) = 0$ pour tout $\mathrm{M} \in \mathrm{C} \setminus \mathscr{M}'$. Autrement dit, compte tenu que $\mathrm{H}^1(\mathrm{K}^{\mathrm{sh}}_\mathrm{M}, \mathbf{Z}/2) = \mathbf{Z}/2$, il suffit de prouver que l'application $\mathrm{E}'_\eta(\mathrm{K}^{\mathrm{sh}}_\mathrm{M}) \to \mathrm{E}''_\eta(\mathrm{K}^{\mathrm{sh}}_\mathrm{M})$ induite par φ'_η est surjective si et seulement si $\mathrm{M} \notin \mathscr{M}'$, pour $\mathrm{M} \in \mathrm{C}$. Ceci résulte du lemme A.2, de la proposition A.8 et de la définition de $\mathscr{M}'$. □

Notons enfin $\mathfrak{S}_2(\mathrm{C},\mathscr{E}') \subset \mathrm{H}^1(\mathrm{K}, {}_2\mathrm{E}'_\eta)$ l'image réciproque de $\mathrm{H}^1(\mathrm{C},\mathscr{E}') \subset \mathrm{H}^1(\mathrm{K},\mathrm{E}'_\eta)$ par le morphisme canonique $\mathrm{H}^1(\mathrm{K}, {}_2\mathrm{E}'_\eta) \to \mathrm{H}^1(\mathrm{K},\mathrm{E}'_\eta)$. Le morphisme φ' induit un diagramme commutatif

$$\begin{array}{ccccccccc} 0 & \longrightarrow & \mathrm{E}'_\eta(\mathrm{K})/2 & \longrightarrow & \mathfrak{S}_2(\mathrm{C},\mathscr{E}') & \longrightarrow & {}_2\mathrm{H}^1(\mathrm{C},\mathscr{E}') & \longrightarrow & 0 \\ & & \downarrow & & \downarrow & & \downarrow & & \\ 0 & \longrightarrow & \mathrm{E}'_\eta(\mathrm{K})/\operatorname{Im}(\varphi''_\eta) & \longrightarrow & \mathfrak{S}_{\varphi''}(\mathrm{C},\mathscr{E}'') & \longrightarrow & {}_{\varphi''}\mathrm{H}^1(\mathrm{C},\mathscr{E}'') & \longrightarrow & 0 \end{array} \qquad (2.5)$$

dont les lignes sont exactes.

Comme les fibres de π sont réduites, on a $\mathrm{X}_\mathrm{M}(\mathrm{K}^{\mathrm{sh}}_\mathrm{M}) \neq \varnothing$ pour tout $\mathrm{M} \in \mathrm{C}$. La classe de $\mathrm{H}^1(\mathrm{K},\mathrm{E}'_\eta)$ définie par le torseur X_η appartient donc au sous-groupe $\mathrm{H}^1(\mathrm{C},\mathscr{E}')$. Cette classe correspond à un faisceau représentable (cf. [50, Theorem 4.3]), d'où l'existence d'un torseur $\mathscr{X} \to \mathrm{C}$ sous $\mathscr{E}'$ dont la fibre générique est égale à X_η. Notons $[\mathscr{X}]$ sa classe dans $\mathrm{H}^1(\mathrm{C},\mathscr{E}')$ et $[\mathscr{X}''] \in \mathrm{H}^1(\mathrm{C},\mathscr{E}'')$ l'image de $[\mathscr{X}]$ par la flèche verticale de droite du diagramme (2.5).

Pour $\mathrm{M} \in \mathscr{M}$, notons L'_M (resp. L''_M) l'extension quadratique ou triviale minimale de $\kappa(\mathrm{M})$ sur laquelle le $\kappa(\mathrm{M})$-groupe F'_M (resp. F''_M) devient constant (cf. proposition A.3). Les groupes $\mathrm{F}'_\mathrm{M}(\mathrm{L}'_\mathrm{M})$ et $\mathrm{F}''_\mathrm{M}(\mathrm{L}''_\mathrm{M})$ sont cycliques en vertu de l'hypothèse de semi-stabilité (*loco citato*). Soient $\delta'_\mathrm{M} \colon \mathrm{H}^1(\mathrm{C},\mathscr{E}') \to \mathrm{H}^1(\mathrm{L}'_\mathrm{M},\mathrm{F}'_\mathrm{M})$ et $\delta''_\mathrm{M} \colon \mathrm{H}^1(\mathrm{C},\mathscr{E}'') \to \mathrm{H}^1(\mathrm{L}''_\mathrm{M},\mathrm{F}''_\mathrm{M})$ les composées des flèches induites par les morphismes de faisceaux $\mathscr{E}' \to i_{\mathrm{M}\star}\mathrm{F}'_\mathrm{M}$ et $\mathscr{E}'' \to i_{\mathrm{M}\star}\mathrm{F}''_\mathrm{M}$, où $i_\mathrm{M} \colon \operatorname{Spec}(\kappa(\mathrm{M})) \to \mathrm{C}$ désigne l'inclusion canonique, et des flèches de restriction $\mathrm{H}^1(\kappa(\mathrm{M}),\mathrm{F}'_\mathrm{M}) \to \mathrm{H}^1(\mathrm{L}'_\mathrm{M},\mathrm{F}'_\mathrm{M})$ et $\mathrm{H}^1(\kappa(\mathrm{M}),\mathrm{F}''_\mathrm{M}) \to \mathrm{H}^1(\mathrm{L}''_\mathrm{M},\mathrm{F}''_\mathrm{M})$. Soient $\mathfrak{T}'_{\mathrm{D}/\mathrm{C}}$ le noyau de l'application composée

$$ {}_{\varphi'}\mathrm{H}^1(\mathrm{C},\mathscr{E}') \xrightarrow{\prod \delta'_{\mathrm{M}}} \prod_{\mathrm{M}\in\mathscr{M}''} \mathrm{H}^1(\mathrm{L}'_{\mathrm{M}},\mathrm{F}'_{\mathrm{M}}) \longrightarrow \prod_{\mathrm{M}\in\mathscr{M}''} \frac{\mathrm{H}^1(\mathrm{L}'_{\mathrm{M}},\mathrm{F}'_{\mathrm{M}})}{\langle\delta'_{\mathrm{M}}([\mathscr{X}])\rangle} \qquad (2.6) $$

et $\mathfrak{T}''_{\mathrm{D/C}}$ le noyau de l'application composée

$$ {}_{\varphi''}\mathrm{H}^1(\mathrm{C},\mathscr{E}'') \xrightarrow{\prod \delta''_{\mathrm{M}}} \prod_{\mathrm{M}\in\mathscr{M}'} \mathrm{H}^1(\mathrm{L}''_{\mathrm{M}},\mathrm{F}''_{\mathrm{M}}) \longrightarrow \prod_{\mathrm{M}\in\mathscr{M}'} \frac{\mathrm{H}^1(\mathrm{L}''_{\mathrm{M}},\mathrm{F}''_{\mathrm{M}})}{\langle\delta''_{\mathrm{M}}([\mathscr{X}''])\rangle}. \qquad (2.7) $$

On dira que *la condition* (D/C) *est satisfaite* si $\mathfrak{T}'_{\mathrm{D/C}} \subset \{0,[\mathscr{X}]\}$ et si $\mathfrak{T}''_{\mathrm{D/C}}$ est engendré par $[\mathscr{X}'']$. Notons enfin $\mathfrak{S}'_{\mathrm{D/C}} \subset \mathfrak{S}_{\varphi'}(\mathrm{C},\mathscr{E}')$ et $\mathfrak{S}''_{\mathrm{D/C}} \subset \mathfrak{S}_{\varphi''}(\mathrm{C},\mathscr{E}'')$ les images réciproques respectives de $\mathfrak{T}'_{\mathrm{D/C}}$ et $\mathfrak{T}''_{\mathrm{D/C}}$ par les flèches de droite des suites exactes (2.3) et (2.4).

Supposons maintenant que k soit un corps de nombres et que C soit un ouvert de $\mathbf{P}^1_k$. On note comme précédemment Ω l'ensemble des places de k, $\Omega_f \subset \Omega$ l'ensemble de ses places finies et $\mathbf{A}_k$ l'anneau des adèles de k. Un élément de $\mathrm{K}^\star$ peut être considéré comme une fonction rationnelle non nulle sur $\mathbf{P}^1_{\mathscr{O}}$. Par ailleurs, chaque place finie de k définit un point de codimension 1 de $\mathbf{P}^1_{\mathscr{O}}$ et donc une valuation sur $\kappa(\mathbf{P}^1_{\mathscr{O}}) = \mathrm{K}$. On notera $\mathfrak{S}_{\varphi',\mathrm{S}}(\mathrm{C},\mathscr{E}')$ (resp. $\mathfrak{S}_{\varphi'',\mathrm{S}}(\mathrm{C},\mathscr{E}'')$) le sous-groupe de $\mathfrak{S}_{\varphi'}(\mathrm{C},\mathscr{E}')$ (resp. de $\mathfrak{S}_{\varphi''}(\mathrm{C},\mathscr{E}'')$) constitué des classes appartenant au noyau de la flèche $\mathrm{K}^\star/\mathrm{K}^{\star 2} \to (\mathbf{Z}/2)^{\Omega_f\setminus(\mathrm{S}\cap\Omega_f)}$ induite par les valuations normalisées associées aux places finies de $\Omega\setminus\mathrm{S}$, pour $\mathrm{S}\subset\Omega$.

Soit

$$ \mathscr{R}_{\mathrm{A}} = \{x \in \mathrm{U}(k)\,;\, \mathrm{X}_x(\mathbf{A}_k) \neq \varnothing\} $$

et pour $\mathrm{S}\subset\Omega$, soit $\mathscr{R}_{\mathrm{D/C,S}}$ l'ensemble des $x \in \mathscr{R}_{\mathrm{A}}$ tels que tout élément du groupe de φ'_x-Selmer de $\mathscr{E}'_x$ appartienne à l'image de la composée

$$ \mathfrak{S}'_{\mathrm{D/C}} \cap \mathfrak{S}_{\varphi',\mathrm{S}}(\mathrm{C},\mathscr{E}') \subset \mathfrak{S}_{\varphi'}(\mathrm{C},\mathscr{E}') = \mathrm{H}^1(\mathrm{C}\setminus\mathscr{M}', {}_{\varphi'}\mathscr{E}') \to \mathrm{H}^1(k, {}_{\varphi'_x}\mathscr{E}'_x) $$

(cf. proposition 2.1 ; la dernière flèche est l'évaluation en x), que tout élément du groupe de φ''_x-Selmer de $\mathscr{E}''_x$ appartienne à l'image de la composée

$$ \mathfrak{S}''_{\mathrm{D/C}} \cap \mathfrak{S}_{\varphi'',\mathrm{S}}(\mathrm{C},\mathscr{E}'') \subset \mathfrak{S}_{\varphi''}(\mathrm{C},\mathscr{E}'') = \mathrm{H}^1(\mathrm{C}\setminus\mathscr{M}'', {}_{\varphi''}\mathscr{E}'') \to \mathrm{H}^1(k, {}_{\varphi''_x}\mathscr{E}''_x), $$

et que les restrictions des flèches

$$ \mathfrak{S}_{\varphi'}(\mathrm{C},\mathscr{E}') = \mathrm{H}^1(\mathrm{C}\setminus\mathscr{M}', {}_{\varphi'}\mathscr{E}') \to \mathrm{H}^1(k, {}_{\varphi'_x}\mathscr{E}'_x) \qquad (2.8) $$

et

$$ \mathfrak{S}_{\varphi''}(\mathrm{C},\mathscr{E}'') = \mathrm{H}^1(\mathrm{C}\setminus\mathscr{M}'', {}_{\varphi''}\mathscr{E}'') \to \mathrm{H}^1(k, {}_{\varphi''_x}\mathscr{E}''_x) \qquad (2.9) $$

aux images réciproques respectives de $\{0,[\mathscr{X}]\}$ et de $\{0,[\mathscr{X}'']\}$ par les flèches

$$\mathfrak{S}_{\varphi'}(\mathrm{C},\mathscr{E}') \to \mathrm{H}^1(\mathrm{C},\mathscr{E}') \tag{2.10}$$

et

$$\mathfrak{S}_{\varphi''}(\mathrm{C},\mathscr{E}'') \to \mathrm{H}^1(\mathrm{C},\mathscr{E}'') \tag{2.11}$$

issues des suites exactes (2.3) et (2.4) soient injectives. Pour $\mathrm{S} = \Omega$, on note simplement $\mathscr{R}_{\mathrm{D/C}} = \mathscr{R}_{\mathrm{D/C},\Omega_f}$ l'ensemble $\mathscr{R}_{\mathrm{D/C,S}}$.

Lorsque $\mathrm{C} = \mathbf{P}^1_k$, on prend pour U le plus grand ouvert de $\mathbf{A}^1_k$ au-dessus duquel π est lisse et l'on note d'une part $\mathscr{R}_{\mathrm{D,S}}$, $\mathscr{R}_{\mathrm{D}}$, $\mathfrak{T}'_{\mathrm{D}}$, $\mathfrak{T}''_{\mathrm{D}}$, $\mathfrak{S}'_{\mathrm{D}}$, $\mathfrak{S}''_{\mathrm{D}}$ et (D) les ensembles $\mathscr{R}_{\mathrm{D}/\mathbf{P}^1_k,\mathrm{S}}$, $\mathscr{R}_{\mathrm{D}/\mathbf{P}^1_k}$, $\mathfrak{T}'_{\mathrm{D}/\mathbf{P}^1_k}$, $\mathfrak{T}''_{\mathrm{D}/\mathbf{P}^1_k}$, $\mathfrak{S}'_{\mathrm{D}/\mathbf{P}^1_k}$, $\mathfrak{S}''_{\mathrm{D}/\mathbf{P}^1_k}$ et la condition $(\mathrm{D}/\mathbf{P}^1_k)$, et d'autre part $\mathscr{R}_{\mathrm{D_0,S}}$, $\mathscr{R}_{\mathrm{D_0}}$, $\mathfrak{T}'_{\mathrm{D_0}}$, $\mathfrak{T}''_{\mathrm{D_0}}$, $\mathfrak{S}'_{\mathrm{D_0}}$, $\mathfrak{S}''_{\mathrm{D_0}}$ et $(\mathrm{D_0})$ les ensembles $\mathscr{R}_{\mathrm{D}/\mathbf{A}^1_k,\mathrm{S}}$, $\mathscr{R}_{\mathrm{D}/\mathbf{A}^1_k}$, $\mathfrak{T}'_{\mathrm{D}/\mathbf{A}^1_k}$, $\mathfrak{T}''_{\mathrm{D}/\mathbf{A}^1_k}$, $\mathfrak{S}'_{\mathrm{D}/\mathbf{A}^1_k}$, $\mathfrak{S}''_{\mathrm{D}/\mathbf{A}^1_k}$ et la condition $(\mathrm{D}/\mathbf{A}^1_k)$, étant entendu que $\mathscr{R}_{\mathrm{D}/\mathbf{A}^1_k,\mathrm{S}}$, $\mathscr{R}_{\mathrm{D}/\mathbf{A}^1_k}$, $\mathfrak{T}'_{\mathrm{D}/\mathbf{A}^1_k}$, $\mathfrak{T}''_{\mathrm{D}/\mathbf{A}^1_k}$, $\mathfrak{S}'_{\mathrm{D}/\mathbf{A}^1_k}$, $\mathfrak{S}''_{\mathrm{D}/\mathbf{A}^1_k}$ et la condition $(\mathrm{D}/\mathbf{A}^1_k)$ désignent les ensembles et la condition obtenus en appliquant les définitions ci-dessus avec $\mathrm{C} = \mathbf{A}^1_k$ après avoir restreint π au-dessus de $\mathbf{A}^1_k \subset \mathbf{P}^1_k$.

Le théorème principal de ce chapitre est le suivant.

Théorème 2.2 — *Admettons l'hypothèse de Schinzel. Supposons que* $\mathrm{C} = \mathbf{P}^1_k$ *et que la fibre de* π *au-dessus du point* $\infty \in \mathbf{P}^1(k)$ *soit lisse. Il existe alors un ensemble fini* $\mathrm{S}_0 \subset \Omega$ *et un sous-groupe fini* $\mathrm{B}_0 \subset \mathrm{Br}(\mathrm{U})$ *tels que l'assertion suivante soit vérifiée. Soient un ensemble* $\mathrm{S}_1 \subset \Omega$ *fini contenant* S_0 *et une famille* $(x_v)_{v\in\mathrm{S}_1} \in \prod_{v\in\mathrm{S}_1}\mathrm{U}(k_v)$*. Supposons que* $\mathrm{X}_{x_v}(k_v) \neq \varnothing$ *pour tout* $v \in \mathrm{S}_1 \cap \Omega_f$ *et que*

$$\sum_{v\in\mathrm{S}_1} \mathrm{inv}_v\, \mathrm{A}(x_v) = 0$$

pour tout $\mathrm{A} \in \mathrm{B}_0$*. Supposons aussi que pour toute place* $v \in \mathrm{S}_1$ *réelle, on ait* $\mathrm{X}_\infty(k_v) \neq \varnothing$ *et* x_v *appartienne à la composante connexe non majorée de* $\mathrm{U}(k_v)$*. Alors*

a) si $\mathscr{M}' \neq \varnothing$ *et* $\mathscr{M}'' \neq \varnothing$*, il existe un élément de* $\mathscr{R}_{\mathrm{D}}$ *arbitrairement proche de* x_v *en chaque place* $v \in \mathrm{S}_1 \cap \Omega_f$ *et arbitrairement grand en chaque place archimédienne de* k *;*

b) il existe un élément de $\mathscr{R}_{\mathrm{D_0,S_1}}$ *arbitrairement proche de* x_v *en chaque place* $v \in \mathrm{S}_1 \cap \Omega_f$*, arbitrairement grand en chaque place archimédienne de* k *et entier hors de* S_1*.*

Voici les conséquences du théorème 2.2 pour l'existence et la Zariski-densité des points rationnels de X. Pour le restant de ce paragraphe, supposons que $\mathrm{C} = \mathbf{P}^1_k$ et que les ensembles $\mathscr{M}'$ et $\mathscr{M}''$ ne soient pas vides.

Théorème 2.3 — *Admettons l'hypothèse de Schinzel. Alors l'adhérence de* $\mathscr{R}_{\mathrm{D}}$ *dans* $\mathrm{C}(\mathbf{A}_k)$ *est égale à* $\pi(\mathrm{X}(\mathbf{A}_k)^{\mathrm{Br}_{\mathrm{vert}}})$*.*

Démonstration — Ce théorème se démontre à partir du théorème 2.2 exactement comme le théorème 1.49 se démontre à partir du théorème 1.4. □

Théorème 2.4 — *Admettons l'hypothèse de Schinzel et la finitude des groupes de Tate-Shafarevich des courbes elliptiques* $\mathscr{E}'_x$ *pour* $x \in \mathrm{U}(k)$. *Supposons que la condition* (D) *soit vérifiée et que* $\mathrm{X}(\mathbf{A}_k)^{\mathrm{Br}_{\mathrm{vert}}} \neq \varnothing$. *Alors* $\mathrm{X}(k) \neq \varnothing$. *Si de plus* π *ne possède pas de section, l'ensemble* $\mathrm{X}(k)$ *est Zariski-dense dans* X.

Démonstration — Supposons que $\mathrm{X}(\mathbf{A}_k)^{\mathrm{Br}_{\mathrm{vert}}} \neq \varnothing$. Le théorème 2.3 montre que l'ensemble $\mathscr{R}_\mathrm{D}$ est infini. Soit $x \in \mathscr{R}_\mathrm{D}$. Compte tenu de l'équivalence $[\mathscr{X}''] = 0 \Leftrightarrow [\mathscr{X}] \in \mathfrak{T}'_\mathrm{D}$, la condition (D) entraîne que l'un des groupes $\mathfrak{T}'_\mathrm{D}$ et $\mathfrak{T}''_\mathrm{D}$ est nul et que l'autre est d'ordre au plus 2. D'après les carrés commutatifs

$$\begin{array}{ccc} \mathscr{E}''_\mathrm{U}(\mathrm{U})/\operatorname{Im}(\varphi'_\mathrm{U}) & \longrightarrow & \mathfrak{S}'_\mathrm{D} \\ \downarrow & & \downarrow \\ \mathscr{E}''_x(k)/\operatorname{Im}(\varphi'_x) & \longrightarrow & \mathrm{H}^1(k, {}_{\varphi'_x}\mathscr{E}'_x) \end{array} \quad \text{et} \quad \begin{array}{ccc} \mathscr{E}'_\mathrm{U}(\mathrm{U})/\operatorname{Im}(\varphi''_\mathrm{U}) & \longrightarrow & \mathfrak{S}''_\mathrm{D} \\ \downarrow & & \downarrow \\ \mathscr{E}'_x(k)/\operatorname{Im}(\varphi''_x) & \longrightarrow & \mathrm{H}^1(k, {}_{\varphi''_x}\mathscr{E}''_x) \end{array}$$

et la définition de $\mathscr{R}_\mathrm{D}$, l'un des groupes ${}_{\varphi'_x}\text{Ш}(k, \mathscr{E}'_x)$ et ${}_{\varphi''_x}\text{Ш}(k, \mathscr{E}''_x)$ est donc nul et l'autre est d'ordre au plus 2. La suite exacte

$$0 \longrightarrow {}_{\varphi'_x}\text{Ш}(k, \mathscr{E}'_x) \longrightarrow {}_2\text{Ш}(k, \mathscr{E}'_x) \longrightarrow {}_{\varphi''_x}\text{Ш}(k, \mathscr{E}''_x)$$

permet d'en déduire que le groupe ${}_2\text{Ш}(k, \mathscr{E}'_x)$ est d'ordre au plus 2. La finitude de $\text{Ш}(k, \mathscr{E}'_x)$ et les propriétés de l'accouplement de Cassels-Tate entraînent par ailleurs que cet ordre est un carré (cf. preuve du théorème 1.50) ; par conséquent ${}_2\text{Ш}(k, \mathscr{E}'_x) = 0$ et donc $\mathrm{X}_x(k) \neq \varnothing$ puisque $x \in \mathscr{R}_\mathrm{A}$.

Supposons de plus que π ne possède pas de section. On vient de voir que ${}_{\varphi'_x}\text{Ш}(k, \mathscr{E}'_x) = 0$ (puisque ${}_2\text{Ш}(k, \mathscr{E}'_x) = 0$) et $\dim_{\mathbf{F}_2} {}_{\varphi''_x}\text{Ш}(k, \mathscr{E}''_x) \leqslant 1$; d'où $\dim_{\mathbf{F}_2} {}_2\text{Ш}(k, \mathscr{E}''_x) \leqslant 1$, compte tenu de la suite exacte

$$0 \longrightarrow {}_{\varphi''_x}\text{Ш}(k, \mathscr{E}''_x) \longrightarrow {}_2\text{Ш}(k, \mathscr{E}''_x) \longrightarrow {}_{\varphi'_x}\text{Ш}(k, \mathscr{E}'_x).$$

La suite exacte

$$0 \longrightarrow {}_{\varphi''_x}\text{Ш}(k, \mathscr{E}''_x) \longrightarrow \text{Ш}(k, \mathscr{E}''_x) \longrightarrow \text{Ш}(k, \mathscr{E}'_x)$$

et la finitude de $\text{Ш}(k, \mathscr{E}'_x)$ montrent que le groupe $\text{Ш}(k, \mathscr{E}''_x)$ est fini. Utilisant à nouveau les propriétés de l'accouplement de Cassels-Tate, on obtient finalement que ${}_2\text{Ш}(k, \mathscr{E}''_x) = 0$ et donc que ${}_{\varphi''_x}\text{Ш}(k, \mathscr{E}''_x) = 0$.

Nous allons maintenant établir que le rang de la courbe elliptique $\mathscr{E}'_x$ n'est pas nul. Comme les ensembles $\mathrm{X}_x(k)$ et $\mathscr{E}'_x(k)$ sont en bijection, cela impliquera que $\mathrm{X}_x(k)$ est infini puis que $\mathrm{X}(k)$ est Zariski-dense dans X, étant donné que x

a été choisi quelconque dans l'ensemble infini $\mathscr{R}_{\mathrm{D}}$. Supposons que $\mathscr{E}'_x$ soit de rang nul et aboutissons à une contradiction. La nullité de ${}_{\varphi''_x}\text{Ш}(k, \mathscr{E}''_x)$ et du rang de $\mathscr{E}'_x$ entraînent que le groupe $\mathrm{Sel}_{\varphi''_x}(k, \mathscr{E}''_x)$ est d'ordre 2. Notons respectivement $\mathrm{G}' \subset \mathfrak{S}'_{\mathrm{D}}$ et $\mathrm{G}'' \subset \mathfrak{S}''_{\mathrm{D}}$ les sous-groupes images réciproques de $\{0, [\mathscr{X}]\}$ et de $\{0, [\mathscr{X}'']\}$ par les flèches $\mathfrak{S}'_{\mathrm{D}} \to \mathrm{H}^1(\mathrm{C}, \mathscr{E}')$ et $\mathfrak{S}''_{\mathrm{D}} \to \mathrm{H}^1(\mathrm{C}, \mathscr{E}'')$ issues des suites exactes (2.3) et (2.4). Par définition de $\mathscr{R}_{\mathrm{D}}$, les flèches $\mathrm{G}' \to \mathrm{Sel}_{\varphi'_x}(k, \mathscr{E}'_x)$ et $\mathrm{G}'' \to \mathrm{Sel}_{\varphi''_x}(k, \mathscr{E}''_x)$ d'évaluation en x sont injectives. Le groupe G'' est donc d'ordre au plus 2, d'où il résulte que $[\mathscr{X}''] = 0$. On a alors $[\mathscr{X}] \in \mathfrak{T}'_{\mathrm{D}}$; comme π n'admet pas de section, on en déduit que le groupe G' est d'ordre au moins 4. Il en va donc de même pour $\mathrm{Sel}_{\varphi'_x}(k, \mathscr{E}'_x)$. Par ailleurs, les courbes elliptiques $\mathscr{E}'_x$ et $\mathscr{E}''_x$ ont même rang puisqu'elles sont isogènes. La nullité de ${}_{\varphi'_x}\text{Ш}(k, \mathscr{E}'_x)$ et du rang de $\mathscr{E}'_x$ implique donc que $\mathrm{Sel}_{\varphi'_x}(k, \mathscr{E}'_x)$ est d'ordre au plus 2, d'où une contradiction. □

Le théorème suivant est celui dont nous nous servirons au troisième chapitre. C'est un énoncé « sur mesure », ce qui explique sa forme quelque peu particulière.

Théorème 2.5 — *Admettons l'hypothèse de Schinzel et la finitude des groupes de Tate-Shafarevich des courbes elliptiques $\mathscr{E}'_x$ pour $x \in \mathrm{U}(k)$. Supposons que la fibre de π au-dessus du point $\infty \in \mathbf{P}^1(k)$ soit lisse, qu'elle possède un k_v-point pour toute place $v \in \Omega$ réelle et qu'il existe $x_0 \in \mathrm{U}(k)$ appartenant à la composante connexe non majorée de $\mathrm{U}(k_v)$ pour toute place v réelle et tel que $\mathrm{X}_{x_0}(\mathbf{A}_k) \neq \varnothing$. Soit $\mathrm{S} \subset \Omega$ la réunion de l'ensemble des places archimédiennes ou dyadiques de k, de l'ensemble des places finies de mauvaise réduction pour la courbe elliptique $\mathscr{E}'_{x_0}$ et de l'ensemble des places finies v telles que l'adhérence de $x_0 \in \mathbf{P}^1(k_v)$ dans $\mathbf{P}^1_{\mathscr{O}_v}$ rencontre celle de $(\mathscr{M} \cup \{\infty\}) \otimes_k k_v$. Supposons la condition* (E) *relative à* S *satisfaite :*

> *Condition* (E) *: l'image de $\mathfrak{S}'_{\mathrm{D}_0} \cap \mathfrak{S}_{\varphi',\mathrm{S}}(\mathbf{A}^1_k, \mathscr{E}')$ dans ${}_{\varphi'}\mathrm{H}^1(\mathbf{A}^1_k, \mathscr{E}')$ par la seconde flèche de la suite exacte (2.3) est incluse dans $\{0, [\mathscr{X}]\}$ et l'image de $\mathfrak{S}''_{\mathrm{D}_0} \cap \mathfrak{S}_{\varphi'',\mathrm{S}}(\mathbf{A}^1_k, \mathscr{E}'')$ dans ${}_{\varphi''}\mathrm{H}^1(\mathbf{A}^1_k, \mathscr{E}'')$ par la seconde flèche de la suite exacte (2.4) est incluse dans $\{0, [\mathscr{X}'']\}$.*

Alors $\mathrm{X}(k) \neq \varnothing$.

Démonstration — Soient $\mathrm{S}_0 \subset \Omega$ et $\mathrm{B}_0 \subset \mathrm{Br}(\mathrm{U})$ les ensembles donnés par le théorème 2.2. Soit $\mathrm{S}_1 \subset \Omega$ fini contenant $\mathrm{S} \cup \mathrm{S}_0$ et contenant toutes les places $v \in \Omega$ pour lesquelles il existe $\mathrm{A} \in \mathrm{B}_0$ tel que $\mathrm{inv}_v \mathrm{A}(x_0) \neq 0$. Posons $x_v = x_0$ pour tout $v \in \mathrm{S}_1$. On a alors $\sum_{v \in \mathrm{S}_1} \mathrm{inv}_v \mathrm{A}(x_v) = 0$ pour tout $\mathrm{A} \in \mathrm{B}_0$ d'après la loi de réciprocité globale. La conclusion du théorème 2.2 permet d'en déduire l'existence de $x_1 \in \mathscr{R}_{\mathrm{D}_0,\mathrm{S}_1}$ arbitrairement proche de x_0 en chaque place $v \in \mathrm{S}_1 \cap \Omega_f$. Pour $a \in \mathfrak{S}_{\varphi',\mathrm{S}_1}(\mathbf{A}^1_k, \mathscr{E}')$ (resp. $a \in \mathfrak{S}_{\varphi'',\mathrm{S}_1}(\mathbf{A}^1_k, \mathscr{E}'')$) et $z \in \mathrm{U}(k)$, notons $a(z)$ l'image de a par la composée

$$\mathfrak{S}_{\varphi',\mathrm{S}_1}(\mathbf{A}^1_k,\mathscr{E}') \subset \mathrm{H}^1(\mathbf{A}^1_k \setminus \mathscr{M}', {}_{\varphi'}\mathscr{E}') \to \mathrm{H}^1(k, {}_{\varphi'_z}\mathscr{E}'_z) = k^\star/k^{\star 2}$$

(resp. $\mathfrak{S}_{\varphi'',\mathrm{S}_1}(\mathbf{A}^1_k,\mathscr{E}'') \subset \mathrm{H}^1(\mathbf{A}^1_k \setminus \mathscr{M}'', {}_{\varphi''}\mathscr{E}'') \to \mathrm{H}^1(k, {}_{\varphi''_z}\mathscr{E}''_z) = k^\star/k^{\star 2}$), où l'inclusion est donnée par la proposition 2.1 et la seconde flèche est l'évaluation en z. Quitte à choisir x_1 suffisamment proche de x_0 aux places finies de S_1, on peut supposer que la courbe elliptique $\mathscr{E}'_{x_1}$ a bonne réduction aux places de $\mathrm{S}_1 \setminus \mathrm{S}$ et que $v(a(x_1)) = v(a(x_0))$ pour tout $v \in \mathrm{S}_1 \setminus \mathrm{S}$ et tout $a \in \mathfrak{S}_{\varphi',\mathrm{S}_1}(\mathbf{A}^1_k,\mathscr{E}')$ (resp. tout $a \in \mathfrak{S}_{\varphi'',\mathrm{S}_1}(\mathbf{A}^1_k,\mathscr{E}'')$), où v désigne l'application $k^\star/k^{\star 2} \to \mathbf{Z}/2$ induite par la valuation normalisée associée à v.

Prouvons maintenant que $x_1 \in \mathscr{R}_{\mathrm{D}_0,\mathrm{S}}$. Étant donné que $x_1 \in \mathscr{R}_{\mathrm{D}_0,\mathrm{S}_1}$, il suffit pour cela que tout $a \in \mathfrak{S}'_{\mathrm{D}_0} \cap \mathfrak{S}_{\varphi',\mathrm{S}_1}(\mathbf{A}^1_k,\mathscr{E}')$ tel que $a(x_1) \in \mathrm{Sel}_{\varphi'_{x_1}}(k,\mathscr{E}'_{x_1})$ appartienne à $\mathfrak{S}_{\varphi',\mathrm{S}}(\mathbf{A}^1_k,\mathscr{E}')$ (resp. que tout $a \in \mathfrak{S}''_{\mathrm{D}_0} \cap \mathfrak{S}_{\varphi'',\mathrm{S}_1}(\mathbf{A}^1_k,\mathscr{E}'')$ tel que $a(x_1) \in \mathrm{Sel}_{\varphi''_{x_1}}(k,\mathscr{E}''_{x_1})$ appartienne à $\mathfrak{S}_{\varphi'',\mathrm{S}}(\mathbf{A}^1_k,\mathscr{E}'')$). Fixons un tel a et une place $v \in \mathrm{S}_1 \setminus \mathrm{S}$. Il suffit de vérifier que $v(a(x_0)) = 0$, puisque l'adhérence de x_0 dans $\mathbf{P}^1_{\mathscr{O}_v}$ ne rencontre pas celle de $(\mathscr{M} \cup \{\infty\}) \otimes_k k_v$. Comme les courbes elliptiques $\mathscr{E}'_{x_1}$ et $\mathscr{E}''_{x_1}$ ont bonne réduction en v et que v n'est pas dyadique, l'appartenance de $a(x_1)$ au groupe de Selmer entraîne que $v(a(x_1)) = 0$, d'où $v(a(x_0)) = 0$.

De l'appartenance de x_1 à $\mathscr{R}_{\mathrm{D}_0,\mathrm{S}}$, de la condition (E) et de l'équivalence $[\mathscr{X}''] = 0 \Leftrightarrow [\mathscr{X}] \in {}_{\varphi'}\mathrm{H}^1(\mathbf{A}^1_k,\mathscr{E}')$ résulte que l'un des deux groupes ${}_{\varphi'_{x_1}}\text{Ш}(k,\mathscr{E}'_{x_1})$ et ${}_{\varphi''_{x_1}}\text{Ш}(k,\mathscr{E}''_{x_1})$ est nul et que l'autre est d'ordre au plus 2. La suite exacte

$$0 \longrightarrow {}_{\varphi'_{x_1}}\text{Ш}(k,\mathscr{E}'_{x_1}) \longrightarrow {}_2\text{Ш}(k,\mathscr{E}'_{x_1}) \longrightarrow {}_{\varphi''_{x_1}}\text{Ш}(k,\mathscr{E}''_{x_1})$$

et la finitude du groupe $\text{Ш}(k,\mathscr{E}'_{x_1})$ permettent de conclure, exactement comme dans la preuve du théorème 2.4. □

Comparons maintenant le théorème 2.4 avec les théorèmes A et B de [14].

Sous les hypothèses du théorème A, prenons pour X la surface notée X(m) dans [14, Th. A]. La courbe X_η est naturellement un 2-revêtement du quotient de la courbe elliptique d'équation

$$y^2 = (x - c(t))(x^2 - d(t)) \tag{2.12}$$

par le point de coordonnées $(c(t), 0)$, d'où un choix canonique de $\mathrm{P}' \in \mathrm{E}'_\eta(\mathrm{K})$ tel que la courbe elliptique E''_η soit celle définie par l'équation (2.12) et que le point $\mathrm{P}'' \in \mathrm{E}''_\eta(\mathrm{K})$ soit celui de coordonnées $(c(t), 0)$. Les types de réduction de E'_η et E''_η sont les suivants, dans la notation de Kodaira (cf. [14, (1.2.2)] pour une équation de Weierstrass de E'_η) :

	$d = 0$	$c^2 - d = 0$
E'_η	I_2	I_1
E''_η	I_1	I_2

Par conséquent les ensembles $\mathscr{M}'$ et $\mathscr{M}''$ définis ci-dessus coïncident respectivement avec les ensembles $\mathscr{M}''$ et $\mathscr{M}'$ de [14, p. 120] ; de plus $L'_M = L''_M = \kappa(M)$ pour tout $M \in \mathscr{M}$, et l'on a $F'_M = \mathbf{Z}/2$ pour tout $M \in \mathscr{M}''$ et $F''_M = \mathbf{Z}/2$ pour tout $M \in \mathscr{M}'$. La proposition 2.1 montre que les groupes $\mathfrak{S}'$, $\mathfrak{S}''$, $\mathfrak{S}'_0$ et $\mathfrak{S}''_0$ de [14, p. 120] s'identifient respectivement aux groupes $\mathfrak{S}_{\varphi''}(\mathbf{A}^1_k, \mathscr{E}'')$, $\mathfrak{S}_{\varphi'}(\mathbf{A}^1_k, \mathscr{E}')$, $\mathfrak{S}_{\varphi''}(\mathbf{P}^1_k, \mathscr{E}'')$ et $\mathfrak{S}_{\varphi'}(\mathbf{P}^1_k, \mathscr{E}')$. La commutativité du diagramme

$$\begin{array}{ccccc} \mathbf{Z}/2 & = & {}_{\varphi'}\mathscr{E}' & \longrightarrow & \mathscr{E}' \\ \downarrow & & \downarrow & & \downarrow \\ \prod_{M\in\mathscr{M}''} i_{M\star}\mathbf{Z}/2 & = & \prod_{M\in\mathscr{M}''} i_{M\star}({}_2F'_M) & \xrightarrow{\sim} & \prod_{M\in\mathscr{M}''} i_{M\star}(F'_M) \end{array} \tag{2.13}$$

entraîne celle du diagramme

$$\begin{array}{ccccc} \mathfrak{S}_{\varphi'}(\mathbf{P}^1_k, \mathscr{E}') = H^1(\mathbf{P}^1_k \setminus \mathscr{M}', \mathbf{Z}/2) & & \longrightarrow & & H^1(\mathbf{P}^1_k \setminus \mathscr{M}', \mathscr{E}') \\ \downarrow & & & & \downarrow \\ \bigoplus_{M\in\mathscr{M}''} H^1(\kappa(M), \mathbf{Z}/2) & & \xrightarrow{\sim} & & \bigoplus_{M\in\mathscr{M}''} H^1(\kappa(M), F'_M), \end{array} \tag{2.14}$$

qui à son tour montre que la composée du morphisme

$$H^1(\mathbf{P}^1_k, \mathscr{E}') \xrightarrow{\prod \delta'_M} \prod_{M\in\mathscr{M}''} H^1(L'_M, F'_M)$$

et de la flèche de droite de la suite exacte (2.3) s'identifie à l'application notée δ''_0 dans [14, p. 120]. De même pour $\prod \delta''_M$ et δ'_0. Par ailleurs, la classe $[\mathscr{X}'']$ est nulle.

On déduit de ces considérations que les hypothèses (3.a) et (3.b) du théorème A de [14] impliquent la condition (D). Le théorème A est donc un cas particulier du théorème 2.4. (En toute rigueur, pour que le théorème 2.4 implique formellement le théorème A de [14], il aurait fallu détailler quelque peu sa conclusion. Cependant, on vérifie tout de suite que les assertions supplémentaires du théorème A découlent directement de la preuve ci-dessus du théorème 2.4. Nul besoin pour cela de revenir à la preuve du théorème 2.2.)

Passons maintenant au théorème B. Prenons pour X la surface notée X dans [14, Th. B]. La courbe X_η est un 2-revêtement de la courbe elliptique définie par l'équation de Weierstrass (2.12), où c et d ont cette fois les significations données dans [14] juste avant l'énoncé du théorème B. Notons $P' \in E'_\eta(K)$ le point de coordonnées $(c(t), 0)$. Les types de réduction de E'_η et E''_η sont les suivants, dans la notation de Kodaira (cf. [14, (1.2.2)] pour une équation de Weierstrass de E''_η) :

	$d_{01}=0$	$d_{23}^2+4d_{24}d_{34}=0$	$d_{04}^2-d_{02}d_{03}=0$	$d_{14}^2-d_{12}d_{13}=0$
E'_η	I_2	I_1	I_2	I_2
E''_η	I_4	I_2	I_1	I_1

Les ensembles $\mathscr{M}'$ et $\mathscr{M}''$ s'identifient donc respectivement aux ensembles $\mathscr{M}'$ et $\mathscr{M}''$ du théorème B, et l'on a $F'_M = \mathbf{Z}/2$ pour tout $M \in \mathscr{M}''$ et $F''_M = \mathbf{Z}/2$ pour tout $M \in \mathscr{M}'_2$. La proposition 2.1 montre que les groupes $\mathfrak{S}'$, $\mathfrak{S}''$, $\mathfrak{S}'_0$ et $\mathfrak{S}''_0$ de [14, p. 123] s'identifient respectivement aux groupes $\mathfrak{S}_{\varphi'}(\mathbf{A}^1_k, \mathscr{E}')$, $\mathfrak{S}_{\varphi''}(\mathbf{A}^1_k, \mathscr{E}'')$, $\mathfrak{S}_{\varphi'}(\mathbf{P}^1_k, \mathscr{E}')$ et $\mathfrak{S}_{\varphi''}(\mathbf{P}^1_k, \mathscr{E}'')$. Les extensions $L'_M/\kappa(M)$ sont toutes triviales, de même que les extensions $L''_M/\kappa(M)$ pour $M \in \mathscr{M}'_2 \cup \mathscr{M}''$. Pour $M \in \mathscr{M}'_1$, l'extension $L''_M/\kappa(M)$ est celle obtenue en adjoignant à $\kappa(M)$ une racine carrée de l'élément noté $\delta''_M(-c)$ dans [14], d'où une injection canonique

$$\kappa(M)^\star/\langle \kappa(M)^{\star 2}, \delta''_M(-c)\rangle \hookrightarrow L''^\star_M/L''^{\star 2}_M = H^1(L''_M, {}_2F''_M) \hookrightarrow H^1(L''_M, F''_M).$$

(La dernière flèche est injective car le L''_M-groupe $F''_M \otimes_{\kappa(M)} L''_M$ est constant.) On vérifie de plus que $\delta'_M([\mathscr{X}])$ (resp. $\delta''_M([\mathscr{X}''])$) coïncide avec la classe notée ε_M (resp. $\delta''_M(d_{14}^2 - d_{12}d_{13})$) dans [14], pour $M \in \mathscr{M}''$ (resp. pour $M \in \mathscr{M}'_1$). Enfin, le groupe F'_M étant trivial pour $M \in \mathscr{M}'_2$, on a $\delta'_M([\mathscr{X}]) = 0$ et donc $\delta''_M([\mathscr{X}'']) = 0$ pour tout $M \in \mathscr{M}'_2$.

Des diagrammes commutatifs analogues à (2.13) et (2.14) permettent maintenant de voir que les hypothèses (3.a) et (3.b) du théorème B de [14] impliquent la condition (D). Le théorème B est donc lui aussi un cas particulier du théorème 2.4 (avec le même commentaire que pour le théorème A).

Pour résumer, les théorèmes A et B de [14], pris ensemble, correspondent au cas particulier du théorème 2.4 où les hypothèses supplémentaires suivantes sont supposées satisfaites :
- pour tout $M \in \mathscr{M}$, le groupe F'_M est d'ordre au plus 2 ;
- les courbes elliptiques E'_η et E''_η possèdent un seul point d'ordre 2 rationnel ;
- elles sont de rang de Mordell-Weil nul sur K ;
- le morphisme π n'admet pas de section ;
- les hypothèses techniques (0.1), (0.5) et (0.7) de [14] sont satisfaites.

Le théorème A s'applique seulement lorsque $[\mathscr{X}''] = 0$ et le théorème B seulement lorsque $[\mathscr{X}''] \neq 0$. (En effet, si $[\mathscr{X}''] = 0$, la condition (3.a) du théorème B entraîne que $[\mathscr{X}] = 0$, autrement dit que π possède une section.)

2.3 Preuve du théorème 2.2

Pour prouver le théorème 2.2, on peut évidemment supposer la fibration $\pi\colon X \to \mathbf{P}^1_k$ relativement minimale. On fera dorénavant cette hypothèse, dont l'intérêt principal est qu'elle permet d'écrire que $\mathrm{U} = \mathbf{A}^1_k \setminus \mathscr{M}$. Les paragraphes 2.3.1 à 2.3.5 contiennent des définitions et résultats préliminaires à la preuve proprement dite du théorème 2.2, qui occupe le paragraphe 2.3.6. Le symbole S désigne pour le moment un ensemble fini arbitraire de places de k contenant les places dyadiques et les places archimédiennes ; il sera précisé au paragraphe 2.3.6.

2.3.1 Couples admissibles, préadmissibles

Si $x \in \mathbf{P}^1_k$ est un point fermé, on note $\widetilde{x}$ son adhérence schématique dans $\mathbf{P}^1_{\mathscr{O}}$. C'est un $\mathscr{O}$-schéma fini génériquement étale. On définit de même l'adhérence $\widetilde{x}$ de x dans $\mathbf{P}^1_{\mathscr{O}_v}$ lorsque x est un point fermé de $\mathbf{P}^1_{k_v}$ et que $v \in \Omega_f$. Si $\widetilde{x} \cap \mathbf{P}^1_{\mathscr{O}_\mathrm{S}}$ est étale sur $\mathrm{Spec}(\mathscr{O}_\mathrm{S})$, l'ensemble des points fermés de $\widetilde{x} \cap \mathbf{P}^1_{\mathscr{O}_\mathrm{S}}$ s'identifie à l'ensemble des places de $\kappa(x)$ dont la trace sur k n'appartient pas à S. On utilisera librement cette identification par la suite.

Soit $\mathscr{T}$ une famille $(\mathrm{T}'_\mathrm{M})_{\mathrm{M}\in\mathscr{M}}$, où T'_M est un ensemble fini de places finies de $\kappa(\mathrm{M})$. Notons $\mathrm{T}_\mathrm{M} \subset \Omega_f$ l'ensemble des traces sur k des places de T'_M. On dit que la famille $\mathscr{T}$ est *préadmissible* si la condition suivante est satisfaite :

(2.15) les sous-ensembles $\mathrm{T}_\mathrm{M} \subset \Omega$ pour $\mathrm{M} \in \mathscr{M}$ sont deux à deux disjoints et disjoints de S ; le $\mathscr{O}_\mathrm{S}$-schéma $\mathbf{P}^1_{\mathscr{O}_\mathrm{S}} \cap \bigcup_{\mathrm{M}\in\mathscr{M}\cup\{\infty\}} \widetilde{\mathrm{M}}$ est étale ; pour tout $\mathrm{M} \in \mathscr{M}$, l'application trace $\mathrm{T}'_\mathrm{M} \to \mathrm{T}_\mathrm{M}$ est bijective.

Soit $x \in \mathrm{U}(k)$. On dit que le couple $(\mathscr{T}, x)$ est *préadmissible* si la famille $\mathscr{T}$ l'est et si de plus la condition suivante est satisfaite :

(2.16) x est entier hors de S (*i.e.* $\widetilde{x} \cap \widetilde{\infty} \cap \mathbf{P}^1_{\mathscr{O}_\mathrm{S}} = \varnothing$) ; pour tout $\mathrm{M} \in \mathscr{M}$, le schéma $\widetilde{x} \cap \widetilde{\mathrm{M}} \cap \mathbf{P}^1_{\mathscr{O}_\mathrm{S}}$ est réduit, et son ensemble sous-jacent est la réunion de T'_M et d'une place de $\kappa(\mathrm{M})$ hors de T'_M, que l'on note w_M.

Étant donné un tel couple $(\mathscr{T}, x)$, on notera v_M la trace de w_M sur k, et l'on posera

$$\mathrm{T} = \mathrm{S} \cup \bigcup_{\mathrm{M}\in\mathscr{M}} \mathrm{T}_\mathrm{M}$$

et

$$\mathrm{T}(x) = \mathrm{T} \cup \{v_\mathrm{M}\,;\, \mathrm{M} \in \mathscr{M}\}.$$

Les conditions de préadmissibilité sont de nature géométrique. Nous voudrons aussi imposer une condition arithmétique sur les triplets considérés afin d'assurer l'existence de points locaux sur X_x (cf. condition (2.17) ci-dessous, et proposition 2.15).

Lemme 2.6 — *Soit* $\mathrm{M} \in \mathscr{M}$. *Pour tout* $d \in {}_2\mathrm{H}^1(\kappa(\mathrm{M}), \mathrm{F}'_\mathrm{M})$, *il existe une extension quadratique ou triviale minimale* $\mathrm{K}_{\mathrm{M},d}$ *de* $\kappa(\mathrm{M})$ *telle que* d

appartienne au noyau de la restriction $\mathrm{H}^1(\kappa(\mathrm{M}),\mathrm{F}'_{\mathrm{M}}) \to \mathrm{H}^1(\mathrm{L}'_{\mathrm{M}}\mathrm{K}_{\mathrm{M},d},\mathrm{F}'_{\mathrm{M}})$ *et que* $\mathrm{L}'_{\mathrm{M}}\mathrm{K}_{\mathrm{M},d}$ *se plonge* L'_{M}*-linéairement dans toute extension* $\ell/\mathrm{L}'_{\mathrm{M}}$ *telle que l'image de d dans* $\mathrm{H}^1(\ell,\mathrm{F}'_{\mathrm{M}})$ *soit nulle. La même assertion avec* $\mathrm{F}''_{\mathrm{M}}$ *et* $\mathrm{L}''_{\mathrm{M}}$ *à la place de* F'_{M} *et* L'_{M} *est vraie.*

Démonstration — Si le groupe $\mathrm{F}'_{\mathrm{M}}(\mathrm{L}'_{\mathrm{M}})$ (resp. $\mathrm{F}''_{\mathrm{M}}(\mathrm{L}''_{\mathrm{M}})$) est d'ordre impair, nécessairement $d = 0$ et l'on peut donc prendre $\mathrm{K}_{\mathrm{M},d} = \kappa(\mathrm{M})$. Sinon, la démonstration est exactement la même que pour le lemme 1.17. □

On notera par la suite K_{M} le corps $\mathrm{K}_{\mathrm{M},d}$ donné par le lemme 2.6 en prenant pour d l'image de $[\mathscr{X}]$ dans $\mathrm{H}^1(\kappa(\mathrm{M}),\mathrm{F}'_{\mathrm{M}})$.

La famille $\mathscr{T}$ sera dite *admissible* si elle est préadmissible et que la condition suivante est vérifiée :

(2.17) pour tout $\mathrm{M} \in \mathscr{M}$, les places de T'_{M} sont totalement décomposées dans $\mathrm{L}'_{\mathrm{M}}\mathrm{L}''_{\mathrm{M}}\mathrm{K}_{\mathrm{M}}$.

Si $x \in \mathrm{U}(k)$, on dit enfin que le couple $(\mathscr{T},x)$ est *admissible* s'il est préadmissible, si la famille $\mathscr{T}$ est admissible et si pour tout $\mathrm{M} \in \mathscr{M}$, la place w_{M} est totalement décomposée dans $\mathrm{L}'_{\mathrm{M}}\mathrm{L}''_{\mathrm{M}}\mathrm{K}_{\mathrm{M}}$.

2.3.2 Prélude à l'étude des groupes de Selmer en famille

Dans ce paragraphe, nous fixons un couple préadmissible $(\mathscr{T},x)$ et nous faisons l'hypothèse suivante :

(2.18) pour tout $\mathrm{M} \in \mathscr{M}$, la classe du diviseur $\widetilde{\mathrm{M}} \cap \mathbf{A}^1_{\mathscr{O}_{\mathrm{S}}}$ dans $\mathrm{Pic}(\mathbf{A}^1_{\mathscr{O}_{\mathrm{S}}})$ est nulle.

Cette hypothèse sera en tout cas satisfaite si S est suffisamment grand.

Posons $\mathscr{U} = \mathbf{P}^1_{\mathscr{O}} \setminus \left(\bigcup_{\mathrm{M}\in\mathscr{M}\cup\{\infty\}} \widetilde{\mathrm{M}}\right)$. Par définition de la préadmissibilité, le sous-schéma localement fermé $\widetilde{x} \cap \mathbf{P}^1_{\mathscr{O}_{\mathrm{T}(x)}}$ de $\mathbf{P}^1_{\mathscr{O}_{\mathrm{T}}}$ est inclus dans l'ouvert $\mathscr{U}_{\mathscr{O}_{\mathrm{T}}} = \mathscr{U} \otimes_{\mathscr{O}} \mathscr{O}_{\mathrm{T}} = \mathscr{U} \cap \mathbf{P}^1_{\mathscr{O}_{\mathrm{T}}}$.

Proposition 2.7 — *Le morphisme* $\mathrm{H}^1(\mathscr{U}_{\mathscr{O}_{\mathrm{T}}},\mathbf{Z}/2) \to \mathrm{H}^1(\mathscr{O}_{\mathrm{T}(x)},\mathbf{Z}/2)$ *induit par l'inclusion de* $\widetilde{x} \cap \mathbf{P}^1_{\mathscr{O}_{\mathrm{T}(x)}}$ *dans* $\mathscr{U}_{\mathscr{O}_{\mathrm{T}}}$ *est un isomorphisme.*

Démonstration — Notons respectivement $\alpha\colon \mathbf{Z}^{\mathscr{M}} \to \mathrm{Pic}(\mathbf{A}^1_{\mathscr{O}_{\mathrm{T}}})$ et $\beta\colon \mathbf{Z}^{\mathscr{M}} \to \mathrm{Pic}(\mathscr{O}_{\mathrm{T}})$ les applications $\mathbf{Z}$-linéaires envoyant $\mathrm{M} \in \mathscr{M}$ sur la classe du diviseur $\widetilde{\mathrm{M}} \cap \mathbf{A}^1_{\mathscr{O}_{\mathrm{T}}}$ dans $\mathrm{Pic}(\mathbf{A}^1_{\mathscr{O}_{\mathrm{T}}})$ et sur la classe de v_{M} dans $\mathrm{Pic}(\mathscr{O}_{\mathrm{T}})$. Les inclusions de $\widetilde{x} \cap \mathbf{P}^1_{\mathscr{O}_{\mathrm{T}}}$ dans $\mathbf{A}^1_{\mathscr{O}_{\mathrm{T}}}$ et de $\widetilde{x} \cap \mathbf{P}^1_{\mathscr{O}_{\mathrm{T}(x)}}$ dans $\mathscr{U}_{\mathscr{O}_{\mathrm{T}}}$ induisent le diagramme commutatif suivant :

$$\begin{array}{ccccccc}
\mathbf{Z}^{\mathscr{M}} & \xrightarrow{\alpha} & \mathrm{Pic}(\mathbf{A}^1_{\mathscr{O}_{\mathrm{T}}}) & \longrightarrow & \mathrm{Pic}(\mathscr{U}_{\mathscr{O}_{\mathrm{T}}}) & \longrightarrow & 0 \\
\| & & \downarrow & & \downarrow{\scriptstyle\delta} & & \\
\mathbf{Z}^{\mathscr{M}} & \xrightarrow{\beta} & \mathrm{Pic}(\mathscr{O}_{\mathrm{T}}) & \xrightarrow{\gamma} & \mathrm{Pic}(\mathscr{O}_{\mathrm{T}(x)}) & \longrightarrow & 0.
\end{array}$$

Le morphisme $\mathrm{Pic}(\mathscr{O}_{\mathrm{T}}) \to \mathrm{Pic}(\mathbf{A}^1_{\mathscr{O}_{\mathrm{T}}})$ induit par le morphisme structural du $\mathscr{O}_{\mathrm{T}}$-schéma $\mathbf{A}^1_{\mathscr{O}_{\mathrm{T}}}$ est un isomorphisme. La flèche verticale du milieu du diagramme ci-dessus en est une rétraction ; c'est donc aussi un isomorphisme. La commutativité du diagramme et l'exactitude de ses lignes entraînent maintenant la bijectivité de δ. Par ailleurs, l'hypothèse (2.18) implique que $\alpha = 0$, d'où l'on tire que $\beta = 0$, ce qui signifie encore que γ est bijective.

Considérons à présent le diagramme commutatif suivant :

$$\begin{array}{ccccccc}
 & & 0 & & 0 & & \\
 & & \downarrow & & \downarrow & & \\
0 & \longrightarrow & \mathbf{G}_{\mathrm{m}}(\mathscr{O}_{\mathrm{T}})/2 & \longrightarrow & \mathbf{G}_{\mathrm{m}}(\mathscr{O}_{\mathrm{T}(x)})/2 & \longrightarrow & (\mathbf{Z}/2)^{\mathscr{M}} \\
 & & \downarrow & & \downarrow & & \| \\
0 & \longrightarrow & \mathrm{H}^1(\mathscr{O}_{\mathrm{T}}, \mathbf{Z}/2) & \longrightarrow & \mathrm{H}^1(\mathscr{O}_{\mathrm{T}(x)}, \mathbf{Z}/2) & \longrightarrow & (\mathbf{Z}/2)^{\mathscr{M}} \\
 & & \downarrow & & \downarrow & & \\
 & & {}_2\mathrm{Pic}(\mathscr{O}_{\mathrm{T}}) & \xrightarrow{\gamma} & {}_2\mathrm{Pic}(\mathscr{O}_{\mathrm{T}(x)}). & &
\end{array}$$

Les colonnes sont induites par la suite exacte de Kummer, la seconde ligne par la suite spectrale de Leray associée à l'inclusion de $\mathrm{Spec}(\mathscr{O}_{\mathrm{T}(x)})$ dans $\mathrm{Spec}(\mathscr{O}_{\mathrm{T}})$ et au faisceau étale $\mathbf{Z}/2$, et enfin la flèche de droite de la première ligne est induite par les valuations normalisées de k associées aux places v_{M}. La seconde ligne est exacte puisqu'elle provient de la suite spectrale de Leray. Comme γ est un isomorphisme, on en déduit que la première ligne est exacte aussi.

Plaçons maintenant la première ligne du diagramme ci-dessus dans le diagramme

$$\begin{array}{ccccccccc}
0 & \longrightarrow & \mathbf{G}_{\mathrm{m}}(\mathscr{O}_{\mathrm{T}})/2 & \longrightarrow & \mathbf{G}_{\mathrm{m}}(\mathscr{U}_{\mathscr{O}_{\mathrm{T}}})/2 & \longrightarrow & (\mathbf{Z}/2)^{\mathscr{M}} & \longrightarrow & 0 \\
 & & \| & & \downarrow{\scriptstyle\varepsilon} & & \| & & \\
0 & \longrightarrow & \mathbf{G}_{\mathrm{m}}(\mathscr{O}_{\mathrm{T}})/2 & \longrightarrow & \mathbf{G}_{\mathrm{m}}(\mathscr{O}_{\mathrm{T}(x)})/2 & \longrightarrow & (\mathbf{Z}/2)^{\mathscr{M}}, & &
\end{array}$$

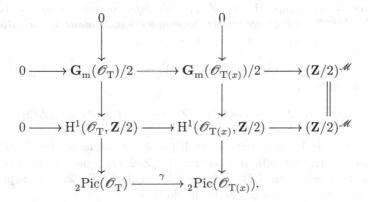

où ε est l'évaluation en x et la flèche de droite de la première ligne est induite par les valuations normalisées de $\kappa(\mathbf{P}^1_k)$ associées aux points $\mathrm{M} \in \mathscr{M}$. Il résulte de l'hypothèse de préadmissibilité sur le couple $(\mathscr{T}, x)$ que ce diagramme commute. On a vu que la seconde ligne est exacte. La première l'est d'après l'hypothèse (2.18). Le lemme des cinq permet d'en déduire que la flèche ε est bijective.

Insérons finalement la flèche de l'énoncé dans le diagramme commutatif

$$\begin{array}{ccccccccc} 0 & \longrightarrow & \mathbf{G}_{\mathrm{m}}(\mathscr{U}_{\mathscr{O}_{\mathrm{T}}})/2 & \longrightarrow & \mathrm{H}^1(\mathscr{U}_{\mathscr{O}_{\mathrm{T}}}, \mathbf{Z}/2) & \longrightarrow & {}_2\mathrm{Pic}(\mathscr{U}_{\mathscr{O}_{\mathrm{T}}}) & \longrightarrow & 0 \\ & & \downarrow{\scriptstyle \varepsilon} & & \downarrow & & \downarrow{\scriptstyle \gamma} & & \\ 0 & \longrightarrow & \mathbf{G}_{\mathrm{m}}(\mathscr{O}_{\mathrm{T}(x)})/2 & \longrightarrow & \mathrm{H}^1(\mathscr{O}_{\mathrm{T}(x)}, \mathbf{Z}/2) & \longrightarrow & {}_2\mathrm{Pic}(\mathscr{O}_{\mathrm{T}(x)}) & \longrightarrow & 0, \end{array}$$

dont les lignes sont exactes. On a vu que γ et ε sont des isomorphismes. Il n'y a plus qu'à appliquer le lemme des cinq pour terminer la preuve. □

Proposition 2.8 — *Pour tout ouvert dense* V *de* Spec($\mathscr{O}$) *sur lequel* 2 *est inversible, le groupe* $\mathrm{H}^1(\mathscr{U}_{\mathrm{V}}, \mathbf{Z}/2)$ *s'identifie au sous-groupe de* $\mathrm{K}^\star/\mathrm{K}^{\star 2}$ *constitué des classes de fonctions inversibles sur* U *dont la valuation sur chaque fibre de la projection* $\mathscr{U}_{\mathrm{V}} \to \mathrm{V}$ *est paire.*

Démonstration — La suite spectrale de Leray pour l'inclusion $j\colon \mathrm{U} \to \mathscr{U}_{\mathrm{V}}$ fournit une suite exacte

$$0 \longrightarrow \mathrm{H}^1(\mathscr{U}_{\mathrm{V}}, \mathbf{Z}/2) \longrightarrow \mathrm{H}^1(\mathrm{U}, \mathbf{Z}/2) \longrightarrow \mathrm{H}^0(\mathscr{U}_{\mathrm{V}}, \mathrm{R}^1 j_\star \mathbf{Z}/2). \qquad (2.19)$$

Compte tenu de la suite exacte de Kummer et de la nullité de $\mathrm{R}^1 j_\star \mathbf{G}_{\mathrm{m}}$ (théorème de Hilbert 90), le faisceau $\mathrm{R}^1 j_\star \mathbf{Z}/2$ est égal au conoyau de la multiplication par 2 sur $j_\star \mathbf{G}_{\mathrm{m}}$. Grâce à la régularité de $\mathscr{U}_{\mathrm{V}}$, on dispose par ailleurs de la suite exacte des diviseurs de Weil

$$0 \longrightarrow \mathbf{G}_{\mathrm{m}} \longrightarrow j_\star \mathbf{G}_{\mathrm{m}} \longrightarrow \bigoplus_{v \in \mathrm{V}^{(1)}} i_{v\star} \mathbf{Z} \longrightarrow 0, \qquad (2.20)$$

où $i_v\colon \mathscr{U}_v \to \mathscr{U}_{\mathrm{V}}$ désigne l'immersion fermée canonique. Celle-ci montre que le conoyau de la multiplication par 2 sur $j_\star \mathbf{G}_{\mathrm{m}}$ s'identifie naturellement à $\bigoplus_{v \in \mathrm{V}^{(1)}} i_{v\star} \mathbf{Z}/2$. La suite exacte (2.19) se récrit donc comme suit :

$$0 \longrightarrow \mathrm{H}^1(\mathscr{U}_{\mathrm{V}}, \mathbf{Z}/2) \longrightarrow \mathrm{H}^1(\mathrm{U}, \mathbf{Z}/2) \longrightarrow \bigoplus_{v \in \mathrm{V}^{(1)}} \mathbf{Z}/2. \qquad (2.21)$$

On a $\mathrm{H}^1(\mathrm{U}, \mathbf{Z}/2) = \mathbf{G}_{\mathrm{m}}(\mathrm{U})/2$ puisque U est un ouvert de $\mathbf{A}^1_k$, et l'on vérifie tout de suite que la flèche $\mathbf{G}_{\mathrm{m}}(\mathrm{U})/2 \to \bigoplus_{v \in \mathrm{V}^{(1)}} \mathbf{Z}/2$ donnée par la suite (2.21) envoie la classe d'une fonction inversible sur la famille de ses valuations modulo 2 aux points de codimension 1 de $\mathscr{U}_{\mathrm{V}}$ qui ne dominent pas V. La proposition est donc prouvée. □

Le lemme suivant ne présente aucune difficulté. Nous l'énonçons en vue de son utilisation répétée au paragraphe 2.3.6.

Lemme 2.9 — *Pour $v \in \Omega_f$, notons $v\colon \mathrm{K}^\star \to \mathbf{Z}$ la valuation normalisée associée au point de codimension 1 de $\mathbf{P}^1_{\mathscr{O}}$ défini par v, et pour $\mathrm{M} \in \mathscr{M} \cup \{\infty\}$, notons $\mathbf{v}_\mathrm{M}\colon \mathrm{K}^\star \to \mathbf{Z}$ la valuation normalisée associée au point M. Pour tout $\mathrm{M} \in \mathscr{M} \cup \{\infty\}$, tout $x \in \mathrm{U}(k)$ et toute place $v \in \Omega_f$ au-dessus de laquelle $\widetilde{x}$ rencontre transversalement $\widetilde{\mathrm{M}}$, le diagramme*

$$\begin{array}{ccc} \mathrm{H}^1(\mathrm{U},\mathbf{Z}/2) \longrightarrow \mathrm{H}^1(\mathrm{K},\mathrm{Z}/2) = \mathrm{K}^\star/\mathrm{K}^{\star 2} & \xrightarrow{v+\mathbf{v}_\mathrm{M}} & \mathbf{Z}/2 \\ \downarrow & & \| \\ \mathrm{H}^1(k,\mathbf{Z}/2) = k^\star/k^{\star 2} & \xrightarrow{\quad v \quad} & \mathbf{Z}/2, \end{array}$$

dans lequel la flèche verticale de gauche est l'évaluation en x, est commutatif.

Démonstration — On a $\mathrm{H}^1(\mathrm{U},\mathbf{Z}/2) = \mathbf{G}_\mathrm{m}(\mathrm{U})/2$ puisque U est un ouvert de $\mathbf{A}^1_k$. Il suffit donc de démontrer que pour tout $f \in \mathbf{G}_\mathrm{m}(\mathrm{U})$, considérant f comme une fonction rationnelle sur $\mathbf{P}^1_{\mathscr{O}}$ et $f(x)$ comme une fonction rationnelle sur $\widetilde{x}$, l'égalité $v(f) + \mathbf{v}_\mathrm{M}(f) = v(f(x))$ vaut. C'est évident si f est constante. Par ailleurs, si $v(f) = 0$, autrement dit si f définit une fonction inversible sur $\mathscr{U}_\mathrm{R}$, où R désigne le localisé de $\mathscr{O}$ en l'idéal premier défini par v, cette égalité résulte immédiatement de l'hypothèse de transversalité. Le groupe $\mathbf{G}_\mathrm{m}(\mathrm{U})$ étant engendré par les sous-groupes $\mathbf{G}_\mathrm{m}(k)$ et $\mathbf{G}_\mathrm{m}(\mathscr{U}_\mathrm{R})$, le lemme est donc prouvé. □

2.3.3 Dualité locale pour les courbes $\mathscr{E}'_x$, $\mathscr{E}''_x$

Les quelques notations suivantes nous seront utiles par la suite. Pour $v \in \Omega$ et $x \in \mathrm{U}(k_v)$, posons

$$\mathrm{V}_v = \mathrm{H}^1(k_v,\mathbf{Z}/2) \quad ; \quad \mathrm{V}'_v = \mathrm{H}^1(k_v, {}_{\varphi'_x}\mathscr{E}'_x) \quad ; \quad \mathrm{V}''_v = \mathrm{H}^1(k_v, {}_{\varphi''_x}\mathscr{E}''_x)$$

et

$$\mathrm{W}'_v = \mathscr{E}''_x(k_v)/\operatorname{Im}(\varphi'_x) \quad ; \quad \mathrm{W}''_v = \mathscr{E}'_x(k_v)/\operatorname{Im}(\varphi''_x).$$

Si $v \in \Omega_f$, posons de plus $\mathrm{T}_v = \operatorname{Ker}(\mathrm{V}_v \to \mathrm{H}^1(k_v^{\mathrm{nr}},\mathbf{Z}/2))$, $\mathrm{T}'_v = \operatorname{Ker}(\mathrm{V}'_v \to \mathrm{H}^1(k_v^{\mathrm{nr}}, {}_{\varphi'_x}\mathscr{E}'_x))$ et $\mathrm{T}''_v = \operatorname{Ker}(\mathrm{V}''_v \to \mathrm{H}^1(k_v^{\mathrm{nr}}, {}_{\varphi''_x}\mathscr{E}''_x))$, où k_v^{nr} désigne une extension non ramifiée maximale de k_v. On a canoniquement $\mathrm{V}_v = \mathrm{V}'_v = \mathrm{V}''_v$ et $\mathrm{T}_v = \mathrm{T}'_v = \mathrm{T}''_v$. Les suites exactes

$$0 \longrightarrow \mathbf{Z}/2 \longrightarrow \mathscr{E}'_x \xrightarrow{\varphi'_x} \mathscr{E}''_x \longrightarrow 0$$

et

$$0 \longrightarrow \mathbf{Z}/2 \longrightarrow \mathscr{E}''_x \xrightarrow{\varphi''_x} \mathscr{E}'_x \longrightarrow 0$$

montrent que W'_v (resp. W''_v) s'identifie canoniquement à un sous-groupe de V'_v (resp. de V''_v). L'accouplement de Weil ${}_{\varphi'_x}\mathscr{E}'_x \times {}_{\varphi''_x}\mathscr{E}''_x \to \mathbf{Z}/2$ et l'injection canonique $H^2(k_v, \mathbf{Z}/2) \hookrightarrow \mathbf{Z}/2$ donnée par la théorie du corps de classes local fournissent un accouplement $V'_v \times V''_v \to \mathbf{Z}/2$, non dégénéré d'après [51, Ch. I, Cor. 2.3 et Th. 2.13]. Les sous-espaces W'_v et W''_v sont orthogonaux pour cet accouplement (cf. [1, Lemma 3]).

Proposition 2.10 — *Il existe un ensemble fini $S_0 \subset \Omega$ tel que pour toute place finie $v \in \Omega \setminus S_0$, tout $M \in \mathscr{M}$ et tout $x \in U(k_v)$ tel que $\widetilde{x}$ rencontre transversalement $\widetilde{M} \otimes_{\mathscr{O}} \mathscr{O}_v$ en une place w de $\kappa(M)$ totalement décomposée dans $L'_M L''_M$, les conditions suivantes soient satisfaites :*

1. *Si $M \in \mathscr{M}'$, les applications $H^1(k_v^{nr}, \mathscr{E}'_x) \to H^1(k_v^{nr}, \mathscr{E}''_x)$ et $H^1(k_v, \mathscr{E}'_x) \to H^1(k_v, \mathscr{E}''_x)$ induites par φ'_x sont injectives.*
2. *Si $M \in \mathscr{M}''$, les applications $\mathscr{E}'_x(k_v^{nr}) \to \mathscr{E}''_x(k_v^{nr})$ et $\mathscr{E}'_x(k_v) \to \mathscr{E}''_x(k_v)$ induites par φ'_x sont surjectives.*

Le même énoncé reste vrai si l'on échange tous les $'$ et les $''$. On a par conséquent $W'_v = V'_v$ et $W''_v = 0$ si $M \in \mathscr{M}'$, $W'_v = 0$ et $W''_v = V''_v$ si $M \in \mathscr{M}''$.

Démonstration — La première des conditions de l'énoncé est équivalente à la seconde une fois les $'$ et les $''$ échangés, d'après le théorème de dualité locale pour les variétés abéliennes (cf. [51, Cor. 3.4]) ; le dual de Pontrjagin du morphisme induit par φ'_x est en effet le morphisme induit par φ''_x, puisque φ''_x est l'isogénie duale de φ'_x. (En toute rigueur, le théorème de dualité locale s'applique lorsque $K = k_v$ mais pas lorsque $K = k_v^{nr}$; cependant, l'injectivité de $H^1(k_v^{nr}, \mathscr{E}'_x) \to H^1(k_v^{nr}, \mathscr{E}''_x)$ se déduit facilement de l'injectivité de $H^1(k_v, \mathscr{E}'_x) \to H^1(k_v, \mathscr{E}''_x)$.) On peut donc se contenter d'établir d'une part l'énoncé (P$'$) obtenu en supprimant les deux dernières phrases de la proposition et en remplaçant « tout $M \in \mathscr{M}$ » par « tout $M \in \mathscr{M}''$ », d'autre part l'énoncé (P$''$) obtenu à partir de (P$'$) en échangeant les $'$ et les $''$.

Nous prouvons ci-dessous (P$'$). Le lecteur constatera que l'on obtient une preuve de (P$''$) en échangeant simplement les $'$ et les $''$.

Prenons pour S_0 un ensemble fini contenant les places archimédiennes et les places dyadiques, suffisamment grand pour que $\mathbf{P}^1_{\mathscr{O}_{S_0}} \cap \bigcup_{M \in \mathscr{M} \cup \{\infty\}} \widetilde{M}$ soit étale sur $\mathscr{O}_{S_0}$. D'autres conditions sur S_0 seront précisées ci-dessous. Soient $v \in \Omega \setminus S_0$, $M \in \mathscr{M}''$ et $x \in U(k_v)$ tel que $\widetilde{x}$ rencontre transversalement $\widetilde{M} \otimes_{\mathscr{O}} \mathscr{O}_v$ en une place w de $\kappa(M)$ totalement décomposée dans $L'_M L''_M$. Notons respectivement $\underline{\mathscr{E}}'_x$ et $\underline{\mathscr{E}}''_x$ les modèles de Néron de $\mathscr{E}'_x$ et $\mathscr{E}''_x$ au-dessus de $\widetilde{x} = \mathrm{Spec}(\mathscr{O}_v)$. Soient $\underline{\mathscr{E}}'^0_x \subset \underline{\mathscr{E}}'_x$ et $\underline{\mathscr{E}}''^0_x \subset \underline{\mathscr{E}}''_x$ leurs composantes neutres et $\underline{F}'$ et $\underline{F}''$ les $\kappa(v)$-groupes finis étales fibres spéciales de $\underline{\mathscr{E}}'_x/\underline{\mathscr{E}}'^0_x$ et de $\underline{\mathscr{E}}''_x/\underline{\mathscr{E}}''^0_x$.

Supposons un instant que les courbes $\mathscr{E}'_x$ et $\mathscr{E}''_x$ aient réduction multiplicative, que le k_v-point non nul du noyau de $\varphi'_x \colon \mathscr{E}'_x \to \mathscr{E}''_x$ ne se spécialise pas sur la composante neutre de la fibre spéciale de $\underline{\mathscr{E}}'_x$ et que les $\kappa(v)$-groupes

$\underline{\mathrm{F}}'$ et $\underline{\mathrm{F}}''$ soient constants. Le morphisme $\underline{\mathrm{F}}' \to \underline{\mathrm{F}}''$ induit par φ'_x s'insère alors dans une suite exacte

$$0 \longrightarrow \mathbf{Z}/2 \longrightarrow \underline{\mathrm{F}}' \longrightarrow \underline{\mathrm{F}}'' \longrightarrow 0 \tag{2.22}$$

(cf. proposition A.8). Le lemme A.2 suffirait à en déduire la surjectivité de l'application $\mathscr{E}'_x(k_v^{\mathrm{nr}}) \to \mathscr{E}''_x(k_v^{\mathrm{nr}})$ induite par φ'_x, mais nous allons de toute manière l'établir en même temps que la surjectivité de $\mathscr{E}'_x(k_v) \longrightarrow \mathscr{E}''_x(k_v)$. On a un diagramme commutatif canonique

$$\begin{array}{ccccccccc}
 & & & & 0 & & 0 & & \\
 & & & & \downarrow & & \downarrow & & \\
 & & & & \mathscr{E}'^0_x & \xrightarrow{\varphi'^0_x} & \mathscr{E}''^0_x & \longrightarrow & 0 \\
 & & & & \downarrow & & \downarrow & & \\
0 & \longrightarrow & \mathbf{Z}/2 & \longrightarrow & \mathscr{E}'_x & \xrightarrow{\varphi'_x} & \mathscr{E}''_x & \longrightarrow & 0 \\
 & & \downarrow & & \downarrow & & \downarrow & & \\
0 & \longrightarrow & i_\star\mathbf{Z}/2 & \longrightarrow & i_\star\underline{\mathrm{F}}' & \longrightarrow & i_\star\underline{\mathrm{F}}'' & \longrightarrow & 0 \\
 & & \downarrow & & \downarrow & & \downarrow & & \\
 & & 0 & & 0 & & 0 & &
\end{array} \tag{2.23}$$

de faisceaux étales sur $\mathrm{Spec}(\mathscr{O}_v)$, où i désigne l'inclusion du point fermé de $\mathrm{Spec}(\mathscr{O}_v)$. Ses lignes et ses colonnes sont exactes (cf. lemme A.1 pour la surjectivité de φ'^0_x ; la surjectivité de φ'_x résulte de l'exactitude du reste du diagramme). Compte tenu de la propriété universelle des modèles de Néron, l'exactitude de la seconde ligne entraîne la surjectivité de l'application $\mathscr{E}'_x(k_v^{\mathrm{nr}}) \to \mathscr{E}''_x(k_v^{\mathrm{nr}})$ induite par φ'_x.

Passant aux sections globales dans (2.23), on obtient le diagramme commutatif

$$\begin{array}{ccccc}
\mathscr{E}'_x(k_v) & \longrightarrow & \mathscr{E}''_x(k_v) & \longrightarrow & \mathrm{H}^1(\mathscr{O}_v, \mathbf{Z}/2) \\
\downarrow & & \downarrow & & \downarrow \\
\underline{\mathrm{F}}'(\kappa(v)) & \longrightarrow & \underline{\mathrm{F}}''(\kappa(v)) & \longrightarrow & \mathrm{H}^1(\kappa(v), \mathbf{Z}/2),
\end{array}$$

dont les lignes sont exactes. La flèche verticale de droite est injective (lemme de Hensel). D'autre part, les $\kappa(v)$-groupes $\underline{\mathrm{F}}'$ et $\underline{\mathrm{F}}''$ étant constants, la flèche horizontale inférieure de gauche est surjective (cf. suite exacte (2.22)). Il s'ensuit que l'application $\mathscr{E}'_x(k_v) \to \mathscr{E}''_x(k_v)$ induite par φ'_x est surjective.

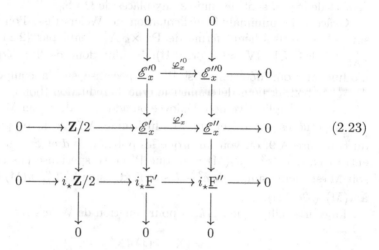

Il reste donc seulement à établir les propriétés de $\mathscr{E}'_x$ et $\mathscr{E}''_x$ admises ci-dessus, lorsque S_0 est assez grand. Considérons seulement la courbe $\mathscr{E}'_x$; les raisonnements qui suivent s'appliqueront aussi bien à $\mathscr{E}''_x$ si l'on échange tous les $'$ et les $''$, à quelques détails évidents près. La courbe elliptique $\mathrm{E}'_\eta/\mathrm{K}$ possède une équation de Weierstrass minimale de la forme

$$\mathrm{Y}^2 = (\mathrm{X} - c)(\mathrm{X}^2 - d) \tag{2.24}$$

avec $c, d \in k[t]$ telle que le point P' ait pour coordonnées $(\mathrm{X},\mathrm{Y}) = (c, 0)$. Son discriminant est $\Delta' = 16d(c^2 - d)^2$. Quitte à choisir l'ensemble S_0 suffisamment grand au début de la preuve de cette proposition, on peut supposer que les coefficients de c et de d sont des S_0-entiers et que les coefficients dominants de d et de $c^2 - d$ sont des unités aux places de $\Omega \setminus \mathrm{S}_0$.

Grâce à la minimalité de l'équation de Weierstrass, l'ouvert de lissité sur $\mathbf{A}^1_k$ du sous-schéma fermé de $\mathbf{P}^2_k \times_k \mathbf{A}^1_k$ défini par (2.24) s'identifie à $\mathscr{E}'^0_{\mathbf{A}^1_k}$ (cf. [64, Ch. IV, §9, Cor. 9.1]). Il suffit donc de lire l'équation (2.24) modulo M pour déterminer si P' se spécialise sur la composante neutre de $\mathscr{E}'_\mathrm{M}$ ou non, et pour déterminer le type de réduction (bonne, multiplicative déployée, multiplicative non déployée ou additive) de E'_η en M. Compte tenu des hypothèses sur E'_η et sur M, du lemme A.7, de la proposition A.8 et du corollaire A.9, on voit ainsi que les polynômes d et $c^2 - d$ sont premiers entre eux, que $(c^2 - d)(\mathrm{M}) = 0$, que P' ne se spécialise pas sur $\mathscr{E}'^0_\mathrm{M}$ et que soit M est racine simple de $c^2 - d$, soit l'extension $\mathrm{L}'_\mathrm{M}\mathrm{L}''_\mathrm{M}/\kappa(\mathrm{M})$ est isomorphe à $\kappa(\mathrm{M})(\sqrt{2c(\mathrm{M})})$.

La courbe elliptique $\mathscr{E}'_x/k_v$ a pour équation de Weierstrass

$$\mathrm{Y}^2 = (\mathrm{X} - c(x))(\mathrm{X}^2 - d(x)). \tag{2.25}$$

D'après les hypothèses faites sur S_0, les coefficients de l'équation (2.25) sont des entiers v-adiques. (En effet, d'une part les coefficients de c et de d sont des entiers v-adiques, d'autre part x lui-même en est un.) De plus, on a $v((c^2 - d)(x)) > 0$ et $v(d(x)) = 0$, ce qui entraîne que l'équation de Weierstrass (2.25) est minimale et que la courbe elliptique $\mathscr{E}'_x/k_v$ est à réduction multiplicative, de type I_n avec $n = 2v((c^2 - d)(x))$. Par le même raisonnement que ci-dessus, la minimalité de (2.25) permet de voir que le k_v-point non nul du noyau de φ'_x ne se spécialise pas sur $\underline{\mathscr{E}}'^0_x$. En particulier, si $v((c^2 - d)(x)) = 1$, les courbes elliptiques $\mathscr{E}'_x$ et $\mathscr{E}''_x$ sont respectivement à réduction de type I_2 et I_1 (cf. proposition A.8) ; pour montrer que les $\kappa(v)$-groupes $\underline{\mathrm{F}}'$ et $\underline{\mathrm{F}}''$ sont constants, il suffit donc de vérifier que soit $v((c^2 - d)(x)) = 1$, soit $\mathscr{E}'_x$ est à réduction multiplicative déployée (cf. corollaire A.9). La place w étant par hypothèse totalement décomposée dans $\mathrm{L}'_\mathrm{M}\mathrm{L}''_\mathrm{M}$, il résulte du calcul de cette extension que soit M est racine simple de $c^2 - d$, soit l'image de $2c(\mathrm{M})$ dans $\kappa(\mathrm{M})_w$ est un carré. Dans le premier cas, on a $v((c^2 - d)(x)) = 1$ puisque $\widetilde{x}$ rencontre $\widetilde{\mathrm{M}} \otimes_\mathscr{O} \mathscr{O}_v$ transversalement. Dans le second, comme $2c(\mathrm{M})$ est une unité w-adique et que son image dans $\kappa(w)$ est égale à celle de $2c(x)$ dans $\kappa(v)$, la courbe elliptique $\mathscr{E}'_x$ est à réduction multiplicative déployée. □

2.3.4 Réciprocités et existence de points locaux

Pour $\mathrm{M} \in \mathscr{M}$, notons $\theta_{\mathrm{M}} \in \kappa(\mathrm{M})$ l'image de t par le morphisme $k[t] \to \kappa(\mathrm{M})$ déduit de l'inclusion de M dans $\mathbf{A}^1_k = \mathrm{Spec}(k[t])$. Si E est une extension quadratique ou triviale de $\kappa(\mathrm{M})$, on pose

$$\mathrm{A}_{\mathrm{E}/\kappa(\mathrm{M})} = \mathrm{Cores}_{\kappa(\mathrm{M})(t)/k(t)}(\mathrm{E}/\kappa(\mathrm{M}), t-\theta_{\mathrm{M}}) \in {}_2\mathrm{Br}(\mathrm{U}),$$

où $(\cdot,\cdot)$ désigne le symbole de Hilbert sur le corps $\kappa(\mathrm{M})(t)$.

Proposition 2.11 — *Soient un couple préadmissible $(\mathscr{T}, x)$, une place $v \in \Omega \setminus \mathrm{S}$, un point $\mathrm{M} \in \mathscr{M}$ et une extension quadratique ou triviale $\mathrm{E}/\kappa(\mathrm{M})$ non ramifiée en toute place de $\kappa(\mathrm{M})$ divisant v. Alors on a $\mathrm{inv}_v\, \mathrm{A}_{\mathrm{E}/\kappa(\mathrm{M})}(x) = 0$ si et seulement si l'une des deux conditions suivantes est vérifiée :*

1. *La place v appartient à $\mathrm{T}_{\mathrm{M}} \cup \{v_{\mathrm{M}}\}$ et l'unique place de $\mathrm{T}'_{\mathrm{M}} \cup \{w_{\mathrm{M}}\}$ divisant v est totalement décomposée dans E.*
2. *La place v n'appartient pas à $\mathrm{T}_{\mathrm{M}} \cup \{v_{\mathrm{M}}\}$.*

Démonstration — Considérons l'égalité

$$\mathrm{inv}_v\, \mathrm{A}_{\mathrm{E}/\kappa(\mathrm{M})}(x) = \sum_{w|v} \mathrm{inv}_w(\mathrm{E}/\kappa(\mathrm{M}), x-\theta_{\mathrm{M}}), \tag{2.26}$$

où la somme porte sur les places w de $\kappa(\mathrm{M})$ divisant v. Si w est une telle place, l'image dans $\mathrm{H}^1(\kappa(\mathrm{M})_w, \mathbf{Z}/2) = \kappa(\mathrm{M})^\star_w/\kappa(\mathrm{M})^{\star 2}_w$ de la classe de l'extension quadratique ou triviale $\mathrm{E}/\kappa(\mathrm{M})$ est la classe d'une unité w-adique, puisque w est par hypothèse non ramifiée dans E. Comme v n'est pas une place dyadique, on en déduit d'une part que l'invariant $\mathrm{inv}_w(\mathrm{E}/\kappa(\mathrm{M}), x-\theta_{\mathrm{M}})$ est nul si $x-\theta_{\mathrm{M}} \in \kappa(\mathrm{M})$ est une unité w-adique, d'autre part que si l'image de $x-\theta_{\mathrm{M}}$ dans $\kappa(\mathrm{M})_w$ est une uniformisante, cet invariant est nul si et seulement si w est totalement décomposée dans E (cf. [23, Prop. 1.1.3]). En particulier, compte tenu de (2.26) et de l'hypothèse de préadmissibilité, on a $\mathrm{inv}_v\, \mathrm{A}_{\mathrm{E}/\kappa(\mathrm{M})}(x) = 0$ si $v \notin \mathrm{T}_{\mathrm{M}} \cup \{v_{\mathrm{M}}\}$ et $\mathrm{inv}_v\, \mathrm{A}_{\mathrm{E}/\kappa(\mathrm{M})}(x) = \mathrm{inv}_w(\mathrm{E}/\kappa(\mathrm{M}), x-\theta_{\mathrm{M}})$ si $v \in \mathrm{T}_{\mathrm{M}} \cup \{v_{\mathrm{M}}\}$ et que w est l'unique place de $\mathrm{T}'_{\mathrm{M}} \cup \{w_{\mathrm{M}}\}$ divisant v, auquel cas l'image de $x-\theta_{\mathrm{M}}$ dans $\kappa(\mathrm{M})_w$ est une uniformisante. La proposition s'ensuit. □

Proposition 2.12 — *Pour tout $\mathrm{M} \in \mathscr{M}$, tout couple préadmissible $(\mathscr{T}, x)$ et toute extension quadratique ou triviale $\mathrm{E}/\kappa(\mathrm{M})$ non ramifiée en toute place de $\kappa(\mathrm{M})$ dont la trace sur k n'appartient pas à T, les conditions suivantes sont équivalentes :*

1. *La place w_{M} de $\kappa(\mathrm{M})$ associée à $(\mathscr{T}, x)$ est totalement décomposée dans E.*
2. *On a $\sum_{v \in \mathrm{T}} \mathrm{inv}_v\, \mathrm{A}_{\mathrm{E}/\kappa(\mathrm{M})}(x) = 0$.*

Démonstration — La proposition 2.11 montre que $\mathrm{inv}_v\, \mathrm{A}_{\mathrm{E}/\kappa(\mathrm{M})}(x) = 0$ pour toute place $v \in \Omega$ n'appartenant pas à $\mathrm{T} \cup \{v_{\mathrm{M}}\}$. On a donc

$$\sum_{v \in \mathrm{T}} \mathrm{inv}_v\, \mathrm{A}_{\mathrm{E}/\kappa(\mathrm{M})}(x) = \mathrm{inv}_{v_{\mathrm{M}}}\, \mathrm{A}_{\mathrm{E}/\kappa(\mathrm{M})}(x),$$

en vertu de la loi de réciprocité globale. Une nouvelle application de la proposition 2.11 permet maintenant de conclure. □

Proposition 2.13 — *Il existe un ensemble fini* $\mathrm{S}_0 \subset \Omega$ *contenant les places archimédiennes tel que pour tout* $v \in \Omega \setminus \mathrm{S}_0$, *les assertions suivantes soient vérifiées. Soient* $m \in \mathfrak{S}_{\varphi'}(\mathbf{A}^1_k, \mathscr{E}')$ *et* $\mathrm{M} \in \mathscr{M}''$. *Notons* $d \in \mathrm{H}^1(\kappa(\mathrm{M}), \mathrm{F}'_{\mathrm{M}})$ *l'image de* m *par la flèche composée*

$$\mathfrak{S}_{\varphi'}(\mathbf{A}^1_k, \mathscr{E}') \to \mathrm{H}^1(\mathbf{A}^1_k, \mathscr{E}') \to \mathrm{H}^1(\kappa(\mathrm{M}), \mathrm{F}'_{\mathrm{M}}) \tag{2.27}$$

et $\mathrm{K}_{\mathrm{M},d}/\kappa(\mathrm{M})$ *une extension quadratique ou triviale satisfaisant aux conditions du lemme 2.6. Si l'image de* m *dans* $\mathrm{H}^1(\mathrm{U}_{k_v}, \mathbf{Z}/2)$ *appartient au sous-groupe* $\mathrm{H}^1(\mathscr{U}_{\mathscr{O}_v}, \mathbf{Z}/2)$, *alors :*

1. *Toute place de* $\kappa(\mathrm{M})$ *divisant* v *est non ramifiée dans* $\mathrm{K}_{\mathrm{M},d}$.
2. *Pour tout* $x \in \mathbf{A}^1(\mathscr{O}_v)$ *rencontrant transversalement* $\widetilde{\mathrm{M}} \otimes_{\mathscr{O}} \mathscr{O}_v$ *en une place* w *de* $\kappa(\mathrm{M})$ *totalement décomposée dans* $\mathrm{L}'_{\mathrm{M}}\mathrm{L}''_{\mathrm{M}}$, *l'image de* m *par la flèche composée*

$$\mathfrak{S}_{\varphi'}(\mathbf{A}^1_k, \mathscr{E}') \to \mathrm{H}^1(\mathbf{A}^1_k, \mathscr{E}') \to \mathrm{H}^1(k_v, \mathscr{E}'_x) \tag{2.28}$$

est nulle si et seulement si w *est totalement décomposée dans* $\mathrm{K}_{\mathrm{M},d}$.

Le même énoncé reste vrai si l'on échange tous les $'$ *et les* $''$.

Démonstration — Comme $\mathrm{Pic}(\mathbf{A}^1_k \setminus \mathscr{M}') = 0$, les groupes $\mathfrak{S}_{\varphi'}(\mathbf{A}^1_k, \mathscr{E}')$ et $\mathbf{G}_{\mathrm{m}}(\mathbf{A}^1_k \setminus \mathscr{M}')/2$ sont canoniquement isomorphes (cf. proposition 2.1). On utilisera librement cette identification ci-dessous. Choisissons un point $a \in \mathrm{U}(k)$ et notons $r \colon \mathbf{G}_{\mathrm{m}}(\mathbf{A}^1_k \setminus \mathscr{M}')/2 \to \mathbf{G}_{\mathrm{m}}(k)/2$ l'application d'évaluation en a. Comme r est une rétraction de la suite exacte

$$0 \longrightarrow \mathbf{G}_{\mathrm{m}}(k)/2 \longrightarrow \mathbf{G}_{\mathrm{m}}(\mathbf{A}^1_k \setminus \mathscr{M}')/2 \longrightarrow \prod_{\mathrm{M} \in \mathscr{M}'} \mathbf{Z}/2,$$

son noyau est fini. Pour $\mathrm{M} \in \mathscr{M}''$, soit $\mathrm{G}_{\mathrm{M}} \subset \mathrm{H}^1(\kappa(\mathrm{M}), \mathrm{F}'_{\mathrm{M}})$ l'image de $\mathrm{Ker}(r)$ par la flèche (2.27). Les groupes G_{M} et l'ensemble $\mathscr{M}''$ étant finis, il existe un ensemble fini $\mathrm{S}_0 \subset \Omega$ contenant les places archimédiennes, tel que pour tout $v \in \Omega \setminus \mathrm{S}_0$, tout $\mathrm{M} \in \mathscr{M}''$ et toute place w de $\kappa(\mathrm{M})$ divisant v, le noyau de la flèche de restriction $\mathrm{H}^1(\kappa(\mathrm{M}), \mathrm{F}'_{\mathrm{M}}) \to \mathrm{H}^1(\kappa(\mathrm{M})^{\mathrm{nr}}_w, \mathrm{F}'_{\mathrm{M}})$ contienne G_{M} (cf. [62, §6.1, Proposition 21]). Quitte à agrandir S_0, on peut supposer de plus que $\widetilde{a} \cap \mathbf{P}^1_{\mathscr{O}_{\mathrm{S}_0}}$ est inclus dans $\mathscr{U}_{\mathscr{O}_{\mathrm{S}_0}}$, que S_0 contient les places dyadiques de k et les places finies qui sont ramifiées dans l'une des extensions L'_M ou L''_M pour $\mathrm{M} \in \mathscr{M}$, que le $\mathscr{O}_{\mathrm{S}_0}$-schéma $\mathbf{P}^1_{\mathscr{O}_{\mathrm{S}_0}} \cap \bigcup_{\mathrm{M}\in\mathscr{M}\cup\{\infty\}} \widetilde{\mathrm{M}}$ est étale et que S_0 contient l'ensemble du même nom donné par la proposition 2.10.

Soient v, m, M et d comme dans l'énoncé. L'existence du carré commutatif

$$\begin{array}{ccc} \mathrm{H}^1(\mathscr{O}_v, \mathbf{Z}/2) & \longleftarrow & \mathrm{H}^1(\mathscr{U}_{\mathscr{O}_v}, \mathbf{Z}/2) \\ \downarrow & & \downarrow \\ \mathrm{H}^1(k_v^{\mathrm{nr}}, \mathbf{Z}/2) & \longleftarrow & \mathrm{H}^1(\mathrm{U}_{k_v^{\mathrm{nr}}}, \mathbf{Z}/2), \end{array}$$

dont la flèche verticale de gauche est nulle et dont les flèches horizontales sont les applications d'évaluation en a, entraîne que $r(m) \in \mathrm{Ker}(\mathbf{G}_\mathrm{m}(k)/2 \to \mathbf{G}_\mathrm{m}(k_v^{\mathrm{nr}})/2)$. Par conséquent, l'image de m dans $\mathrm{H}^1((\mathbf{A}^1_k \setminus \mathscr{M}') \otimes_k k_v^{\mathrm{nr}}, \mathbf{Z}/2)$ appartient à l'image de $\mathrm{Ker}(r)$. Comme $\mathrm{M} \in \mathscr{M}''$, la proposition A.8 montre que le diagramme commutatif

$$\begin{array}{ccccc} \mathbf{Z}/2 & = & {}_{\varphi'}\mathscr{E}' & \longrightarrow & \mathscr{E}' \\ \downarrow & & \downarrow & & \downarrow \\ i_{\mathrm{M}\star}\mathbf{Z}/2 & \xrightarrow{\sim} & i_{\mathrm{M}\star}({}_2\mathrm{F}'_\mathrm{M}) & \longrightarrow & i_{\mathrm{M}\star}\mathrm{F}'_\mathrm{M} \end{array}$$

de faisceaux étales sur $\mathbf{P}^1_k$ commute. On en déduit la commutativité du diagramme

$$\begin{array}{ccc} \mathfrak{S}_{\varphi'}(\mathbf{A}^1_k, \mathscr{E}') & \longrightarrow & \mathrm{H}^1((\mathbf{A}^1_k \setminus \mathscr{M}') \otimes_k k_v^{\mathrm{nr}}, \mathbf{Z}/2) \\ \downarrow & & \downarrow \\ \mathrm{H}^1(\mathbf{A}^1_k, \mathscr{E}') & & \mathrm{H}^1(\kappa(\mathrm{M}) \otimes_k k_v^{\mathrm{nr}}, \mathbf{Z}/2) \\ \downarrow & & \downarrow \\ \mathrm{H}^1(\kappa(\mathrm{M}), \mathrm{F}'_\mathrm{M}) & \longrightarrow & \mathrm{H}^1(\kappa(\mathrm{M}) \otimes_k k_v^{\mathrm{nr}}, \mathrm{F}'_\mathrm{M}), \end{array}$$

où la flèche inférieure de la colonne de droite est induite par l'inclusion $\mathbf{Z}/2 = {}_2\mathrm{F}'_\mathrm{M} \subset \mathrm{F}'_\mathrm{M}$. Comme l'image de m par la flèche horizontale supérieure appartient à l'image de $\mathrm{Ker}(r)$, ce diagramme montre que pour toute place w de $\kappa(\mathrm{M})$ divisant v, l'image de d dans $\mathrm{H}^1(\kappa(\mathrm{M})_w^{\mathrm{nr}}, \mathrm{F}'_\mathrm{M})$ appartient à l'image de G_M, et est donc nulle. L'extension $\mathrm{L}'_\mathrm{M}/\kappa(\mathrm{M})$ étant non ramifiée en w, elle se plonge dans $\kappa(\mathrm{M})_w^{\mathrm{nr}}$. L'extension $\mathrm{K}_{\mathrm{M},d}/\kappa(\mathrm{M})$ se plonge donc elle aussi dans $\kappa(\mathrm{M})_w^{\mathrm{nr}}$, par définition de $\mathrm{K}_{\mathrm{M},d}$; autrement dit, elle est non ramifiée en w. La propriété 1 est établie.

Soit $x \in \mathbf{A}^1(\mathscr{O}_v)$ rencontrant transversalement $\widetilde{\mathrm{M}} \otimes_{\mathscr{O}} \mathscr{O}_v$ en une place w de $\kappa(\mathrm{M})$ totalement décomposée dans $\mathrm{L}'_\mathrm{M}\mathrm{L}''_\mathrm{M}$. Comme $\mathrm{M} \in \mathscr{M}''$, on a une suite exacte

$$0 \longrightarrow \mathbf{Z}/2 \longrightarrow \mathrm{F}'_\mathrm{M} \longrightarrow \mathrm{F}''_\mathrm{M} \longrightarrow 0 \tag{2.29}$$

de $\kappa(\mathrm{M})$-groupes (cf. proposition A.8). Les groupes F'_M et F''_M deviennent constants après extension des scalaires de $\kappa(\mathrm{M})$ à $\kappa(\mathrm{M})_w$ puisque w est totalement décomposée dans $\mathrm{L}'_\mathrm{M}\mathrm{L}''_\mathrm{M}$. La flèche $\mathrm{H}^1(\kappa(\mathrm{M})_w, \mathbf{Z}/2) \to \mathrm{H}^1(\kappa(\mathrm{M})_w, \mathrm{F}'_\mathrm{M})$ issue de la suite exacte (2.29) est donc injective. Par ailleurs, la conclusion de la proposition 2.10 montre que la flèche $\mathrm{H}^1(k_v, \mathbf{Z}/2) \to \mathrm{H}^1(k_v, \mathscr{E}'_x)$ induite par la suite exacte

$$0 \longrightarrow \mathbf{Z}/2 \longrightarrow \mathscr{E}'_x \xrightarrow{\varphi'_x} \mathscr{E}''_x \longrightarrow 0$$

est injective. Ces deux injections s'inscrivent dans le diagramme commutatif

$$\begin{array}{ccc}
 & \mathbf{G}_\mathrm{m}(k_v)/2 & \hookrightarrow & \mathrm{H}^1(k_v, \mathscr{E}'_x) \\
 & \uparrow & & \uparrow \\
\mathfrak{S}_{\varphi'}(\mathbf{A}^1_k, \mathscr{E}') = & \mathbf{G}_\mathrm{m}(\mathbf{A}^1_k \setminus \mathscr{M}')/2 & \longrightarrow & \mathrm{H}^1(\mathbf{A}^1_k \setminus \mathscr{M}', \mathscr{E}') \\
 & \downarrow & & \downarrow \\
 & \mathbf{G}_\mathrm{m}(\kappa(\mathrm{M})_w)/2 & \hookrightarrow & \mathrm{H}^1(\kappa(\mathrm{M})_w, \mathrm{F}'_\mathrm{M}),
\end{array}$$

où les flèches verticales supérieures (resp. inférieures) sont les flèches d'évaluation en x (resp. en M). Étant donné que la place w est totalement décomposée dans L'_M, il résulte de la définition de $\mathrm{K}_{\mathrm{M},d}$ que l'image de m dans $\mathrm{H}^1(\kappa(\mathrm{M})_w, \mathrm{F}'_\mathrm{M})$ est nulle si et seulement si w est totalement décomposée dans $\mathrm{K}_{\mathrm{M},d}$. Compte tenu du diagramme ci-dessus, il suffit donc, pour conclure, de prouver que l'image de m dans $\mathbf{G}_\mathrm{m}(k_v)/2$ par l'évaluation en x est nulle si et seulement si l'image de m dans $\mathbf{G}_\mathrm{m}(\kappa(\mathrm{M})_w)/2$ par l'évaluation en M est nulle. Comme l'image de m dans $\mathrm{H}^1(\mathrm{U}_{k_v}, \mathbf{Z}/2)$ appartient à $\mathrm{H}^1(\mathscr{U}_{\mathscr{O}_v}, \mathbf{Z}/2)$, la classe de m dans $\mathbf{G}_\mathrm{m}(\mathbf{A}^1_k \setminus \mathscr{M}')/2$ est représentée par une fonction rationnelle f sur $\mathbf{A}^1_{\mathscr{O}_v}$ inversible sur le complémentaire de l'adhérence de $\mathscr{M}' \otimes_k k_v$. Notant encore M le point fermé de $\mathbf{A}^1_{k_v}$ associé au point $\mathrm{M} \in \mathscr{M}$ et à la place w, les éléments $f(\mathrm{M})$ de $\kappa(\mathrm{M})_w$ et $f(x)$ de k_v sont respectivement des unités w-adiques et v-adiques. Ils ont même réduction modulo v et sont donc simultanément des carrés (lemme de Hensel). La propriété 2 est ainsi établie.

L'énoncé obtenu en échangeant les $'$ et les $''$ se prouve en appliquant la même opération à la démonstration qui précède. □

2.3.5 Finitude de $\mathfrak{S}'_{\mathrm{D}_0}$ et $\mathfrak{S}''_{\mathrm{D}_0}$

L'énoncé suivant servira pour la preuve de l'assertion a) du théorème 2.2.

Proposition 2.14 — *Si $\mathscr{M}' \neq \varnothing$ et $\mathscr{M}'' \neq \varnothing$, les groupes $\mathfrak{S}'_{\mathrm{D}_0}$ et $\mathfrak{S}''_{\mathrm{D}_0}$ sont finis.*

Démonstration — Par symétrie, il suffit de considérer le groupe $\mathfrak{S}'_{\mathrm{D}_0}$. Soit $\mathrm{M} \in \mathscr{M}''$. La flèche horizontale inférieure du carré commutatif canonique

$$\begin{array}{ccc} \mathrm{H}^1(\mathbf{A}^1_k \setminus \mathscr{M}', {}_{\varphi'}\mathscr{E}') & \longrightarrow & \mathrm{H}^1(\mathbf{A}^1_k \setminus \mathscr{M}', \mathscr{E}') \\ \downarrow & & \downarrow \\ \mathrm{H}^1(\mathrm{L}'_\mathrm{M}, {}_{\varphi'_\mathrm{M}}\mathrm{F}'_\mathrm{M}) & \longrightarrow & \mathrm{H}^1(\mathrm{L}'_\mathrm{M}, \mathrm{F}'_\mathrm{M}) \end{array}$$

est injective puisque le L'_M-groupe $\mathrm{F}'_\mathrm{M} \otimes_{\kappa(\mathrm{M})} \mathrm{L}'_\mathrm{M}$ est constant. La flèche verticale de gauche s'identifie à l'évaluation $\mathrm{H}^1(\mathbf{A}^1_k \setminus \mathscr{M}', \mathbf{Z}/2) \to \mathrm{H}^1(\mathrm{L}'_\mathrm{M}, \mathbf{Z}/2)$. Il suffit de démontrer que le noyau de cette flèche d'évaluation est fini, compte tenu de la proposition 2.1. Le sous-groupe $\mathrm{H}^1(k, \mathbf{Z}/2) \subset \mathrm{H}^1(\mathbf{A}^1_k \setminus \mathscr{M}', \mathbf{Z}/2)$ étant d'indice fini, il reste seulement à vérifier que le noyau de la flèche de restriction $\mathrm{H}^1(k, \mathbf{Z}/2) \to \mathrm{H}^1(\mathrm{L}'_\mathrm{M}, \mathbf{Z}/2)$ est fini, ce qui est élémentaire. □

2.3.6 Fin de la preuve

Proposition 2.15 — *Il existe un ensemble $\mathrm{S}_0 \subset \Omega$ tel que pour tout $\mathrm{S} \subset \Omega$ fini contenant S_0 et tout couple admissible $(\mathscr{T}, x)$ vérifiant $\mathrm{X}_x(k_v) \neq \varnothing$ pour tout $v \in \mathrm{S} \setminus \mathrm{T}_\infty$, on ait $\mathrm{X}_x(\mathbf{A}_k) \neq \varnothing$, en notant T_∞ l'ensemble des places de $\mathrm{S} \setminus \mathrm{S}_0$ en lesquelles x n'est pas entier.*

Démonstration — Même démonstration que pour la proposition 1.30, en remplaçant $\mathscr{E}^0_\mathrm{M}$, $\mathscr{E}_\mathrm{M}$, F_M et $\mathrm{L}_\mathrm{M}\mathrm{K}_\mathrm{M}$ dans le lemme 1.31 par $\mathscr{E}'^0_\mathrm{M}$, $\mathscr{E}'_\mathrm{M}$, F'_M et $\mathrm{L}'_\mathrm{M}\mathrm{L}''_\mathrm{M}\mathrm{K}_\mathrm{M}$. □

Nous pouvons maintenant commencer la démonstration du théorème 2.2. Soit $\mathrm{S}_0 \subset \Omega$ un ensemble fini contenant les places archimédiennes, les places divisant un nombre premier inférieur ou égal au degré de $\mathscr{M}$ vu comme k-schéma fini réduit, les ensembles S_0 donnés par les propositions 2.10, 2.13 et 2.15 et les places finies de k au-dessus desquelles le morphisme

$$\bigcup_{\mathrm{M} \in \mathscr{M} \cup \{\infty\}} \widetilde{\mathrm{M}} \longrightarrow \mathrm{Spec}(\mathscr{O})$$

n'est pas étale, assez grand pour que les extensions L'_M/k, $\mathrm{L}''_\mathrm{M}/k$ et K_M/k soient non ramifiées hors de S_0 pour tout $\mathrm{M} \in \mathscr{M}$, pour que la condition (2.18) soit satisfaite avec $\mathrm{S} = \mathrm{S}_0$, pour que les courbes elliptiques E'_η et E''_η sur K s'étendent en des schémas abéliens au-dessus de $\left(\mathbf{P}^1_\mathscr{O} \setminus \bigcup_{\mathrm{M} \in \mathscr{M}} \widetilde{\mathrm{M}}\right) \otimes_\mathscr{O} \mathscr{O}_{\mathrm{S}_0}$, et pour que les sous-groupes de $\mathrm{H}^1(\mathrm{U}, \mathbf{Z}/2)$ images réciproques de $\{0, [\mathscr{X}]\}$

et de $\{0,[\mathscr{X}'']\}$ par les flèches (2.10) et (2.11), finis d'après le théorème de Mordell-Weil généralisé, soient inclus dans $\mathrm{H}^1(\mathscr{U}_{\mathscr{O}_{\mathrm{S}_0}},\mathbf{Z}/2)$. Soit $\mathrm{B}_0 \subset \mathrm{Br}(\mathrm{U})$ le sous-groupe fini engendré par les classes $\mathrm{A}_{\mathrm{K}_\mathrm{M}/\kappa(\mathrm{M})}$, $\mathrm{A}_{\mathrm{L}'_\mathrm{M}/\kappa(\mathrm{M})}$ et $\mathrm{A}_{\mathrm{L}''_\mathrm{M}/\kappa(\mathrm{M})}$ pour $\mathrm{M} \in \mathscr{M}$ (cf. paragraphe 2.3.4). Soient $\mathrm{S}_1 \subset \Omega$ fini contenant S_0 et $(x_v)_{v\in\mathrm{S}_1} \in \prod_{v\in\mathrm{S}_1}\mathrm{U}(k_v)$ satisfaisant aux hypothèses du théorème 2.2. On va prouver l'existence de $x \in \mathrm{U}(k)$ arbitrairement proche de x_v pour $v \in \mathrm{S}_1 \cap \Omega_f$ et arbitrairement grand aux places archimédiennes de k, tel que $x \in \mathscr{R}_\mathrm{D}$ si $\mathscr{M}' \neq \varnothing$ et $\mathscr{M}'' \neq \varnothing$, ou tel que $x \in \mathscr{R}_{\mathrm{D}_0,\mathrm{S}_1}$ et que x soit entier hors de S_1.

Commençons par définir un ensemble fini $\mathrm{T}_\infty \subset \Omega$ disjoint de S_1. Nous allons prouver simultanément les deux conclusions du théorème, mais avec des choix différents pour l'ensemble T_∞. Pour prouver l'assertion b) du théorème, on pose $\mathrm{T}_\infty = \varnothing$. Pour prouver l'assertion a), on pose $\mathrm{T}_\infty = \{v_\infty\}$, où v_∞ est choisie comme suit. Lorsque $\mathscr{M}' \neq \varnothing$ et $\mathscr{M}'' \neq \varnothing$, les trois sous-groupes $\mathrm{H}^1(\mathscr{U}_{\mathscr{O}_{\mathrm{S}_1}},\mathbf{Z}/2)$, $\mathfrak{S}'_{\mathrm{D}_0}$ et $\mathfrak{S}''_{\mathrm{D}_0}$ de $\mathrm{K}^\star/\mathrm{K}^{\star 2}$ sont finis (le premier d'après le théorème des unités de Dirichlet et la finitude du groupe de classes d'un corps de nombres, les deux autres d'après la proposition 2.14). L'intersection du sous-groupe de $\mathrm{K}^\star/\mathrm{K}^{\star 2}$ qu'ils engendrent avec $k^\star/k^{\star 2}$ est donc elle aussi finie, et par conséquent incluse dans $\mathscr{O}^\star_{\mathrm{S}'}/\mathscr{O}^{\star 2}_{\mathrm{S}'}$ pour un ensemble $\mathrm{S}' \subset \Omega$ fini assez grand. Le théorème de Čebotarev fournit une infinité de places $v \in \Omega$ telles que pour tout $\mathrm{M} \in \mathscr{M}$, toute place de $\kappa(\mathrm{M})$ divisant v soit totalement décomposée dans $\mathrm{L}'_\mathrm{M}\mathrm{L}''_\mathrm{M}\mathrm{K}_\mathrm{M}$. On choisit pour v_∞ une telle place hors de $\mathrm{S}_1 \cup \mathrm{S}'$ et l'on note $x_{v_\infty} \in k_{v_\infty}$ l'inverse d'une uniformisante.

Posons $\mathrm{S} = \mathrm{S}_1 \cup \mathrm{T}_\infty$. On a, par définition de S_0 :

Lemme 2.16 — *Pour tout couple préadmissible $(\mathscr{T},x)$, les courbes elliptiques $\mathscr{E}'_x$ et $\mathscr{E}''_x$ ont bonne réduction hors de* $\mathrm{T}(x) \setminus \mathrm{T}_\infty$.

Pour chaque place finie $v \in \mathrm{S}$, fixons un voisinage v-adique arbitrairement petit $\mathscr{A}_v$ de $x_v \in \mathbf{P}^1(k_v)$, suffisamment petit pour que tout élément de $\mathscr{A}_v$ soit l'inverse d'une uniformisante si $v \in \mathrm{T}_\infty$, pour que $\mathrm{inv}_v\,\mathrm{A}(x) = \mathrm{inv}_v\,\mathrm{A}(x_v)$ pour tout $x \in \mathscr{A}_v$ et tout $\mathrm{A} \in \mathrm{B}_0$, et pour que $\mathrm{X}_x(k_v) \neq \varnothing$ pour tout $x \in \mathscr{A}_v$ si $v \in \mathrm{S}_1$. Il est possible de satisfaire cette dernière condition grâce au théorème des fonctions implicites et à l'hypothèse que $\mathrm{X}_{x_v}(k_v) \neq \varnothing$ pour $v \in \mathrm{S}_1 \cap \Omega_f$. Fixons de même un voisinage v-adique arbitrairement petit $\mathscr{A}_v$ de $\infty \in \mathbf{P}^1(k_v)$ pour chaque place complexe $v \in \Omega$, et un ouvert connexe non majoré arbitrairement petit $\mathscr{A}_v \subset \mathrm{U}(k_v)$ pour chaque place réelle $v \in \Omega$, suffisamment petit pour que $\mathrm{X}_x(k_v) \neq \varnothing$ pour tout $x \in \mathscr{A}_v$ et pour que les sous-groupes $\mathscr{E}'_x(k_v)/\mathrm{Im}(\varphi''_x)$ et $\mathscr{E}''_x(k_v)/\mathrm{Im}(\varphi'_x)$ de $\mathrm{H}^1(k_v,\mathbf{Z}/2)$ ne dépendent pas de $x \in \mathscr{A}_v$ (cf. preuve du lemme 1.24).

Lemme 2.17 — *Soit $x \in \mathrm{U}(k)$ appartenant à $\mathscr{A}_v$ pour tout $v \in \mathrm{S}$. Alors* $\sum_{v\in\mathrm{S}}\mathrm{inv}_v\,\mathrm{A}(x) = 0$ *pour tout* $\mathrm{A} \in \mathrm{B}_0$.

Démonstration — Même démonstration que pour le lemme 1.33. □

Si $(\mathscr{T}, x)$ est un couple préadmissible, on notera

$$\psi\colon \mathrm{H}^1(\mathscr{O}_{\mathrm{T}(x)}, \mathbf{Z}/2) \longrightarrow \mathrm{H}^1(\mathscr{U}_{\mathscr{O}_{\mathrm{T}}}, \mathbf{Z}/2)$$

l'isomorphisme inverse de l'évaluation en x (cf. proposition 2.7).

Proposition 2.18 — *Soit $(\mathscr{T}, x)$ un couple admissible. Alors le groupe de φ'_x-Selmer de $\mathscr{E}'_x$ et le groupe de φ''_x-Selmer de $\mathscr{E}''_x$ sont inclus dans $\mathrm{H}^1(\mathscr{O}_{\mathrm{T}(x)}, \mathbf{Z}/2)$, et l'on a*

$$\psi(\mathrm{Sel}_{\varphi'_x}(k, \mathscr{E}'_x)) \subset \mathfrak{S}_{\varphi'}(\mathbf{A}^1_k, \mathscr{E}')$$

et

$$\psi(\mathrm{Sel}_{\varphi''_x}(k, \mathscr{E}''_x)) \subset \mathfrak{S}_{\varphi''}(\mathbf{A}^1_k, \mathscr{E}'').$$

Démonstration — La première assertion est une conséquence du lemme 2.16. La proposition 2.10 montre que tout élément du groupe de φ'_x-Selmer de $\mathscr{E}'_x$ est de valuation nulle en v_{M} pour tout $\mathrm{M} \in \mathscr{M}''$. Comme ψ est à valeurs dans $\mathrm{H}^1(\mathscr{U}_{\mathscr{O}_{\mathrm{T}}}, \mathbf{Z}/2)$, le lemme 2.9 et la proposition 2.1 permettent d'en déduire que $\psi(\mathrm{Sel}_{\varphi'_x}(k, \mathscr{E}'_x)) \subset \mathfrak{S}_{\varphi'}(\mathbf{A}^1_k, \mathscr{E}')$. On prouve l'autre inclusion de la même manière. □

Notons $\mathscr{L}$ l'ensemble des couples $(m', m'') \in \mathbf{N}^2$ tels qu'il existe un couple admissible $(\mathscr{T}, x)$ avec $x \in \mathscr{A}_v$ pour tout $v \in \mathrm{S}$, tel que :

$$\dim_{\mathbf{F}_2} \mathrm{Sel}_{\varphi'_x}(k, \mathscr{E}'_x) = m', \tag{2.30}$$

$$\dim_{\mathbf{F}_2} \mathrm{Sel}_{\varphi''_x}(k, \mathscr{E}''_x) = m'', \tag{2.31}$$

$$\psi(\mathrm{Sel}_{\varphi'_x}(k, \mathscr{E}'_x)) \subset \mathfrak{S}_{\varphi',\mathrm{S}}(\mathbf{A}^1_k, \mathscr{E}'), \tag{2.32}$$

$$\psi(\mathrm{Sel}_{\varphi''_x}(k, \mathscr{E}''_x)) \subset \mathfrak{S}_{\varphi'',\mathrm{S}}(\mathbf{A}^1_k, \mathscr{E}''). \tag{2.33}$$

Munissons $\mathscr{L}$ de l'ordre partiel $(m', m'') \leqslant (n', n'') \iff m' \leqslant n'$ et $m'' \leqslant n''$.

Proposition 2.19 — *Admettons l'hypothèse de Schinzel. Soit $\mathscr{T} = (\mathrm{T}'_{\mathrm{M}})_{\mathrm{M} \in \mathscr{M}}$ une famille préadmissible. Supposons donné, pour tout $\mathrm{M} \in \mathscr{M}$ et tout $v \in \mathrm{T}_{\mathrm{M}}$, un $x_v \in \mathbf{A}^1(\mathscr{O}_v)$ rencontrant transversalement $\widetilde{\mathrm{M}}$ en l'unique place de T'_{M} qui divise v. Alors il existe $x \in \mathrm{U}(k)$ arbitrairement proche de x_v pour $v \in \mathrm{T} \cap \Omega_f$ et arbitrairement grand aux places archimédiennes de k, tel que le couple $(\mathscr{T}, x)$ soit préadmissible.*

Démonstration — Même démonstration que pour la proposition 1.34, à ceci près que l'on utilise l'hypothèse (2.18) au lieu de la nullité de $\mathrm{Pic}(\mathscr{O}_{\mathrm{S}})$. □

L'ensemble $\mathscr{L}$ n'est pas vide. En effet, la proposition 2.19, appliquée à la famille $\mathscr{T}$ définie par $\mathrm{T}'_{\mathrm{M}} = \varnothing$ pour tout $\mathrm{M} \in \mathscr{M}$, assure l'existence d'un $x \in \mathrm{U}(k)$ appartenant à $\mathscr{A}_v$ pour tout $v \in \mathrm{S}$, tel que le couple $(\mathscr{T}, x)$ soit préadmissible. Le lemme 2.17 et la proposition 2.12, appliquée aux trois extensions $\mathrm{K}_{\mathrm{M}}/\kappa(\mathrm{M})$, $\mathrm{L}'_{\mathrm{M}}/\kappa(\mathrm{M})$ et $\mathrm{L}''_{\mathrm{M}}/\kappa(\mathrm{M})$, montrent que ce couple est même admissible. Par ailleurs, les inclusions (2.32) et (2.33) sont automatiques lorsque les ensembles T_{M} sont vides (proposition 2.18).

Il existe donc un élément $(m', m'') \in \mathscr{L}$ minimal. Soient $\mathscr{T} = (\mathrm{T}'_{\mathrm{M}})_{\mathrm{M} \in \mathscr{M}}$ et $x \in \mathrm{U}(k)$ avec $x \in \mathscr{A}_v$ pour tout $v \in \mathrm{S}$, tels que le couple $(\mathscr{T}, x)$ soit admissible et que les propriétés (2.30) à (2.33) soient vérifiées. On a $\mathrm{X}_x(k_v) \neq \varnothing$ pour tout $v \in \mathrm{S}$ par construction des voisinages $\mathscr{A}_v$. La conclusion de la proposition 2.15 permet d'en déduire que $x \in \mathscr{R}_{\mathrm{A}}$.

Proposition 2.20 — *On a* $x \in \mathscr{R}_{\mathrm{D}_0,\mathrm{S}}$. *De plus, si* $\mathrm{T}_\infty \neq \varnothing$, *on a* $x \in \mathscr{R}_{\mathrm{D}}$.

La démonstration de la proposition 2.20 va nous occuper jusqu'à la fin de ce paragraphe.

Démonstration — L'injectivité des restrictions des flèches (2.8) et (2.9) aux images réciproques de $\{0, [\mathscr{X}]\}$ et de $\{0, [\mathscr{X}'']\}$ par les flèches (2.10) et (2.11) est une conséquence immédiate de la proposition 2.7 et de la définition de S_0.

Soit $\alpha \in \mathrm{Sel}_{\varphi'_x}(k, \mathscr{E}'_x)$. Supposons que $\psi(\alpha) \notin \mathfrak{S}'_{\mathrm{D}_0,\mathrm{S}}$. Vu l'hypothèse (2.32), on a alors $\psi(\alpha) \notin \mathfrak{S}'_{\mathrm{D}_0}$.

Lemme 2.21 — *Pour tout* $e \in {}_{\varphi'}\mathrm{H}^1(\mathbf{A}^1_k, \mathscr{E}') \setminus \mathfrak{T}'_{\mathrm{D}_0}$, *il existe* $\mathrm{M} \in \mathscr{M}''$ *et une infinité de places* $v \in \Omega \setminus \mathrm{S}_0$ *telles qu'il existe une place* w *de* $\kappa(\mathrm{M})$ *totalement décomposée dans* $\mathrm{L}'_{\mathrm{M}}\mathrm{L}''_{\mathrm{M}}\mathrm{K}_{\mathrm{M}}$, *divisant* v, *non ramifiée et de degré résiduel* 1 *sur* v, *telle que pour tout* $x_v \in \mathbf{A}^1(\mathscr{O}_v)$ *rencontrant transversalement* $\widetilde{\mathrm{M}}$ *en* w, *l'image de* e *par la flèche* $\mathrm{H}^1(\mathbf{A}^1_k, \mathscr{E}') \to \mathrm{H}^1(k_v, \mathscr{E}'_{x_v})$ *d'évaluation en* x_v *soit non nulle.*

Démonstration — Soit $e \in {}_{\varphi'}\mathrm{H}^1(\mathbf{A}^1_k, \mathscr{E}') \setminus \mathfrak{T}'_{\mathrm{D}_0}$. Fixons un antécédent $m \in \mathfrak{S}_{\varphi'}(\mathbf{A}^1_k, \mathscr{E}')$ de e par la flèche de droite de la suite exacte (2.3). Par définition de $\mathfrak{T}'_{\mathrm{D}_0}$, il existe $\mathrm{M} \in \mathscr{M}''$ tel que $\delta'_{\mathrm{M}}(e)$ n'appartienne pas à $\{0, \delta'_{\mathrm{M}}([\mathscr{X}])\}$. Soient d l'image de e dans ${}_2\mathrm{H}^1(\kappa(\mathrm{M}), \mathrm{F}'_{\mathrm{M}})$ et $\mathrm{K}_{\mathrm{M},d}/\kappa(\mathrm{M})$ une extension quadratique vérifiant les conditions du lemme 2.6. Étant donné que l'extension $\mathrm{L}'_{\mathrm{M}}\mathrm{K}_{\mathrm{M}}/\mathrm{L}'_{\mathrm{M}}$ est quadratique ou triviale et que le groupe $\mathrm{F}'_{\mathrm{M}}(\mathrm{L}'_{\mathrm{M}}\mathrm{K}_{\mathrm{M}}) = \mathrm{F}'_{\mathrm{M}}(\mathrm{L}'_{\mathrm{M}})$ est cyclique, la suite exacte d'inflation-restriction montre que le noyau de la flèche de restriction $\mathrm{H}^1(\mathrm{L}'_{\mathrm{M}}, \mathrm{F}'_{\mathrm{M}}) \to \mathrm{H}^1(\mathrm{L}'_{\mathrm{M}}\mathrm{K}_{\mathrm{M}}, \mathrm{F}'_{\mathrm{M}})$ est d'ordre au plus 2. Notons N ce noyau. Si $\mathrm{N} \neq 0$, alors $\mathrm{L}'_{\mathrm{M}}\mathrm{K}_{\mathrm{M}} \neq \mathrm{L}'_{\mathrm{M}}$, de sorte que la définition de K_{M} entraîne que $\delta'_{\mathrm{M}}([\mathscr{X}]) \in \mathrm{N} \setminus \{0\}$; le groupe N est donc dans tous les cas engendré par $\delta'_{\mathrm{M}}([\mathscr{X}])$. Par conséquent, l'image de e dans $\mathrm{H}^1(\mathrm{L}'_{\mathrm{M}}\mathrm{K}_{\mathrm{M}}, \mathrm{F}'_{\mathrm{M}})$ n'est pas nulle. L'extension quadratique $\mathrm{K}_{\mathrm{M},d}/\kappa(\mathrm{M})$ ne se plonge donc pas dans

$L'_M K_M/\kappa(M)$. On en déduit, à l'aide du théorème de Čebotarev, l'existence d'une infinité de places finies de $L'_M K_M$ non ramifiées et de degré résiduel 1 sur k, inertes dans $L'_M K_M K_{M,d}$ (cf. [35, Proposition 2.2]). Soient w la trace sur $\kappa(M)$ d'une telle place et $v \in \Omega_f$ la trace sur k de w. On peut supposer que v n'appartient pas à l'ensemble S_0 de la proposition 2.13 et que l'image de m dans $H^1(U_{k_v}, \mathbf{Z}/2)$ appartient à $H^1(\mathscr{U}_{\mathscr{O}_v}, \mathbf{Z}/2)$, quitte à choisir v hors d'un certain ensemble fini.

La place w est totalement décomposée dans $L'_M K_M$, inerte dans $K_{M,d}$, non ramifiée et de degré résiduel 1 sur v. Elle est de plus totalement décomposée dans L''_M car $L''_M/\kappa(M)$ se plonge dans $L'_M/\kappa(M)$, comme le montre la suite exacte

$$0 \longrightarrow F''_M \longrightarrow F'_M \longrightarrow \mathbf{Z}/2 \longrightarrow 0$$

(cf. proposition A.8). La seconde partie de la proposition 2.13 permet donc de conclure. □

Remarque — Il n'était pas nécessaire de faire appel à la proposition 2.13 pour prouver le lemme 2.21 ; on aurait tout aussi bien pu reprendre la même démonstration que pour le lemme 1.36.

La proposition 2.18 et le lemme 2.21 montrent qu'il existe un point $M_0 \in \mathscr{M}''$, une place $v_0 \in \Omega \setminus T$ et une place w_0 de $\kappa(M_0)$ totalement décomposée dans $L'_{M_0} L''_{M_0} K_{M_0}$, divisant v_0, non ramifiée et de degré résiduel 1 sur v_0, tels que la condition suivante soit satisfaite :

(2.34) pour tout $x_{v_0} \in \mathbf{A}^1(\mathscr{O}_{v_0})$ rencontrant transversalement $\widetilde{M_0}$ en w_0, l'image de $\psi(\alpha)$ dans $H^1(k_{v_0}, \mathscr{E}'_{x_{v_0}})$ est non nulle.

Pour tout $M \in \mathscr{M}$ et tout γ appartenant à $\mathfrak{S}_{\varphi',T}(\mathbf{A}^1_k, \mathscr{E}')$ (resp. à $\mathfrak{S}_{\varphi'',T}(\mathbf{A}^1_k, \mathscr{E}''))$, fixons une extension quadratique ou triviale $K_{M,\gamma}/\kappa(M)$ vérifiant les conditions du lemme 2.6 associées à l'image de γ dans $H^1(\kappa(M), F'_M)$ (resp. dans $H^1(\kappa(M), F''_M)$).

Soit $\mathscr{T}^+ = (T'^+_M)_{M \in \mathscr{M}}$ la famille définie par $T'^+_M = T'_M$ pour $M \neq M_0$ et $T'^+_{M_0} = T'_{M_0} \cup \{w_0\}$. C'est une famille admissible. Fixons $x_{v_0} \in \mathbf{A}^1(\mathscr{O}_{v_0})$ rencontrant transversalement $\widetilde{M_0}$ en w_0. Un tel x_{v_0} existe car la place w_0 est non ramifiée et de degré résiduel 1 sur v_0. D'après la proposition 2.19, il existe $x^+ \in U(k)$ arbitrairement proche de x pour $v \in T \cap \Omega_f$ et arbitrairement grand aux places archimédiennes, tel que le couple $(\mathscr{T}^+, x^+)$ soit préadmissible.

Lemme 2.22 — *Pour tout $v \in \Omega$, les sous-groupes $\mathscr{E}'_{x_v}(k_v)/\operatorname{Im}(\varphi''_{x_v})$ et $\mathscr{E}''_{x_v}(k_v)/\operatorname{Im}(\varphi'_{x_v})$ de $H^1(k_v, \mathbf{Z}/2)$ sont des fonctions localement constantes de $x_v \in (\mathbf{P}^1_k \setminus \mathscr{M})(k_v)$.*

Démonstration — Démonstration similaire à celle du lemme 1.24. □

Notons V'_v, W'_v, V''_v, W''_v, T'_v et T''_v (resp. V'^+_v, W'^+_v, V''^+_v, W''^+_v, T'^+_v et T''^+_v) les espaces définis au paragraphe 2.3.3 relativement au point x (resp. au point x^+). Grâce au lemme 2.22 et à la définition des voisinages $\mathscr{A}_v$, on peut supposer les conditions suivantes satisfaites, quitte à choisir x^+ assez proche de x aux places de $T \cap \Omega_f$ et assez grand aux places archimédiennes :

(2.35) $x \in \mathscr{A}_v$ pour tout $v \in S$;

(2.36) pour tout $v \in T$ et tout $\gamma \in H^1(U, \mathbf{Z}/2)$, l'image de $\gamma(x)$ dans V'_v (resp. V''_v) appartient à W'_v (resp. W''_v) si et seulement si l'image de $\gamma(x^+)$ dans V'^+_v (resp. V''^+_v) appartient à W'^+_v (resp. W''^+_v) ;

(2.37) pour tout $\gamma \in \mathfrak{S}_{\varphi',T}(\mathbf{A}^1_k, \mathscr{E}')$ (resp. tout $\gamma \in \mathfrak{S}_{\varphi'',T}(\mathbf{A}^1_k, \mathscr{E}'')$), tout $M \in \mathscr{M}$ et tout $v \in T$, on a $\mathrm{inv}_v\, A_{K_{M,\gamma}/\kappa(M)}(x) = \mathrm{inv}_v\, A_{K_{M,\gamma}/\kappa(M)}(x^+)$.

(Pour la condition (2.36), on utilise la définition des voisinages $\mathscr{A}_v$ pour v réelle et le fait que $H^1(U, \mathbf{Z}/2) = \mathbf{G}_m(U)/2$ est engendré par un sous-groupe fini et par $\mathbf{G}_m(k)/2$.)

Notons T^+, $T^+(x^+)$, w^+_M et v^+_M pour $M \in \mathscr{M}$ les données associées, dans le paragraphe 2.3.1, au couple $(\mathscr{T}^+, x^+)$ et

$$\psi^+ \colon H^1(\mathscr{O}_{T^+(x^+)}, \mathbf{Z}/2) \longrightarrow H^1(\mathscr{U}_{\mathscr{O}_{T^+}}, \mathbf{Z}/2)$$

l'isomorphisme inverse de l'évaluation en x^+. On a $T^+ = T \cup \{v_0\}$.

Comme la place w_0 de $\kappa(M_0)$ est totalement décomposée dans $L'_{M_0} L''_{M_0} K_{M_0}$, l'admissibilité de la famille $\mathscr{T}$ entraîne celle de $\mathscr{T}^+$. L'admissibilité de la famille $\mathscr{T}^+$, la proposition 2.11 (appliquée au couple $(\mathscr{T}^+, x^+)$, aux places de $T^+ \setminus S$ et aux extensions $E \in \{L'_M, L''_M, K_M\}$), le lemme 2.17 (appliqué au point x^+) et la proposition 2.12 (appliquée au couple $(\mathscr{T}^+, x^+)$ et aux extensions $E \in \{L'_M, L''_M, K_M\}$) montrent alors que le couple $(\mathscr{T}^+, x^+)$ est admissible. Nous allons maintenant établir les inclusions (2.32) et (2.33) relatives à x^+ et les inégalités

$$\dim_{\mathbf{F}_2}(\mathrm{Sel}_{\varphi'_{x^+}}(k, \mathscr{E}'_{x^+})) < \dim_{\mathbf{F}_2}(\mathrm{Sel}_{\varphi'_x}(k, \mathscr{E}'_x)) \tag{2.38}$$

et

$$\dim_{\mathbf{F}_2}(\mathrm{Sel}_{\varphi''_{x^+}}(k, \mathscr{E}''_{x^+})) \leqslant \dim_{\mathbf{F}_2}(\mathrm{Sel}_{\varphi''_x}(k, \mathscr{E}''_x)) ; \tag{2.39}$$

on aura alors abouti à une contradiction, compte tenu de la minimalité du couple (m', m'').

Lemme 2.23 — *Le diagramme*

$$\begin{array}{ccccc}
H^1(\mathscr{U}_{\mathscr{O}_{T^+}}, \mathbf{Z}/2) & \longrightarrow & H^1(K, Z/2) = K^\star/K^{\star 2} & \xrightarrow{\ v_0\ } & \mathbf{Z}/2 \\
\big\downarrow & & & & \big\| \\
H^1(\mathscr{O}_{T^+(x^+)}, \mathbf{Z}/2) & \longrightarrow & H^1(k, \mathbf{Z}/2) = k^\star/k^{\star 2} & \xrightarrow{\ v_0 + v^+_{M_0}\ } & \mathbf{Z}/2,
\end{array}$$

dans lequel la flèche verticale de gauche est l'évaluation en x^+ et la flèche de droite de la première ligne est induite par la valuation $\kappa(\mathbf{P}^1_{\mathscr{O}})^\star \to \mathbf{Z}$ associée à la place v_0, est commutatif.

Démonstration — Il suffit d'appliquer le lemme 2.9 deux fois, d'abord avec $v = v_0$, puis avec $v = v^+_{\mathrm{M}_0}$, en remarquant que la flèche composée

$$\mathrm{H}^1(\mathscr{U}_{\mathscr{O}_{\mathrm{T}^+}}, \mathbf{Z}/2) \longrightarrow \mathrm{H}^1(\mathrm{K}, \mathrm{Z}/2) = \mathrm{K}^\star/\mathrm{K}^{\star 2} \xrightarrow{v^+_{\mathrm{M}_0}} \mathbf{Z}/2$$

est nulle. □

Lemme 2.24 — *L'image du groupe* $\mathrm{Sel}_{\varphi'_{x^+}}(k, \mathscr{E}'_{x^+})$ *par* ψ^+ *est incluse dans* $\mathrm{H}^1(\mathscr{U}_{\mathscr{O}_\mathrm{T}}, \mathbf{Z}/2)$.

Démonstration — Vu le lemme 2.23 et la proposition 2.8, il suffit de prouver que tout élément de $\mathrm{Sel}_{\varphi'_{x^+}}(k, \mathscr{E}'_{x^+})$ est de valuation nulle en v_0 et en $v^+_{\mathrm{M}_0}$. Ceci résulte de la conclusion de la proposition 2.10. □

Lemme 2.25 — *L'image de* $\psi^+(\mathrm{Sel}_{\varphi'_{x^+}}(k, \mathscr{E}'_{x^+}))$ *par la flèche* $\mathrm{H}^1(\mathscr{U}_{\mathscr{O}_\mathrm{T}}, \mathbf{Z}/2) \to \mathrm{H}^1(\mathscr{O}_{\mathrm{T}(x)}, \mathbf{Z}/2)$ *d'évaluation en* x *est incluse dans* $\mathrm{Sel}_{\varphi'_x}(k, \mathscr{E}'_x)$.

Démonstration — Soit $\beta \in \mathrm{Sel}_{\varphi'_{x^+}}(k, \mathscr{E}'_{x^+})$. Comme $\psi^+(\beta) \in \mathrm{H}^1(\mathscr{U}_{\mathscr{O}_\mathrm{T}}, \mathbf{Z}/2)$, l'hypothèse (2.36) assure que l'image de $\psi^+(\beta)(x)$ dans V'_v appartient à W'_v pour tout $v \in \mathrm{T}$. Pour $v \in \Omega \setminus \mathrm{T}(x)$, on a $\mathrm{W}'_v = \mathrm{T}'_v$ puisque $\mathscr{E}'_x$ a bonne réduction en v (lemme 2.16), or $\psi^+(\beta)(x) \in \mathrm{H}^1(\mathscr{O}_{\mathrm{T}(x)}, \mathbf{Z}/2)$, donc l'image de $\psi^+(\beta)(x)$ dans V'_v appartient à W'_v. La conclusion de la proposition 2.10 montre par ailleurs que pour tout $\mathrm{M} \in \mathscr{M}'$, l'image de $\psi^+(\beta)(x)$ dans $\mathrm{V}'_{v_\mathrm{M}}$ appartient à $\mathrm{W}'_{v_\mathrm{M}}$.

Restent à considérer les places v_M pour $\mathrm{M} \in \mathscr{M}''$. Fixons $\mathrm{M} \in \mathscr{M}''$. La proposition 2.18 et le lemme 2.24 montrent que $\psi^+(\beta) \in \mathfrak{S}_{\varphi',\mathrm{T}}(\mathbf{A}^1_k, \mathscr{E}')$, de sorte qu'une extension quadratique ou triviale $\mathrm{K}_{\mathrm{M},\psi^+(\beta)}/\kappa(\mathrm{M})$ vérifiant les conditions du lemme 2.6 a été choisie précédemment. La proposition 2.13, appliquée à la place v^+_M, au point x^+ et à la classe $m = \psi^+(\beta)$, montre que la place w^+_M de $\kappa(\mathrm{M})$ est totalement décomposée dans $\mathrm{K}_{\mathrm{M},\psi^+(\beta)}$; les hypothèses de cette proposition sont satisfaites parce que $\psi^+(\beta) \in \mathrm{H}^1(\mathscr{U}_{\mathscr{O}_\mathrm{T}}, \mathbf{Z}/2)$ et que le couple $(\mathscr{T}^+, x^+)$ est admissible. L'extension $\mathrm{K}_{\mathrm{M},\psi^+(\beta)}/\kappa(\mathrm{M})$ est non ramifiée en toute place de $\kappa(\mathrm{M})$ dont la trace sur k n'appartient pas à T, d'après la première partie de la proposition 2.13. On en déduit, grâce à la proposition 2.12, l'égalité

$$\sum_{v \in \mathrm{T}^+} \mathrm{inv}_v\, \mathrm{A}_{\mathrm{K}_{\mathrm{M},\psi^+(\beta)}/\kappa(\mathrm{M})}(x^+) = 0. \tag{2.40}$$

Si $\mathrm{M} = \mathrm{M}_0$, la proposition 2.13, appliquée à v_0 et x^+, montre que la place w_0 de $\kappa(\mathrm{M})$ est totalement décomposée dans $\mathrm{K}_{\mathrm{M},\psi^+(\beta)}$. Comme aucune place de $\kappa(\mathrm{M})$ divisant v_0 n'est ramifiée dans $\mathrm{K}_{\mathrm{M},\psi^+(\beta)}$, la proposition 2.11 permet d'en déduire dans tous les cas que

$$\mathrm{inv}_{v_0} \mathrm{A}_{\mathrm{K}_{\mathrm{M},\psi^+(\beta)}/\kappa(\mathrm{M})}(x^+) = 0. \tag{2.41}$$

Des équations (2.40) et (2.41) et de l'hypothèse (2.37), on tire l'égalité

$$\sum_{v \in \mathrm{T}} \mathrm{inv}_v \mathrm{A}_{\mathrm{K}_{\mathrm{M},\psi^+(\beta)}/\kappa(\mathrm{M})}(x) = 0. \tag{2.42}$$

Compte tenu de la proposition 2.12, cela entraîne que la place w_M de $\kappa(\mathrm{M})$ est totalement décomposée dans $\mathrm{K}_{\mathrm{M},\psi^+(\beta)}$. Enfin, la proposition 2.13 permet d'en déduire que l'image de $\psi^+(\beta)(x)$ dans $\mathrm{V}'_{v_\mathrm{M}}$ appartient à $\mathrm{W}'_{v_\mathrm{M}}$. □

Au vu de la proposition 2.7 et des lemmes 2.24 et 2.25, on a exhibé une injection du groupe $\mathrm{Sel}_{\varphi'_{x^+}}(k, \mathscr{E}'_{x^+})$ dans $\mathrm{Sel}_{\varphi'_x}(k, \mathscr{E}'_x)$. Il résulte de l'hypothèse (2.34) que $\psi(\alpha)(x^+) \notin \mathrm{Sel}_{\varphi'_{x^+}}(k, \mathscr{E}'_{x^+})$. Par conséquent, l'image de cette injection ne contient pas α. En particulier, ce n'est pas une bijection ; l'inégalité (2.38) est donc prouvée.

Intéressons-nous maintenant à l'inégalité (2.39). On commence par établir un analogue du lemme 2.24, dont la preuve sera néanmoins considérablement plus complexe.

Lemme 2.26 — *L'image du groupe* $\mathrm{Sel}_{\varphi''_{x^+}}(k, \mathscr{E}''_{x^+})$ *par* ψ^+ *est incluse dans* $\mathrm{H}^1(\mathscr{U}_{\mathscr{O}_\mathrm{T}}, \mathbf{Z}/2)$.

Démonstration — D'après le lemme 2.23 et la proposition 2.8, il suffit de prouver l'égalité $v_0(\beta) = v^+_{\mathrm{M}_0}(\beta)$ dans $\mathbf{Z}/2$ pour tout $\beta \in \mathrm{Sel}_{\varphi''_{x^+}}(k, \mathscr{E}''_{x^+})$. Fixons donc $\beta \in \mathrm{Sel}_{\varphi''_{x^+}}(k, \mathscr{E}''_{x^+})$ et considérons le cup-produit $\psi(\alpha)(x^+) \cup \beta \in {}_2\mathrm{Br}(k)$ des classes $\psi(\alpha)(x^+)$, $\beta \in \mathrm{H}^1(k, \mathbf{Z}/2)$. La loi de réciprocité globale permet d'écrire que

$$\sum_{v \in \Omega} \mathrm{inv}_v(\psi(\alpha)(x^+) \cup \beta) = 0. \tag{2.43}$$

Montrons dans un premier temps que $\mathrm{inv}_v(\psi(\alpha)(x^+) \cup \beta) = 0$ pour tout $v \in \Omega \setminus \{v_0, v^+_{\mathrm{M}_0}\}$. Pour tout $v \in \Omega$, cet invariant est égal à la valeur de l'accouplement $\mathrm{V}'^+_v \times \mathrm{V}''^+_v \to \mathbf{Z}/2$ (cf. paragraphe 2.3.2) sur l'image du couple $(\psi(\alpha)(x^+), \beta)$. L'image de β dans V''^+_v appartient à W''^+_v par hypothèse. Comme les sous-groupes $\mathrm{W}'^+_v \subset \mathrm{V}'^+_v$ et $\mathrm{W}''^+_v \subset \mathrm{V}''^+_v$ sont orthogonaux pour cet accouplement, il suffit de prouver que l'image de $\psi(\alpha)(x^+)$ dans V'^+_v

appartient à W'^{+}_{v} pour tout $v \in \Omega \setminus \{v_0, v^{+}_{M_0}\}$. Pour $v \in T$, c'est une conséquence de l'hypothèse (2.36). Pour $v \in \Omega \setminus T^{+}(x^{+})$, cela provient de ce que $W'^{+}_{v} = T'^{+}_{v}$ (lemme 2.16). Pour $v \in \{v^{+}_{M}\,;\, M \in \mathscr{M}'\}$, la proposition 2.10 montre que $W'^{+}_{v} = V'^{+}_{v}$. Seules restent les places v^{+}_{M} pour $M \in \mathscr{M}'' \setminus \{M_0\}$. Soit $M \in \mathscr{M}'' \setminus \{M_0\}$. D'après les propositions 2.18 et 2.13, la place w_M de $\kappa(M)$ est totalement décomposée dans $K_{M,\psi(\alpha)}$. On en déduit, à l'aide de la proposition 2.12, applicable grâce à la première partie de la proposition 2.13, l'égalité

$$\sum_{v\in T} \mathrm{inv}_v\, A_{K_{M,\psi(\alpha)}/\kappa(M)}(x) = 0.$$

Compte tenu de l'hypothèse (2.37), de la proposition 2.11 appliquée à la place $v = v_0$ et de ce que $M \neq M_0$, il en résulte que

$$\sum_{v\in T^{+}} \mathrm{inv}_v\, A_{K_{M,\psi(\alpha)}/\kappa(M)}(x^{+}) = 0.$$

Une nouvelle application de la proposition 2.12 montre enfin que la place w^{+}_{M} de $\kappa(M)$ est totalement décomposée dans $K_{M,\psi(\alpha)}$, ce qui implique, d'après la proposition 2.13, que l'image de $\psi(\alpha)(x^{+})$ dans $V'^{+}_{v^{+}_{M}}$ appartient bien à $W'^{+}_{v^{+}_{M}}$.

Ainsi a-t-on prouvé que l'équation (2.43) se réduit à

$$\mathrm{inv}_{v_0}(\psi(\alpha)(x^{+}) \cup \beta) = \mathrm{inv}_{v^{+}_{M_0}}(\psi(\alpha)(x^{+}) \cup \beta). \tag{2.44}$$

Supposons momentanément que l'image de $\psi(\alpha)(x^{+})$ dans $V'^{+}_{v^{+}_{M_0}}$ soit nulle. La place $w^{+}_{M_0}$ de $\kappa(M_0)$ est alors totalement décomposée dans $K_{M_0,\psi(\alpha)}$ (proposition 2.13). Il s'ensuit (proposition 2.12) que

$$\sum_{v\in T^{+}} \mathrm{inv}_v\, A_{K_{M_0,\psi(\alpha)}/\kappa(M_0)}(x^{+}) = 0. \tag{2.45}$$

On a par ailleurs, à nouveau grâce aux propositions 2.13 et 2.12 :

$$\sum_{v\in T} \mathrm{inv}_v\, A_{K_{M_0,\psi(\alpha)}/\kappa(M_0)}(x) = 0. \tag{2.46}$$

De l'hypothèse (2.37) et des deux équations (2.45) et (2.46) résulte l'égalité

$$\mathrm{inv}_{v_0}\, A_{K_{M_0,\psi(\alpha)}/\kappa(M_0)}(x^{+}) = 0.$$

Les propositions 2.11 et 2.13 permettent d'en déduire que la place w_0 est totalement décomposée dans $K_{M_0,\psi(\alpha)}$ puis que l'image de $\psi(\alpha)(x^{+})$ dans $H^1(k_{v_0}, \mathscr{E}'_{x^{+}})$ est nulle, contredisant ainsi l'hypothèse (2.34). Nous avons donc prouvé, par l'absurde, que l'image de $\psi(\alpha)(x^{+})$ dans $V'^{+}_{v^{+}_{M_0}}$ n'est pas nulle.

Compte tenu de l'hypothèse (2.34), l'image de $\psi(\alpha)(x^+)$ dans $V_v'^+$ n'est donc nulle pour aucun $v \in \{v_0, v_{M_0}^+\}$. Montrons maintenant qu'elle appartient à $T_v'^+$ pour tout $v \in \{v_0, v_{M_0}^+\}$. Le lemme 2.9, appliqué deux fois, entraîne que $v_{M_0}^+(\psi(\alpha)(x^+)) = v_{M_0}(\psi(\alpha)(x)) = v_{M_0}(\alpha)$, or $v_{M_0}(\alpha) = 0$ d'après la proposition 2.10. Ceci prouve le résultat voulu pour $v = v_{M_0}^+$. La nullité de $v_0(\psi(\alpha)(x^+))$ se déduit de celle de $v_{M_0}^+(\psi(\alpha)(x^+))$ grâce au lemme 2.23.

En vertu de la formule du symbole modéré (cf. [60, Ch. XIV, Proposition 8]), on déduit de l'appartenance de l'image de $\psi(\alpha)(x^+)$ dans $V_v'^+$ à $T_v'^+ \setminus \{1\}$ l'équivalence

$$\mathrm{inv}_v(\psi(\alpha)(x^+) \cup \beta) = 0 \Longleftrightarrow v(\beta) = 0$$

pour $v \in \{v_0, v_{M_0}^+\}$. Vu l'équation (2.44), ceci achève la démonstration du lemme. □

Lemme 2.27 — *L'image de* $\psi^+(\mathrm{Sel}_{\varphi''_{x^+}}(k, \mathscr{E}''_{x^+}))$ *par la flèche* $\mathrm{H}^1(\mathscr{U}_{\mathscr{O}_\mathrm{T}}, \mathbf{Z}/2) \to \mathrm{H}^1(\mathscr{O}_{\mathrm{T}(x)}, \mathbf{Z}/2)$ *d'évaluation en* x *est incluse dans* $\mathrm{Sel}_{\varphi''_x}(k, \mathscr{E}''_x)$.

Démonstration — On démontre ce lemme à partir du lemme 2.26 exactement comme on a démontré le lemme 2.25 à partir du lemme 2.24; il suffit d'échanger tous les $'$ et les $''$ et de remplacer la référence au lemme 2.24 par une référence au lemme 2.26. □

Il existe une injection naturelle $\mathrm{Sel}_{\varphi''_{x^+}}(k, \mathscr{E}''_{x^+}) \hookrightarrow \mathrm{Sel}_{\varphi''_x}(k, \mathscr{E}''_x)$, d'après les lemmes 2.26 et 2.27 et la proposition 2.7. L'inégalité (2.39) est donc établie. Les lemmes 2.25 et 2.27 montrent de plus que

$$\psi^+(\mathrm{Sel}_{\varphi'_{x^+}}(k, \mathscr{E}'_{x^+})) \subset \psi(\mathrm{Sel}_{\varphi'_x}(k, \mathscr{E}'_x))$$

et que

$$\psi^+(\mathrm{Sel}_{\varphi''_{x^+}}(k, \mathscr{E}''_{x^+})) \subset \psi(\mathrm{Sel}_{\varphi''_x}(k, \mathscr{E}''_x)).$$

Grâce aux hypothèses (2.32) et (2.33), on en déduit que

$$\psi^+(\mathrm{Sel}_{\varphi'_{x^+}}(k, \mathscr{E}'_{x^+})) \subset \mathfrak{S}_{\varphi',\mathrm{S}}(\mathbf{A}^1_k, \mathscr{E}')$$

et

$$\psi^+(\mathrm{Sel}_{\varphi''_{x^+}}(k, \mathscr{E}''_{x^+})) \subset \mathfrak{S}_{\varphi'',\mathrm{S}}(\mathbf{A}^1_k, \mathscr{E}'').$$

La minimalité du couple (m', m'') fournit maintenant une contradiction.

Ainsi avons-nous établi, par l'absurde, que $\psi(\alpha) \in \mathfrak{S}'_{\mathrm{D}_0,\mathrm{S}}$ pour tout $\alpha \in \mathrm{Sel}_{\varphi'_x}(k, \mathscr{E}'_x)$. Échangeant ci-dessus d'une part tous les $'$ et les $''$ (sauf bien sûr dans T'_M et dans (m', m'')) et remplaçant d'autre part le lemme 2.21 par le lemme suivant, on obtient une preuve de l'assertion duale : $\varphi(\alpha) \in \mathfrak{S}''_{\mathrm{D_0,S}}$ pour tout $\alpha \in \mathrm{Sel}_{\varphi''_x}(k, \mathscr{E}''_x)$. D'où finalement $x \in \mathscr{R}_{\mathrm{D_0,S}}$.

Lemme 2.28 — *Pour tout $e \in {}_{\varphi''}\mathrm{H}^1(\mathbf{A}^1_k, \mathscr{E}'') \setminus \mathfrak{T}''_{\mathrm{D_0}}$, il existe $\mathrm{M} \in \mathscr{M}'$ et une infinité de places $v \in \Omega \setminus \mathrm{S_0}$ telles qu'il existe une place w de $\kappa(\mathrm{M})$ totalement décomposée dans $\mathrm{L'_M L''_M K_M}$, divisant v, non ramifiée et de degré résiduel 1 sur v, telle que pour tout $x_v \in \mathbf{A}^1(\mathscr{O}_v)$ rencontrant transversalement $\widetilde{\mathrm{M}}$ en w, l'image de e par la flèche $\mathrm{H}^1(\mathbf{A}^1_k, \mathscr{E}'') \to \mathrm{H}^1(k_v, \mathscr{E}''_{x_v})$ d'évaluation en x_v soit non nulle.*

Démonstration — L'énoncé du lemme 2.28 s'obtient à partir de celui du lemme 2.21 en échangeant les $'$ et les $''$; néanmoins, la preuve du lemme 2.28 ne se déduit pas formellement de celle du lemme 2.21. L'opération naturelle que l'on peut appliquer à la fois à l'énoncé et à la preuve du lemme 2.21 sans les invalider est celle consistant à échanger les $'$ et les $''$ et à remplacer respectivement $\delta'_{\mathrm{M}}([\mathscr{X}])$ et $\mathrm{K_M}$ par $\delta''_{\mathrm{M}}([\mathscr{X}''])$ et $\mathrm{K''_M}$, où $\mathrm{K''_M}$ désigne le corps $\mathrm{K}_{\mathrm{M},d}$ donné par le lemme 2.6 en prenant pour d l'image de $[\mathscr{X}'']$ dans $\mathrm{H}^1(\kappa(\mathrm{M}), \mathrm{F''_M})$. Ceci prouve que le lemme 2.28 devient vrai si l'on remplace $\mathrm{K_M}$ par $\mathrm{K''_M}$ dans son énoncé. Pour conclure, il suffit donc d'établir l'existence d'un plongement $\kappa(\mathrm{M})$-linéaire $\mathrm{K_M} \hookrightarrow \mathrm{L'_M L''_M K''_M}$ pour tout $\mathrm{M} \in \mathscr{M}'$.

Soit $\mathrm{M} \in \mathscr{M}'$. La suite

$$0 \longrightarrow \mathrm{F'_M} \longrightarrow \mathrm{F''_M} \longrightarrow \mathbf{Z}/2 \longrightarrow 0 \tag{2.47}$$

est exacte (cf. proposition A.8). Il en résulte d'une part que l'extension $\mathrm{L'_M}/\kappa(\mathrm{M})$ se plonge dans $\mathrm{L''_M}/\kappa(\mathrm{M})$ et d'autre part que la flèche

$$\mathrm{H}^1(\mathrm{L''_M K''_M}, \mathrm{F'_M}) \longrightarrow \mathrm{H}^1(\mathrm{L''_M K''_M}, \mathrm{F''_M})$$

induite par φ'_{M} est injective, compte tenu que le $\mathrm{L''_M}$-groupe $\mathrm{F''_M} \otimes_{\kappa(\mathrm{M})} \mathrm{L''_M}$ est constant. On dispose donc d'un carré commutatif

$$\begin{array}{ccc}
\mathrm{H}^1(\mathrm{L'_M}, \mathrm{F'_M}) & \longrightarrow & \mathrm{H}^1(\mathrm{L''_M K''_M}, \mathrm{F'_M}) \\
\big\downarrow & & \big\downarrow \\
\mathrm{H}^1(\mathrm{L''_M}, \mathrm{F''_M}) & \longrightarrow & \mathrm{H}^1(\mathrm{L''_M K''_M}, \mathrm{F''_M})
\end{array}$$

induit par φ'_{M} et par les diverses flèches de restrictions. L'image de $\delta'_{\mathrm{M}}([\mathscr{X}])$ par la flèche verticale de gauche est égale à $\delta''_{\mathrm{M}}([\mathscr{X}''])$, or celle-ci appartient au noyau de la flèche horizontale inférieure par définition de $\mathrm{K''_M}$. La classe $\delta'_{\mathrm{M}}([\mathscr{X}])$ appartient donc au noyau de la flèche horizontale supérieure, ce qui signifie que $\mathrm{L'_M K_M}$ se plonge $\mathrm{L'_M}$-linéairement dans $\mathrm{L''_M K''_M}$, comme il fallait démontrer. □

Supposons maintenant que $\mathrm{T}_\infty \neq \varnothing$. Il reste à prouver que $x \in \mathscr{R}_{\mathrm{D}}$. Il suffit pour cela de vérifier que pour tout $\alpha \in \mathrm{Sel}_{\varphi'_x}(k, \mathscr{E}'_x)$ (resp. $\alpha \in \mathrm{Sel}_{\varphi''_x}(k, \mathscr{E}''_x)$), l'image de $\psi(\alpha)$ dans $\mathrm{H}^1(\mathrm{K}, \mathbf{Z}/2) = \mathrm{K}^\star/\mathrm{K}^{\star 2}$ est de valuation nulle au point $\infty \in \mathbf{P}^1_k$.

Lemme 2.29 — *Les groupes* $\mathfrak{S}'_{\mathrm{D}_0} \cap \mathrm{H}^1(\mathscr{U}_{\mathscr{O}_\mathrm{T}}, \mathbf{Z}/2)$ *et* $\mathfrak{S}''_{\mathrm{D}_0} \cap \mathrm{H}^1(\mathscr{U}_{\mathscr{O}_\mathrm{T}}, \mathbf{Z}/2)$ *sont inclus dans* $\mathrm{H}^1(\mathscr{U}_{\mathscr{O}_{\mathrm{T}\setminus\{v_\infty\}}}, \mathbf{Z}/2)$.

Démonstration — Soit $a \in \mathfrak{S}'_{\mathrm{D}_0} \cap \mathrm{H}^1(\mathscr{U}_{\mathscr{O}_\mathrm{T}}, \mathbf{Z}/2)$. La proposition 2.8 et l'hypothèse (2.18) pour $\mathrm{S} = \mathrm{S}_1$ assurent l'existence de $c \in \mathrm{H}^1(\mathscr{U}_{\mathscr{O}_{\mathrm{S}_1}}, \mathbf{Z}/2)$ tel que pour tout $\mathrm{M} \in \mathscr{M}$, les images de a et de c dans $\mathrm{H}^1(\mathrm{K}^{\mathrm{sh}}_\mathrm{M}, \mathbf{Z}/2)$ coïncident. Posant $b = a - c$, on a nécessairement $b \in \mathrm{H}^1(\mathscr{O}_\mathrm{T}, \mathbf{Z}/2)$. Il résulte de la construction de v_∞ que l'image de b dans $k^\star/k^{\star 2}$ est de valuation nulle en v_∞, autrement dit que $b \in \mathrm{H}^1(\mathscr{O}_{\mathrm{T}\setminus\{v_\infty\}}, \mathbf{Z}/2)$. On a alors $a \in \mathrm{H}^1(\mathscr{U}_{\mathscr{O}_{\mathrm{T}\setminus\{v_\infty\}}}, \mathbf{Z}/2)$, comme annoncé. L'inclusion de $\mathfrak{S}''_{\mathrm{D}_0} \cap \mathrm{H}^1(\mathscr{U}_{\mathscr{O}_\mathrm{T}}, \mathbf{Z}/2)$ dans $\mathrm{H}^1(\mathscr{U}_{\mathscr{O}_{\mathrm{T}\setminus\{v_\infty\}}}, \mathbf{Z}/2)$ se prouve exactement de la même manière. □

Il n'y a plus qu'à appliquer le lemme 2.9 à la place v_∞ pour conclure, compte tenu de ce que $v_\infty(\alpha) = 0$ puisque v_∞ est une place de bonne réduction pour $\mathscr{E}'_x$ et $\mathscr{E}''_x$ (lemme 2.16). Ceci achève la démonstration de la proposition 2.20. □

Le théorème 2.2 est maintenant prouvé. En effet, x est entier en-dehors de S_1 lorsque $\mathrm{T}_\infty = \varnothing$, puisqu'il est entier en-dehors de S (préadmissibilité du couple $(\mathscr{T}, x)$) et que $\mathrm{S} = \mathrm{S}_1$ si $\mathrm{T}_\infty = \varnothing$.

Chapitre 3

Principe de Hasse pour les surfaces de del Pezzo de degré 4

3.1 Introduction

Ce chapitre est consacré aux deux conjectures suivantes.

Conjectures 3.1 — *Soit k un corps de nombres.*
(i) Soit X *une surface de del Pezzo de degré* 4 *sur k. Si* $\mathrm{X}(\mathbf{A}_k)^{\mathrm{Br}} \neq \varnothing$, *alors* $\mathrm{X}(k) \neq \varnothing$.
(ii) Soit $n \geqslant 5$. Toute intersection lisse de deux quadriques dans $\mathbf{P}^n_k$ *satisfait au principe de Hasse.*

(La première de ces conjectures apparut d'abord sous la forme d'une question dans [16] ; la seconde en est une conséquence (cf. [35]). Voir également [19, §16] et [12, §5.5 et §5.6]. Par « quadrique », on entend bien sûr « hypersurface quadrique ».)

Rappelons qu'une *surface de del Pezzo* X sur k est une surface projective et lisse sur k, de faisceau anti-canonique ample ; le *degré* de X, compris entre 1 et 9, est le nombre d'auto-intersection de son faisceau canonique. L'étude systématique de l'arithmétique des surfaces de del Pezzo est justifiée par le théorème de classification suivant, dû à Enriques, Manin et Iskovskikh [40] : toute surface rationnelle sur k est k-birationnelle à une surface de del Pezzo ou à un fibré en coniques au-dessus d'une conique. Que les fibrés en coniques au-dessus d'une conique admettent un point rationnel dès que l'obstruction de Brauer-Manin ne s'y oppose pas est connu lorsqu'il y a au plus cinq fibres géométriques singulières (cf. [18], [19], [11], [57], [58]), en toute généralité si l'on admet l'hypothèse de Schinzel (cf. [17], [23]). D'autre part, on sait depuis Manin [48] et Swinnerton-Dyer [71] que les surfaces de del Pezzo de degré $\geqslant 5$ sur k satisfont toujours au principe de Hasse. Les surfaces de del Pezzo de degré 4 constituent donc la classe de surfaces rationnelles la plus simple pour laquelle il n'est pas connu, même en admettant l'hypothèse de Schinzel, qu'il existe un point rationnel dès que l'obstruction de Brauer-Manin ne s'y oppose pas. On sait en revanche qu'elles ne satisfont pas toujours au principe de Hasse.

Le premier contre-exemple fut trouvé par Birch et Swinnerton-Dyer [4], et tous les contre-exemples connus sont expliqués par l'obstruction de Brauer-Manin.

Les surfaces de del Pezzo de degré 4 sur k sont les surfaces lisses qui s'écrivent comme l'intersection de deux quadriques dans $\mathbf{P}^4_k$ (cf. [48, p. 96]) ; ainsi les deux conjectures 3.1 sont-elles très proches. La question du principe de Hasse pour les intersections lisses de deux quadriques dans $\mathbf{P}^n_k$ possède une longue histoire, dont les grandes dates furent les suivantes. En 1959, Mordell [52] prouva la conjecture 3.1 (ii) pour $n \geqslant 12$ et $k = \mathbf{Q}$. En 1964, Swinnerton-Dyer [70] établit la conjecture 3.1 (ii) pour $n \geqslant 10$ et $k = \mathbf{Q}$, améliorant ainsi le résultat de Mordell (cf. [19, Remark 10.5.2] pour une correction). En 1971, Cook [25] démontra le principe de Hasse pour les intersections lisses de deux quadriques définies par des formes quadratiques simultanément diagonales dans $\mathbf{P}^n_k$ avec $n \geqslant 8$ et $k = \mathbf{Q}$. En 1987, pour k arbitraire et par des méthodes radicalement différentes, Colliot-Thélène, Sansuc et Swinnerton-Dyer prouvèrent la conjecture 3.1 (ii) pour $n \geqslant 8$ ainsi que dans quelques cas particuliers concernant les intersections de deux quadriques qui contiennent soit deux droites gauches conjuguées, soit une quadrique de dimension 2 (cf. [18], [19]). Par la suite, Debbache obtint le cas des intersections lisses de deux quadriques dans $\mathbf{P}^7_k$ dont l'une est singulière (non publié) et Salberger celui des intersections lisses de deux quadriques dans $\mathbf{P}^n_k$ qui contiennent une conique définie sur k, pour $n \geqslant 5$ (non publié).

Voici maintenant la liste des résultats connus au sujet de la conjecture 3.1 (i). Ils concernent tous des familles exceptionnelles de surfaces de del Pezzo de degré 4. Soit $\mathrm{X} \subset \mathbf{P}^4_k$ une intersection lisse de deux quadriques, de dimension 2. Tout d'abord, le principe de Hasse vaut pour la surface X si elle contient deux droites gauches conjuguées ; en effet, en contractant ces droites, on obtient une surface de del Pezzo de degré 6. Plus généralement, dès que X n'est pas une surface k-minimale, une contraction permet de se ramener à une surface de del Pezzo de degré > 4. Lorsque X admet une structure de fibré en coniques sur $\mathbf{P}^1_k$, Salberger a démontré que $\mathrm{X}(k) \neq \varnothing$ dès que $\mathrm{X}(\mathbf{A}_k)^{\mathrm{Br}} \neq \varnothing$ (cf. [57], notamment la remarque qui suit le théorème (0.8)). Ainsi le principe de Hasse en l'absence d'obstruction de Brauer-Manin est-il connu lorsque le groupe de Picard de X est de rang $\geqslant 2$. Enfin, en admettant l'hypothèse de Schinzel et la finitude des groupes de Tate-Shafarevich des courbes elliptiques sur $\mathbf{Q}$, Swinnerton-Dyer [73] a établi le principe de Hasse pour la surface X lorsqu'elle est définie par un système d'équations de la forme

$$\begin{cases} a_0x_0^2 + a_1x_1^2 + a_2x_2^2 + a_3x_3^2 + a_4x_4^2 = 0, \\ b_0x_0^2 + b_1x_1^2 + b_2x_2^2 + b_3x_3^2 + b_4x_4^2 = 0, \end{cases} \tag{3.1}$$

où $a_0, \dots, a_4, b_0, \dots, b_4 \in \mathbf{Q}$ sont « suffisamment généraux » en un sens explicite (et qui implique notamment que $\mathrm{Br}(\mathrm{X})/\mathrm{Br}(\mathbf{Q}) = 0$, tout en étant strictement plus fort). Ce résultat fut généralisé à tout corps de nombres par Colliot-Thélène, Skorobogatov et Swinnerton-Dyer (cf. [21, §3.2]).

Le but de ce chapitre est d'établir la conjecture 3.1 (ii) ainsi qu'une grande partie de la conjecture 3.1 (i) (couvrant notamment le cas d'une surface de del Pezzo de degré 4 « suffisamment générale »), en admettant l'hypothèse de Schinzel et la finitude des groupes de Tate-Shafarevich des courbes elliptiques sur les corps de nombres. Signalons tout de suite qu'il y a un espoir à moyen terme de débarrasser ces résultats de l'hypothèse de Schinzel : étant donné que pour les surfaces de del Pezzo de degré 4, il est équivalent de s'intéresser aux points rationnels ou aux 0-cycles de degré 1 (en tout cas pour ce qui concerne les propriétés considérées ici ; cf. proposition 3.101 ci-dessous), il suffirait pour cela de réussir à intégrer « l'astuce de Salberger » dans la preuve du théorème principal du chapitre 2. Pour plus de détails, le lecteur pourra consulter l'introduction du chapitre 2, où cette question est discutée.

Les hypothèses précises sous lesquelles nous établissons le principe de Hasse pour les surfaces de del Pezzo de degré 4 étant de nature assez technique, nous nous contentons d'énoncer ici les cas particuliers les plus simples. Soit X une surface de del Pezzo de degré 4 sur k. Soient q_1 et q_2 des formes quadratiques homogènes en 5 variables, à coefficients dans k, telles que X soit isomorphe à la sous-variété de $\mathbf{P}^4_k$ définie par le système d'équations $q_1 = q_2 = 0$. Le polynôme homogène $f(\lambda, \mu) = \det(\lambda q_1 + \mu q_2) \in k[\lambda, \mu]$, est de degré 5. Choisissons un corps de décomposition k' de f, numérotons les racines de f dans k' et notons $\mathrm{G} \subset \mathfrak{S}_5$ le groupe de Galois de k' sur k. La classe de conjugaison du sous-groupe $\mathrm{G} \subset \mathfrak{S}_5$ ne dépend que de la surface X.

Théorème 3.2 (cf. théorème 3.36) — *Admettons l'hypothèse de Schinzel et la finitude des groupes de Tate-Shafarevich des courbes elliptiques sur les corps de nombres. La surface* X *satisfait au principe de Hasse dès que l'une des conditions suivantes est remplie :*
- *le sous-groupe* $\mathrm{G} \subset \mathfrak{S}_5$ *est* 3*-transitif (*i.e. $\mathrm{G} = \mathfrak{A}_5$ *ou* $\mathrm{G} = \mathfrak{S}_5$*) ;*
- *le polynôme f admet exactement deux racines k-rationnelles et d'autre part* $\mathrm{Br}(\mathrm{X})/\mathrm{Br}(k) = 0$ *;*
- *le polynôme f est scindé et* $\mathrm{Br}(\mathrm{X})/\mathrm{Br}(k) = 0$.

Notons que si la surface X est « suffisamment générale », on a $\mathrm{G} = \mathfrak{S}_5$ (cf. par exemple [77, Theorem 7]), et en particulier G est un sous-groupe 3-transitif de $\mathfrak{S}_5$. Plus délicat, nous établirons que si X est une section hyperplane « suffisamment générale » d'une intersection lisse de dimension 3 de deux quadriques dans $\mathbf{P}^5_k$ *arbitraire* et *fixée*, on a encore $\mathrm{G} = \mathfrak{S}_5$; à l'aide d'un argument de fibration standard, ceci nous permettra de déduire du théorème 3.2 :

Théorème 3.3 — *Admettons l'hypothèse de Schinzel et la finitude des groupes de Tate-Shafarevich des courbes elliptiques sur les corps de nombres. Soit $n \geqslant 5$. Toute intersection lisse de deux quadriques dans $\mathbf{P}^n_k$ satisfait au principe de Hasse.*

Lorsque les formes quadratiques q_1 et q_2 sont simultanément diagonales, c'est-à-dire lorsque la surface X est définie par un système d'équations de la forme (3.1), le polynôme f est scindé. Le théorème 3.2 peut donc être vu comme une vaste généralisation du résultat de Colliot-Thélène, Skorobogatov et Swinnerton-Dyer mentionné précédemment ; de plus, même dans le cas particulier où q_1 et q_2 sont simultanément diagonales, il l'améliore, puisqu'il s'applique alors sans autre hypothèse que la nullité de $\mathrm{Br}(\mathrm{X})/\mathrm{Br}(k)$. Tous les autres cas du théorème 3.2 sont entièrement nouveaux. Nous renvoyons le lecteur au paragraphe 3.4.1 pour des résultats plus précis que ceux énoncés ici ; en réalité, pour toute classe de conjugaison $\mathscr{C}$ de sous-groupes de $\mathfrak{S}_5$, nous obtenons le principe de Hasse dès que X est « suffisamment générale » (en un sens explicite) parmi les surfaces de del Pezzo de degré 4 pour lesquelles $\mathrm{G} \in \mathscr{C}$.

Le point de départ de la preuve du théorème 3.2 est la construction que Swinnerton-Dyer expose dans [1, §6], où il explique comment associer à une surface de del Pezzo de degré 4 toute une famille de surfaces munies d'un pinceau de courbes de genre 1 et de période 2 dont les jacobiennes admettent une section d'ordre 2. On peut espérer combiner cette construction avec les méthodes du chapitre 2 pour démontrer qu'une surface de del Pezzo de degré 4 admet un point rationnel dès que l'obstruction de Brauer-Manin ne s'y oppose pas, sous l'hypothèse de Schinzel et la finitude des groupes de Tate-Shafarevich. L'effort de Swinnerton-Dyer en ce sens dans [1, §6] ne fut que partiellement fructueux. D'une part, il ne parvint pas à dégager de condition suffisante raisonnable pour l'existence d'un point rationnel sur une surface de del Pezzo de degré 4 (cf. [1, Theorem 3]), et d'autre part, il s'avère que les arguments de [1, §6] contiennent plusieurs erreurs cruciales (de sorte que le « Theorem 3 », notamment, est faux).

Avant de donner plus de détails sur la preuve du théorème 3.2, décrivons rapidement l'organisation du chapitre.

Le paragraphe 3.2 est consacré à un résultat d'ordre général concernant l'obstruction de Brauer-Manin verticale pour des fibrations au-dessus de $\mathbf{P}^n_k$ (ou plutôt d'un ouvert de $\mathbf{P}^n_k$ dont le complémentaire est de codimension $\geqslant 2$). Nous y prouvons que s'il n'y a pas d'obstruction de Brauer-Manin verticale à l'existence d'un point rationnel sur l'espace total d'une telle fibration et que chaque fibre de codimension 1 est déployée par une extension abélienne du corps de base, alors il existe une fibre au-dessus d'un point k-rationnel contenant un k_v-point lisse pour toute place v de k, si l'on admet l'hypothèse de Schinzel. Un tel énoncé est connu lorsque $n = 1$ (cf. [22, Theorem 1.1]), et la preuve pour n quelconque consiste à montrer que l'on peut supposer que $n = 1$. Un ingrédient de première importance dans cette démonstration est un théorème récent d'Harari, qui établit un analogue de [37, Théorème 3.2.1] pour des fibrations en variétés géométriquement intègres quelconques, avec la contrepartie que seul un sous-groupe fini du groupe de Brauer de la fibre générique est pris en compte.

Le paragraphe 3.3 contient quelques rappels sur les pinceaux de quadriques dans $\mathbf{P}^n$ ainsi qu'une remarque qui nous conduira à une reformulation plus conceptuelle de la construction de Swinnerton-Dyer. Au paragraphe 3.4.1, nous énonçons la forme précise du théorème 3.2 ; sa preuve occupe les paragraphes 3.4.2 à 3.4.7. Dans [1, §6], Swinnerton-Dyer espérait que sa méthode permette d'établir, en toute généralité, qu'une surface de del Pezzo de degré 4 admet un point rationnel dès que l'obstruction de Brauer-Manin ne s'y oppose pas (sous l'hypothèse de Schinzel et la finitude des groupes de Tate-Shafarevich). À l'aide des résultats du paragraphe 3.4.3, nous montrons au paragraphe 3.4.8 que cet espoir était *prévisiblement* trop optimiste et qu'à moins d'avancées importantes dans l'arithmétique des pinceaux de courbes de genre 1, les techniques employées dans ce chapitre ne suffisent pas à l'étude des points rationnels des surfaces de del Pezzo de degré 4 pour lesquelles $\mathrm{Br}(\mathrm{X})/\mathrm{Br}(k) \neq 0$.

Enfin, les paragraphes 3.5.1 et 3.5.2 démontrent le théorème 3.3.

Voici maintenant quelques indications sur la preuve du théorème 3.2. Soit X une surface de del Pezzo de degré 4 sur k, vue comme intersection de deux quadriques dans $\mathbf{P}^4_k$. Supposons qu'il n'y ait pas d'obstruction de Brauer-Manin à l'existence d'un point rationnel sur X. Les résultats du chapitre 2 permettront de conclure quant à l'existence d'un point rationnel sur X si l'on trouve une famille de sections hyperplanes remplissant les conditions suivantes :

(i) la famille doit être paramétrée par $\mathbf{P}^1_k$;

(ii) sa fibre générique doit être une courbe lisse et géométriquement connexe de genre 1 et de période 2 dont la jacobienne admet un point d'ordre 2 rationnel ;

(iii) la condition (D) du chapitre 2 (ou la condition (E), cf. paragraphe 2.2) doit être satisfaite ;

(iv) il ne doit pas y avoir d'obstruction de Brauer-Manin verticale à l'existence d'un point rationnel sur l'espace total de cette famille.

Une réduction standard (cf. proposition 3.101) permet de ne s'intéresser qu'au cas où le polynôme f admet une racine k-rationnelle, compte tenu qu'il est de degré impair. Sous cette hypothèse, la construction de Swinnerton-Dyer fournit une famille $\pi \colon \mathrm{Y} \to \mathrm{B}$ de sections hyperplanes de X remplissant la condition (ii), où B est un ouvert de $\mathbf{P}^3_k$ dont le complémentaire est de codimension $\geqslant 2$. La projection naturelle $\mathrm{Y} \to \mathrm{X}$ admet une section rationnelle, de sorte que la condition (iv) est automatique. Bien entendu, la condition (i) est en défaut et la condition (iii) n'a donc pas de sens pour π.

Se pose alors la question suivante : existe-t-il une droite k-rationnelle $\mathrm{D} \subset \mathbf{P}^3_k$ incluse dans B, telle que la famille $\pi^{-1}(\mathrm{D}) \to \mathrm{D}$ satisfasse aux conditions (i) à (iv) ? Pour les conditions (i) et (ii), il suffit que D soit choisie hors d'un certain fermé de codimension 1 de l'espace des droites de $\mathbf{P}^3_k$. Voici comment forcer la condition (iv) à être satisfaite. D'après les résultats du paragraphe 3.2, il existe $b_0 \in \mathrm{B}(k)$ tel que la fibre $\pi^{-1}(b_0)$ soit lisse et admette un k_v-point pour toute place v de k. En particulier, si $b_0 \in \mathrm{D}$, l'une des fibres de la famille $\pi^{-1}(\mathrm{D}) \to \mathrm{D}$ au-dessus d'un point k-rationnel contient un k_v-point lisse pour toute place v ; ceci assure que l'obstruction de Brauer-Manin verticale à l'existence d'un point rationnel sur $\pi^{-1}(\mathrm{D})$ s'évanouit. On ne considérera donc par la suite que des droites D passant par b_0.

Reste seulement la condition (iii). Au paragraphe 3.4.5, nous définissons une version de la condition (D) adaptée à la fibration π tout entière ; nous l'appelons « condition (D) générique ». Elle admet une formulation dans laquelle interviennent : la géométrie du lieu $\Delta \subset \mathrm{B}$ des fibres singulières de π, la structure galoisienne de Δ et enfin la structure galoisienne des fibres de π au-dessus des points génériques des composantes irréductibles de Δ. (L'expression « structure galoisienne » désigne la collection des objets que l'on peut associer à une variété (ou à un morphisme de variétés) indépendamment de la nature du corps de base, mais qui sont triviaux lorsque le corps de base est séparablement clos. En l'occurrence, c'est d'une manière très délicate que la structure galoisienne de Δ apparaît dans la condition (D) générique ; il ne s'agit pas simplement de l'action de $\mathrm{Gal}(\overline{k}/k)$ sur l'ensemble des composantes irréductibles de $\Delta \otimes_k \overline{k}$ ni de la structure galoisienne de chaque composante irréductible de Δ considérée abstraitement comme k-variété.) Nous montrons ensuite que si la condition (D) générique est satisfaite, il est possible de trouver des droites $\mathrm{D} \subset \mathrm{B}$ passant par b_0 pour lesquelles la fibration $\pi^{-1}(\mathrm{D}) \to \mathrm{D}$ vérifie la condition (E). L'argument employé nous oblige à nous contenter de la condition (E) au lieu de la condition (D), pour des raisons de finitude. Rappelons que la condition (E) dépend d'un point rationnel x de D et d'un ensemble fini S de places de k. Il est absolument essentiel ici que l'on puisse prévoir la taille de cet ensemble fini *avant* de choisir D. Une telle prédiction est possible si l'on pose $x = b_0$ car l'ensemble S ne dépend que des propriétés de la fibre de π au-dessus de x. Ce sont ces considérations qui nous ont conduit à formuler le théorème 2.5 tel qu'il est formulé, et non en termes d'obstruction de Brauer-Manin verticale ; il est à noter qu'une fois le point b_0 fixé, le « lemme formel » n'est plus jamais utilisé.

Ainsi suffit-il, pour démontrer le théorème 3.2, de traduire la condition (D) générique en termes des propriétés de la surface de del Pezzo X ; et c'est là la partie la plus délicate de l'argument. En effet, il s'avère qu'après extension des scalaires de k à une clôture algébrique $\overline{k}$, la condition (D) générique n'est *jamais* satisfaite (bien que cette remarque n'ait rien d'évident sur la définition de la condition (D) générique). Si l'on espère trouver des conditions suffisantes sur X pour que la condition (D) générique soit satisfaite, il est donc indispensable de tenir compte de la structure galoisienne de Δ. (On voit ainsi que les arguments de [1, §6] ne pouvaient être corrects, étant purement géométriques.)

Au paragraphe 3.4.3, nous formulons la construction de Swinnerton-Dyer en termes abstraits, à l'aide uniquement des propriétés des pinceaux de quadriques dans $\mathbf{P}^n$. Cette approche nous permet d'interpréter les diverses composantes irréductibles de $\Delta \otimes_k \overline{k}$ (avec l'action du groupe $\mathrm{Gal}(\overline{k}/k)$). Elle se révèle surtout particulièrement efficace pour déterminer la structure des fibres de π au-dessus des points génériques des composantes irréductibles de Δ (notamment, elle explique l'identité « $\beta_{\Delta_5} = \varepsilon_0$ » du lemme 3.88, qui peut sembler assez mystérieuse selon la manière dont on y arrive). Néanmoins, les invariants galoisiens fins de Δ qui interviennent dans la condition (D) générique semblent actuellement hors de portée de telles considérations. Pour en donner une idée, même les questions géométriques les plus simples au sujet de Δ (par exemple, quels sont les degrés des composantes irréductibles de $\Delta \otimes_k \overline{k}$?) demanderaient encore du travail pour être résolues par voie abstraite.

Il est possible d'étudier la géométrie de Δ au moyen de calculs explicites, car sur $\overline{k}$, on peut toujours diagonaliser simultanément les formes quadratiques qui s'annulent sur X. Pour ce qui est des questions tenant à la structure galoisienne de Δ, la situation est moins favorable : il est totalement inconcevable de travailler avec des équations explicites sur k, tant elles sont complexes.

Ce n'est qu'en combinant les trois techniques suivantes que nous parviendrons à analyser la condition (D) générique précisément. Tout d'abord, pour certaines questions, un argument de descente galoisienne est possible ; on les résout sur $\overline{k}$ par le calcul, ce qui revient souvent à exhiber des identités polynomiales à coefficients entiers non évidentes, puis on suit l'action de $\mathrm{Gal}(\overline{k}/k)$ sur les formules obtenues. Parmi les autres questions, celles qui concernent les fibres singulières de π en codimension 1 sont traitées par voie abstraite. Enfin, pour les questions restantes, des réductions permettent de supposer que le polynôme f admet trois racines k-rationnelles, auquel cas certains calculs restent envisageables.

Il convient de signaler que la condition (D) générique se simplifie dans le cas où le sous-groupe $\mathrm{G} \subset \mathfrak{S}_5$ est 3-transitif, de sorte qu'une analyse plus sommaire (mais devant toujours être effectuée sur k et non sur $\overline{k}$) suffit si l'on ne s'intéresse qu'au théorème 3.3.

Notations.
Si k est un corps de nombres, on note Ω l'ensemble de ses places et l'on pose $k_\Omega = \prod_{v\in\Omega} k_v$. Si X est une variété lisse et géométriquement intègre sur k, on note $\mathrm{Br}_{\mathrm{nr}}(\mathrm{X})$ le groupe de Brauer non ramifié de X sur k et $\mathrm{X}(k_\Omega)^{\mathrm{Br}_{\mathrm{nr}}}$ l'ensemble des $(\mathrm{P}_v)_{v\in\Omega} \in \mathrm{X}(k_\Omega) = \prod_{v\in\Omega} \mathrm{X}(k_v)$ orthogonaux à $\mathrm{Br}_{\mathrm{nr}}(\mathrm{X})$, c'est-à-dire tels que $\sum_{v\in\Omega} \mathrm{inv}_v \mathrm{A}(\mathrm{P}_v) = 0$ pour tout $\mathrm{A} \in \mathrm{Br}_{\mathrm{nr}}(\mathrm{X})$ (cf. [68, §5.2]). Enfin, si l'on dispose de plus d'un morphisme $\mathrm{X} \to \mathrm{Y}$ où Y est une variété intègre, on note $\mathrm{Br}_{\mathrm{nr,vert}}(\mathrm{X}) = \mathrm{Br}_{\mathrm{nr}}(\mathrm{X}) \cap \mathrm{Br}_{\mathrm{vert}}(\mathrm{X})$ et l'on définit $\mathrm{X}(k_\Omega)^{\mathrm{Br}_{\mathrm{nr,vert}}}$ de la manière évidente.

3.2 Obstruction de Brauer-Manin verticale et points adéliques dans les fibres d'un morphisme vers $\mathbf{P}^n$

L'objet de ce paragraphe est de démontrer le théorème suivant, qui généralise [22, Theorem 1.1].

Théorème 3.4 — *Soient un corps de nombres k, un entier $n \geqslant 1$, un fermé $\mathrm{E} \subset \mathbf{P}^n_k$ de codimension $\geqslant 2$ et une k-variété géométriquement intègre X munie d'un morphisme projectif $f\colon \mathrm{X} \to \mathbf{P}^n_k \setminus \mathrm{E}$ dont la fibre générique est géométriquement intègre. On note $\mathrm{X}^0 \subset \mathrm{X}$ l'ouvert de lissité de f et $\mathrm{X}^{\mathrm{reg}} \subset \mathrm{X}$ l'ouvert des points réguliers de X.*

Supposons que pour tout point $m \in \mathbf{P}^n_k$ de codimension 1, la fibre X_m possède une composante irréductible Y_m de multiplicité 1 telle que la fermeture algébrique de $\kappa(m)$ dans $\kappa(\mathrm{Y}_m)$ soit une extension abélienne de $\kappa(m)$.

Soient U un ouvert dense de $\mathbf{P}^n_k$,

$$\mathscr{R} = \left\{x \in (\mathbf{P}^n_k \setminus \mathrm{E})(k)\,;\, \mathrm{X}_x \text{ est géométriquement intègre et } \mathrm{X}^0_x(k_\Omega) \neq \varnothing\right\}$$

et $\overline{\mathscr{R} \cap \mathrm{U}(k)}$ l'adhérence de $\mathscr{R} \cap \mathrm{U}(k)$ dans $\mathbf{P}^n(k_\Omega)$. Admettons l'hypothèse de Schinzel. Alors

$$f(\mathrm{X}^{\mathrm{reg}}(k_\Omega)^{\mathrm{Br}_{\mathrm{nr,vert}}}) \subset \overline{\mathscr{R} \cap \mathrm{U}(k)}.$$

En particulier, s'il n'y a pas d'obstruction de Brauer-Manin verticale à l'existence d'un point rationnel sur un modèle propre et lisse de X, l'ensemble $\mathscr{R}$ est Zariski-dense dans $\mathbf{P}^n_k$.

Le principe de la preuve du théorème 3.4 est de se réduire au cas où X est une surface projective et lisse et où $n = 1$, qui est exactement la situation dans laquelle [22, Theorem 1.1] s'applique. Ainsi nous ne reprouvons pas [22, Theorem 1.1] mais l'invoquons à la fin de la démonstration.

Voici quelques corollaires d'intérêt général du théorème 3.4.

Corollaire 3.5 — *Soient X une variété projective, lisse et connexe sur un corps de nombres k et $f\colon \mathrm{X} \to \mathbf{P}^n_k$ un morphisme de fibre générique géométriquement intègre. Supposons que les fibres lisses de f au-dessus des points rationnels d'un ouvert dense de $\mathbf{P}^n_k$ satisfassent à l'approximation faible et que pour tout point $m \in \mathbf{P}^n_k$ de codimension 1, la fibre de f en m possède une composante irréductible de multiplicité 1 dans le corps des fonctions de laquelle la fermeture algébrique de $\kappa(m)$ soit une extension abélienne de $\kappa(m)$. Admettons l'hypothèse de Schinzel. Alors l'adhérence de $\mathrm{X}(k)$ dans $\mathrm{X}(\mathbf{A}_k)$ est égale à $\mathrm{X}(\mathbf{A}_k)^{\mathrm{Br}_{\mathrm{vert}}}$.*

Démonstration — Notons Ω l'ensemble des places de k et fixons une famille $(\mathrm{P}_v)_{v\in\Omega} \in \mathrm{X}(\mathbf{A}_k)^{\mathrm{Br}_{\mathrm{vert}}}$, un ensemble fini $\mathrm{S} \subset \Omega$ et un voisinage $\mathscr{A}_v$ de P_v dans $\mathrm{X}(k_v)$ pour $v \in \mathrm{S}$. Nous allons exhiber un point rationnel de X dont l'image dans $\prod_{v\in S} X(k_v)$ appartienne à $\prod_{v\in S} \mathscr{A}_v$. Le théorème des fonctions implicites, la continuité de l'évaluation des classes de $Br(X)$ sur $X(k_v)$ et la finitude de $Br_{vert}(X)/Br(k)$ (établie dans [20, Lemma 3.1]) permettent de supposer, quitte à remplacer P_v par un autre point de $\mathscr{A}_v$, que f est lisse en P_v pour tout $v \in S$. Le théorème des fonctions implicites fournit alors, pour $v \in S$, un voisinage $\mathscr{U}_v$ de $f(P_v)$ dans $\mathbf{P}^n(k_v)$ et une section analytique locale $\sigma_v \colon \mathscr{U}_v \to \mathscr{A}_v$ de l'application $\mathscr{A}_v \to \mathbf{P}^n(k_v)$ induite par f. Soit $U \subset \mathbf{P}^n_k$ un ouvert dense tel que pour tout $u \in U(k)$, la fibre X_u soit lisse et satisfasse à l'approximation faible. D'après le théorème 3.4, il existe $u \in U(k)$ vérifiant $X_u(\mathbf{A}_k) \neq \varnothing$ et dont l'image dans $\prod_{v\in S} \mathbf{P}^n(k_v)$ appartienne à $\prod_{v\in S} \mathscr{U}_v$. Comme X_u satisfait à l'approximation faible et que $X_u(\mathbf{A}_k) \neq \varnothing$, il existe $x \in X_u(k)$ arbitrairement proche de $\sigma_v(u)$ pour $v \in S$. Si x est choisi suffisamment proche de $\sigma_v(u)$ pour $v \in S$, il appartiendra alors aux voisinages $\mathscr{A}_v$, puisque $\sigma_v(u) \in \mathscr{A}_v$. □

Corollaire 3.6 — *Soit* X *une variété projective, lisse et connexe sur un corps de nombres k. Soient $n \geqslant 1$ et $f \colon X \to \mathbf{P}^n_k$ un morphisme dont la fibre générique est une variété de Severi-Brauer généralisée au sens de [23, §2] (par exemple une conique, une quadrique de dimension* 2 *ou une variété de Severi-Brauer). Admettons l'hypothèse de Schinzel. Alors l'adhérence de* $X(k)$ *dans* $X(\mathbf{A}_k)$ *est égale à* $X(\mathbf{A}_k)^{Br}$. *En particulier* X *satisfait au principe de Hasse (resp. à l'approximation faible) si l'obstruction de Brauer-Manin ne s'y oppose pas. De plus* X *satisfait à l'approximation faible faible.*

Rappelons qu'une variété X sur un corps de nombres k satisfait à *l'approximation faible faible* s'il existe un ensemble fini $S \subset \Omega$ tel que l'image de l'application diagonale $X(k) \to \prod_{v\in\Omega\setminus S} X(k_v)$ soit dense, où Ω désigne l'ensemble des places de k.

Rappelons d'autre part la notion de variété de Severi-Brauer généralisée de [23, §2] : une variété X sur un corps k est une *variété de Severi-Brauer généralisée* s'il existe un ensemble fini I, une famille $(k_i)_{i\in I}$ d'extensions finies séparables de k et une famille $(V_i)_{i\in I}$ de variétés de Severi-Brauer sur k telles que X soit isomorphe au produit des restrictions des scalaires à la Weil à k des k_i-variétés $V_i \otimes_k k_i$ pour $i \in I$.

Le corollaire 3.6, dans le cas particulier où $n = 1$, n'est autre que [23, Theorem 4.2].

Démonstration — Si $X(k)$ est dense dans $X(\mathbf{A}_k)^{Br_{vert}}$, il résulte de la finitude du groupe $Br_{vert}(X)/Br(k)$, démontrée dans [20, Lemma 3.1], que X satisfait à l'approximation faible faible. Pour établir le corollaire 3.6, il suffit donc de prouver que l'hypothèse sur les fibres de codimension 1 de f dans le corollaire 3.5 est vérifiée. Soit $m \in \mathbf{P}^n_k$ un point de codimension 1. Le complété de l'anneau local de $\mathbf{P}^n_k$ en m est isomorphe à $\kappa(m)[[t]]$ (théorème de Cohen, cf. [39, Theorem 5.5A]). Considérant l'image réciproque de f au-dessus du spectre de cet anneau, on voit alors que pour conclure, il suffit de prouver que si ℓ est un corps de caractéristique 0 et V est un $\ell[[t]]$-schéma propre et régulier dont la fibre générique est une variété de Severi-Brauer généralisée, la fibre spéciale de V possède une composante irréductible de multiplicité 1 dans le corps des fonctions de laquelle la fermeture algébrique de ℓ soit une extension abélienne de ℓ. La formation de la fermeture algébrique commute aux extensions régulières. Quitte à remplacer ℓ par la limite inductive des corps de fonctions de toutes les variétés géométriquement intègres sur ℓ, on peut donc supposer ℓ pseudo-algébriquement clos (c'est-à-dire tel que toute variété géométriquement intègre sur ℓ admette un point rationnel). Soient $A_1, \ldots, A_s \in \mathrm{Br}(\ell((t)))$ les classes des algèbres simples centrales associées à la fibre générique de V. Pour $i \in \{1, \ldots, s\}$, le résidu de A_i est un élément de $H^1(\ell, \mathbf{Q}/\mathbf{Z})$ et définit donc une extension cyclique ℓ_i/ℓ. Soit ℓ'/ℓ l'extension composée des ℓ_i/ℓ et soit A'_i, pour $i \in \{1, \ldots, s\}$, l'image de A_i dans $\mathrm{Br}(\ell'((t)))$. Par construction de ℓ', le résidu de A'_i est nul (cf. [23, Proposition 1.1.1]) ; d'où $A'_i \in \mathrm{Br}(\ell'[[t]])$. Le groupe $\mathrm{Br}(\ell'[[t]])$ est isomorphe à $\mathrm{Br}(\ell')$ (cf. [29, Corollaire 6.2]), or celui-ci est nul car la restriction des scalaires à la Weil à ℓ d'une variété de Severi-Brauer sur ℓ' possède nécessairement un point rationnel, le corps ℓ étant pseudo-algébriquement clos. D'où $A'_i = 0$ pour tout $i \in \{1, \ldots, s\}$. En particulier la fibre générique de V admet-elle un $\ell'((t))$-point. Comme V est propre sur $\ell[[t]]$ et régulier, il s'ensuit que la fibre spéciale de V admet un ℓ'-point lisse, d'où le résultat recherché puisque ℓ'/ℓ est une extension abélienne. □

Les variétés fibrées en variétés de Severi-Brauer généralisées au-dessus de la droite projective, étudiées dans [23], sont des variétés rationnelles. Il n'en est pas de même, en général, des variétés fibrées en variétés de Severi-Brauer généralisées au-dessus de l'espace projectif de dimension $\geqslant 2$. Il arrive notamment que le groupe de Brauer d'une telle variété comporte des classes transcendantes (c'est-à-dire non algébriques). Harari a montré que ces classes transcendantes peuvent jouer un rôle arithmétique ; plus précisément, il a exhibé une variété de dimension 3, fibrée en coniques sur $\mathbf{P}^2_{\mathbf{Q}}$, qui viole le principe de Hasse à cause d'une obstruction de Brauer-Manin créée par une classe transcendante du groupe de Brauer (cf. [36]). Il y a donc une différence qualitative entre [22, Theorem 1.1] et le théorème 3.4 : contrairement à [22, Theorem 1.1], le théorème 3.4 s'applique dans des situations où des classes transcendantes existent dans le groupe de Brauer et ne peuvent être ignorées. Le corollaire 3.6 est ainsi le premier résultat positif d'existence de points rationnels (ou d'approximation faible) dont la preuve prenne effectivement en compte les classes transcendantes du groupe de Brauer.

Le reste de ce paragraphe est consacré à la démonstration du théorème 3.4.

Démonstration du théorème 3.4 — Nous commençons par une réduction au cas projectif et lisse.

Proposition 3.7 — *Soit* X' *une* k*-variété projective, lisse et géométriquement intègre munie d'un morphisme* $f'\colon \mathrm{X}' \to \mathbf{P}^n_k$*. On suppose qu'il existe une application birationnelle* $b\colon \mathrm{X} \dashrightarrow \mathrm{X}'$ *telle que le diagramme*

$$\begin{array}{ccc} \mathrm{X} & \overset{b}{\dashrightarrow} & \mathrm{X}' \\ \downarrow{\scriptstyle f} & & \downarrow{\scriptstyle f'} \\ \mathbf{P}^n_k \setminus \mathrm{E} & \hookrightarrow & \mathbf{P}^n_k \end{array}$$

commute. Alors pour tout point $m \in \mathbf{P}^n_k$ *de codimension* 1*, la fibre* X'_m *possède une composante irréductible* Y_m *de multiplicité* 1 *telle que la fermeture algébrique de* $\kappa(m)$ *dans* $\kappa(\mathrm{Y}_m)$ *soit une extension abélienne de* $\kappa(m)$*. Notons* X'^0 *l'ouvert de lissité de* f' *et*

$$\mathscr{R}' = \left\{x \in \mathbf{P}^n(k)\,;\ \mathrm{X}'_x \textit{ est géométriquement intègre et } \mathrm{X}'^0_x(k_\Omega) \neq \varnothing\right\}.$$

Supposons que l'on ait $f'(\mathrm{X}'(\mathbf{A}_k)^{\mathrm{Br}_{\mathrm{vert}}}) \subset \overline{\mathscr{R}' \cap \mathrm{U}(k)}$ *pour tout ouvert dense* $\mathrm{U} \subset \mathbf{P}^n_k$*. Alors on a l'inclusion* $f(\mathrm{X}^{\mathrm{reg}}(k_\Omega)^{\mathrm{Br}_{\mathrm{nr,vert}}}) \subset \overline{\mathscr{R} \cap \mathrm{U}(k)}$ *pour tout ouvert dense* $\mathrm{U} \subset \mathbf{P}^n_k$*.*

Démonstration — La première assertion résulte du lemme suivant. Remarquons que dans la situation de la proposition, le morphisme f' est dominant et sa fibre générique est automatiquement lisse.

Lemme 3.8 — *Soient* $f\colon \mathrm{X} \to \mathrm{S}$ *et* $f'\colon \mathrm{X}' \to \mathrm{S}$ *des morphismes de schémas dominants et de type fini avec* S *et* X *localement noethériens intègres,* X' *régulier intègre,* f' *propre et de fibre générique lisse. Soit* $s \in \mathrm{S}$ *un point de codimension* 1 *en lequel* S *est régulier. Supposons qu'il existe une* S*-application rationnelle de* X *vers* X'*. Si la fibre de* f *en* s *possède une composante irréductible de multiplicité géométrique* 1 *(*i.e. *telle que la fibre soit géométriquement réduite au point générique de cette composante) dans le corps des fonctions de laquelle la fermeture algébrique de* $\kappa(s)$ *est une extension abélienne de* $\kappa(s)$*, alors il en va de même pour la fibre de* f' *en* s*.*

Démonstration — On peut supposer que S est un trait. Les morphismes f et f' sont alors plats, en vertu de [39, III, 9.7]. Soit $\mathrm{Y} \subset \mathrm{X}_s$ une composante irréductible de la fibre spéciale de f satisfaisant à la condition de l'énoncé. L'hypothèse de multiplicité géométrique 1 entraîne que X_s est lisse au point générique y de Y. Le morphisme f, étant plat, est donc lisse en y. Par conséquent, le schéma X est régulier en y et l'anneau local $\mathscr{O}_{\mathrm{X},y}$, de dimension 1 puisque f est plat et que s est de codimension 1 dans S, est donc un anneau de valuation discrète. Notons $\mathrm{T} = \mathrm{Spec}(\mathscr{O}_{\mathrm{X},y})$ et $\mathrm{U} = \mathrm{Spec}(\kappa(\mathrm{X}))$. Par hypothèse, il existe un S-morphisme $\mathrm{U} \to \mathrm{X}'$. Le critère valuatif de propreté permet d'en déduire l'existence d'un S-morphisme $\mathrm{T} \to \mathrm{X}'$. Celui-ci est nécessairement à valeurs dans l'ouvert de lissité de f', d'après le lemme [5, 3.6/5] appliqué à l'identité de X'. La fibre spéciale de f' contient donc un point lisse, disons c, dont le corps résiduel se plonge $\kappa(s)$-linéairement dans $\kappa(y)$. Ce point appartient à une unique composante irréductible de X'_s. Notons-la Y'. Elle est de multiplicité géométrique 1 puisque l'ouvert de lissité de X'_s, contenant c, contient le point générique de Y'. Soit ℓ la fermeture algébrique de $\kappa(s)$ dans $\kappa(Y')$. Comme Y' est normal en c, il existe un plongement $\kappa(s)$-linéaire de ℓ dans $\mathscr{O}_{Y',c}$, donc dans $\kappa(c)$, donc dans $\kappa(y)$. Il en résulte que l'extension $\ell/\kappa(s)$ est abélienne, ce qui termine de prouver le lemme. □

Remarque — Le lemme 3.8 et sa démonstration sont directement inspirés d'une preuve de Skorobogatov (cf. [66, Lemma 1.1]).

Intéressons-nous maintenant à la seconde assertion. Supposons que

$$f'(X'(\mathbf{A}_k)^{\mathrm{Br_{vert}}}) \subset \overline{\mathscr{R}' \cap U(k)} \tag{3.2}$$

pour tout ouvert dense $U \subset \mathbf{P}^n_k$. Choisissons une famille $(P_v)_{v\in\Omega} \in X^{\mathrm{reg}}(k_\Omega)$ orthogonale à $\mathrm{Br}_{\mathrm{nr,vert}}(X^{\mathrm{reg}})$, un ensemble fini S de places de k, un voisinage v-adique $\mathscr{A}_v \subset \mathbf{P}^n(k_v)$ de $f(P_v)$ pour chaque $v \in S$ et un ouvert dense $U \subset \mathbf{P}^n_k$. On va maintenant prouver l'existence d'un $x \in \mathscr{R} \cap U(k)$ appartenant à $\mathscr{A}_v$ pour tout $v \in S$.

Soit $Y \subset X$ un ouvert dense sur lequel l'application rationnelle b soit définie et induise un isomorphisme vers un ouvert Y' de X'. Quitte à rétrécir U, on peut supposer que pour tout $x \in U$, les conditions suivantes sont satisfaites : l'ouvert Y'_x est dense dans X'_x (cf. [EGA IV_3, 9.5.3]), la variété X_x est géométriquement intègre sur k (cf. [EGA IV_3, 9.7.7 (iv)]) et la variété X'_x est lisse sur k (cf. [EGA IV_4, 17.7.11] ; la fibre générique de f' est lisse car X' est lisse sur k). Notons que l'ouvert U est alors automatiquement disjoint de E.

Le lemme suivant est une variation sur le lemme de Nishimura.

Lemme 3.9 — *Soient* S *un schéma,* X *et* Y *deux* S*-schémas et* $f\colon X \dashrightarrow Y$ *une* S*-application rationnelle. Supposons* Y *propre sur* S *et* X *localement noethérien régulier. Soient* $s \in S$ *et* x *un point rationnel de la fibre* X_s*. Alors il existe un point rationnel* y *de la fibre* Y_s *tel que l'égalité* $A(y) = (f^\star A)(x)$ *d'éléments de* $\mathrm{Br}(\kappa(s))$ *ait lieu pour tout* $A \in \mathrm{Br}(Y)$ *tel que* $f^\star A \in \mathrm{Br}(X)$.

Précisons le sens de l'énoncé : si U est un ouvert dense de X sur lequel f est définie, on dispose d'une classe $f^\star A \in \mathrm{Br}(U)$ pour tout $A \in \mathrm{Br}(Y)$. Le morphisme de restriction $\mathrm{Br}(X) \to \mathrm{Br}(U)$ est une injection puisque X est régulier. On peut donc considérer Br(X) comme un sous-groupe de Br(U) et évaluer $f^\star A$ en un point de X si $f^\star A$ appartient à ce sous-groupe. Il est à noter que le point s n'est soumis à aucune condition ; par exemple, la fibre X_s pourrait tout à fait être disjointe du domaine de définition de f.

Démonstration — Soit $\mathrm{U} \subset \mathrm{X}$ un ouvert dense sur lequel f soit définie. Notons encore f le S-morphisme $\mathrm{U} \to \mathrm{X}$ déduit de f. Comme X est régulier, il existe un trait T et un morphisme $\varphi\colon \mathrm{T} \to \mathrm{X}$ tels que $\varphi(\eta) \in \mathrm{U}$, $\varphi(t) = x$ et que l'application $\kappa(x) \to \kappa(t)$ induite par φ soit un isomorphisme, où t et η désignent respectivement le point fermé et le point générique de T. (En effet, quitte à rétrécir U, on peut supposer que $x \notin \mathrm{U}$ et que chaque composante irréductible de $\mathrm{X} \setminus \mathrm{U}$ est de codimension 1 dans X, auquel cas $\mathrm{X} \setminus \mathrm{U}$ est un diviseur de Cartier, puisque X est régulier. Une équation locale de $\mathrm{X} \setminus \mathrm{U}$ au voisinage de x détermine alors un vecteur non nul $f_1 \in \mathfrak{m}_x/\mathfrak{m}_x^2$, que l'on peut compléter en une base $(f_1, \dots, f_n)$; relevant arbitrairement $f_2, \dots, f_n$ en $e_2, \dots, e_n \in \mathfrak{m}_x$, on pose alors $\mathrm{T} = \mathrm{Spec}(\mathscr{O}_x/(e_2, \dots, e_n))$. C'est un trait en vertu de [EGA IV_1, 0.16.5.6 et 0.17.1.7] et le morphisme canonique $\varphi\colon \mathrm{T} \to \mathrm{X}$ remplit bien les conditions voulues.) L'application rationnelle $f \circ \varphi\colon \mathrm{T} \dashrightarrow \mathrm{Y}$ étant une S-application rationnelle, elle est définie partout, compte tenu que Y est propre sur S et que T est un trait (cf. [EGA II, 7.3.8]). Notons $\psi\colon \mathrm{T} \to \mathrm{Y}$ ce morphisme et posons $y = \psi(t)$; c'est un point rationnel de Y_s. Soit $\mathrm{A} \in \mathrm{Br}(\mathrm{Y})$ tel que $f^\star\mathrm{A} \in \mathrm{Br}(\mathrm{X})$, de sorte que l'on dispose d'une classe $\varphi^\star f^\star \mathrm{A} \in \mathrm{Br}(\mathrm{T})$. Étant donné que $(\varphi^\star f^\star \mathrm{A})(t) = (f^\star\mathrm{A})(x)$ et que $(\psi^\star\mathrm{A})(t) = \mathrm{A}(y)$, il suffit, pour conclure, de prouver l'égalité $\varphi^\star f^\star \mathrm{A} = \psi^\star \mathrm{A}$ dans $\mathrm{Br}(\mathrm{T})$. Comme T est régulier, la flèche $j^\star\colon \mathrm{Br}(\mathrm{T}) \to \mathrm{Br}(\eta)$ induite par l'inclusion $j\colon \eta \to \mathrm{T}$ est injective. Il suffit donc d'établir que $j^\star\varphi^\star f^\star\mathrm{A} = j^\star\psi^\star\mathrm{A}$, c'est-à-dire que $(\varphi \circ j)^\star f^\star \mathrm{A} = (\psi \circ j)^\star \mathrm{A}$; or ceci résulte de ce que le triangle

$$\begin{array}{ccc} & \eta & \\ {}^{\varphi\circ j}\swarrow & & \searrow^{\psi\circ j} \\ \mathrm{U} & \xrightarrow{\quad f \quad} & \mathrm{Y} \end{array}$$

commute (par définition de ψ). □

Appliquant le lemme 3.9 à la $\mathbf{P}^n_{k_v}$-application rationnelle

$$\mathrm{X}^{\mathrm{reg}} \otimes_k k_v \dashrightarrow \mathrm{X}' \otimes_k k_v$$

induite par b et au point $\mathrm{P}_v \in \mathrm{X}^{\mathrm{reg}}(k_v)$ pour chaque place $v \in \Omega$, on obtient un point adélique $(\mathrm{Q}_v)_{v\in\Omega} \in \mathrm{X}'(\mathbf{A}_k)$ qui, par définition du groupe de Brauer non ramifié, est orthogonal au groupe de Brauer vertical de f'. D'après l'inclusion (3.2), et compte tenu que $f'(\mathrm{Q}_v) = f(\mathrm{P}_v)$ pour tout $v \in \Omega$, il existe donc $x \in \mathscr{R}' \cap \mathrm{U}(k)$ appartenant à $\mathscr{A}_v$ pour tout $v \in \mathrm{S}$. Comme Y'_x est un ouvert dense de la variété lisse X'_x, le théorème des fonctions implicites montre que $\mathrm{Y}'_x(k_\Omega) \neq \varnothing$, d'où il résulte que $\mathrm{X}^0_x(k_\Omega) \neq \varnothing$. La variété X_x étant géométriquement intègre sur k, cela signifie que $x \in \mathscr{R}$; ainsi la proposition 3.7 est-elle démontrée. □

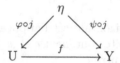

Il existe bien une variété X′ et un morphisme f' vérifiant les conditions de la proposition 3.7. On peut en effet choisir une compactification projective arbitraire X'_0 de la variété quasi-projective X, considérer l'adhérence X'_1 dans $X'_0 \times_k \mathbf{P}^n_k$ du graphe de f puis trouver une variété projective, lisse et géométriquement intègre X'_2 munie d'un morphisme birationnel $\sigma\colon X'_2 \to X'_1$, grâce à Hironaka. Il suffit alors de poser $X' = X'_2$ et de prendre pour f' la composée de σ et de la projection $X'_1 \to \mathbf{P}^n_k$. Pour démontrer le théorème, vu la proposition 3.7, il est donc loisible de supposer le fermé E vide et la variété X projective et lisse. Nous nous plaçons dorénavant sous ces hypothèses. Nous supposons de plus que $n \geqslant 2$, car si $n = 1$, il suffit maintenant d'appliquer [22, Theorem 1.1] pour conclure.

La fibre générique de f est lisse, puisque X l'est, et elle est géométriquement intègre. Quitte à rétrécir l'ouvert dense $U \subset \mathbf{P}^n_k$ apparaissant dans l'énoncé du théorème, on peut donc supposer que toutes les fibres de f au-dessus de U sont lisses et géométriquement intègres. Nous allons fixer un point $c \in U(k)$, mais avant de préciser son choix, introduisons quelques notations qui en dépendent. Soient Δ la k-variété des droites de $\mathbf{P}^n_k$ passant par c et $\pi\colon D \to \Delta$ le fibré en droites projectives tautologique : il existe un morphisme canonique $\sigma\colon D \to \mathbf{P}^n_k$ rendant le triangle

$$\begin{array}{ccc} & D & \\ {}^{\sigma}\swarrow & & \searrow^{\pi} \\ \mathbf{P}^n_k & \dashrightarrow & \Delta \end{array}$$

commutatif, où la flèche horizontale est l'application rationnelle associant à un point x de $\mathbf{P}^n_k \setminus \{c\}$ la droite contenant c et x. Le morphisme σ n'est autre que l'éclatement de $\mathbf{P}^n_k$ de centre c.

Proposition 3.10 — *Quitte à bien choisir $c \in U(k)$, on peut supposer, pour prouver le théorème, que l'application rationnelle $f'\colon X \dashrightarrow D$ induite par $\sigma^{-1} \circ f$ est un morphisme et que la fibre générique du morphisme composé $\pi \circ f'\colon X \to \Delta$ est lisse et géométriquement intègre.*

Démonstration — Notons Γ la grassmannienne des droites de $\mathbf{P}^n_k$ et I la variété d'incidence

$$I = \{(a, d) \in \mathbf{P}^n_k \times_k \Gamma\,;\, a \in d\}.$$

Posons de plus

$$X' = \{(x, d) \in X \times_k \Gamma\,;\, f(x) \in d\}.$$

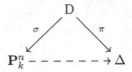

Comme X est géométriquement irréductible et f dominant, un théorème de Bertini (cf. [41, I, Th. 6.10]) assure que la fibre générique de la projection $X' \to \Gamma$ est géométriquement irréductible. Il en va donc de même de la fibre générique de la projection $X' \times_\Gamma I \to I$, d'où l'existence d'un ouvert dense de I au-dessus duquel les fibres de $X' \times_\Gamma I \to I$ sont toutes géométriquement intègres. Notant $p\colon I \to \mathbf{P}^n_k$ la projection canonique, on en déduit l'existence d'un ouvert dense $V \subset \mathbf{P}_k^n$ tel que la fibre de $X' \times_\Gamma I \to I$ au-dessus du point générique de $p^{-1}(c)$ soit géométriquement intègre pour tout $c \in V$. Quitte à rétrécir V, on peut supposer f plat au-dessus de V (cf. [EGA IV$_2$, 6.9.1]).

Fixons alors $c \in (U \cap V)(k)$. La variété Δ s'identifiant à $p^{-1}(c)$, il est légitime de noter $X' \times_\Gamma \Delta \to \Delta$ la restriction de $X' \times_\Gamma I \to I$ au-dessus de $p^{-1}(c)$. Celle-ci se factorise naturellement par D, de sorte que l'on obtient le diagramme commutatif suivant, dans lequel la flèche horizontale supérieure est la projection canonique et le carré de gauche est cartésien.

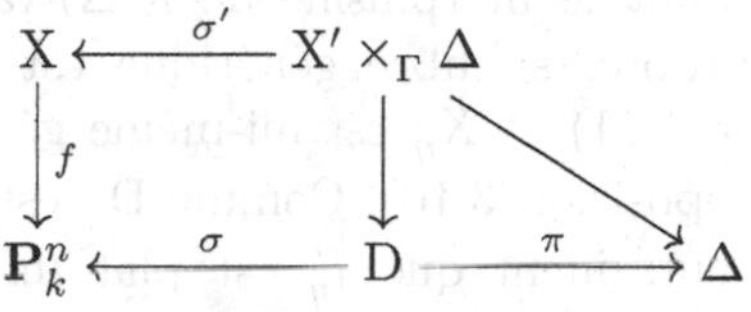

Par construction, la fibre générique de la flèche oblique $X' \times_\Gamma \Delta \to \Delta$ dans le diagramme ci-dessus est géométriquement intègre.

Les éclatements commutent aux changements de base qui sont plats au-dessus du sous-schéma fermé que l'on éclate. Par définition de V, le morphisme f est plat aux points de X_c. Comme par ailleurs σ est l'éclatement du point $c \in \mathbf{P}_k^n$ et que le carré de gauche dans le diagramme ci-dessus est cartésien, on en déduit que σ' est l'éclatement de la fibre X_c dans X. En particulier, étant donné que X est lisse et géométriquement intègre et que X_c est lisse, la variété $X' \times_\Gamma \Delta$ est elle-même lisse et géométriquement intègre et $\sigma'^{-1}(X_c)$ est un fibré projectif (localement libre) sur X_c (cf. [39, II, 8.24]).

La proposition 3.7, appliquée à la variété $X' \times_\Gamma \Delta$, au morphisme $f \circ \sigma'$ et à l'application rationnelle σ'^{-1}, montre que pour prouver le théorème pour $X \xrightarrow{f} \mathbf{P}_k^n$, il suffit de l'établir pour $X' \times_\Gamma \Delta \xrightarrow{f \circ \sigma'} \mathbf{P}_k^n$. Quitte à remplacer X par $X' \times_\Gamma \Delta$, on peut donc supposer que l'application rationnelle $\sigma^{-1} \circ f$ est définie partout et que la fibre générique du morphisme $\pi \circ \sigma^{-1} \circ f$ est géométriquement intègre. L'hypothèse que $c \in U$ est en effet conservée puisque la variété $(f \circ \sigma')^{-1}(c)$ admet une structure de fibré projectif (localement libre) sur X_c. De plus, la fibre générique de $\pi \circ \sigma^{-1} \circ f$ est automatiquement lisse puisque la variété X est elle-même lisse. $\qquad\square$

Nous fixons dorénavant $c \in U(k)$ au moyen de la proposition 3.10 et supposons les conclusions de cette proposition satisfaites. Le diagramme commutatif suivant résume la situation.

$$
\begin{array}{ccc}
X & \xrightarrow{\ f'\ } & D \\
{\scriptstyle f}\downarrow & {\scriptstyle \sigma}\nearrow & \downarrow{\scriptstyle \pi} \\
\mathbf{P}_k^n & \dashrightarrow & \Delta
\end{array}
$$

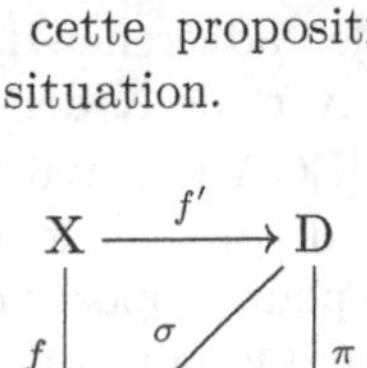

Posons $g = \pi \circ f'$ et notons η le point générique de Δ.

Lemme 3.11 — *Soit $\delta \in \Delta$. La fibre générique du morphisme $f'_\delta \colon \mathrm{X}_\delta \to \mathrm{D}_\delta$ déduit de f' par changement de base est lisse et géométriquement intègre.*

Démonstration — La fibre générique de f'_δ est égale à la fibre de f au-dessus du point générique de $\sigma(\mathrm{D}_\delta)$. Celui-ci appartient à U puisque $c \in \mathrm{U} \cap \sigma(\mathrm{D}_\delta)$ et que U est ouvert, ce qui prouve le lemme. □

Considérons maintenant le morphisme de $\kappa(\Delta)$-variétés $f'_\eta \colon \mathrm{X}_\eta \to \mathrm{D}_\eta$. C'est un morphisme propre, sa fibre générique est lisse et géométriquement intègre (cf. lemme 3.11) et X_η est lui-même géométriquement intègre (cf. conclusion de la proposition 3.10). Comme D_η est une droite projective sur η, ces hypothèses entraînent que f'_η est plat (cf. [39, III, 9.7]). L'ensemble $\mathscr{M}$ des points de D_η au-dessus desquels la fibre de f'_η n'est pas lisse et géométriquement intègre est donc un fermé strict de D_η (cf. [EGA IV_3, 12.2.4 (iii)]). Pour chaque $m \in \mathscr{M}$, notons $(\mathrm{Y}_{m,i})_{i \in \mathrm{I}_m}$ la famille des composantes irréductibles de $f'^{-1}_\eta(m)$ et $e_{m,i}$ la multiplicité de $\mathrm{Y}_{m,i}$ dans $f'^{-1}_\eta(m)$. Notons F l'adhérence de $\mathscr{M}$ dans D. Pour $m \in \mathscr{M}$, notons $\widetilde{m}$ l'adhérence de m dans D et pour $i \in \mathrm{I}_m$, notons $\widetilde{\mathrm{Y}_{m,i}}$ l'adhérence de $\mathrm{Y}_{m,i}$ dans X. Munissons tous ces fermés de leur structure de sous-schéma fermé réduit.

Le lemme suivant, appliqué aux morphismes $\widetilde{\mathrm{Y}_{m,i}} \to \widetilde{m}$, fournit un ouvert dense $\mathrm{V}_{m,i} \subset \widetilde{m}$ et un $\mathrm{V}_{m,i}$-schéma fini étale connexe $\mathrm{R}_{m,i}$ pour chaque $m \in \mathscr{M}$ et chaque $i \in \mathrm{I}_m$.

Lemme 3.12 — *Soient* S *un schéma noethérien intègre et $f \colon \mathrm{X} \to \mathrm{S}$ un morphisme de type fini dont la fibre générique est irréductible et géométriquement réduite. Il existe un ouvert dense $\mathrm{V} \subset \mathrm{S}$ et un* V*-schéma fini étale connexe* R *tels que pour tout $v \in \mathrm{V}$ tel que R_v soit intègre, le schéma X_v soit intègre et la fermeture algébrique de $\kappa(v)$ dans $\kappa(\mathrm{X}_v)$ soit isomorphe, comme $\kappa(v)$-algèbre, à $\kappa(\mathrm{R}_v)$.*

Démonstration — Quitte à rétrécir S, on peut supposer toutes les fibres de f géométriquement réduites (cf. [EGA IV_3, 9.7.7]).

Notons η le point générique de S. L'ensemble des points réguliers de X_η est un ouvert de X_η (cf. [EGA IV_2, 6.12.5]), dense dans X_η puisque X_η est intègre. Le complémentaire X' de l'adhérence dans X de l'ensemble des points singuliers de X_η est donc un ouvert de X dense dans chaque fibre de f au-dessus d'un voisinage de η (cf. [EGA IV_3, 9.6.1 (ii)]). Comme les fibres de f sont réduites, on voit qu'il suffit de prouver le lemme pour $\mathrm{X}' \to \mathrm{S}$ plutôt que pour $\mathrm{X} \to \mathrm{S}$. Autrement dit, on peut supposer que $\mathrm{X}' = \mathrm{X}$, c'est-à-dire que la fibre générique de f est régulière. On fait donc dorénavant cette hypothèse.

Notons K la fermeture algébrique de $\kappa(\mathrm{S})$ dans $\kappa(\mathrm{X}_\eta)$. Comme X_η est de type fini et géométriquement réduit sur η, l'extension $\mathrm{K}/\kappa(\mathrm{S})$ est finie et séparable (cf. [EGA IV_2, 4.6.3]). Quitte à rétrécir S, on peut donc supposer qu'il existe un S-schéma fini étale connexe R de fibre générique Spec(K) $\rightarrow \eta$. Le schéma X_η est normal, étant régulier ; il existe donc un morphisme canonique $X_\eta \rightarrow$ Spec(K) dont la composée avec Spec(K) $\rightarrow \eta$ soit égale à f. Par conséquent, quitte à rétrécir encore S, on peut supposer qu'il existe un morphisme $f'\colon X \rightarrow R$ rendant le triangle

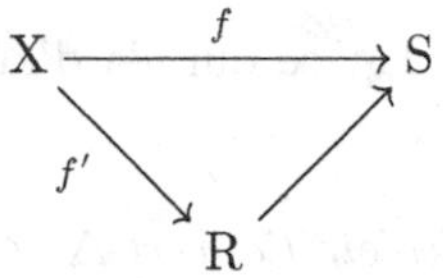

commutatif (cf. [EGA IV_3, 8.8.2]). De plus, X_η étant géométriquement irréductible sur K, il existe un ouvert dense de R au-dessus duquel les fibres de f' sont géométriquement irréductibles (cf. [EGA IV_3, 9.7.7]). Comme le morphisme $R \rightarrow S$ est fermé, un dernier rétrécissement de S permet de supposer que toutes les fibres de f' sont géométriquement irréductibles.

Soit $v \in S$ tel que R_v soit intègre. Le schéma X_v est à la fois une fibre de f et une fibre de f'. Il est donc géométriquement réduit sur $\kappa(v)$ et géométriquement irréductible sur $\kappa(R_v)$. En particulier il est intègre et l'on a une suite d'inclusions $\kappa(v) \subset \kappa(R_v) \subset \kappa(X_v)$, où l'extension $\kappa(X_v)/\kappa(v)$ est séparable (cf. [EGA IV_2, 4.6.3]) et où $\kappa(R_v)$ est séparablement fermé dans $\kappa(X_v)$ (cf. [EGA IV_2, 4.6.1]). Il en résulte que la fermeture algébrique de $\kappa(v)$ dans $\kappa(X_v)$ est $\kappa(R_v)$, comme il fallait démontrer. □

Traduisons en termes des $e_{m,i}$ et des $R_{m,i}$ les hypothèses sur le morphisme f.

Lemme 3.13 — *Pour tout $m \in \mathscr{M}$, il existe $i \in I_m$ tel que $e_{m,i} = 1$ et que le revêtement étale $R_{m,i} \rightarrow V_{m,i}$ soit abélien.*

Démonstration — Soit $m \in \mathscr{M}$ tel que $\sigma(m) \neq c$. Comme σ est l'éclatement de centre c, la fibre de f' en m s'identifie à la fibre de f en $\sigma(m)$ et le point $\sigma(m)$ est de codimension 1 dans $\mathbf{P}^n_k$. La conclusion recherchée résulte donc immédiatement des hypothèses du théorème.

Nous allons maintenant établir que $c \notin \sigma(\mathscr{M})$, ce qui terminera la preuve du lemme. Le seul point de $\sigma^{-1}(c)$ qui appartienne à D_η est le point générique de $\sigma^{-1}(c)$. Notons-le ξ. La variété X_η est projective, lisse et géométriquement intègre (cf. conclusion de la proposition 3.10) et la fibre générique de $f'_\eta\colon X_\eta \rightarrow D_\eta$ est géométriquement intègre (cf. lemme 3.11). Par conséquent, toute fibre lisse de f'_η est géométriquement intègre. La fibre de f'_η en ξ est égale à la fibre générique du morphisme $f^{-1}(c) \rightarrow \sigma^{-1}(c)$ induit par f'. Celle-ci est lisse ; en effet, la variété $f^{-1}(c)$ est elle-même lisse, puisque

$c \in \mathrm{U}$. Ainsi a-t-on prouvé que la fibre de f'_η en ξ est lisse et géométriquement intègre, autrement dit que $\xi \notin \mathscr{M}$, d'où le résultat. □

Soit $\Delta^0 \subset \Delta$ un ouvert dense disjoint pour tout $m \in \mathscr{M}$ du fermé $\pi\big(\widetilde{m} \setminus \big(\bigcap_{i \in \mathrm{I}_m} \mathrm{V}_{m,i}\big)\big)$. Quitte à rétrécir les ouverts $\mathrm{V}_{m,i} \subset \widetilde{m}$, on peut supposer que

$$\mathrm{V}_{m,i} = \pi^{-1}(\Delta^0) \cap \widetilde{m} \tag{3.3}$$

pour tout $m \in \mathscr{M}$ et tout $i \in \mathrm{I}_m$, ce qui n'a d'autre but que de simplifier les notations.

Lemme 3.14 — *Quitte à rétrécir l'ouvert $\Delta^0 \subset \Delta$, on peut supposer que le morphisme $\pi^{-1}(\Delta^0) \cap \mathrm{F} \to \Delta^0$ induit par π est fini et étale et que pour tout $\delta \in \Delta^0$, les propriétés suivantes sont vérifiées :*

1. *La variété X_δ est lisse et géométriquement intègre sur $\kappa(\delta)$.*
2. *Le morphisme $f'_\delta \colon \mathrm{X}_\delta \to \mathrm{D}_\delta$ est propre, plat, de fibre générique géométriquement intègre.*
3. *Les fibres de f'_δ au-dessus du complémentaire de $\mathrm{D}_\delta \cap \mathrm{F}$ dans D_δ sont lisses et géométriquement intègres.*
4. *Soit $x \in \mathrm{D}_\delta \cap \mathrm{F}$. Comme $\pi^{-1}(\Delta^0) \cap \mathrm{F} \to \Delta^0$ est étale, il existe un unique $m \in \mathscr{M}$ tel que $x \in \widetilde{m}$. Pour $i \in \mathrm{I}_m$, notons $(\widetilde{\mathrm{Y}_{m,i}})_x$ (resp. X_x) la fibre en x de la composée $\widetilde{\mathrm{Y}_{m,i}} \subset \mathrm{X} \xrightarrow{f'} \mathrm{D}$ (resp. de f'). Alors le morphisme canonique*

$$\coprod_{i \in \mathrm{I}_m} \Big(\widetilde{\mathrm{Y}_{m,i}}\Big)_x \longrightarrow \mathrm{X}_x$$

induit une bijection entre composantes irréductibles, et pour tout $i \in \mathrm{I}_m$, la multiplicité dans X_x de chaque composante irréductible de $(\widetilde{\mathrm{Y}_{m,i}})_x$ est égale à $e_{m,i}$.

Démonstration — L'assertion préliminaire résulte de la finitude de l'ensemble $\mathscr{M}$; celui-ci s'identifie en effet à la fibre générique du morphisme $\mathrm{F} \to \Delta$ induit par π. La propriété 1 pour $\delta = \eta$ est satisfaite par hypothèse (cf. conclusion de la proposition 3.10). Elle est donc satisfaite pour tout δ dans un ouvert dense de Δ. La propriété 2 est mise pour mémoire (cf. lemme 3.11 ; comme précédemment, la platitude découle de la propriété 1 et de [39, III, 9.7]). La propriété 3 est justiciable de [EGA IV_4, 17.7.11 (iii)], appliqué au Δ-morphisme $\mathrm{X} \setminus f'^{-1}(\mathrm{F}) \to \mathrm{D} \setminus \mathrm{F}$ induit par f' (pour l'intégrité géométrique, utiliser par exemple [EGA IV_3, 9.7.7 et 9.5.2]). Le morphisme de la propriété 4 est la fibre en x de la composée

$$\coprod_{i \in \mathrm{I}_m} \widetilde{\mathrm{Y}_{m,i}} \xrightarrow{\ \alpha\ } (\mathrm{X}_{\widetilde{m}})_{\mathrm{red}} \xrightarrow{\ \beta\ } \mathrm{X}_{\widetilde{m}},$$

où $(X_{\widetilde{m}})_{\mathrm{red}}$ désigne le sous-schéma fermé réduit de $X_{\widetilde{m}}$ d'espace topologique sous-jacent $X_{\widetilde{m}}$. Considérons α comme un morphisme de $\widetilde{m}$-schémas. Sa restriction au-dessus du point générique de $\widetilde{m}$ est un morphisme birationnel. Sa restriction au-dessus de chaque point d'un certain ouvert dense de $\widetilde{m}$ est donc un morphisme birationnel. Quitte à rétrécir Δ^0, on peut supposer Δ^0 disjoint de l'image par π du complémentaire dans $\widetilde{m}$ de cet ouvert dense. La première partie de la propriété 4 est alors établie. L'assertion concernant les multiplicités des composantes irréductibles résulte maintenant de [EGA IV_3, 9.8.6]. □

Pour chaque $\delta \in \Delta$, on notera $\mathrm{Br}_{\mathrm{vert}}(X_\delta)$ le groupe de Brauer vertical du morphisme $f'_\delta\colon X_\delta \to D_\delta$, c'est-à-dire le sous-groupe de $\mathrm{Br}(X_\delta)$ constitué des classes dont la restriction à la fibre générique de f'_δ est l'image réciproque d'une classe de $\mathrm{Br}(\kappa(D_\delta))$.

Proposition 3.15 — *Le groupe* $\mathrm{Br}_{\mathrm{vert}}(X_\eta)/g^\star\mathrm{Br}(\eta)$ *est fini et il existe un ensemble hilbertien* $H \subset \Delta(k)$ *tel que pour tout* $\delta \in H$*, la flèche de spécialisation*

$$\mathrm{Br}_{\mathrm{vert}}(X_\eta)/g^\star\mathrm{Br}(\eta) \longrightarrow \mathrm{Br}_{\mathrm{vert}}(X_\delta)/g^\star\mathrm{Br}(k)$$

soit bien définie et surjective.

Si $A_1, \ldots, A_m \in \mathrm{Br}_{\mathrm{vert}}(X_\eta)$ est une famille finie dont les images dans $\mathrm{Br}_{\mathrm{vert}}(X_\eta)/g^\star\mathrm{Br}(\eta)$ engendrent ce groupe, une flèche de spécialisation comme ci-dessus est définie pour tout δ appartenant à un ouvert dense $\Delta^0 \subset \Delta$ assez petit pour que les classes A_i appartiennent au groupe $f'^\star\mathrm{Br}(\pi^{-1}(\Delta^0))$ (cf. preuve ci-dessous). Ce que la proposition affirme, c'est que cette flèche est surjective si δ appartient à un sous-ensemble hilbertien bien choisi de Δ^0.

Démonstration — Rappelons que pour $m \in \mathscr{M}$ et $i \in I_m$, on dispose d'un revêtement étale connexe $R_{m,i} \to \pi^{-1}(\Delta^0) \cap \widetilde{m}$. Notons

$$e_{m,i}\mathrm{Res}\colon H^1(\kappa(m), \mathbf{Q}/\mathbf{Z}) \longrightarrow H^1(\kappa(R_{m,i}), \mathbf{Q}/\mathbf{Z})$$

la composée de la flèche de restriction associée à ce revêtement et de la multiplication par $e_{m,i}$. Pour $m \in \mathscr{M}$, posons

$$K_m = \mathrm{Ker}\left(H^1(\kappa(m), \mathbf{Q}/\mathbf{Z}) \xrightarrow{\prod e_{m,i}\mathrm{Res}} \prod_{i \in I_m} H^1(\kappa(R_{m,i}), \mathbf{Q}/\mathbf{Z})\right).$$

Lemme 3.16 — *Pour tout* $m \in \mathscr{M}$*, le groupe* K_m *est fini.*

Démonstration — Cela résulte du lemme 3.13. En effet, si $i \in I_m$ est tel que $e_{m,i} = 1$, le noyau de la flèche $e_{m,i}\mathrm{Res}$ est déjà fini puisqu'il s'identifie à l'ensemble des classes d'isomorphisme d'extensions cycliques de $\kappa(m)$ qui se plongent dans $\kappa(\mathrm{R}_{m,i})$ et que $\kappa(\mathrm{R}_{m,i})$ est une extension finie (et séparable) de $\kappa(m)$. □

Fixons un point rationnel $\infty \in (\mathrm{D}_\eta \setminus \mathscr{M})(\eta)$ et posons $\mathrm{W} = \mathrm{D} \setminus (\mathrm{F} \cup \widetilde{\infty})$, où $\widetilde{\infty}$ désigne l'adhérence de ∞ dans D. Pour chaque $m \in \mathscr{M}$ et chaque $r \in \mathrm{K}_m$, choisissons une classe $\mathrm{A}_{m,r} \in \mathrm{Br}(\mathrm{D}_\eta \setminus \{m, \infty\})$ dont le résidu en m soit égal à r ; une telle classe existe d'après la suite exacte de Faddeev (cf. [23, §1.2]), puisque D_η est isomorphe à $\mathbf{P}^1_\eta$. Soit $\mathrm{B} \subset \mathrm{Br}(\mathrm{D}_\eta \cap \mathrm{W})$ le sous-groupe engendré par la famille $(\mathrm{A}_{m,r})_{m \in \mathscr{M}, r \in \mathrm{K}_m}$; le lemme 3.16 montre que ce groupe est fini. Soit $\Phi \subset \mathrm{H}^1(\eta, \mathbf{Q}/\mathbf{Z})$ l'image de B par la flèche $\mathrm{Br}(\mathrm{D}_\eta \cap \mathrm{W}) \to \mathrm{H}^1(\eta, \mathbf{Q}/\mathbf{Z})$ qui à une classe de $\mathrm{Br}(\mathrm{D}_\eta \cap \mathrm{W})$ associe son résidu au point ∞. Soit enfin $\mathrm{B}_0 \subset \mathrm{B}$ le noyau de la surjection naturelle $\mathrm{B} \to \Phi$.

Lemme 3.17 — *Le groupe* $\mathrm{Br}_{\mathrm{vert}}(\mathrm{X}_\eta)/g^\star\mathrm{Br}(\eta)$ *est engendré par* $f'^\star_\eta \mathrm{B}_0$.

(Nous notons $f'^\star_\eta$ la flèche $\mathrm{Br}(\kappa(\mathrm{D}_\eta)) \to \mathrm{Br}(\kappa(\mathrm{X}_\eta))$ induite par la fibre générique de f'_η. Ce léger abus ne cause pas d'ambiguïté puisque $\mathrm{Br}(\mathrm{X}_\eta)$ est un sous-groupe de $\mathrm{Br}(\kappa(\mathrm{X}_\eta))$. De tels raccourcis seront employés à nouveau par la suite mais ne seront plus signalés.)

Démonstration — Vérifions d'abord que les classes de $f'^\star_\eta \mathrm{B}_0$ sont non ramifiées sur X_η. Elles sont évidemment non ramifiées sur $f'^{-1}_\eta(\mathrm{D}_\eta \cap \mathrm{W})$. Par définition de B_0, elles sont non ramifiées sur $f'^{-1}_\eta(\infty)$. De plus, pour tout $m \in \mathscr{M}$ et tout $r \in \mathrm{K}_m$, la classe $f'^\star_\eta \mathrm{A}_{m,r}$ est non ramifiée sur $f'^{-1}_\eta(m)$ d'après [23, Proposition 1.1.1], d'où l'assertion.

La proposition précitée montre par ailleurs que toute classe de $\mathrm{Br}_{\mathrm{vert}}(\mathrm{X}_\eta)$ est l'image réciproque par f'_η d'une classe de $\mathrm{A} \in \mathrm{Br}(\mathrm{D}_\eta \cap \mathrm{W})$ dont le résidu en m appartient à K_m pour tout $m \in \mathscr{M}$ et dont le résidu au point ∞ est trivial. Il existe donc $\mathrm{A}' \in \mathrm{B}$ tel que $\mathrm{A} - \mathrm{A}' \in \mathrm{Br}(\mathrm{D}_\eta \setminus \{\infty\})$. Ce dernier groupe est réduit à $\pi^\star\mathrm{Br}(\eta)$, d'après la suite exacte de Faddeev. Par conséquent, il existe $\gamma \in \mathrm{Br}(\eta)$ tel que $\mathrm{A} = \mathrm{A}' + \pi^\star\gamma$. Il reste seulement à vérifier que $\mathrm{A}' \in \mathrm{B}_0$, mais cela résulte de cette même égalité. □

Comme les groupes B, Φ et K_m pour $m \in \mathscr{M}$ sont finis, quitte à rétrécir Δ^0, on peut supposer que $\mathrm{B} \subset \mathrm{Br}(\pi^{-1}(\Delta^0) \cap \mathrm{W})$, que $\Phi \subset \mathrm{H}^1(\Delta^0, \mathbf{Q}/\mathbf{Z})$ et que $\mathrm{K}_m \subset \mathrm{H}^1(\pi^{-1}(\Delta^0) \cap \widetilde{m}, \mathbf{Q}/\mathbf{Z})$ pour tout $m \in \mathscr{M}$. Par ailleurs, quitte à rétrécir encore Δ^0, on peut supposer le morphisme $\pi^{-1}(\Delta^0) \cap (\mathrm{F} \cup \widetilde{\infty}) \to \Delta^0$ induit par π fini et étale.

Notons $j_{\Delta^0} : \pi^{-1}(\Delta^0) \cap \mathrm{W} \to \pi^{-1}(\Delta^0)$ l'immersion ouverte canonique. La suite spectrale de Leray

$$\mathrm{H}^p(\pi^{-1}(\Delta^0), \mathrm{R}^q j_{\Delta^0\star}\mathbf{G}_\mathrm{m}) \Longrightarrow \mathrm{H}^{p+q}(\pi^{-1}(\Delta^0) \cap \mathrm{W}, \mathbf{G}_\mathrm{m})$$

pour le morphisme j_{Δ^0} et le faisceau étale $\mathbf{G}_{\mathrm{m}}$ induit une flèche

$$\mathrm{H}^2(\pi^{-1}(\Delta^0), j_{\Delta^0\star}\mathbf{G}_{\mathrm{m}}) \longrightarrow \mathrm{Br}(\pi^{-1}(\Delta^0) \cap \mathrm{W}). \tag{3.4}$$

Lemme 3.18 — *Quitte à rétrécir Δ^0, on peut supposer que pour tout $m \in \mathscr{M}$ et tout $r \in \mathrm{K}_m$, la classe $\mathrm{A}_{m,r}$ appartient à l'image de la flèche (3.4).*

Démonstration — Notons $j_\eta \colon \pi^{-1}(\eta) \cap \mathrm{W} \to \pi^{-1}(\eta)$ l'immersion ouverte canonique. Les deux lemmes suivants montrent que si Δ^0 est assez petit, les restrictions des classes $\mathrm{A}_{m,r}$ à $\mathrm{Br}(\pi^{-1}(\eta) \cap \mathrm{W})$ appartiennent à l'image de la composée

$$\mathrm{H}^2(\pi^{-1}(\Delta^0), j_{\Delta^0\star}\mathbf{G}_{\mathrm{m}}) \longrightarrow \mathrm{H}^2(\pi^{-1}(\eta), j_{\eta\star}\mathbf{G}_{\mathrm{m}}) \longrightarrow \mathrm{Br}(\pi^{-1}(\eta) \cap \mathrm{W}),$$

où la première flèche est la flèche de restriction à la fibre générique de π et la seconde est induite par la suite spectrale de Leray associée à j_η.

Lemme 3.19 — *Soient* C *une courbe lisse sur un corps parfait et $j \colon \mathrm{U} \to \mathrm{C}$ une immersion ouverte. La flèche $\mathrm{H}^2(\mathrm{C}, j_\star\mathbf{G}_{\mathrm{m}}) \to \mathrm{Br}(\mathrm{U})$ induite par la suite spectrale de Leray est un isomorphisme.*

Démonstration — Soient $\overline{c}$ un point géométrique de C et $\mathrm{V} = \mathrm{U} \times_{\mathrm{C}} \mathrm{Spec}(\mathscr{O}_{\mathrm{C},\overline{c}})$. Pour tout entier q, la tige en $\overline{c}$ du faisceau étale $\mathrm{R}^q j_\star \mathbf{G}_{\mathrm{m}}$ est égale à $\mathrm{H}^q(\mathrm{V}, \mathbf{G}_{\mathrm{m}})$. Pour $q = 1$, ce groupe s'identifie au groupe de Picard de V (théorème de Hilbert 90). Pour $q = 2$, c'est par définition le groupe de Brauer de V. Le schéma V peut être un trait strictement local, le spectre d'un corps de degré de transcendance $\leqslant 1$ sur un corps algébriquement clos, ou le schéma vide. Dans les trois cas, les groupes de Picard et de Brauer de V sont nuls (cinq de ces assertions sont triviales, la sixième résulte du théorème de Tsen).

Ainsi a-t-on prouvé que $\mathrm{R}^q j_\star \mathbf{G}_{\mathrm{m}} = 0$ pour $q \in \{1, 2\}$. La suite spectrale de Leray permet d'en déduire le résultat voulu. □

Lemme 3.20 — *Soient* S *un schéma intègre,* $\mathrm{X} \to \mathrm{S}$ *un morphisme de schémas quasi-compact et quasi-séparé et* $j \colon \mathrm{U} \to \mathrm{X}$ *une immersion ouverte quasi-compacte. Pour tout* S*-schéma* V*, notons* $j_{\mathrm{V}} \colon \mathrm{U}_{\mathrm{V}} \to \mathrm{X}_{\mathrm{V}}$ *le morphisme déduit de j par changement de base. Notons de plus* I *l'ensemble ordonné filtrant des ouverts affines non vides de* S *et η le point générique de* S*. Alors, pour tout entier $n \geqslant 0$, le morphisme canonique*

$$\varinjlim_{\mathrm{V} \in \mathrm{I}} \mathrm{H}^n(\mathrm{X}_{\mathrm{V}}, j_{\mathrm{V}\star}\mathbf{G}_{\mathrm{m}}) \longrightarrow \mathrm{H}^n(\mathrm{X}_\eta, j_{\eta\star}\mathbf{G}_{\mathrm{m}})$$

est un isomorphisme.

Démonstration — C'est un cas particulier de [33, Exp. VII, Cor. 5.8], compte tenu de ce que pour tout $\mathrm{V}_0 \in \mathrm{I}$ et tout $\mathrm{V} \in \mathrm{I}$ tel que $\mathrm{V} \subset \mathrm{V}_0$ ou pour $\mathrm{V} = \eta$, notant f l'inclusion de X_V dans X_{V_0}, la flèche canonique de faisceaux étales sur X_V

$$f^\star j_{V_0\star}\mathbf{G}_m \longrightarrow j_{V\star}\mathbf{G}_m$$

est un isomorphisme. Cette dernière affirmation est triviale lorsque $V \in I$. Pour $V = \eta$, le point délicat est de vérifier qu'étant donnés un schéma W, un morphisme $W \to X_\eta$ étale et de présentation finie et un U_η-morphisme $W \times_{X_\eta} U_\eta \to \mathbf{G}_{m,U_\eta}$, on peut étendre tous ces objets au-dessus d'un ouvert dense de V_0 ; ceci résulte de [EGA IV_3, 8.8.2] et [EGA IV_4, 17.7.8 (ii)]. □

Le morphisme $\eta \to \Delta^0$ induit un morphisme entre les suites spectrales de Leray associées à j_η et à j_{Δ^0}, d'où la commutativité du carré

$$\begin{array}{ccc} H^2(\pi^{-1}(\Delta^0), j_{\Delta^0\star}\mathbf{G}_m) & \longrightarrow & \mathrm{Br}(\pi^{-1}(\Delta^0) \cap W) \\ \downarrow & & \downarrow \\ H^2(\pi^{-1}(\eta), j_{\eta\star}\mathbf{G}_m) & \longrightarrow & \mathrm{Br}(\pi^{-1}(\eta) \cap W), \end{array}$$

dont la flèche verticale de droite est injective. Ceci termine de prouver le lemme 3.18. □

Nous sommes maintenant en position de définir l'ensemble hilbertien H. Rappelons que pour tout $m \in \mathscr{M}$, le morphisme $\pi^{-1}(\Delta^0) \cap \widetilde{m} \to \Delta^0$ est par hypothèse un revêtement étale connexe (cf. lemme 3.14), et l'on dispose par ailleurs pour chaque $i \in I_m$ d'un revêtement étale connexe $R_{m,i} \to \pi^{-1}(\Delta^0) \cap \widetilde{m}$ (cf. équation (3.3)) ; d'où, par composition, un revêtement étale connexe $R_{m,i} \to \Delta^0$. D'autre part, chaque élément de Φ définit un revêtement étale connexe (cyclique) de Δ^0 puisque $\Phi \subset H^1(\Delta^0, \mathbf{Q}/\mathbf{Z})$. Soit H l'ensemble des $\delta \in \Delta^0(k)$ tels que la fibre en δ de chacun des revêtements étales connexes de Δ^0 évoqués ci-dessus soit connexe.

Soit $\delta \in H$. Notons $\varphi\colon D_\delta \cap W \to \pi^{-1}(\Delta^0) \cap W$ l'immersion fermée canonique et $\varphi^\star B_0$ l'image de B_0 par $\varphi^\star\colon \mathrm{Br}(\pi^{-1}(\Delta^0) \cap W) \to \mathrm{Br}(D_\delta \cap W)$. Nous allons maintenant démontrer que le groupe $\mathrm{Br}_{\mathrm{vert}}(X_\delta)/g^\star\mathrm{Br}(k)$ est engendré par $f_\delta'^\star\varphi^\star B_0$, ce qui terminera la preuve de la proposition.

Pour la commodité du lecteur, nous résumons dans le lemme ci-dessous les propriétés du morphisme f'_δ. Elles découlent immédiatement des conclusions du lemme 3.14, de la définition des revêtements $R_{m,i}$ et de la définition de H.

Lemme 3.21 — *Le morphisme $f'_\delta\colon X_\delta \to D_\delta$ est un morphisme propre, plat, de fibre générique géométriquement intègre, entre variétés projectives, lisses et géométriquement intègres. Il est lisse au-dessus de $D_\delta \setminus F_\delta$. L'application $\mathscr{M} \to D_\delta$, $m \mapsto D_\delta \cap \widetilde{m}$ définit une bijection entre $\mathscr{M}$ et l'ensemble des points fermés de D_δ au-dessus desquels la fibre de f'_δ est singulière. Pour tout $m \in \mathscr{M}$, les composantes irréductibles de $f_\delta'^{-1}(D_\delta \cap \widetilde{m})$ sont exactement les fermés*

$(\widetilde{\mathrm{Y}_{m,i}})_{\mathrm{D}_\delta \cap \widetilde{m}}$ *pour* $i \in \mathrm{I}_m$*. Pour* $m \in \mathscr{M}$ *et* $i \in \mathrm{I}_m$*, la fermeture algébrique de* $\kappa(\mathrm{D}_\delta \cap \widetilde{m})$ *dans* $\kappa((\widetilde{\mathrm{Y}_{m,i}})_{\mathrm{D}_\delta \cap \widetilde{m}})$ *est isomorphe, comme* $\kappa(\mathrm{D}_\delta \cap \widetilde{m})$*-algèbre, à* $\kappa((\mathrm{R}_{m,i})_\delta)$*, et la multiplicité de* $(\widetilde{\mathrm{Y}_{m,i}})_{\mathrm{D}_\delta \cap \widetilde{m}}$ *dans* $f_\delta'^{-1}(\mathrm{D}_\delta \cap \widetilde{m})$ *est* $e_{m,i}$*.*

Vérifions que les classes de $f_\delta'^{\star}\varphi^\star \mathrm{B}_0$ sont non ramifiées sur X_δ. Elles sont évidemment non ramifiées sur $f_\delta'^{-1}(\mathrm{D}_\delta \cap \mathrm{W})$, puisque $\mathrm{B}_0 \subset \mathrm{Br}(\pi^{-1}(\Delta^0) \cap \mathrm{W})$. Qu'elles soient non ramifiées aux autres points de codimension 1 de X_δ résulte de la description ci-dessus des fibres singulières de f'_δ, des deux lemmes suivants et de [23, Proposition 1.1.1].

Lemme 3.22 — *Pour tout* $m \in \mathscr{M}$*, tout* $r \in \mathrm{K}_m$ *et tout* $s \in \mathscr{M} \cup \{\infty\}$*, le résidu de* $\varphi^\star \mathrm{A}_{m,r}$ *au point fermé* $\mathrm{D}_\delta \cap \widetilde{s}$ *de* D_δ *est égal à l'image du résidu de* $\mathrm{A}_{m,r}$ *en* s *par la flèche de restriction*

$$\mathrm{H}^1(\pi^{-1}(\Delta^0) \cap \widetilde{s}, \mathbf{Q}/\mathbf{Z}) \longrightarrow \mathrm{H}^1(\mathrm{D}_\delta \cap \widetilde{s}, \mathbf{Q}/\mathbf{Z}). \tag{3.5}$$

(Le résidu de $\mathrm{A}_{m,r}$ en s appartient à $\mathrm{H}^1(\pi^{-1}(\Delta^0) \cap \widetilde{s}, \mathbf{Q}/\mathbf{Z})$ car il appartient à K_m.)

Démonstration — Les variétés considérées sont résumées dans le diagramme suivant, qui permet en outre de donner des noms aux flèches qui n'en possèdent pas encore.

$$\begin{array}{ccccc}
\pi^{-1}(\Delta^0) \cap \mathrm{W} & \xrightarrow{\;j_{\Delta^0}\;} & \pi^{-1}(\Delta^0) & \xleftarrow{\;i_{\Delta^0}\;} & \pi^{-1}(\Delta^0) \cap \widetilde{s} \\
\uparrow{\scriptstyle \varphi} & & \uparrow{\scriptstyle i} & & \uparrow \\
\mathrm{D}_\delta \cap \mathrm{W} & \xrightarrow{\;j_\delta\;} & \mathrm{D}_\delta & \xleftarrow{\;i_\delta\;} & \mathrm{D}_\delta \cap \widetilde{s}
\end{array}$$

Tous les morphismes de ce diagramme sont des immersions fermées, excepté j_{Δ^0} et j_δ, qui sont des immersions ouvertes.

Les schémas $\pi^{-1}(\Delta^0) \cap \widetilde{s}$ et $\mathrm{D}_\delta \cap \widetilde{s}$ sont normaux, puisqu'ils sont par hypothèse étales respectivement au-dessus de Δ^0 et de δ. Toute composante connexe d'un $(\pi^{-1}(\Delta^0) \cap \widetilde{s})$-schéma étale (resp. d'un $(\mathrm{D}_\delta \cap \widetilde{s})$-schéma étale) est donc aussi une composante irréductible. Cette remarque permet de définir un morphisme $j_{\Delta^0 \star}\mathbf{G}_\mathrm{m} \to i_{\Delta^0 \star}\mathbf{Z}$ (resp. $j_{\delta\star}\mathbf{G}_\mathrm{m} \to i_{\delta\star}\mathbf{Z}$) de faisceaux étales sur $\pi^{-1}(\Delta^0)$ (resp. sur D_δ) en associant à une fonction rationnelle sur un $\pi^{-1}(\Delta^0)$-schéma étale connexe (resp. sur un D_δ-schéma étale connexe) la famille de ses valuations sur les composantes irréductibles de l'image réciproque de $\pi^{-1}(\Delta^0) \cap \widetilde{s}$ (resp. de $\mathrm{D}_\delta \cap \widetilde{s}$). Les morphismes que l'on vient de définir s'inscrivent dans le carré

$$\begin{array}{ccc}
j_{\Delta^0 \star}\mathbf{G}_\mathrm{m} & \longrightarrow & i_{\Delta^0 \star}\mathbf{Z} \\
\downarrow & & \downarrow \\
i_\star j_{\delta\star}\mathbf{G}_\mathrm{m} & \longrightarrow & i_\star i_{\delta\star}\mathbf{Z}
\end{array} \tag{3.6}$$

de faisceaux étales sur $\pi^{-1}(\Delta^0)$, où les flèches verticales sont les flèches canoniques.

Sous-lemme 3.23 — *Le carré (3.6) est commutatif.*

Démonstration — Le point clé est que les sous-variétés fermées $\pi^{-1}(\Delta^0) \cap \widetilde{s}$ et D_δ de $\pi^{-1}(\Delta^0)$ se rencontrent transversalement au point $\mathrm{D}_\delta \cap \widetilde{s}$. En déduire la commutativité du carré (3.6) est une vérification aisée, compte tenu que la transversalité de l'intersection de deux sous-schémas fermés réguliers d'un schéma régulier est préservée par image réciproque par un morphisme étale. Pour établir le point clé, il suffit d'utiliser l'hypothèse que $\pi^{-1}(\Delta^0) \cap \widetilde{s}$ est étale sur Δ^0. Celle-ci entraîne que tout vecteur tangent à Δ^0 se relève en un vecteur tangent à $\pi^{-1}(\Delta^0) \cap \widetilde{s}$. Tout vecteur tangent à $\pi^{-1}(\Delta^0)$ en $\mathrm{D}_\delta \cap \widetilde{s}$ s'écrit donc comme la somme d'un vecteur tangent à $\pi^{-1}(\Delta^0) \cap \widetilde{s}$ et d'un vecteur dont l'image par π est nulle, autrement dit, d'un vecteur tangent à D_δ. Ceci signifie, par définition, que $\pi^{-1}(\Delta^0) \cap \widetilde{s}$ et D_δ se rencontrent transversalement en $\mathrm{D}_\delta \cap \widetilde{s}$. □

Appliquant le foncteur $\mathrm{H}^2(\pi^{-1}(\Delta^0), -)$ au carré (3.6), on obtient la face de gauche du diagramme suivant. Les flèches obliques de droite sont les flèches de résidu. Comme $\pi^{-1}(\Delta^0) \cap \widetilde{s}$ et $\mathrm{D}_\delta \cap \widetilde{s}$ sont des schémas normaux, il résulte de la suite spectrale de Leray pour l'inclusion du point générique que les groupes $\mathrm{H}^q(\pi^{-1}(\Delta^0), \mathbf{Q})$ et $\mathrm{H}^q(\pi^{-1}(\mathrm{D}_\delta \cap \widetilde{s}), \mathbf{Q})$ sont nuls pour tout $q \geqslant 1$. Par conséquent, les flèches naturelles $\mathrm{H}^1(\pi^{-1}(\Delta^0), \mathbf{Q}/\mathbf{Z}) \to \mathrm{H}^2(\pi^{-1}(\Delta^0), \mathbf{Z})$ et $\mathrm{H}^1(\mathrm{D}_\delta \cap \widetilde{s}, \mathbf{Q}/\mathbf{Z}) \to \mathrm{H}^2(\mathrm{D}_\delta \cap \widetilde{s}, \mathbf{Z})$ sont des isomorphismes ; ce sont leurs inverses qui apparaissent dans le diagramme ci-dessous.

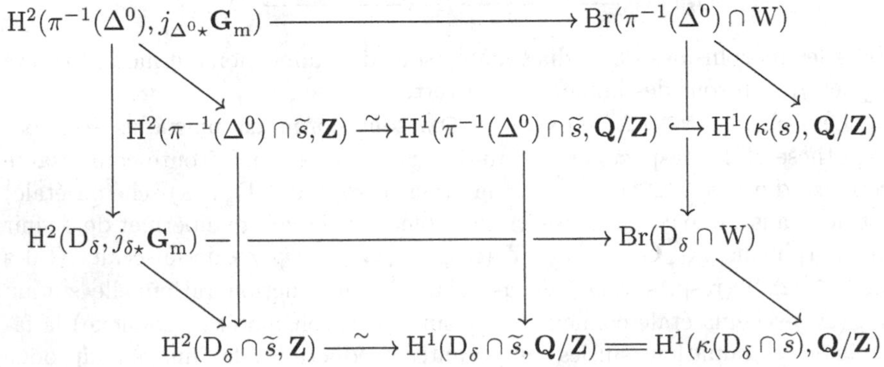

Ce diagramme est commutatif. En effet, la face de gauche l'est grâce au sous-lemme 3.23 et les faces horizontales le sont par définition des flèches de résidu. Pour tout $m \in \mathscr{M}$ et tout $r \in \mathrm{K}_m$, la classe $\mathrm{A}_{m,r} \in \mathrm{Br}(\pi^{-1}(\Delta^0) \cap \mathrm{W})$ provient par hypothèse d'un élément de $\mathrm{H}^2(\pi^{-1}(\Delta^0), j_{\Delta^0\star}\mathbf{G}_\mathrm{m})$ (cf. conclusion du lemme 3.18). La commutativité du diagramme ci-dessus permet donc de conclure. □

Pour $m \in \mathscr{M}$ et $i \in \mathrm{I}_m$, notons

$$e_{m,i}\mathrm{Res}_\delta \colon \mathrm{H}^1(\mathrm{D}_\delta \cap \widetilde{m}, \mathbf{Q}/\mathbf{Z}) \longrightarrow \mathrm{H}^1((\mathrm{R}_{m,i})_\delta, \mathbf{Q}/\mathbf{Z})$$

la composée de la flèche de restriction associée au revêtement étale connexe $(\mathrm{R}_{m,i})_\delta \to \mathrm{D}_\delta \cap \widetilde{m}$ et de la multiplication par $e_{m,i}$.

Lemme 3.24 — *Pour tout $m \in \mathscr{M}$, la suite*

$$\mathrm{K}_m \longrightarrow \mathrm{H}^1(\mathrm{D}_\delta \cap \widetilde{m}, \mathbf{Q}/\mathbf{Z}) \xrightarrow{\prod e_{m,i}\mathrm{Res}_\delta} \prod_{i \in \mathrm{I}_m} \mathrm{H}^1((\mathrm{R}_{m,i})_\delta, \mathbf{Q}/\mathbf{Z}),$$

dans laquelle la première flèche est la restriction de (3.5) à K_m, est exacte.

Démonstration — Soit $m \in \mathscr{M}$. Que cette suite forme un complexe résulte de la définition de K_m et de la commutativité des carrés

$$\begin{array}{ccc} \mathrm{H}^1(\pi^{-1}(\Delta^0) \cap \widetilde{m}, \mathbf{Q}/\mathbf{Z}) & \xrightarrow{e_{m,i}\mathrm{Res}} & \mathrm{H}^1(\mathrm{R}_{m,i}, \mathbf{Q}/\mathbf{Z}) \\ \downarrow & & \downarrow \\ \mathrm{H}^1(\mathrm{D}_\delta \cap \widetilde{m}, \mathbf{Q}/\mathbf{Z}) & \xrightarrow{e_{m,i}\mathrm{Res}_\delta} & \mathrm{H}^1((\mathrm{R}_{m,i})_\delta, \mathbf{Q}/\mathbf{Z}) \end{array}$$

pour $i \in \mathrm{I}_m$. Considérons maintenant une classe de $\mathrm{H}^1(\mathrm{D}_\delta \cap \widetilde{m}, \mathbf{Q}/\mathbf{Z})$ appartenant au noyau de la seconde flèche de ce complexe et choisissons une extension cyclique $\ell/\kappa(\mathrm{D}_\delta \cap \widetilde{m})$ la représentant (rappelons que $\mathrm{D}_\delta \cap \widetilde{m}$ est le spectre d'un corps). Il existe un $i_0 \in \mathrm{I}_m$ tel que $e_{m,i_0} = 1$ (cf. lemme 3.13). L'appartenance de la classe de ℓ au noyau de la restriction

$$\mathrm{H}^1(\mathrm{D}_\delta \cap \widetilde{m}, \mathbf{Q}/\mathbf{Z}) \longrightarrow \mathrm{H}^1((\mathrm{R}_{m,i_0})_\delta, \mathbf{Q}/\mathbf{Z})$$

signifie que l'extension $\ell/\kappa(\mathrm{D}_\delta \cap \widetilde{m})$ se plonge dans $\kappa((\mathrm{R}_{m,i_0})_\delta)/\kappa(\mathrm{D}_\delta \cap \widetilde{m})$. Autrement dit, le morphisme $(\mathrm{R}_{m,i_0})_\delta \to \mathrm{D}_\delta \cap \widetilde{m}$ se factorise en $(\mathrm{R}_{m,i_0})_\delta \to \mathrm{Spec}(\ell) \to \mathrm{D}_\delta \cap \widetilde{m}$. Comme $(\mathrm{R}_{m,i_0})_\delta$ est connexe, cette factorisation s'étend en une factorisation

$$\mathrm{R}_{m,i_0} \longrightarrow \mathrm{L} \longrightarrow \pi^{-1}(\Delta^0) \cap \widetilde{m}$$

du revêtement étale connexe $\mathrm{R}_{m,i_0} \to \pi^{-1}(\Delta^0) \cap \widetilde{m}$, où $\mathrm{L} \to \pi^{-1}(\Delta^0) \cap \widetilde{m}$ est un revêtement cyclique dont la fibre en δ s'identifie à $\mathrm{Spec}(\ell)$. Il reste à vérifier que la classe $[\mathrm{L}]$ de L dans $\mathrm{H}^1(\pi^{-1}(\Delta^0) \cap \widetilde{m}, \mathbf{Q}/\mathbf{Z})$ appartient à K_m. Soit donc $i \in \mathrm{I}_m$. Notons $\mathrm{L}_i \to \pi^{-1}(\Delta^0) \cap \widetilde{m}$ un revêtement cyclique connexe dont la classe $[\mathrm{L}_i]$ dans $\mathrm{H}^1(\pi^{-1}(\Delta^0) \cap \widetilde{m}, \mathbf{Q}/\mathbf{Z})$ soit égale à $e_{m,i}[\mathrm{L}]$. L'appartenance de la classe de ℓ au noyau de $e_{m,i}\mathrm{Res}_\delta$ se traduit par l'existence d'une factorisation du morphisme $(R_{m,i})_\delta \to D_\delta \cap \widetilde{m}$ par $(L_i)_\delta$. Comme $(R_{m,i})_\delta$ est connexe, ceci entraîne que le morphisme $R_{m,i} \to \pi^{-1}(\Delta^0) \cap \widetilde{m}$ se factorise par L_i, ce qui à son tour implique que $[L_i]$ appartient au noyau de la flèche de restriction $H^1(\pi^{-1}(\Delta^0) \cap \widetilde{m}, \mathbf{Q}/\mathbf{Z}) \to H^1(R_{m,i}, \mathbf{Q}/\mathbf{Z})$, autrement dit que [L] appartient au noyau de $e_{m,i}\mathrm{Res}$, comme il fallait démontrer. □

Le lemme 3.21 et la proposition [23, Proposition 1.1.1] montrent que toute classe de $\mathrm{Br}_{\mathrm{vert}}(X_\delta)$ est l'image réciproque par f'_δ d'une classe $A \in \mathrm{Br}(D_\delta \cap W)$ dont le résidu en $D_\delta \cap \widetilde{m}$ appartient au noyau de $e_{m,i}\mathrm{Res}_\delta$ pour tout $m \in \mathscr{M}$ et tout $i \in I_m$ et dont le résidu en $D_\delta \cap \widetilde{\infty}$ est nul. D'après les lemmes 3.24 et 3.22, il existe $A' \in B$ tel que $\varphi^\star A'$ et A aient mêmes résidus en $D_\delta \cap \widetilde{m}$ pour tout $m \in \mathscr{M}$. On a alors $A - \varphi^\star A' \in \mathrm{Br}(D_\delta \setminus (D_\delta \cap \widetilde{\infty}))$. Ce dernier groupe est réduit à $\pi_\delta^\star \mathrm{Br}(k)$ d'après la suite exacte de Faddeev ; d'où l'existence de $\gamma \in \mathrm{Br}(k)$ tel que $A = \varphi^\star A' + \pi_\delta^\star \gamma$. En particulier, comme A est non ramifiée au point $D_\delta \cap \widetilde{\infty}$, il en va de même pour $\varphi^\star A'$. Autrement dit, et compte tenu du lemme 3.22, l'image de A' dans Φ appartient au noyau de la flèche $H^1(\Delta^0, \mathbf{Q}/\mathbf{Z}) \to H^1(\delta, \mathbf{Q}/\mathbf{Z})$ d'évaluation en δ. La restriction de celle-ci au sous-groupe $\Phi \subset H^1(\Delta^0, \mathbf{Q}/\mathbf{Z})$ est injective par définition de H. L'image de A' dans Φ est donc nulle, ce qui signifie encore que $A' \in B_0$. On a alors bien établi que toute classe de $\mathrm{Br}_{\mathrm{vert}}(X_\delta)$ s'écrit comme la somme d'une classe constante et de l'image réciproque par f'_δ d'une classe de $\varphi^\star B_0$, et la proposition 3.15 est donc démontrée. □

Nous pouvons maintenant terminer la preuve du théorème 3.4. Soient $(P_v)_{v\in\Omega} \in \prod_{v\in\Omega} X(k_v)$ une famille orthogonale à $\mathrm{Br}_{\mathrm{vert}}(X)$ et $B \subset \mathrm{Br}_{\mathrm{vert}}(X_\eta)$ un sous-groupe fini engendrant $\mathrm{Br}_{\mathrm{vert}}(X_\eta)/g^\star\mathrm{Br}(\eta)$. (Rappelons que dans $\mathrm{Br}_{\mathrm{vert}}(X)$, le symbole « vert » fait référence au morphisme f (ou au morphisme f', c'est équivalent), alors que dans $\mathrm{Br}_{\mathrm{vert}}(X_\delta)$ pour $\delta \in \Delta$ (et notamment pour $\delta = \eta$), il fait référence au morphisme f'_δ.)

La variété Δ est k-isomorphe à $\mathbf{P}_k^{n-1}$. Par ailleurs, chaque fibre de g contient un ouvert géométriquement intègre d'après le lemme 3.11. Toutes les conditions sont donc réunies pour appliquer le théorème suivant, dû à Harari, au morphisme $g\colon X \to \Delta$ et au sous-groupe $B \subset \mathrm{Br}(X_\eta)$.

Théorème 3.25 (cf. [34, Théorème 1]) — *Soient k un corps de nombres et X une variété projective, lisse et géométriquement connexe sur k, munie d'un morphisme $f\colon X \to \mathbf{P}_k^n$ de fibre générique géométriquement intègre. Supposons que chaque fibre de f au-dessus du complémentaire d'un fermé de codimension $\geqslant 2$ contienne un ouvert géométriquement intègre. Soient η le point générique de $\mathbf{P}_k^n$ et $B \subset \mathrm{Br}(X_\eta)$ un sous-groupe fini. Notons $B' \subset \mathrm{Br}(X)$ le groupe $(B + f^\star\mathrm{Br}(\eta)) \cap \mathrm{Br}(X) \subset \mathrm{Br}(\kappa(X))$ et $U \subset \mathbf{P}_k^n$ un ouvert dense au-dessus duquel f soit lisse, suffisamment petit pour que $B \subset \mathrm{Br}(X_U)$. Pour tout $(P_v)_{v\in\Omega} \in X(\mathbf{A}_k)^{B'}$ et tout ensemble hilbertien $H \subset \mathbf{P}^n(k)$, il existe $\theta \in H \cap U$ et une famille $(Q_v)_{v\in\Omega} \in X_\theta(\mathbf{A}_k)^{B_\theta}$ arbitrairement proche* *de* $(\mathrm{P}_v)_{v\in\Omega} \in \mathrm{X}(\mathbf{A}_k)$*, où* $\mathrm{B}_\theta \subset \mathrm{Br}(\mathrm{X}_\theta)$ *désigne l'image de* B *par la flèche de restriction* $\mathrm{Br}(\mathrm{X}_\mathrm{U}) \to \mathrm{Br}(\mathrm{X}_\theta)$.

Comme $(\mathrm{B} + g^\star\mathrm{Br}(\eta)) \cap \mathrm{Br}(\mathrm{X}) \subset \mathrm{Br}_{\mathrm{vert}}(\mathrm{X})$, il existe $\delta \in \mathrm{H}$ et une famille $(\mathrm{Q}_v)_{v\in\Omega} \in \mathrm{X}_\delta(\mathbf{A}_k)$ arbitrairement proche de $(\mathrm{P}_v)_{v\in\Omega}$ et orthogonale à l'image de B par spécialisation en δ, où H est l'intersection de l'ensemble hilbertien donné par la proposition 3.15 et de celui déterminé par les revêtements étales connexe $\mathrm{R}_{m,i} \to \Delta^0$ pour $m \in \mathscr{M}$ et $i \in \mathrm{I}_m$. Vu la définition de H, la famille $(\mathrm{Q}_v)_{v\in\Omega}$ est alors orthogonale à $\mathrm{Br}_{\mathrm{vert}}(\mathrm{X}_\delta)$. Des conclusions du lemme 3.14, du lemme 3.13 et de la définition des revêtements $\mathrm{R}_{m,i}$ résultent les propriétés suivantes : la variété X_δ est projective, lisse, géométriquement intègre, le morphisme $f'_\delta \colon \mathrm{X}_\delta \to \mathrm{D}_\delta$ est plat, sa fibre générique est géométriquement intègre et pour tout $m \in \mathrm{D}_\delta$, la fibre $f'^{-1}_\delta(m)$ contient une composante irréductible de multiplicité 1 dans le corps des fonctions de laquelle la fermeture algébrique de $\kappa(m)$ est une extension abélienne de $\kappa(m)$. On peut donc appliquer [22, Theorem 1.1] au morphisme f'_δ et au point adélique $(\mathrm{Q}_v)_{v\in\Omega}$, et conclure quant à l'existence de $x \in \mathrm{D}_\delta(k) \cap \sigma^{-1}(\mathrm{U})$ arbitrairement proche de $(f'(\mathrm{Q}_v))_{v\in\Omega}$ et tel que $f'^{-1}(x)$ soit lisse et possède un point adélique. Le point $\sigma(x) \in \mathbf{P}^n(k)$ appartient alors à $\mathscr{R} \cap \mathrm{U}(k)$ et est arbitrairement proche de la famille $(f(\mathrm{P}_v))_{v\in\Omega}$. □

Remarque — L'hypothèse de Schinzel n'a servi qu'à appliquer [22, Theorem 1.1]. Avec une version adaptée du théorème d'Harari, on obtiendrait donc, suivant exactement la même preuve, des résultats inconditionnels sur les 0-cycles de degré 1 généralisant ceux de [22] à des fibrations au-dessus de $\mathbf{P}^n_k$.

Remarque — On pourrait être tenté de prouver le théorème en raisonnant comme dans [22, Theorem 1.1]. Il s'agirait, une fois la réduction au cas projectif et lisse accomplie, d'appliquer directement le « lemme formel » à une famille finie $\mathrm{A}_1, \ldots, \mathrm{A}_m \in \mathrm{Br}_{\mathrm{vert}}(\mathrm{X}_\eta)$ engendrant $\mathrm{Br}_{\mathrm{vert}}(\mathrm{X}_\eta)/g^\star\mathrm{Br}(\eta)$, ce qui fournirait un ensemble fini S de places de k. Notant H l'ensemble hilbertien donné par la proposition 3.15 et $\mathrm{V} \subset \Delta$ un ouvert dense assez petit pour que les classes A_i soient non ramifiées sur $g^{-1}(\mathrm{V})$, on choisirait ensuite un $\delta \in \mathrm{H} \cap \mathrm{V}$ arbitrairement proche d'une famille fixée $(\delta_v)_{v\in\mathrm{S}} \in \prod_{v\in\mathrm{S}} \Delta(k_v)$, à l'aide de la version d'Ekedahl du théorème d'irréductibilité de Hilbert (cf. [27]). L'hypothèse de Schinzel fournirait enfin un $x \in \mathrm{D}_\delta(k)$ pour lequel on pourrait espérer que $f'^{-1}(x)$ possède un point adélique. L'existence d'un k_v-point de $f'^{-1}(x)$ serait facile à assurer pour $v \in \mathrm{S}$ (proximité de δ et de δ_v) et pour toute place v de bonne réduction pour $f'^{-1}(x)$, quitte à imposer à S d'être suffisamment grand (estimations de Lang-Weil et lemme de Hensel). On voudrait alors se servir d'un argument de réciprocité basé sur la conclusion du « lemme formel » pour obtenir l'existence d'un k_v-point aux places de mauvaise réduction hors de S (places que l'on peut même choisir hors d'un ensemble fini arbitrairement grand *dépendant de* δ). Le problème de cette approche est que l'on n'a aucun contrôle sur les places $v \notin \mathrm{S}$ *de bonne réduction pour* $f'^{-1}(x)$ pour lesquelles la réduction de δ modulo v appartient à la réduction modulo v du fermé $\Delta \setminus \mathrm{V}$. C'est un obstacle à l'argument de réciprocité dont il vient d'être question ; l'emploi d'un théorème plus fort tel que le théorème 3.25 semble ainsi inévitable.

3.3 Généralités sur les pinceaux de quadriques dans $\mathbf{P}^n$

Nous commençons par rappeler quelques propriétés élémentaires et bien connues des pinceaux de quadriques dans $\mathbf{P}^n$ puis nous définissons des revêtements de l'espace projectif dual $(\mathbf{P}^n)^\star$ qui leur sont naturellement associés. Ceux-ci joueront un rôle central dans les preuves des théorèmes 3.2 et 3.3 (cf. notamment le paragraphe 3.5.1).

Dans tout ce paragraphe, nous fixons un corps k de caractéristique différente de 2, une clôture séparable $\overline{k}$ de k, un k-espace vectoriel V de dimension finie et deux formes quadratiques q_1 et q_2 sur V. L'espace projectif $\mathbf{P}(\mathrm{V})$ des droites de V sera considéré comme une variété sur k. Notons n sa dimension et supposons que $n \geqslant 2$. Pour $t \in \mathbf{P}^1_k$ de coordonnées homogènes $t = [\lambda : \mu]$, soit $\mathrm{Q}_t \subset \mathbf{P}(\mathrm{V})$ la quadrique projective définie par l'équation

$$\lambda q_1 + \mu q_2 = 0.$$

Toutes les propriétés de q_1 et q_2 auxquelles on va maintenant s'intéresser ne dépendent en fait que de la famille de quadriques $(\mathrm{Q}_t)_{t\in\mathbf{P}^1_k}$. Celle-ci définit un pinceau si les formes q_1 et q_2 ne sont pas proportionnelles.

Notons $f(\lambda,\mu) = \det(\lambda q_1 + \mu q_2)$ le déterminant de $\lambda\mathrm{A}+\mu\mathrm{B}$, où A et B sont les matrices de q_1 et de q_2 dans une base quelconque de V. C'est un polynôme homogène en (λ,μ), nul ou de degré $n+1$, bien défini à multiplication par un élément de $k^\star$ près. En particulier, ses racines et leurs multiplicités respectives sont bien définies.

Soit $\mathrm{X} \subset \mathbf{P}(\mathrm{V})$ l'intersection des quadriques $(\mathrm{Q}_t)_{t\in\mathbf{P}^1_k}$, autrement dit la sous-variété de $\mathbf{P}(\mathrm{V})$ définie par les équations $q_1 = q_2 = 0$.

Proposition 3.26 — *Les propriétés suivantes sont équivalentes :*

(i) La variété X *est lisse sur* k *et purement de codimension* 2 *dans* $\mathbf{P}(\mathrm{V})$.

(ii) Le polynôme homogène $f(\lambda,\mu) \in k[\lambda,\mu]$ *est non nul et séparable.*

(iii) Les formes quadratiques q_1 *et* q_2 *ne sont pas proportionnelles et pour tout* $t \in \mathbf{P}^1_k$, *le lieu singulier de la quadrique* Q_t *est disjoint de* X.

De plus, elles impliquent :

(iv) Parmi les formes quadratiques $\lambda q_1 + \mu q_2$ *sur* $\mathrm{V}\otimes_k \overline{k}$ *avec* $(\lambda,\mu) \in \overline{k}^2 \setminus \{(0,0)\}$, *toutes sont de rang* $\geqslant n$ *et au moins une est de rang* $n+1$.

Lemme 3.27 — *Soit $t \in \mathbf{P}^1(k)$. Le point t est racine simple du polynôme homogène $f(\lambda, \mu)$ si et seulement si la quadrique Q_t possède un unique point singulier et que celui-ci n'appartient pas à X.*

Nous allons simultanément prouver le lemme et la proposition.

Démonstration — Les propriétés (i) à (iii) étant invariantes par extension des scalaires, on peut supposer k algébriquement clos. Soient $(\lambda_0, \mu_0) \in k^2 \backslash \{(0,0)\}$ une racine de f et r le rang de $\lambda_0 q_1 + \mu_0 q_2$. Choisissons une base de V dans laquelle la matrice de $\lambda_0 q_1 + \mu_0 q_2$ soit diagonale, les r premiers coefficients diagonaux étant non nuls ; on note cette matrice J. Pour $i \in \{1, \ldots, n+1\}$, soit D_i (resp. D'_i) la matrice obtenue en remplaçant la i-ème colonne de J par la i-ème colonne de la matrice de q_1 (resp. de q_2). Vu la forme de J, on a $\det(D_i) = \det(D'_i) = 0$ pour tout i si $r < n$ et pour tout $i \leqslant n$ si $r = n$. Compte tenu des égalités

$$\frac{\partial f}{\partial \lambda}(\lambda_0, \mu_0) = \sum_{i=1}^{n+1} \det(D_i) \qquad \text{et} \qquad \frac{\partial f}{\partial \mu}(\lambda_0, \mu_0) = \sum_{i=1}^{n+1} \det(D'_i),$$

il s'ensuit que (λ_0, μ_0) est une racine multiple de f si et seulement si $\det(D_{n+1}) = \det(D'_{n+1}) = 0$ ou $r < n$. Ceci prouve déjà que (ii)$\Rightarrow$(iv).

Notons $t = [\lambda_0 : \mu_0]$. Si $r < n$ et $r > 0$, le lieu singulier de Q_t contient une droite ; celle-ci rencontre nécessairement X. Si $r = n$, la condition $\det(D_{n+1}) = \det(D'_{n+1}) = 0$ équivaut à l'appartenance à X de l'unique point singulier de Q_t. On a donc aussi prouvé le lemme, et par suite, l'équivalence entre (ii) et (iii).

Il reste à établir que (i)$\Leftrightarrow$(iii). Notons $T_m M$ l'espace tangent à une variété M en un point m. Soient $t \in \mathbf{P}^1(k)$ et $x \in X(k)$. Choisissons un $u \in \mathbf{P}^1(k) \setminus \{t\}$. Si la propriété (i) est satisfaite, le sous-espace $T_x X \subset \mathbf{P}(V)$ est de codimension 2. Étant donné que $T_x Q_u$ est de codimension au plus 1 dans $\mathbf{P}(V)$ et que $T_x X = T_x Q_t \cap T_x Q_u$, on en déduit que $T_x Q_t$ est de codimension au moins 1, ce qui signifie que x est un point régulier de Q_t. D'où (i)$\Rightarrow$(iii). Supposons enfin que la propriété (i) ne soit pas satisfaite et montrons que (iii) ne l'est pas non plus. Le cas où X n'est pas purement de codimension 2 étant trivial, on peut supposer que X possède un point singulier $x \in X(k)$. Le noyau de la matrice jacobienne en x du système $q_1 = q_2 = 0$ est alors non nul, or la donnée d'un vecteur non nul de ce noyau équivaut exactement à la donnée d'un $t \in \mathbf{P}^1(k)$ tel que la quadrique Q_t soit singulière en x, d'où le résultat. □

Supposons dorénavant que X est lisse sur k et purement de codimension 2 dans $\mathbf{P}(V)$. Comme on vient de le voir, le polynôme f possède alors $n+1$ racines deux à deux distinctes dans $\mathbf{P}^1(\overline{k})$. Notons-les $t_0, \ldots, t_n$. La propriété (iv) ci-dessus montre que chacune des quadriques Q_{t_i} possède un unique $\overline{k}$-point singulier, que l'on note P_i. Les $\overline{k}$-points $P_0, \ldots, P_n$ de $\mathbf{P}(V)$

sont globalement stables sous l'action du groupe de Galois de $\overline{k}$ sur k ; on n'hésitera donc pas à identifier leur ensemble à une réunion de points fermés de $\mathbf{P}(\mathrm{V})$.

Proposition 3.28 — *Supposons que $k = \overline{k}$. Pour chaque $i \in \{0, \ldots, n\}$, soit $v_i \in \mathrm{V} \setminus \{0\}$ un vecteur dont l'image dans $\mathbf{P}(\mathrm{V})$ soit égale à P_i. Alors $(v_0, \ldots, v_n)$ est l'unique base de V, à permutation des coordonnées près et à homothétie près (indépendamment sur chacun des vecteurs de base), dans laquelle les formes quadratiques q_1 et q_2 soient simultanément diagonales.*

(On dit qu'une forme quadratique est *diagonale* dans une base donnée si sa matrice dans cette base est diagonale, ce qui équivaut encore à ce que la base soit orthogonale pour la forme quadratique en question.)

Démonstration — Prouvons d'abord que les vecteurs $v_0, \ldots, v_n$ forment une base de V dans laquelle q_1 et q_2 sont diagonales. Il suffit pour cela de vérifier d'une part que les v_i sont deux à deux orthogonaux à la fois pour q_1 et pour q_2 et d'autre part qu'aucun des v_i n'est isotrope à la fois pour q_1 et pour q_2. La seconde assertion résulte de la proposition 3.26, propriété (iii). Pour la première, il suffit de montrer que pour tous $i, j \in \{0, \ldots, n\}$ distincts, il existe $t, t' \in \mathbf{P}^1(k)$ distincts tels que les vecteurs v_i et v_j soient orthogonaux pour les deux formes quadratiques $\lambda q_1 + \mu q_2$ et $\lambda' q_1 + \mu' q_2$, où $t = [\lambda : \mu]$ et $t' = [\lambda' : \mu']$. Il est immédiat que cette condition est satisfaite pour $(t, t') = (t_i, t_j)$, puisque v_i (resp. v_j) est alors orthogonal à tout V pour $\lambda q_1 + \mu q_2$ (resp. $\lambda' q_1 + \mu' q_2$).

Établissons maintenant l'unicité. Supposons que dans une base de V l'on puisse écrire $q_1 = \sum_{i=0}^n a_i x_i^2$ et $q_2 = \sum_{i=0}^n b_i x_i^2$. Les racines de f sont alors les $t_i = [-b_i : a_i] \in \mathbf{P}^1(k)$ pour $i \in \{0, \ldots, n\}$. La droite engendrée par le i-ème vecteur de base est évidemment un point singulier de Q_{t_i}, ce qui signifie que ce vecteur est colinéaire à v_i. □

Corollaire 3.29 — *Aucun hyperplan de $\mathbf{P}(\mathrm{V})$ ne contient simultanément tous les $\overline{k}$-points $\mathrm{P}_0, \ldots, \mathrm{P}_n$.*

Corollaire 3.30 — *Le polynôme f est scindé si et seulement s'il existe une base de V dans laquelle les formes quadratiques q_1 et q_2 sont simultanément diagonales.*

Démonstration — En effet, pour tout $i \in \{0, \ldots, n\}$, le point $t_i \in \mathbf{P}^1(\overline{k})$ est k-rationnel si et seulement si le point P_i l'est, puisque ce dernier est l'unique point singulier de Q_{t_i}. □

Intéressons-nous maintenant à la trace du pinceau $(\mathrm{Q}_t)_{t \in \mathbf{P}^1_k}$ sur un hyperplan variable de $\mathbf{P}(\mathrm{V})$. Les hyperplans de $\mathbf{P}(\mathrm{V})$ sont paramétrés par l'espace projectif dual $\mathbf{P}(\mathrm{V}^\star)$. Posons

$$Z = \{(t, L) \in \mathbf{P}^1_k \times_k \mathbf{P}(V^\star)\ ;\ Q_t \cap L \text{ n'est pas lisse}\},$$

où l'intersection est à prendre au sens schématique. Ce sous-ensemble de $\mathbf{P}^1_k \times_k \mathbf{P}(V^\star)$ est un fermé (cf. [EGA IV$_3$, 12.1.7]) ; munissons-le de sa structure de sous-schéma fermé réduit.

Les fibres géométriques de la projection naturelle $p\colon Z \to \mathbf{P}(V^\star)$ sont particulièrement simples à décrire. Pour $L \in \mathbf{P}(V^\star)$, posons $f_L(\lambda, \mu) = \det((\lambda q_1 + \mu q_2)|_L)$, avec la notation évidente pour la restriction d'une forme quadratique au sous-espace vectoriel de V associé à L. C'est un polynôme homogène ; la fibre géométrique de p en L s'identifie à l'ensemble de ses racines (avec multiplicités).

Proposition 3.31 — *Le morphisme $p\colon Z \to \mathbf{P}(V^\star)$ est fini et plat, de degré n.*

Démonstration — Supposons d'abord le morphisme p fini. Il résulte alors de la description de ses fibres géométriques qu'elles sont toutes de degré n, ce qui entraîne que p est un morphisme plat (lemme de Nakayama). Il suffit donc de vérifier que p est fini. Pour cela, il suffit de vérifier qu'il est quasi-fini, puisqu'il est évidemment propre. Par l'absurde, supposons qu'il existe $L \in \mathbf{P}(V^\star)$ tel que $Q_t \cap L$ ne soit lisse pour aucun $t \in \mathbf{P}^1_k$. Considérant successivement les points $t = t_i$ pour $i \in \{0, \ldots, n\}$, on trouve que l'hyperplan L doit contenir P_i pour tout i, ce qui contredit le corollaire 3.29. □

Ainsi avons-nous associé à tout pinceau de quadriques dans $\mathbf{P}(V)$ un revêtement plat de $\mathbf{P}(V^\star)$. Nous y reviendrons au paragraphe 3.5.1, où nous étudierons la monodromie de ces revêtements. Pour l'instant, limitons-nous à la proposition suivante, fondamentale pour l'étude des points rationnels sur les surfaces de del Pezzo de degré 4.

Proposition 3.32 — *La variété Z est k-rationnelle.*

C'est en réalité la description explicite d'une certaine équivalence birationnelle entre Z et un espace projectif qu'il nous faudra connaître. Voici comment la construire.

Pour $(t, L) \in Z$ tel que $t \notin \{t_0, \ldots, t_n\}$, la quadrique $Q_t \cap L \subset L$ possède un unique point singulier. On définit une application rationnelle $Z \dashrightarrow \mathbf{P}(V)$ en associant ce point au couple (t, L).

Pour $x \in \mathbf{P}(V) \setminus (X \cup \{P_0, \ldots, P_n\})$, il existe un unique $t \in \mathbf{P}^1_k$ tel que $x \in Q_t$. Le point x est alors régulier sur Q_t. On définit une application rationnelle $\mathbf{P}(V) \dashrightarrow Z$ en associant à x le couple $(t, T_x Q_t)$, où $T_x Q_t$ désigne l'hyperplan tangent à Q_t en x.

On vérifie tout de suite que ces deux applications rationnelles sont bien inverses l'une de l'autre. La seconde est définie sur $\mathbf{P}(V) \setminus (X \cup \{P_0, \ldots, P_n\})$, qui est un ouvert de $\mathbf{P}(V)$ dont le complémentaire est de codimension 2.

Voici un résultat parfois utile lorsque l'on cherche à restreindre le revêtement $Z \to \mathbf{P}(V^\star)$ au-dessus d'hyperplans spécifiques de $\mathbf{P}(V^\star)$.

Proposition 3.33 — *Soit $z = (t, L) \in Z$. Supposons que l'un des points P_i, disons P_0, soit k-rationnel. S'il existe un point singulier de $Q_t \cap L$ qui soit un point régulier de Q_t et qui appartienne à l'hyperplan de $\mathbf{P}(V)$ contenant $\{P_1, \ldots, P_n\}$, alors $P_0 \in L$.*

Démonstration — On peut supposer que le corps k est algébriquement clos et que le point z est k-rationnel. Reprenons alors les notations de l'énoncé de la proposition 3.28. L'hyperplan de V engendré par $(v_1, \ldots, v_n)$ est orthogonal au vecteur v_0 pour toute forme quadratique $\lambda q_1 + \mu q_2$ avec $\lambda, \mu \in k$. Par ailleurs, si x est un point singulier de $Q_t \cap L$ qui soit un point régulier de Q_t, l'hyperplan de V associé à L est l'orthogonal de la droite vectorielle définie par x pour la forme quadratique $\lambda q_1 + \mu q_2$, où $t = [\lambda : \mu]$. La proposition s'ensuit. □

Pour conclure ce paragraphe, mentionnons une condition nécessaire pour qu'une intersection de deux quadriques dans $\mathbf{P}(V)$ possède une composante irréductible qui soit une sous-variété linéaire (c'est-à-dire de degré 1) de $\mathbf{P}(V)$.

Proposition 3.34 — *Ne supposons plus X lisse sur k. Si $n \geqslant 3$ et si X possède une composante irréductible qui est une sous-variété linéaire de $\mathbf{P}(V)$, alors le polynôme f n'admet aucune racine simple.*

Démonstration — On peut supposer X purement de codimension 2 dans $\mathbf{P}(V)$, les autres cas étant triviaux. On peut d'autre part supposer k algébriquement clos. Soit une composante irréductible $I \subset X$ de degré 1 dans $\mathbf{P}(V)$ et une racine simple $t_0 \in \mathbf{P}^1(k)$ de f. D'après le lemme 3.27, la quadrique Q_{t_0} est un cône quadratique possédant un unique point singulier, disons P_0, et celui-ci n'appartient pas à X. Il existe donc un hyperplan $L \subset \mathbf{P}(V)$ contenant I mais ne contenant pas P_0. Comme $I \subset X \subset Q_{t_0}$, on a alors $I \subset Q_{t_0} \cap L$; autrement dit, la quadrique $Q_{t_0} \cap L$, qui est lisse et de codimension 1 dans L puisque $P_0 \notin L$ et que $n \geqslant 3$, contient un sous-espace linéaire de codimension 1 dans L. C'est une contradiction. □

3.4 Surfaces de del Pezzo de degré 4

3.4.1 Notations, énoncés des résultats

Soit X une surface de del Pezzo de degré 4 sur un corps k de caractéristique 0. Soient $\overline{k}$ une clôture algébrique de k et Γ le groupe de Galois de $\overline{k}$ sur k.

Il existe un plongement $X \subset \mathbf{P}^4_k$ permettant de voir X comme l'intersection de deux quadriques dans $\mathbf{P}^4_k$. Soient q_1 et q_2 deux formes quadratiques homogènes en cinq variables telles que la surface X soit définie par le système $q_1 = q_2 = 0$. Reprenons alors les notations du paragraphe 3.3 associées à ces deux formes. Elles engendrent un pinceau $(Q_t)_{t\in\mathbf{P}^1_k}$ de quadriques dans $\mathbf{P}^4_k$. Comme X est une surface lisse, il existe exactement cinq valeurs du paramètre $t \in \mathbf{P}^1(\overline{k})$ pour lesquelles la quadrique Q_t n'est pas lisse (cf. proposition 3.26). On les note $t_0, \ldots, t_4$ et l'on note $P_i \in \mathbf{P}^4(\overline{k})$ l'unique point singulier de Q_{t_i}.

Le groupe Γ opère naturellement sur $\{t_0, \ldots, t_4\}$. Notons $\mathscr{S}$ l'ensemble de ses orbites. Nous considérerons les éléments de $\mathscr{S}$ comme des points fermés de $\mathbf{P}^1_k$, ce qui confère notamment un sens au symbole $\kappa(t)$ pour $t \in \mathscr{S}$. La longueur d'une orbite s'interprète comme le degré sur k du point fermé correspondant. Soit $t \in \mathscr{S}$. La quadrique $Q_t \subset \mathbf{P}^4_k$, définie sur $\kappa(t)$, possède un unique point singulier. Soit L un hyperplan $\kappa(t)$-rationnel de $\mathbf{P}^4_k$ ne contenant pas ce point. Considérons alors la quadrique $Q_t \cap L \subset L$; elle est lisse, et comme L est de dimension impaire, toutes les formes quadratiques non nulles sur le sous-espace vectoriel de V associé à L qui s'annulent sur $Q_t \cap L$ auront le même discriminant. Celui-ci ne dépend pas de l'hyperplan L choisi, comme on le voit tout de suite en considérant une base dans laquelle Q_t est définie par une forme quadratique diagonale. On note ce discriminant $\varepsilon_t \in \kappa(t)^\star/\kappa(t)^{\star 2}$. Une autre façon de définir ε_t est la suivante : si L est un hyperplan $\kappa(t)$-rationnel de $\mathbf{P}^4_k$ contenant le point singulier de Q_t et tangent à Q_t selon une droite, l'intersection $Q_t \cap L$ est géométriquement une réunion de deux plans, et ε_t est précisément la classe dans $\kappa(t)^\star/\kappa(t)^{\star 2}$ de l'extension quadratique ou triviale minimale de $\kappa(t)$ qui permute ces deux plans.

Exemple 3.35 — Supposons que les formes quadratiques q_1 et q_2 soient simultanément diagonalisables sur k, autrement dit (cf. corollaire 3.30) que Γ agisse trivialement sur $\{t_0, \ldots, t_4\}$. On peut alors écrire

$$q_1 = a_0x_0^2 + a_1x_1^2 + a_2x_2^2 + a_3x_3^2 + a_4x_4^2,$$
$$q_2 = b_0x_0^2 + b_1x_1^2 + b_2x_2^2 + b_3x_3^2 + b_4x_4^2$$

avec $a_0, \ldots, a_4, b_0, \ldots, b_4 \in k$. Les cinq formes dégénérées dans le pinceau $\lambda q_1 + \mu q_2$ sont les $a_i q_2 - b_i q_1$ pour $i \in \{0, \ldots, 4\}$, ce qui permet de choisir $t_i = [-b_i : a_i] \in \mathbf{P}^1(k)$. Posant $d_{ij} = a_i b_j - a_j b_i$ et $\varepsilon_i = \varepsilon_{t_i}$, on voit alors que les $\varepsilon_i \in k^\star/k^{\star 2}$ sont donnés par la formule suivante :

$$\varepsilon_i = \prod_{\substack{0\leqslant j\leqslant 4\\ j\neq i}} d_{ij}.$$

Lorsque l'on supposera que l'un des t_i est k-rationnel, on conviendra toujours que t_0 l'est, quitte à renuméroter les t_i. On posera alors $\varepsilon_0 = \varepsilon_{t_0}$

et l'on notera $\mathscr{S}' \subset \mathscr{S}$ l'ensemble des orbites de Γ sur $\{t_1, \ldots, t_4\}$. On aura à considérer l'hypothèse suivante :

(3.7) Pour tout $t \in \mathscr{S}'$ de degré au plus 3 sur k, on a $\varepsilon_t \neq 1$ dans $\kappa(t)^\star/\kappa(t)^{\star 2}$.

Les résultats que nous démontrons au sujet du principe de Hasse pour les surfaces de del Pezzo de degré 4 sont les suivants.

Théorème 3.36 — *Supposons que k soit un corps de nombres. Admettons l'hypothèse de Schinzel et la finitude des groupes de Tate-Shafarevich des courbes elliptiques sur les corps de nombres. Alors le principe de Hasse vaut pour* X *dans chacun des cas suivants :*

(i) le groupe Γ agit 3-transitivement sur $\{t_0, \ldots, t_4\}$;
(ii) l'un des t_i est k-rationnel et Γ agit 2-transitivement sur les quatre autres ;
(iii) exactement deux des t_i sont k-rationnels et $\mathrm{Br}(\mathrm{X})/\mathrm{Br}(k) = 0$;
(iv) tous les t_i sont k-rationnels et $\mathrm{Br}(\mathrm{X})/\mathrm{Br}(k) = 0$ (cas simultanément diagonal) ;
(v) le point t_0 est k-rationnel, la condition (3.7) est satisfaite, on a $\mathrm{Br}(\mathrm{X})/\mathrm{Br}(k) = 0$ et enfin soit $\varepsilon_0 = 1$ dans $k^\star/k^{\star 2}$, soit il existe $t \in \mathscr{S}'$ tel que l'image de ε_0 dans $\kappa(t)^\star/\kappa(t)^{\star 2}$ soit distincte de 1 et de ε_t.

Nous verrons que l'hypothèse (v) est l'hypothèse la plus générale sous laquelle la méthode permet directement de prouver le principe de Hasse avec les outils dont on dispose à l'heure actuelle. Des progrès dans l'étude des points rationnels sur les pinceaux de courbes de genre 1 auraient cependant des répercussions immédiates pour les surfaces de del Pezzo de degré 4. Notamment, si l'on savait supprimer la « condition (D) » dans le théorème 2.4 du chapitre précédent (quitte à considérer toute l'obstruction de Brauer-Manin au lieu de sa seule partie verticale), la méthode employée dans le présent chapitre prouverait en toute généralité l'existence d'un point rationnel sur X dès que l'obstruction de Brauer-Manin ne s'y oppose pas (toujours en admettant l'hypothèse de Schinzel et la finitude des groupes de Tate-Shafarevich).

C'est la preuve du principe de Hasse lorsque l'hypothèse (v) est satisfaite qui occupera l'essentiel des paragraphes à venir. Nous en déduirons le principe de Hasse sous chacune des autres hypothèses à l'aide de considérations *ad hoc.* Les hypothèses (i) à (iv) sont les énoncés les plus simples auxquels nous aboutirons ; cependant, ils sont loin de couvrir la totalité des cas que l'hypothèse (v) permet d'obtenir. Celle-ci entraîne notamment que pour chaque décomposition possible de l'ensemble $\{t_0, \ldots, t_4\}$ en orbites sous Γ, le principe de Hasse vaut dès que les ε_t sont « suffisamment généraux » en un certain sens, qui peut être rendu explicite.

Le théorème 3.36 généralise [21, Proposition 3.2.1], où le cas simultanément diagonal (correspondant ici à l'hypothèse (iv)) était traité avec quelques hypothèses de généricité sur les coefficients strictement plus fortes[1] que la condition $\mathrm{Br}(X)/\mathrm{Br}(k) = 0$. Il est remarquable que le théorème 3.36 établisse le principe de Hasse dans le cas simultanément diagonal ainsi que dans le cas où exactement deux des t_i sont k-rationnels sous la seule hypothèse que $\mathrm{Br}(X)/\mathrm{Br}(k) = 0$, alors que pour chacune des autres décompositions possibles de l'ensemble $\{t_0, \ldots, t_4\}$ en orbites sous Γ, une hypothèse supplémentaire, quoique légère, semble indispensable pour que la preuve fonctionne.

3.4.2 Groupe de Brauer des surfaces de del Pezzo de degré 4

Conservons les notations du paragraphe 3.4.1 et supposons que k soit un corps de nombres. Nous allons entièrement déterminer la structure du groupe $\mathrm{Br}(X)/\mathrm{Br}(k)$ en termes des invariants ε_t associés à la surface X. Soulignons que ceux-ci se lisent très facilement sur les équations des formes quadratiques q_1 et q_2.

Théorème 3.37 — *Le groupe* $\mathrm{Br}(X)/\mathrm{Br}(k)$ *est isomorphe à* $(\mathbf{Z}/2)^m$ *avec* $m = \max(0, n-d-1)$, *où*

$$n = \mathrm{Card}\left\{t \in \mathscr{S}\,;\, \varepsilon_t \neq 1 \text{ dans } \kappa(t)^\star/\kappa(t)^{\star 2}\right\}$$

et d est la dimension du sous-$\mathbf{Z}/2$-espace vectoriel de $k^\star/k^{\star 2}$ engendré par les normes $\mathrm{N}_{\kappa(t)/k}(\varepsilon_t)$ pour $t \in \mathscr{S}$.

Corollaire 3.38 — *Si le groupe Γ agit transitivement sur $\{t_0, \ldots, t_4\}$, ou s'il agit trivialement sur l'un des t_i et transitivement sur les quatre autres, alors* $\mathrm{Br}(X)/\mathrm{Br}(k) = 0$.

Démonstration — La transitivité de l'action de Γ sur les cinq t_i entraîne que $n \leqslant 1$, d'où $n-d-1 \leqslant 0$. Si maintenant l'un des t_i est k-rationnel, disons t_0, et que Γ agit transitivement sur les quatre autres, alors $n \leqslant 2$ et la seule possibilité pour que $n-d-1 > 0$ est que $n = 2$ et $d = 0$; mais alors ε_0 devrait être trivial puisque $d = 0$ et non trivial puisque $n = 2$. □

La proposition suivante sera un sous-produit de la preuve du théorème 3.37.

[1] Le lecteur attentif remarquera que telles quelles, les hypothèses de [21, Proposition 3.2.1] n'impliquent pas que $\mathrm{Br}(X)/\mathrm{Br}(k) = 0$. Il s'avère que cette proposition est erronée ; c'est l'antépénultième phrase de la démonstration qui est en cause. On obtient un énoncé correct en remplaçant la seconde hypothèse par la suivante : « If moreover the six classes $-d_{12}d_{13}$, $-d_{21}d_{23}$, $-d_{10}d_{14}$, $-d_{20}d_{24}$, $-d_{30}d_{34}$, $\prod_{i\neq 4} d_{4i}$ are independent in $k^\star/k^{\star 2}$, then condition (D) holds for π. » Le théorème 3.37 ci-dessous montre que cette condition est bien strictement plus forte que $\mathrm{Br}(X)/\mathrm{Br}(k) = 0$ (cf. notamment l'exemple 3.41).

Proposition 3.39 — *On a l'égalité* $\prod_{t\in\mathscr{S}} \mathrm{N}_{\kappa(t)/k}(\varepsilon_t) = 1$ *dans* $k^\star/k^{\star 2}$.

Corollaire 3.40 — *Le groupe* $\mathrm{Br}(\mathrm{X})/\mathrm{Br}(k)$ *est isomorphe à l'un des trois groupes suivants : le groupe trivial,* $\mathbf{Z}/2$ *ou* $\mathbf{Z}/2 \times \mathbf{Z}/2$.

Démonstration — Il s'agit de prouver que $n - d \leqslant 3$. Si $n \leqslant 3$, c'est trivial. Si $n = 4$, l'ensemble $\mathscr{S}$ contient un point rationnel $t \in \mathscr{S}$ tel que $\varepsilon_t \neq 1$, d'où $d \geqslant 1$ et donc $n - d \leqslant 3$. Si enfin $n = 5$, la proposition 3.39 montre que les ε_t ne peuvent pas être tous égaux, sous peine d'être alors tous égaux à 1. D'où $d \geqslant 2$ puis $n - d \leqslant 3$. □

Remarque — Les corollaires 3.38 et 3.40 étaient déjà connus (cf. respectivement [18, Theorem 3.19] et [72]). Nous ne prétendons d'ailleurs à aucune originalité quant à la preuve du théorème 3.37 : nous avons simplement poussé quelque peu les arguments de [18].

Exemple 3.41 (suite de l'exemple 3.35) — Si les formes quadratiques q_1 et q_2 sont simultanément diagonalisables sur k et qu'aucun des $\varepsilon_i \in k^\star/k^{\star 2}$ pour $i \in \{0, \dots, 4\}$ n'est égal à 1, alors $\mathrm{Br}(\mathrm{X})/\mathrm{Br}(k) = 0$ si et seulement s'il n'existe pas d'autre relation non triviale entre les ε_i que $\varepsilon_0\varepsilon_1\varepsilon_2\varepsilon_3\varepsilon_4 = 1$.

Démonstration du théorème 3.37 — Posons $\mathrm{K} = \kappa(\mathrm{X})$ et fixons une clôture algébrique $\overline{\mathrm{K}}$ de K puis un plongement k-linéaire $\overline{k} \hookrightarrow \overline{\mathrm{K}}$.

Lemme 3.42 — *La flèche canonique* $\mathrm{H}^1(k, \mathrm{Pic}(\mathrm{X}_{\overline{k}})) \to \mathrm{H}^1(\mathrm{K}, \mathrm{Pic}(\mathrm{X}_{\overline{\mathrm{K}}}))$ *est un isomorphisme.*

Démonstration — Comme X est une surface de del Pezzo, les $\mathbf{Z}$-modules $\mathrm{Pic}(\mathrm{X}_{\overline{k}})$ et $\mathrm{Pic}(\mathrm{X}_{\overline{\mathrm{K}}})$ sont libres de type fini et l'application naturelle $\mathrm{Pic}(\mathrm{X}_{\overline{k}}) \to \mathrm{Pic}(\mathrm{X}_{\overline{\mathrm{K}}})$ est bijective. Cette application est de plus compatible aux actions respectives de $\mathrm{Gal}(\overline{k}/k)$ et $\mathrm{Gal}(\overline{\mathrm{K}}/\mathrm{K})$ sur $\mathrm{Pic}(\mathrm{X}_{\overline{k}})$ et $\mathrm{Pic}(\mathrm{X}_{\overline{\mathrm{K}}})$ relativement au morphisme canonique $\mathrm{Gal}(\overline{\mathrm{K}}/\mathrm{K}) \to \mathrm{Gal}(\overline{k}/k)$. Si $\mathrm{K}\overline{k}$ désigne l'extension composée de K et $\overline{k}$ dans $\overline{\mathrm{K}}$, le sous-groupe $\mathrm{Gal}(\overline{\mathrm{K}}/\mathrm{K}\overline{k}) \subset \mathrm{Gal}(\overline{\mathrm{K}}/\mathrm{K})$ agit donc trivialement sur $\mathrm{Pic}(\mathrm{X}_{\overline{\mathrm{K}}})$. Il en résulte que $\mathrm{H}^1(\mathrm{K}\overline{k}, \mathrm{Pic}(\mathrm{X}_{\overline{\mathrm{K}}})) = 0$ (puisque $\mathrm{Pic}(\mathrm{X}_{\overline{\mathrm{K}}})$ est sans torsion), d'où un isomorphisme canonique $\mathrm{H}^1(\mathrm{K}, \mathrm{Pic}(\mathrm{X}_{\overline{\mathrm{K}}})) = \mathrm{H}^1(\mathrm{Gal}(\mathrm{K}\overline{k}/\mathrm{K}), \mathrm{Pic}(\mathrm{X}_{\mathrm{K}\overline{k}}))$. Enfin, comme k est algébriquement fermé dans K, le morphisme canonique $\mathrm{Gal}(\mathrm{K}\overline{k}/\mathrm{K}) \to \mathrm{Gal}(\overline{k}/k)$ est un isomorphisme, ce qui permet de considérer $\mathrm{Pic}(\mathrm{X}_{\mathrm{K}\overline{k}})$ comme un $\mathrm{Gal}(\overline{k}/k)$-module. Compte tenu de ce qui précède, l'application canonique $\mathrm{Pic}(\mathrm{X}_{\overline{k}}) \to \mathrm{Pic}(\mathrm{X}_{\mathrm{K}\overline{k}})$ est un isomorphisme de $\mathrm{Gal}(\overline{k}/k)$-modules ; elle induit donc un isomorphisme en cohomologie. □

Lemme 3.43 — *La flèche canonique* $\mathrm{Br}(\mathrm{X})/\mathrm{Br}(k) \to \mathrm{Br}(\mathrm{X}_\mathrm{K})/\mathrm{Br}(\mathrm{K})$ *est un isomorphisme.*

Démonstration — Notons $\mathrm{Br}_1(\mathrm{X}) = \mathrm{Ker}(\mathrm{Br}(\mathrm{X}) \to \mathrm{Br}(\mathrm{X}_{\overline{k}}))$ et $\mathrm{Br}_1(\mathrm{X}_\mathrm{K}) = \mathrm{Ker}(\mathrm{B}r(\mathrm{X}_\mathrm{K}) \to \mathrm{Br}(\mathrm{X}_{\overline{\mathrm{K}}}))$. Les suites spectrales de Hochschild-Serre pour les extensions $\overline{k}/k$ et $\overline{\mathrm{K}}/\mathrm{K}$ et leurs groupes multiplicatifs respectifs fournissent le diagramme commutatif

$$\begin{array}{ccccccccc}
\mathrm{Br}(k) & \longrightarrow & \mathrm{Br}_1(\mathrm{X}) & \xrightarrow{\delta_k} & \mathrm{H}^1(k, \mathrm{Pic}(\mathrm{X}_{\overline{k}})) & \longrightarrow & \mathrm{H}^3(k, \mathbf{G}_\mathrm{m}) & \longrightarrow & \mathrm{H}^3(\mathrm{X}, \mathbf{G}_\mathrm{m}) \\
\downarrow & & \downarrow & & \downarrow{\scriptstyle\gamma} & & \downarrow & & \downarrow \\
\mathrm{Br}(\mathrm{K}) & \longrightarrow & \mathrm{Br}_1(\mathrm{X}_\mathrm{K}) & \xrightarrow{\delta_\mathrm{K}} & \mathrm{H}^1(\mathrm{K}, \mathrm{Pic}(\mathrm{X}_{\overline{\mathrm{K}}})) & \longrightarrow & \mathrm{H}^3(\mathrm{K}, \mathbf{G}_\mathrm{m}) & \longrightarrow & \mathrm{H}^3(\mathrm{X}_\mathrm{K}, \mathbf{G}_\mathrm{m}),
\end{array}$$

dont les lignes sont exactes. On a $\mathrm{Br}_1(\mathrm{X}) = \mathrm{Br}(\mathrm{X})$ et $\mathrm{Br}_1(\mathrm{X}_\mathrm{K}) = \mathrm{Br}(\mathrm{X}_\mathrm{K})$ puisque la surface X est rationnelle. D'après la théorie du corps de classes, l'hypothèse que k est un corps de nombres entraîne l'annulation de $\mathrm{H}^3(k, \mathbf{G}_\mathrm{m})$, d'où la surjectivité de δ_k. La flèche δ_K est également surjective car le K-point tautologique de X définit une rétraction de $\mathrm{H}^3(\mathrm{K}, \mathbf{G}_\mathrm{m}) \to \mathrm{H}^3(\mathrm{X}_\mathrm{K}, \mathbf{G}_\mathrm{m})$. Enfin, le lemme 3.42 montre que γ est un isomorphisme. Le résultat s'ensuit. □

L'ensemble $\mathscr{S}$ et les entiers n et d ne varient pas lorsqu'on étend les scalaires de k à K, puisque k est algébriquement fermé dans K. Grâce au lemme 3.43, il suffit donc de connaître la conclusion du théorème pour la K-variété X_K afin de l'obtenir pour la k-variété X. Étant donné que $\mathrm{X}(\mathrm{K}) \neq \varnothing$, on a ainsi établi :

Pour prouver le théorème 3.37 (et la proposition 3.39), on peut remplacer l'hypothèse que k est un corps de nombres par celle que $\mathrm{X}(k) \neq \varnothing$.

C'est ce que nous faisons désormais.

Lemme 3.44 — *Supposons* $\mathrm{X}(k) \neq \varnothing$. *Alors la surface* X *est k-birationnelle à un fibré en coniques* $\pi\colon \mathrm{C} \to \mathbf{P}^1_k$ *(*i.e. C *est propre, lisse et géométriquement connexe sur k et la fibre générique de π est une conique) dont les fibres au-dessus de $\mathbf{P}^1_k \setminus \mathscr{S}$ sont lisses et qui vérifie : pour tout $t \in \mathscr{S}$, la fibre $\pi^{-1}(t)$ est intègre et la fermeture algébrique de $\kappa(t)$ dans $\kappa(\pi^{-1}(t))$ est une extension quadratique ou triviale de $\kappa(t)$ dont la classe dans $\kappa(t)^\star/\kappa(t)^{\star 2}$ est égale à ε_t.*

(On appelle *conique* une courbe propre, lisse, géométriquement connexe et de genre 0.)

Démonstration — Choisissons $x \in \mathrm{X}(k)$. Comme la surface X est lisse et de codimension 2 dans $\mathbf{P}^4_k$, il existe un pinceau d'hyperplans de $\mathbf{P}^4_k$ tangents à X en x. Celui-ci découpe sur X un pinceau de courbes de genre arithmétique 1, singulières en x. On définit $\pi\colon \mathrm{C} \to \mathbf{P}^1_k$ comme un modèle propre et régulier relativement minimal de ce pinceau. Il n'est pas difficile de vérifier que π satisfait aux conditions de l'énoncé ; pour les détails, cf. [18, p. 61]. □

Rappelons un lemme bien connu sur le groupe de Brauer des coniques (on le démontre par exemple en écrivant la suite spectrale de Hochschild-Serre).

Lemme 3.45 — *Soit* D *une conique sur un corps* K. *La flèche naturelle* Br(K) $\longrightarrow$ Br(D) *est surjective et son noyau est engendré par la classe de l'algèbre de quaternions associée à* D.

Les groupes Br(C) et Br(X) sont isomorphes (invariance birationnelle du groupe de Brauer, cf. [31, Corollaire 7.5]). De plus, on a $\mathrm{Br(C)} = \mathrm{Br_{vert}(C)}$ car la fibre générique de π est une conique (cf. lemme 3.45). Il reste donc seulement à déterminer la structure du groupe $\mathrm{Br_{vert}(C)}/\mathrm{Br}(k)$.

Notons $\mathrm{A} \in \mathrm{Br}(\kappa(\mathbf{P}^1_k))$ la classe de l'algèbre de quaternions définie par la fibre générique de π. Il résulte de la description des fibres de π que $\mathrm{A} \in \mathrm{Br}(\mathbf{P}^1_k \setminus \mathscr{S})$ et que le résidu de A en $t \in \mathscr{S}$ est égal à $\varepsilon_t \in \kappa(t)^\star/\kappa(t)^{\star 2} = \mathrm{H}^1(\kappa(t), \mathbf{Z}/2) \subset \mathrm{H}^1(\kappa(t), \mathbf{Q}/\mathbf{Z})$ Notamment, si $\mathrm{A} \in \mathrm{Br}(k)$, alors $n = 0$. Par ailleurs, dans ce cas, la surface C s'écrit comme le produit de $\mathbf{P}^1_k$ et d'une conique sur k, ce qui montre que $\mathrm{Br(C)}/\mathrm{Br}(k) = 0$ (cf. [23, Proposition 2.1.4]). L'énoncé du théorème est donc vérifié lorsque $\mathrm{A} \in \mathrm{Br}(k)$; on suppose dorénavant que l'image de A dans $\mathrm{Br}(\kappa(\mathbf{P}^1_k))/\mathrm{Br}(k)$ est non nulle.

De la suite exacte de Faddeev (cf. [23, §1.2]) se déduit la suite exacte

$$0 \longrightarrow \mathrm{Br}(k) \longrightarrow \mathrm{Br}(\mathbf{P}^1_k \setminus \mathscr{S}) \xrightarrow{\alpha} \bigoplus_{t \in \mathscr{S}} \mathrm{H}^1(\kappa(t), \mathbf{Q}/\mathbf{Z}) \xrightarrow{\beta} \mathrm{H}^1(k, \mathbf{Q}/\mathbf{Z}), \quad (3.8)$$

où α est le produit des résidus aux points de $\mathscr{S}$ et β est la somme des corestrictions de $\kappa(t)$ à k. La nullité de l'image de $\mathrm{A} \in \mathrm{Br}(\mathbf{P}^1_k \setminus \mathscr{S})$ dans $\mathrm{H}^1(k, \mathbf{Q}/\mathbf{Z})$ est équivalente à l'égalité $\prod_{t \in \mathscr{S}} \mathrm{N}_{\kappa(t)/k}(\varepsilon_t) = 1$, ce qui prouve la proposition 3.39.

Soit N le noyau du produit

$$\bigoplus_{t \in \mathscr{S}} \mathrm{H}^1(\kappa(t), \mathbf{Q}/\mathbf{Z}) \longrightarrow \left(\bigoplus_{t \in \mathscr{S}} \mathrm{H}^1(\kappa(t)(\sqrt{\varepsilon_t}), \mathbf{Q}/\mathbf{Z}) \right) \times \mathrm{H}^1(k, \mathbf{Q}/\mathbf{Z})$$

des flèches de restriction et de β. D'après [23, Proposition 1.1.1] et la suite exacte (3.8), le groupe N s'identifie au sous-groupe de $\mathrm{Br}(\mathbf{P}^1_k \setminus \mathscr{S})/\mathrm{Br}(k)$ constitué des classes dont l'image réciproque par π est non ramifiée sur C. On a donc une suite exacte

$$0 \longrightarrow \mathrm{Ker}\left(\mathrm{Br}(\kappa(\eta))/\mathrm{Br}(k) \xrightarrow{\pi^\star_\eta} \mathrm{Br}(\mathrm{C}_\eta)/\mathrm{Br}(k) \right) \xrightarrow{\alpha} \mathrm{N} \longrightarrow \mathrm{Br_{vert}(C)}/\mathrm{Br}(k) \longrightarrow 0,$$

où η désigne le point générique de $\mathbf{P}^1_k$. Le lemme 3.45 et l'hypothèse selon laquelle l'image de A dans $\mathrm{Br}(\eta)/\mathrm{Br}(k)$ est non nulle entraînent que le groupe de gauche est égal à $\mathbf{Z}/2$. Le groupe N est par ailleurs clairement un $\mathbf{Z}/2$-espace vectoriel de dimension $n - d$; le théorème 3.37 est donc démontré. □

Remarque — On a supposé que k est un corps de nombres uniquement pour pouvoir affirmer que $\mathrm{H}^3(k, \mathbf{G}_\mathrm{m}) = 0$ (cf. preuve du lemme 3.43). Le théorème 3.37 et la proposition 3.39 sont donc vrais sous cette hypothèse plus faible, qui est par exemple satisfaite lorsque k est le corps des fonctions rationnelles en une variable sur un corps de nombres (cf. [35, p. 241]). Sans hypothèse sur k (autre que celle de caractéristique nulle, énoncée au début du paragraphe 3.4.1 et de laquelle on ne se départira pas), on peut néanmoins déduire de la preuve du théorème 3.37 d'une part que la proposition 3.39 reste vraie, d'autre part que le groupe $\mathrm{Br}(\mathrm{X})/\mathrm{Br}(k)$ est un $\mathbf{Z}/2$-espace vectoriel de dimension $\leqslant n-d-1$. En particulier, les corollaires 3.38 et 3.40 sont vrais sans hypothèse sur k.

3.4.3 La construction de Swinnerton-Dyer

Les notations sont les mêmes que dans le paragraphe 3.4.1 mais nous supposons de plus que t_0 est k-rationnel. Comme annoncé dans l'introduction, nous allons construire une famille de sections hyperplanes de X paramétrée par une variété k-rationnelle et telle que la jacobienne de la fibre générique possède un point rationnel d'ordre 2. Nous étudierons ensuite quelques-unes de ses propriétés, en particulier concernant le lieu de ses fibres singulières. Certains des résultats ci-dessous seront reprouvés par le calcul au paragraphe 3.4.4 ; il en va notamment ainsi de la proposition 3.48. Nous avons cependant jugé les preuves abstraites concernées suffisamment éclairantes pour être incluses malgré la redondance.

Considérons d'abord la famille $\pi\colon \mathrm{C} \to (\mathbf{P}^4_k)^\star$ de toutes les sections hyperplanes de X, où $(\mathbf{P}^4_k)^\star$ désigne l'espace projectif dual ; autrement dit, on pose

$$\mathrm{C} = \left\{(x,\mathrm{L}) \in \mathrm{X} \times_k (\mathbf{P}^4_k)^\star \,;\, x \in \mathrm{L}\right\}$$

et l'on définit π comme la seconde projection. Cette famille est bien évidemment paramétrée par une variété k-rationnelle, mais on peut montrer que la 2-torsion rationnelle de la jacobienne de la fibre générique de π est toujours triviale. Le phénomène sous-jacent, que nous préciserons par la suite (cf. preuve de la proposition 3.48), est le suivant : pour $\mathrm{L} \in (\mathbf{P}^4_k)^\star$ tel que $\mathrm{X} \cap \mathrm{L}$ soit lisse, la jacobienne de $\mathrm{X} \cap \mathrm{L}$ possède d'autant plus de points d'ordre 2 rationnels que le polynôme homogène $f_\mathrm{L}(\lambda,\mu)$ introduit au paragraphe 3.3 possède de racines rationnelles ; or celui-ci est même irréductible si L est générique (cf. théorème 3.110). On peut forcer l'existence d'une racine rationnelle de ce polynôme en étendant les scalaires à un corps de rupture, ce qui revient, pour L générique, à considérer la famille obtenue à partir de π par le changement de base $\mathrm{Z} \to (\mathbf{P}^4)^\star$ défini au paragraphe 3.3. Par chance, la famille obtenue sera encore paramétrée par une variété k-rationnelle (cf. proposition 3.32). Cependant, il ne suffit pas que le polynôme $f_\mathrm{L}(\lambda,\mu)$ ait une racine dans un corps pour que la jacobienne de $\mathrm{X} \cap \mathrm{L}$ admette un point d'ordre 2 défini sur ce corps. Il suffit en revanche que le polynôme $f_\mathrm{L}(\lambda,\mu)$ ait deux racines dans un corps pour que la jacobienne de $\mathrm{X} \cap \mathrm{L}$ admette un point d'ordre 2 défini sur ce corps. On pourrait alors envisager d'utiliser le changement de base $\mathrm{Z} \times_{(\mathbf{P}^4_k)^\star} \mathrm{Z} \to (\mathbf{P}^4_k)^\star$ plutôt que $\mathrm{Z} \to (\mathbf{P}^4_k)^\star$, mais la variété $\mathrm{Z} \times_{(\mathbf{P}^4_k)^\star} \mathrm{Z}$ n'a pas de raison de posséder de composante irréductible k-rationnelle (ou même rationnelle) autre que celle de la diagonale. Le même problème se pose si l'on considère directement le changement de base de $(\mathbf{P}^4_k)^\star$ à la variété des points d'ordre 2 des jacobiennes des fibres de π.

Une autre manière de forcer l'existence d'une racine rationnelle du polynôme $f_{\mathrm{L}}(\lambda, \mu)$ est de ne considérer que les hyperplans L contenant $\mathrm{P}_0 \in \mathbf{P}^4(k)$. (Le point P_0 est k-rationnel puisque t_0 l'est par hypothèse.) Pour un tel hyperplan, la quadrique $\mathrm{Q}_{t_0} \cap \mathrm{L}$ est en effet singulière, ce qui signifie que t_0 est racine de $f_{\mathrm{L}}(\lambda, \mu)$. La famille ainsi obtenue est bien paramétrée par une variété k-rationnelle, même un espace projectif ; mais là encore, une seule racine ne suffit pas à assurer l'existence d'un point d'ordre 2 dans la jacobienne. Rien n'empêche toutefois de combiner les deux approches qui viennent d'être décrites. Telle est l'idée que nous allons dès à présent mettre en œuvre.

Soit $\mathrm{H} \subset \mathbf{P}^4_k$ l'unique hyperplan k-rationnel contenant $\mathrm{P}_1, \ldots, \mathrm{P}_4$. Posons

$$\Lambda = \left\{\mathrm{L} \in (\mathbf{P}^4_k)^\star \,;\, \mathrm{P}_0 \in \mathrm{L}\right\}$$

et

$$\mathrm{Z} = \left\{(t, \mathrm{L}) \in \mathbf{P}^1_k \times_k \Lambda \,;\, \mathrm{Q}_t \cap \mathrm{L} \cap \mathrm{H} \text{ n'est pas lisse}\right\}$$

et notons $\rho\colon \mathrm{Z} \to \Lambda$ le morphisme induit par la seconde projection. Comme $\mathrm{P}_0 \notin \mathrm{H}$ (cf. corollaire 3.29), il existe un isomorphisme canonique $\Lambda = \mathrm{H}^\star$ faisant correspondre à un hyperplan de $\mathbf{P}^4_k$ contenant P_0 sa trace sur H. Le morphisme $\mathrm{Z} \xrightarrow{\rho} \Lambda$ s'interprète, *via* cet isomorphisme, comme le revêtement de $\mathrm{H}^\star$ associé au pinceau de quadriques $(\mathrm{Q}_t \cap \mathrm{H})_{t \in \mathbf{P}^1_k}$ de H par la construction générale du paragraphe 3.3. En particulier, le morphisme ρ est fini et plat, de degré 3 (cf. proposition 3.31) et la variété Z est k-rationnelle (cf. proposition 3.32). Plus précisément, si $\mathrm{E} = (\mathrm{H} \cap \mathrm{X}) \cup \{\mathrm{P}_1, \ldots, \mathrm{P}_4\}$ et $\mathrm{H}^0 = \mathrm{H} \setminus \mathrm{E}$, les commentaires qui suivent la proposition 3.32 définissent un morphisme birationnel $\sigma\colon \mathrm{H}^0 \to \mathrm{Z}$. Notons π_Λ, π_{Z} et π_{H^0} les morphismes déduits de π par changement de base de $(\mathbf{P}^4_k)^\star$ à Λ, Z et à H_0. Le diagramme commutatif suivant, dont tous les carrés sont cartésiens, résume la situation. (La flèche oblique est induite par la première projection.)

$$\begin{array}{ccccccccc}
 & & \mathrm{C} & \longleftarrow & \mathrm{C}_\Lambda & \longleftarrow & \mathrm{C}_{\mathrm{Z}} & \longleftarrow & \mathrm{C}_{\mathrm{H}^0} \\
\mathrm{X} & \swarrow & \downarrow{\scriptstyle \pi} & & \downarrow{\scriptstyle \pi_\Lambda} & & \downarrow{\scriptstyle \pi_{\mathrm{Z}}} & & \downarrow{\scriptstyle \pi_{\mathrm{H}^0}} \\
 & & (\mathbf{P}^4_k)^\star & \longleftarrow & \Lambda & \xleftarrow{\ \rho\ } & \mathrm{Z} & \xleftarrow{\ \sigma\ } & \mathrm{H}^0
\end{array} \tag{3.9}$$

Proposition 3.46 — *Toutes les fibres de π (et donc de π_Λ, π_{Z} et π_{H^0}) sont des courbes géométriquement connexes de genre arithmétique* 1.

Démonstration — La surface X est géométriquement intègre puisque c'est une intersection complète lisse dans $\mathbf{P}^4_k$ de dimension $\geqslant 1$. De plus, elle n'est contenue dans aucun hyperplan de $\mathbf{P}^4_k$ (cf. [18, Lemma 1.3 (i)]). Chaque section hyperplane de X est donc une intersection de dimension 1 de deux quadriques dans un espace projectif de dimension 3. En particulier, les fibres de π sont des courbes géométriquement connexes de genre arithmétique 1. □

Proposition 3.47 — *Les variétés* C *et* C_Λ *sont lisses et géométriquement connexes sur* k*, de dimensions respectives* 5 *et* 4.

Démonstration — Étant donné que $\mathrm{P}_0 \notin \mathrm{X}$, les projections naturelles $\mathrm{C} \to \mathrm{X}$ et $\mathrm{C}_\Lambda \to \mathrm{X}$ sont des fibrés projectifs (localement libres) de dimensions relatives respectivement 3 et 2. L'assertion résulte donc de la lissité et de la connexité géométrique de la surface X sur k. □

Proposition 3.48 — *La fibre générique de* π_{H^0} *est une courbe lisse et géométriquement connexe de genre* 1 *dont la jacobienne possède un point d'ordre* 2 *rationnel.*

Démonstration — Pour établir que la fibre générique de π_{H^0} est une courbe lisse et géométriquement connexe de genre 1, il suffit de montrer que la fibre générique de π_Λ vérifie ces propriétés. Compte tenu de la proposition 3.46, il suffit de vérifier que la fibre générique de π_Λ est lisse, mais cela découle de la régularité de C_Λ (cf. proposition 3.47).

Les morphismes π_{H^0} et π_{Z} ont bien évidemment même fibre générique. Les lemmes suivants vont nous permettre de montrer que la jacobienne de la fibre générique de π_{Z} possède un point d'ordre 2 rationnel.

Lemme 3.49 — *Soient* k *un corps de caractéristique différente de* 2 *et de* 3 *et* $\mathrm{C} \subset \mathbf{P}^3_k$ *une courbe lisse, intersection de deux quadriques. Soit* $(\mathrm{Q}_t)_{t\in\mathbf{P}^1_k}$ *le pinceau que ces deux quadriques engendrent. Les valeurs de* t *pour lesquelles la quadrique* $\mathrm{Q}_t \subset \mathbf{P}^3_k$ *n'est pas lisse définissent un* k*-schéma étale de degré* 4 *(cf. proposition 3.26), que l'on note* T*. Soient respectivement* A *et* B *les anneaux des schémas affines* T *et* ${}_2\mathrm{J} \setminus \{0\}$*, où* J *désigne la jacobienne de* C*. Alors la* k*-algèbre* B *est isomorphe à la résolvante cubique de* A.

(Si A est une algèbre étale de degré 4 sur un corps k, la *résolvante cubique* B de A est une k-algèbre étale de degré 3 qu'il est possible de construire canoniquement à partir de A mais que nous nous contentons ici de définir à isomorphisme près. L'action par conjugaison du groupe symétrique $\mathfrak{S}_4$ sur l'ensemble de ses trois sous-groupes de 2-Sylow fournit un morphisme de groupes $\mathfrak{S}_4 \to \mathfrak{S}_3$ (si l'on accepte de numéroter les 2-Sylow). Celui-ci induit une application $\rho\colon \mathrm{H}^1(k, \mathfrak{S}_4) \to \mathrm{H}^1(k, \mathfrak{S}_3)$ entre ensembles pointés de cohomologie galoisienne non abélienne. Pour tout n, l'ensemble $\mathrm{H}^1(k, \mathfrak{S}_n)$ classifie les k-algèbres étales de degré n à isomorphisme près. La classe d'isomorphisme de B est par définition l'image par ρ de la classe d'isomorphisme de A. Voir [44] pour plus de détails sur ces notions et pour la comparaison avec le cas classique où A est un corps. Voir aussi [3, p. 10] pour des formules explicites tout à fait générales[2] permettant d'exprimer B en fonction du polynôme minimal d'un élément primitif de A.

Si l'on part d'un polynôme séparable $f \in k[t]$ de degré $\leqslant 4$, on appellera *résolvante cubique de f* tout[3] polynôme non nul $g \in k[t]$ de degré $\leqslant 3$ tel que la k-algèbre $k[t]/(g(t)) \times k^{3-\deg(g)}$ soit isomorphe à la résolvante cubique de la k-algèbre $k[t]/(f(t)) \times k^{4-\deg(f)}$.

Une propriété importante de la résolvante cubique est la suivante. Notons $(k_i)_{i\in \mathrm{I}}$ et $(k'_j)_{j\in \mathrm{J}}$ des familles finies d'extensions finies séparables de k telles que $\mathrm{A} = \prod_{i\in \mathrm{I}} k_i$ et $\mathrm{B} = \prod_{j\in \mathrm{J}} k'_j$. Si K/k est une extension galoisienne dans laquelle k_i/k se plonge pour tout $i \in \mathrm{I}$, alors k'_j/k se plonge aussi dans K/k pour tout $j \in \mathrm{J}$. Cette propriété entraîne notamment que Spec(B) possède un point k-rationnel si Spec(A) en possède deux. Elle résulte immédiatement de la définition cohomologique de la résolvante cubique, compte tenu de la remarque suivante : si K/k est une extension galoisienne, le « noyau » de l'application pointée de restriction $\mathrm{H}^1(k, \mathfrak{S}_n) \to \mathrm{H}^1(\mathrm{K}, \mathfrak{S}_n)$ classifie à isomorphisme près les k-algèbres étales A de degré n telles que $\mathrm{A} \otimes_k \mathrm{K}$ soit K-isomorphe à K^n.)

Démonstration du lemme 3.49 — Soient q_1 et q_2 des formes quadratiques associées à des quadriques distinctes dans le pinceau considéré. Le k-schéma T est défini par l'équation homogène $\det(\lambda q_1 + \mu q_2) = 0$, le choix d'une base étant sous-entendu (cf. paragraphe 3.3). Notons $\mathbf{Pic}^2_{\mathrm{C}/k}$ la composante de degré 2 du foncteur de Picard relatif de C sur k. Il est bien connu d'une part que $\mathbf{Pic}^2_{\mathrm{C}/k}$ est k-birationnel à la courbe affine d'équation

$$y^2 = \det(\lambda q_1 + q_2)$$

(cf. par exemple [63]), d'autre part que la jacobienne d'un modèle propre et lisse de la courbe de genre 1 définie par cette équation a pour équation de Weierstrass $y^2 = g(\lambda)$, où $g(\lambda)$ est une résolvante cubique (unitaire de degré 3) du polynôme $\det(\lambda q_1 + q_2)$ (cf. [3, p. 10]). Les courbes C et $\mathbf{Pic}^2_{\mathrm{C}/k}$ ayant même jacobienne, le lemme s'ensuit. □

[2] On peut aussi définir directement la résolvante cubique de A au moyen de ces formules, au moins lorsque A possède un élément primitif, ce qui est toujours le cas si k est infini. L'un des inconvénients de cette approche est qu'il n'est pas clair que la classe d'isomorphisme de l'algèbre obtenue ne dépend pas de l'élément primitif choisi. Cela dit, pour la situation qui nous intéresse, cela n'a aucune importance puisque l'on dispose d'un élément primitif privilégié.

[3] Nous prenons cette précaution car dans la littérature se trouvent réellement plusieurs définitions explicites et contradictoires du polynôme « résolvante cubique » associé à un polynôme de degré 4.

Lemme 3.50 — *Pour* $(t, \mathrm{L}) \in \mathbf{P}^1_k \times_k \Lambda$, *on a* $(t, \mathrm{L}) \in \mathrm{Z} \cup (\{t_0\} \times \Lambda)$ *si et seulement si* $\mathrm{Q}_t \cap \mathrm{L}$ *n'est pas lisse.*

Démonstration — La question étant de nature géométrique, on peut supposer k algébriquement clos. D'après la proposition 3.28, on peut alors choisir une base dans laquelle q_1 et q_2 sont simultanément diagonales. Un calcul explicite très facile utilisant le critère jacobien permet de conclure. □

Nous pouvons maintenant terminer la démonstration de la proposition 3.48. Notons L l'hyperplan $\kappa(\mathrm{Z})$-rationnel de $\mathbf{P}^4_k$ défini par l'image du point générique de Z par la seconde projection $\mathrm{Z} \to \Lambda$. D'après le lemme 3.49 et les remarques qui le suivent, tout ce qu'il reste à vérifier est que le polynôme homogène $f_{\mathrm{L}}(\lambda, \mu) \in \kappa(\mathrm{Z})[\lambda, \mu]$ s'annule en au moins deux points distincts de $\mathbf{P}^1(\kappa(\mathrm{Z}))$; or il s'annule en $t_0 \in \mathbf{P}^1(k)$ puisque $\mathrm{P}_0 \in \mathrm{L}$, et le lemme 3.50 montre qu'il s'annule aussi en l'image dans $\mathbf{P}^1(\kappa(\mathrm{Z}))$ du point générique de Z par la première projection $\mathrm{Z} \to \mathbf{P}^1_k$. □

Nous aurons besoin de quelques informations supplémentaires sur la fibration π_{H^0}.

Proposition 3.51 — *Les morphismes* π, π_Λ, π_{Z} *et* π_{H^0} *sont plats et la variété* $\mathrm{C}_{\mathrm{H}^0}$ *est de Cohen-Macaulay.*

Démonstration — Il résulte des propositions 3.46 et 3.47 et de [EGA IV_3, 15.4.2] que le morphisme π est plat et que ses fibres sont de Cohen-Macaulay. Les morphismes π_Λ, π_{Z} et π_{H^0} sont donc eux aussi plats et à fibres de Cohen-Macaulay (cf. [EGA IV_2, 6.7.2]). Cela suffit à assurer que la variété $\mathrm{C}_{\mathrm{H}^0}$ est de Cohen-Macaulay, puisque H^0 est lui-même de Cohen-Macaulay (cf. [EGA IV_2, 6.3.5]). □

Proposition 3.52 — *La variété* $\mathrm{C}_{\mathrm{H}^0}$ *est géométriquement intègre sur* k.

Démonstration — On peut supposer k algébriquement clos. Le morphisme π_{H^0} est propre et plat (cf. proposition 3.51), donc ouvert et fermé. Par conséquent, chaque composante connexe de $\mathrm{C}_{\mathrm{H}^0}$ rencontre la fibre générique de π_{H^0}. Celle-ci étant connexe (cf. proposition 3.46), toute composante connexe de $\mathrm{C}_{\mathrm{H}^0}$ contient la fibre générique de π_{H^0} ; d'où la connexité de $\mathrm{C}_{\mathrm{H}^0}$.

Il existe une unique composante irréductible de $\mathrm{C}_{\mathrm{H}^0}$ qui rencontre la fibre générique de π_{H^0}, puisque cette dernière est irréductible (cf. proposition 3.48). Notons-la I_1. Supposons qu'il existe une composante irréductible I_2 de $\mathrm{C}_{\mathrm{H}^0}$ distincte de I_1. Interprétant la dimension d'une variété irréductible par le degré de transcendance du corps résiduel de son point générique, on voit tout de suite que $\dim(\mathrm{I}_1) = 4$ et que $\dim(\mathrm{I}_2) \leqslant \dim(\pi_{\mathrm{H}^0}(\mathrm{I}_2)) + 1$, compte tenu que H^0 est de dimension 3 et que chaque fibre de π est de dimension 1. Comme $\mathrm{I}_1 \neq \mathrm{I}_2$, la composante irréductible I_2 ne rencontre pas la fibre générique de π_{H^0}, par définition de I_1. On a donc $\dim(\pi_{H^0}(I_2)) < 3$, d'où $\dim(I_2) < \dim(I_1)$. Comme la variété C_{H^0} est connexe et de Cohen-Macaulay (cf. proposition 3.51), elle est équidimensionnelle (cf. [EGA IV_1, 0.16.5.4]), ce qui est contradictoire avec l'inégalité précédente. Ainsi a-t-on prouvé que C_{H^0} est irréductible.

Il reste seulement à établir que la variété irréductible C_{H^0} est réduite. Comme elle est de Cohen-Macaulay, elle vérifie la propriété (S_1), et il suffit donc de s'assurer que son anneau local au point générique est réduit (critère $(R_0)+(S_1)$, cf. [EGA IV_2, 5.8.5]) ; mais ceci est clair puisque la fibre générique de π_{H^0} est lisse (cf. proposition 3.48). □

Intéressons-nous maintenant au lieu des fibres singulières de π_Λ. En d'autres termes, il s'agit de déterminer quels hyperplans de $\mathbf{P}^4_k$ contenant P_0 sont tangents à X.

Lemme 3.53 — *La variété* $X \cap H$ *est une courbe lisse et géométriquement connexe de genre* 1.

Démonstration — On peut supposer k algébriquement clos puis choisir une base dans laquelle q_1 et q_2 sont simultanément diagonales (cf. proposition 3.28). Il est alors facile de déduire par le calcul la lissité de $X \cap H$ de celle de X (en utilisant au choix la proposition 3.26 ou le critère jacobien). Que cette variété soit une courbe géométriquement connexe de genre arithmétique 1 est déjà connu puisque c'est une fibre de π (cf. proposition 3.46). □

Soit $L \in \Lambda$. Le lemme 3.50 montre que l'ensemble des racines de f_L est égal à la réunion de $\{t_0\}$ et de l'ensemble des racines de $f_{L\cap H}$, où $f_{L\cap H}(\lambda,\mu) = \det((\lambda q_1 + \mu q_2)|_{L\cap H})$. Le polynôme f_L est donc non nul et séparable si et seulement si $f_{L\cap H}(t_0) \neq 0$ et que $f_{L\cap H}$ est non nul et séparable. Comme les variétés $X \cap L$ et $X \cap L \cap H$ sont purement de codimension 2 respectivement dans L et dans $L \cap H$ (proposition 3.46 et lemme 3.53), il en résulte, grâce à la proposition 3.26, que $X \cap L$ est singulier si et seulement si $Q_{t_0} \cap L \cap H$ est singulier ou $X \cap L \cap H$ est singulier. Autrement dit, la fibre de π_Λ en L est singulière si et seulement si l'hyperplan $L \cap H$ de H est tangent à $Q_{t_0} \cap H$ ou à $X \cap H$. Selon la terminologie usuelle, cela signifie que le lieu des fibres singulières de π_Λ s'identifie, *via* l'isomorphisme canonique $\Lambda = H^\star$, à la réunion des variétés duales $(Q_{t_0} \cap H)^\star \subset H^\star$ et $(X \cap H)^\star \subset H^\star$. Posons $Q = (Q_{t_0} \cap H)^\star$ et $R = (X \cap H)^\star$.

Proposition 3.54 — *Les sous-variétés* Q *et* R *de* Λ *sont des hypersurfaces géométriquement irréductibles distinctes (de degrés respectifs* 2 *et* 8, *mais cela ne nous servira pas).*

Démonstration — Un calcul facile montre que la variété duale d'une hypersurface quadrique lisse est une hypersurface quadrique lisse (choisir une base dans laquelle la quadrique est donnée par une forme quadratique diagonale et exprimer le discriminant de sa trace sur un hyperplan variable). Ceci prouve la partie du lemme portant sur Q. Intéressons-nous maintenant à R.

De manière générale, si $\mathrm{Y} \subset \mathrm{H}$ est une sous-variété lisse et géométriquement intègre, le lieu des hyperplans $h \in \mathrm{H}^\star$ tels que h soit tangent à Y est un fermé géométriquement irréductible de $\mathrm{H}^\star$. En effet, si l'on note ce lieu $\mathrm{Y}^\star$ et que l'on pose

$$\widetilde{\mathrm{Y}} = \{(y,h) \in \mathrm{Y} \times_k \mathrm{H}^\star \,;\, \mathrm{T}_y\mathrm{Y} \subset h\},$$

la seconde projection induit un morphisme propre $\widetilde{\mathrm{Y}} \to \mathrm{H}^\star$ dont l'image est égale à $\mathrm{Y}^\star$, et la variété $\widetilde{\mathrm{Y}}$ est géométriquement intègre car la première projection $\widetilde{\mathrm{Y}} \to \mathrm{Y}$ en fait un fibré projectif (localement libre) sur Y. Comme $\widetilde{\mathrm{Y}} \to \mathrm{Y}$ est de dimension relative $\dim(\mathrm{H}) - \dim(\mathrm{Y}) - 1$, on voit de plus que $\mathrm{Y}^\star$ est une hypersurface de H si et seulement si le morphisme $\widetilde{\mathrm{Y}} \to \mathrm{Y}^\star$ est génériquement fini, où l'on munit $\mathrm{Y}^\star$ de sa structure de sous-variété fermée réduite de $\mathrm{H}^\star$.

Dans la situation qui nous intéresse, c'est-à-dire pour $\mathrm{Y} = \mathrm{X} \cap \mathrm{H}$, le morphisme $\widetilde{\mathrm{Y}} \to \mathrm{Y}^\star$ est génériquement fini car Y est une courbe et que ce n'est pas une droite (cf. [43, p. 174] ; le « codéfaut de dualité » ne peut valoir que 1). La sous-variété $\mathrm{R} \subset \mathrm{H}^\star$ est donc bien une hypersurface. Que Q et R soient des sous-variétés distinctes découle de la propriété de réciprocité, toujours valide en caractéristique nulle (critère de Monge-Segre, cf. [43, Theorem 4]), selon laquelle on a $\mathrm{Q}^\star = \mathrm{Q}_{t_0} \cap \mathrm{H}$ et $\mathrm{R}^\star = \mathrm{X} \cap \mathrm{H}$ *via* l'identification canonique $\mathrm{H}^{\star\star} = \mathrm{H}$.

Lorsque $\mathrm{Y}^\star$ est une hypersurface, il existe une formule pour son degré en termes du degré du morphisme $\widetilde{\mathrm{Y}} \to \mathrm{Y}^\star$ et des caractéristiques d'Euler-Poincaré de Y, d'une section hyperplane lisse de Y et d'une section de Y par un sous-espace linéaire de H de codimension 2 (cf. [42, Proposition 5.7.2]). Cette formule permet de vérifier l'assertion facultative que l'hypersurface R est de degré 8, compte tenu du lemme 3.53 et de ce que le morphisme $\widetilde{\mathrm{Y}} \to \mathrm{Y}^\star$ est birationnel, étant génériquement fini et k étant de caractéristique nulle (cf. [43, Proposition 15]). □

Proposition 3.55 — *La fibre géométrique de π_Λ au-dessus du point générique de Q est réduite et possède deux composantes irréductibles ; la classe dans $\kappa(\mathrm{Q})^\star/\kappa(\mathrm{Q})^{\star 2}$ de l'extension quadratique ou triviale minimale de $\kappa(\mathrm{Q})$ par laquelle se factorise l'action du groupe de Galois absolu de $\kappa(\mathrm{Q})$ sur ces deux composantes est égale à ε_0.*

La fibre géométrique de π_Λ au-dessus du point générique de R *est intègre.*

Remarque — La proposition ci-dessus révèle que chaque fibre de π_Λ au-dessus d'un point de codimension 1 de Λ est déployée par une extension *constante* des scalaires, puisque $\varepsilon_0 \in k^\star/k^{\star 2}$. Cette propriété était prévisible. En effet, si k est algébriquement clos, la surface X contient une droite (et même seize), et toute droite de X définit naturellement une section rationnelle du morphisme π_Λ. Une telle section est nécessairement définie en codimension 1 et rencontre une unique composante irréductible de chaque fibre de π_Λ au-dessus de son domaine de définition, car la variété C est lisse (cf. proposition 3.47).

Démonstration de la proposition 3.55 — Quitte à étendre les scalaires de k à $\kappa(\mathrm{Q})$ et à $\kappa(\mathrm{R})$, et dans le seul but de simplifier les notations, on peut se contenter de prouver les assertions pour la fibre de π_Λ au-dessus de tout point rationnel de $\mathrm{Q} \cup \mathrm{R}$ appartenant à un ouvert dense suffisamment petit (et dont le lecteur vérifiera immédiatement qu'il provient par extension des scalaires d'un ouvert défini sur le corps k initial).

Soit donc L un hyperplan k-rationnel de $\mathbf{P}^4_k$ correspondant à un point de Q. La proposition 3.54 montre que $\mathrm{Q} \cap \mathrm{R} \neq \mathrm{Q}$. On peut donc supposer que L n'est pas tangent à $\mathrm{X} \cap \mathrm{H}$, ce qui revient à supposer le polynôme $f_{\mathrm{L}\cap\mathrm{H}}$ non nul et séparable (cf. lemme 3.53 et proposition 3.26). D'après la définition de Q, l'hyperplan L est tangent à Q_{t_0} en un point lisse de Q_{t_0}. Comme Q_{t_0} est une quadrique de dimension 3 admettant un unique point singulier, cela entraîne que $\mathrm{Q}_{t_0} \cap \mathrm{L}$ est géométriquement une réunion de deux plans distincts. Ceux-ci sont permutés par l'extension quadratique $k(\sqrt{\varepsilon_0})/k$, par définition de ε_0. Pour terminer de prouver la première partie de la proposition, il suffit de vérifier que pour $t \in \mathbf{P}^1(\overline{k}) \setminus \{t_0\}$, la trace de Q_t sur chacun des deux plans contenus dans $\mathrm{Q}_{t_0} \cap \mathrm{L}$ est une conique lisse dans ce plan. Si tel n'était pas le cas, la courbe $\mathrm{X} \cap \mathrm{L}$ contiendrait géométriquement une droite, ce qui contredirait la proposition 3.34 puisque le polynôme f_L admet une racine simple (et même deux) d'après l'hypothèse que $f_{\mathrm{L}\cap\mathrm{H}}$ est non nul et séparable et la description des racines de f_L en fonction de celles de $f_{\mathrm{L}\cap\mathrm{H}}$ (cf. le paragraphe qui suit le lemme 3.53).

Soit maintenant L un hyperplan k-rationnel de $\mathbf{P}^4_k$ correspondant à un point de R. La proposition 3.54 montre que $\mathrm{Q} \cap \mathrm{R} \neq \mathrm{R}$. On peut donc supposer que L n'est pas tangent à $\mathrm{Q}_{t_0} \cap \mathrm{H}$, ce qui revient à supposer que $f_{\mathrm{L}\cap\mathrm{H}}(t_0) \neq 0$. Par ailleurs, on peut supposer que L ne contient aucun des P_i pour $i \in \{1, \ldots, 4\}$.

Lemme 3.56 — *Pour tout* $(\lambda, \mu) \in \overline{k}^2 \setminus \{(0,0)\}$*, la forme quadratique* $(\lambda q_1 + \mu q_2)|_{\mathrm{L}\otimes_k \overline{k}}$ *sur le* $\overline{k}$*-espace vectoriel de dimension* 4 *associé à* $\mathrm{L} \otimes_k \overline{k}$ *est de rang* $\geqslant 3$.

Démonstration — Restreindre une forme quadratique à un hyperplan ne peut abaisser son rang qu'au plus de 2. La conclusion du lemme est donc satisfaite si $[\lambda : \mu] \notin \{t_0, \ldots, t_4\}$. Pour $[\lambda : \mu] = t_i$ avec $i \in \{1, \ldots, 4\}$, la forme quadratique $(\lambda q_1 + \mu q_2)|_{\mathrm{L}\otimes_k \overline{k}}$ est non dégénérée puisque $\mathrm{P}_i \notin \mathrm{L}$; elle est donc de rang 4. Enfin, pour $[\lambda : \mu] = t_0$, son rang est égal à 3 puisque l'hyperplan L n'est pas tangent à Q_{t_0} selon une droite, n'étant pas tangent à $\mathrm{Q}_{t_0} \cap \mathrm{H}$. □

Si la fibre de π_Λ au-dessus du point de Λ défini par L n'était pas géométriquement intègre, la variété $\mathrm{X} \cap \mathrm{L}$, qui est une intersection de deux quadriques dans L purement de codimension 2 dans L (proposition 3.46), contiendrait géométriquement soit deux composantes irréductibles de degré 2, soit une composante irréductible de degré 2 et de multiplicité 2, soit au moins une composante irréductible de degré 1. Les deux premières alternatives sont exclues à cause du lemme 3.56 (cf. [18, Lemma 1.7 et Lemma 1.10]). La dernière l'est à cause de la proposition 3.34, compte tenu que t_0 est une racine simple de f_{L}, vu la description des racines de f_{L} en fonction de celles de $f_{\mathrm{L}\cap\mathrm{H}}$ et l'hypothèse que $f_{\mathrm{L}\cap\mathrm{H}}(t_0) \neq 0$. □

Proposition 3.57 — *Le lieu de branchement de* $\rho\colon \mathrm{Z} \to \Lambda$ *est égal à* R. *La fibre de* ρ *au-dessus du point générique de* R *comporte un point double et un point de multiplicité* 1.

Démonstration — D'après la définition de ρ et la description de ses fibres géométriques (cf. les remarques qui précèdent la proposition 3.31), un point de Λ appartient au lieu de branchement de ρ si et seulement si le polynôme $f_{\mathrm{L}\cap\mathrm{H}}$ n'est pas séparable, où L désigne l'hyperplan de $\mathbf{P}^4_k$ correspondant au point considéré. Cette condition équivaut bien à l'appartenance de ce point à R (cf. les remarques qui précèdent la proposition 3.54).

Pour prouver la seconde assertion, on peut supposer k algébriquement clos, auquel cas P_1 et P_2 sont des points rationnels de H. Le sous-espace linéaire de $\mathrm{H}^\star$ constitué des hyperplans de H qui contiennent P_1 et P_2 est de dimension 1. Son intersection avec l'hypersurface R est donc non vide : il existe un hyperplan $\mathrm{L} \subset \mathbf{P}^4_k$ contenant P_0, P_1 et P_2 et tangent à $\mathrm{X} \cap \mathrm{H}$. Le polynôme $f_{\mathrm{L}\cap\mathrm{H}}$ s'annule alors en t_1 et en t_2. En particulier, il possède deux racines distinctes ; autrement dit, la fibre de ρ au-dessus du point de R défini par L possède au moins deux points géométriques. D'après la semi-continuité inférieure du nombre géométrique de points dans les fibres d'un morphisme fini et plat (cf. [EGA IV$_3$, 15.5.1 (i)]), la fibre de ρ au-dessus du point générique de R possède nécessairement elle aussi au moins deux points géométriques, ce qui prouve la proposition. □

Combinant les propositions 3.55 et 3.57 et la description explicite du morphisme σ, nous pouvons maintenant essentiellement déterminer le lieu des fibres singulières de π_{H^0}, au moins en codimension 1, ainsi que la structure des fibres correspondantes.

Théorème 3.58 — *(i) Il existe un unique point de codimension* 1 *de* H^0 *au-dessus duquel la fibre de* π_{H^0} *est singulière et géométriquement intègre.*

(ii) Pour tout $t \in \mathscr{S}'$, *la fibre géométrique de* π_{H^0} *au-dessus du point générique de* $\mathrm{Q}_t \cap \mathrm{H}$ *est réduite et possède deux composantes irréductibles ; la classe dans* $\kappa(\mathrm{Q}_t \cap \mathrm{H})^\star/\kappa(\mathrm{Q}_t \cap \mathrm{H})^{\star 2}$ *de l'extension quadratique ou triviale minimale par laquelle se factorise l'action du groupe de Galois absolu de* $\kappa(\mathrm{Q}_t \cap \mathrm{H})$ *sur ces deux composantes est égale à* ε_t.

(iii) Pour tout $h \in \mathrm{H}^0$ de codimension 1 dans H^0 n'appartenant à Q_t pour aucun $t \in \mathscr{S}'$ et tel que la fibre géométrique de π_{H^0} au-dessus de h ne soit pas intègre, celle-ci est réduite et possède deux composantes irréductibles ; la classe dans $\kappa(h)^\star/\kappa(h)^{\star 2}$ de l'extension quadratique ou triviale minimale de $\kappa(h)$ par laquelle se factorise l'action du groupe de Galois absolu de $\kappa(h)$ sur ces deux composantes est égale à l'image de ε_0.

Démonstration — Notons $\tau\colon \mathrm{Z} \dashrightarrow \mathrm{H}$ l'application rationnelle inverse de σ. La restriction du morphisme $\sigma\colon \mathrm{H}^0 \to \mathrm{Z}$ à l'ouvert $\mathrm{H}^0 \setminus (\bigcup_{t\in\mathscr{S}'}(\mathrm{Q}_t \cap \mathrm{H}^0))$ est une immersion ouverte, comme il résulte de la description de σ et de τ (cf. proposition 3.32). On en déduit, vu que ρ est fini et plat, que les seuls points de codimension 1 de H^0 dont les images par $\rho\circ\sigma$ ne sont pas des points de codimension 1 de Λ sont les points génériques de $\mathrm{Q}_t \cap \mathrm{H}$ pour $t \in \mathscr{S}'$. Notons ceux-ci $(\xi_t)_{t\in\mathscr{S}'}$. Les seuls points de codimension 1 de H^0 au-dessus desquels la fibre de π_{H^0} est susceptible d'être singulière sont donc les ξ_t pour $t \in \mathscr{S}'$ et les antécédents des points génériques de Q et de R. Compte tenu de la proposition 3.55, ceci prouve l'assertion (iii). Par ailleurs, supposant (ii) connue, ceci prouve aussi que les seuls points de codimension 1 de H^0 au-dessus desquels la fibre de π_{H^0} est singulière et géométriquement intègre sont les antécédents du point générique de R. Pour en déduire l'assertion (i), il suffit de vérifier qu'il existe un unique tel antécédent dans H^0, ce qui résulte du lemme suivant.

Lemme 3.59 — *L'unique point de la fibre de ρ au-dessus du point générique de* R *en lequel le morphisme ρ soit étale (resp. ramifié) (cf. proposition 3.57) appartient (resp. n'appartient pas) à l'image de σ.*

Démonstration — On peut supposer k algébriquement clos. Notons $z = (t, \mathrm{L}) \in \mathrm{Z}$ le point considéré. L'hypersurface $\mathrm{R} \subset \Lambda$ n'étant contenue dans aucun hyperplan de Λ, on a $\mathrm{P}_i \notin \mathrm{L}$ et par suite $t \neq t_i$ pour tout $i \in \{1, \ldots, 4\}$. Il en résulte que z appartient au domaine de définition de τ (cf. la description explicite de τ). Dans ces conditions, le seul antécédent possible de z par σ est $\tau(z)$. (En effet, si Z^0 désigne le domaine de définition de τ, le morphisme $\sigma^{-1}(\mathrm{Z}^0) \to \mathrm{H}$ induit par $\tau\circ\sigma$ coïncide avec l'inclusion $\mathrm{H}^0 \subset \mathrm{H}$ sur un ouvert dense de H^0, donc sur H^0 tout entier.) Le point z appartient donc à l'image de σ si et seulement si $\tau(z) \in \mathrm{H}^0$, si et seulement si $\tau(z) \notin \mathrm{E}$. Rappelons que $\tau(z)$ est par définition l'unique point singulier de $\mathrm{Q}_t \cap \mathrm{L} \cap \mathrm{H}$. Celui-ci ne peut être l'un des P_i puisque $\mathrm{P}_i \notin \mathrm{L}$ pour $i \in \{1, \ldots, 4\}$. On a donc $\tau(z) \notin \mathrm{E}$ si et seulement si l'unique point singulier de $\mathrm{Q}_t \cap \mathrm{L} \cap \mathrm{H}$ n'appartient pas à $\mathrm{X} \cap \mathrm{H}$, ce qui équivaut, d'après le lemme 3.27, à ce que t soit racine simple du polynôme $f_{\mathrm{L}\cap\mathrm{H}}$, autrement dit à ce que ρ soit étale en z (cf. la description des fibres géométriques de ρ, immédiatement avant la proposition 3.31). □

Il reste à démontrer l'assertion (ii). On raisonne comme dans la preuve de la proposition 3.55. Soit $t \in \mathscr{S}'$. Notons $\mathrm{L} \in \Lambda$ l'image par $\rho\circ\sigma$ de ξ_t.

C'est le point générique de la variété duale $(Q_t \cap H)^\star \subset \Lambda$. Un calcul simple montre que $(Q_t \cap H)^\star \not\subset (Q_{t_0} \cap H)^\star$ (si $Q_{t_0} \cap H$ et $Q_t \cap H$ ont pour équations respectives $a_1 x_1^2 + \cdots + a_4 x_4^2 = 0$ et $b_2 x_2^2 + \cdots + b_4 x_4^2 = 0$, alors $(Q_{t_0} \cap H)^\star$ est la quadrique d'équation $\lambda_1^2/a_1 + \cdots + \lambda_4^2/a_4 = 0$ et $(Q_t \cap H)^\star$ est défini par le système d'équations $\lambda_1 = \lambda_2^2/b_2 + \cdots + \lambda_4^2/b_4 = 0$). L'hyperplan L n'est donc pas tangent à $Q_{t_0} \cap H$, d'où $f_{L \cap H}(t_0) \neq 0$. En particulier, t_0 est racine simple du polynôme f_L (cf. la description des racines de f_L en fonction de celles de $f_{L \cap H}$, après le lemme 3.53), ce qui entraîne que la courbe $X \cap L$ ne contient pas de droite, même géométriquement (cf. proposition 3.34). Comme $X \cap L = Q_{t_0} \cap Q_t \cap L$ et que $Q_t \cap L$ est géométriquement une réunion de deux plans permutés par l'extension quadratique ou triviale définie par ε_t, le résultat voulu s'ensuit. □

Enfin, nous aurons besoin d'une propriété de régularité pour C_{H^0} et d'une propriété permettant de propager à C_{H^0} l'hypothèse que l'obstruction de Brauer-Manin à l'existence d'un point rationnel sur X s'évanouit, lorsque k est un corps de nombres.

Proposition 3.60 — *L'image par* π_{H^0} *du lieu singulier de la variété* C_{H^0} *est un fermé de codimension* $\geqslant 2$ *dans* H^0.

Démonstration — Notons $S \subset H^0$ l'image par π_{H^0} du lieu singulier de C_{H^0} ; c'est un fermé puisque π_{H^0} est propre. Nous avons déjà remarqué que la restriction de σ à $H^0 \setminus (\bigcup_{t \in \mathscr{S}'} (Q_t \cap H^0))$ est une immersion ouverte. C'est en particulier un morphisme étale. Le lemme 3.59 permet d'en déduire que la restriction à $H^0 \setminus (\bigcup_{t \in \mathscr{S}'} (Q_t \cap H^0))$ du morphisme $\rho \circ \sigma \colon H^0 \to \Lambda$ est étale, d'où il résulte, compte tenu de la lissité de la variété C_Λ (cf. proposition 3.47), que $S \subset \bigcup_{t \in \mathscr{S}'} (Q_t \cap H^0)$.

Pour démontrer la proposition, on peut supposer k algébriquement clos. D'après ce que l'on vient d'établir, si le fermé S n'était pas de codimension $\geqslant 2$, il contiendrait $Q_{t_i} \cap H^0$ pour un $i \in \{1, \ldots, 4\}$. Par l'absurde, et quitte à renuméroter les t_i, supposons que $Q_{t_1} \cap H^0 \subset S$. Soit alors $D \subset H$ la droite de H passant par P_2 et P_3.

Lemme 3.61 — *On a* $D \cap E = \{P_2, P_3\}$.

Démonstration — C'est évident sur les équations si l'on choisit une base dans laquelle q_1 et q_2 sont simultanément diagonales (cf. proposition 3.28), compte tenu de la lissité de X. □

Comme $D \cap Q_{t_1} \neq \varnothing$ et que Q_{t_1} ne contient ni P_2 ni P_3 (puisque ces points n'appartiennent pas à X et qu'ils appartiennent déjà respectivement à Q_{t_2} et Q_{t_3}), le lemme 3.61 montre que $D \cap (Q_{t_1} \cap H^0) \neq \varnothing$, d'où $D \cap S \neq \varnothing$. Le lieu singulier de C_{H^0} rencontre donc $\pi_{H^0}^{-1}(D \cap H^0)$, ce qui entraîne que $\pi_{H^0}^{-1}(D \cap H^0)$

n'est pas une variété régulière (en effet, elle est à la fois de codimension 2 et définie par deux équations dans C_{H^0}, qui est de Cohen-Macaulay d'après la proposition 3.51).

Soit $D' \subset \Lambda$ la droite formée des hyperplans $L \in \Lambda$ qui contiennent P_1 et P_4.

Lemme 3.62 — *La restriction de* $\rho \circ \sigma$ *à* $D \cap H^0$ *est injective et son image est incluse dans* D'.

Démonstration — On peut se contenter de raisonner sur les k-points puisque le corps k est algébriquement clos. Soit $h \in (D \cap H^0)(k)$. Il existe un unique $t \in \mathbf{P}^1(k)$ tel que $h \in Q_t$, et h est un point régulier de $Q_t \cap H$. Notons L l'hyperplan de $\mathbf{P}^4_k$ contenant P_0 et tangent à $Q_t \cap H$ en h, de sorte que le point de Λ associé à L est par définition $\rho(\sigma(h))$. On peut retrouver le point $h \in (D \cap H^0)(k)$ à partir de la seule donnée de l'hyperplan L puisque c'est l'unique point d'intersection de L et de D. La restriction de $\rho \circ \sigma$ à $D \cap H^0$ est donc bien injective. Que son image soit incluse dans D' découle de la proposition 3.33. □

Lemme 3.63 — *La variété* $\pi_\Lambda^{-1}(D')$ *est régulière.*

Démonstration — La projection naturelle $\pi_\Lambda^{-1}(D') \to X$ permet d'identifier $\pi_\Lambda^{-1}(D')$ à la variété obtenue en faisant éclater $X \cap K$ dans X, où K désigne le plan de $\mathbf{P}^4_k$ contenant P_0, P_1 et P_4. Comme X et $X \cap K$ sont lisses (pour $X \cap K$, c'est une vérification exactement analogue à celle du lemme 3.53), le lemme s'ensuit (cf. [39, Theorem 8.24]). □

D'après le lemme 3.62, on dispose d'un morphisme injectif $D \cap H^0 \to D'$ induit par $\rho \circ \sigma$. Comme tout morphisme injectif entre ouverts de $\mathbf{P}^1_k$, celui-ci est une immersion ouverte. La variété $\pi_{H^0}^{-1}(D \cap H^0)$ s'identifie donc à un ouvert de $\pi_\Lambda^{-1}(D')$; le lemme 3.63 permet d'en déduire qu'elle est régulière, d'où une contradiction. □

Proposition 3.64 — *La restriction de la projection naturelle* $C_{H^0} \to X$ *(cf. diagramme (3.9)) à l'ouvert de lissité de* C_{H^0} *sur* k *admet une section rationnelle.*

Démonstration — Notons $p\colon \mathbf{P}^4_k \setminus \{P_0\} \to H$ la projection sur H depuis P_0. La surface X n'est contenue dans aucun cône fermé de sommet P_0 et de dimension 2, puisque $P_0 \notin X$. En particulier, la trace sur X de $p^{-1}(E)$ est un fermé strict de X, ce qui signifie que le morphisme p induit une application rationnelle $r\colon X \dashrightarrow H^0$.

Montrons maintenant que r se factorise en $X \dashrightarrow C_{H^0} \xrightarrow{\pi_{H^0}} H^0$, où la première flèche est une section rationnelle de la projection $C_{H^0} \to X$. Il suffit pour cela de vérifier que pour tout $x \in \mathrm{X}$ tel que $p(x) \in \mathrm{H}^0$, l'hyperplan de $(\mathbf{P}^4_k)^\star$ défini par $\rho(\sigma(p(x)))$ contient x. Il contient P_0 puisque $\rho(\sigma(p(x)))$ appartient à Λ et il contient $p(x)$ par définition du morphisme σ. Comme les points P_0, x et $p(x)$ sont alignés, il contient aussi x.

Il reste à vérifier que l'image ξ du point générique de X par cette section rationnelle appartient à l'ouvert de lissité de $\mathrm{C}_{\mathrm{H}^0}$ sur k. Comme $\mathrm{X} \subset \mathrm{Q}_{t_0} \setminus \{\mathrm{P}_0\}$, on a $p(\mathrm{X}) \subset p(\mathrm{Q}_{t_0} \setminus \{\mathrm{P}_0\}) = \mathrm{Q}_{t_0} \cap \mathrm{H}$ et donc $p(\mathrm{X}) = \mathrm{Q}_{t_0} \cap \mathrm{H}$ puisque le morphisme $\mathrm{X} \to \mathrm{H}$ induit par p est quasi-fini et que $\mathrm{Q}_{t_0} \cap \mathrm{H}$ est irréductible et de dimension 2. Il en résulte que $\pi_{\mathrm{H}^0}(\xi)$ est le point générique de $\mathrm{Q}_{t_0} \cap \mathrm{H}$; c'est donc un point de H^0 de codimension 1 et la proposition 3.60 permet d'en déduire le résultat voulu. □

3.4.4 Calculs explicites

Nous rendons ici explicite la construction du paragraphe 3.4.3, dont nous conservons les hypothèses et notations. L'intérêt de cette entreprise est qu'elle nous permettra d'obtenir des informations subtiles de nature non géométrique et qui semblent actuellement hors de portée d'arguments théoriques (cf. sous-lemmes 3.95, 3.96, 3.99 et 3.100). Certains des calculs ci-dessous sont inspirés de ceux de Swinnerton-Dyer (cf. [1, p. 325]) ; d'autres sont entièrement originaux (notamment les propositions 3.70 et 3.71).

Situation générale

Soit $e = (e_0, \ldots, e_4)$ la base canonique de k^5. Le point $\mathrm{P}_0 \in \mathbf{P}^4_k$ est k-rationnel par hypothèse. Une transformation linéaire permet de supposer qu'il a pour coordonnées homogènes $[1 : 0 : 0 : 0 : 0]$ et que l'hyperplan H est défini par l'équation $x_0 = 0$, où $[x_0 : x_1 : x_2 : x_3 : x_4]$ désignent les coordonnées homogènes de $\mathbf{P}^4_k$. Les hypothèses sur P_0 et H équivalent à ce que le vecteur e_0 soit orthogonal à $e_1, \ldots, e_4$ pour les formes quadratiques q_1 et q_2 (cf. proposition 3.28), autrement dit, à ce que la variable x_0 soit simultanément diagonalisée pour q_1 et q_2 dans la base e.

Par construction de la fibration π_{H^0}, ses fibres s'écrivent comme des intersections de deux quadriques dans $\mathbf{P}^3_k$ avec deux variables simultanément diagonalisées. Nous allons maintenant expliciter une telle écriture. Soient $[0 : y_1 : y_2 : y_3 : y_4]$ les coordonnées homogènes d'un point $h \in \mathrm{H}^0(k)$. Posons $y = \sum_{i=1}^4 y_i e_i$ et $q = q_1(y)q_2 - q_2(y)q_1$. Notons respectivement φ_1, φ_2 et φ les formes bilinéaires symétriques associées aux formes quadratiques q_1, q_2 et q. La quadrique projective d'équation $q(x) = 0$ est l'unique quadrique du pinceau $(\mathrm{Q}_t)_{t \in \mathbf{P}^1_k}$ qui contienne h. L'hyperplan tangent en h à cette quadrique est l'espace projectif associé à l'orthogonal T de y pour q. Vu la définition de π_{H^0}, tout ce qu'il nous reste à faire est d'exprimer une base $(f_0, \ldots, f_3)$ de l'hyperplan T telle que les vecteurs f_0 et f_1 soient orthogonaux entre eux et à f_2 et f_3.

Posons $\gamma_i = \varphi(e_i, y)$ et $\delta_{ij} = \varphi_1(e_i, y)\varphi_2(e_j, y) - \varphi_1(e_j, y)\varphi_2(e_i, y)$ pour $i, j \in \{1, \ldots, 4\}$, de sorte que

$$\begin{aligned}\varphi_1(\gamma_j e_i - \gamma_i e_j, y) &= \delta_{ij} q_1(y),\\ \varphi_2(\gamma_j e_i - \gamma_i e_j, y) &= \delta_{ij} q_2(y)\end{aligned} \tag{3.10}$$

pour tous i et j. Quitte à permuter les vecteurs $e_1, \ldots, e_4$, on peut supposer que $y_1 \neq 0$. Quitte à permuter ensuite les vecteurs $e_2, \ldots, e_4$, on peut supposer que $\gamma_4 \neq 0$. En effet, si l'on avait $\gamma_2 = \gamma_3 = \gamma_4 = 0$, la relation $\sum_{i=1}^4 \gamma_i y_i = q(y) = 0$ et l'hypothèse que $y_1 \neq 0$ permettraient d'en déduire que $\gamma_i = 0$ pour tout $i \in \{1, \ldots, 4\}$, autrement dit que $e_i \in \mathrm{T}$ pour tout $i \in \{0, \ldots, 4\}$, puisque l'on a toujours $e_0 \in \mathrm{T}$; mais ceci est impossible puisque T est un hyperplan. Posons maintenant

$$f_0 = e_0, \qquad f_1 = y, \qquad f_2 = \delta_{24} y + \gamma_2 e_4 - \gamma_4 e_2, \qquad f_3 = \delta_{34} y + \gamma_3 e_4 - \gamma_4 e_3.$$

Les vecteurs f_1, f_2 et f_3 appartiennent à l'hyperplan de k^5 engendré par $e_1, \ldots, e_4$; compte tenu des hypothèses sur e_0 et $e_1, \ldots, e_4$, cela entraîne qu'ils sont orthogonaux à f_0 pour les deux formes quadratiques q_1 et q_2. Par ailleurs, les vecteurs f_2 et f_3 sont orthogonaux à f_1 pour q_1 et q_2 d'après les relations (3.10). Comme $f_1 = y$, il en résulte notamment que $f_i \in \mathrm{T}$ pour tout $i \in \{0, \ldots, 3\}$. Enfin, l'hypothèse $y_1\gamma_4 \neq 0$ assure que la famille $f = (f_0, \ldots, f_3)$ est libre ; c'est donc une base de T. Ainsi la famille f satisfait-elle bien à toutes les conditions voulues. Les matrices dans f des restrictions à T des formes quadratiques q_1 et q_2 sont donc

$$\begin{pmatrix}\alpha_0 & 0 & 0 & 0\\ 0 & \alpha_1 & 0 & 0\\ 0 & 0 & \alpha_2 & \alpha_4\\ 0 & 0 & \alpha_4 & \alpha_3\end{pmatrix} \quad \text{et} \quad \begin{pmatrix}\beta_0 & 0 & 0 & 0\\ 0 & \beta_1 & 0 & 0\\ 0 & 0 & \beta_2 & \beta_4\\ 0 & 0 & \beta_4 & \beta_3\end{pmatrix}, \tag{3.11}$$

où $\alpha_i = q_1(f_i)$ et $\beta_i = q_2(f_i)$ pour $i \in \{0, 1, 2, 3\}$, $\alpha_4 = \varphi_1(f_2, f_3)$ et $\beta_4 = \varphi_2(f_2, f_3)$. On peut exprimer les α_i comme suit :

$$\begin{aligned}\alpha_0 &= q_1(e_0),\\ \alpha_1 &= q_1(y),\\ \alpha_2 &= q_1(\gamma_2 e_4 - \gamma_4 e_2) - \delta_{24}^2 q_1(y),\\ \alpha_3 &= q_1(\gamma_3 e_4 - \gamma_4 e_3) - \delta_{34}^2 q_1(y),\\ \alpha_4 &= \varphi_1(\gamma_2 e_4 - \gamma_4 e_2, \gamma_3 e_4 - \gamma_4 e_3) - \delta_{24}\delta_{34} q_1(y)\,;\end{aligned} \tag{3.12}$$

on obtient des expressions similaires pour les β_i en remplaçant q_1 par q_2 et φ_1 par φ_2. Les deux premières formules ci-dessus sont mises pour mémoire. Les trois suivantes se déduisent tout de suite des relations (3.10) et de la définition des α_i.

La fibre de π_{H^0} en h s'identifie à l'intersection des deux quadriques de $\mathbf{P}(\mathrm{T})$ définies par les matrices symétriques (3.11). Celle-ci est lisse si et seulement si

$$\mathbf{d}_{01}(\mathbf{d}_{04}^2 - \mathbf{d}_{02}\mathbf{d}_{03})(\mathbf{d}_{14}^2 - \mathbf{d}_{12}\mathbf{d}_{13})(\mathbf{d}_{23}^2 + 4\mathbf{d}_{24}\mathbf{d}_{34}) \neq 0, \tag{3.13}$$

où l'on a posé $\mathbf{d}_{ij} = \alpha_i\beta_j - \alpha_j\beta_i$ pour $i, j \in \{0, \ldots, 4\}$ (cf. proposition 3.26). Cette équation fournit une description explicite du lieu des fibres singulières de π_{H^0} au-dessus de l'ouvert $y_1\gamma_4 \neq 0$ de H^0. Comparons-la maintenant avec la conclusion du théorème 3.58.

Proposition 3.65 — *On a* $\mathbf{d}_{01} = 0$ *si et seulement si* $h \in \mathrm{Q}_{t_0}$, $\mathbf{d}_{01}(\mathbf{d}_{04}^2 - \mathbf{d}_{02}\mathbf{d}_{03}) = 0$ *si et seulement si* $\rho(\sigma(h)) \in \mathrm{Q}$, $\mathbf{d}_{14}^2 - \mathbf{d}_{12}\mathbf{d}_{13} = 0$ *si et seulement si* $h \in \bigcup_{t\in\mathscr{S}'} \mathrm{Q}_t$ *et enfin* $(\mathbf{d}_{14}^2 - \mathbf{d}_{12}\mathbf{d}_{13})(\mathbf{d}_{23}^2 + 4\mathbf{d}_{24}\mathbf{d}_{34}) = 0$ *si et seulement si* $\rho(\sigma(h)) \in \mathrm{R}$.

Démonstration — Posons $q_0 = \alpha_0 q_2 - \beta_0 q_1$. Comme $\alpha_0 = q_1(e_0)$ et $\beta_0 = q_2(e_0)$, la quadrique projective d'équation $q_0(x) = 0$ n'est autre que Q_{t_0}, d'où la première assertion. Pour la seconde, remarquons que $\rho(\sigma(h)) \in \mathrm{Q}$ si et seulement si la restriction de q_0 à $\mathrm{T}\cap\langle e_1, \ldots, e_4\rangle$ est dégénérée, vu la définition de Q et le lemme 3.53. Compte tenu que $\mathrm{T}\cap\langle e_1, \ldots, e_4\rangle = \langle f_1, f_2, f_3\rangle$ et que la matrice dans (f_1, f_2, f_3) de la restriction de q_0 à ce sous-espace est

$$\begin{pmatrix} \mathbf{d}_{01} & 0 & 0 \\ 0 & \mathbf{d}_{02} & \mathbf{d}_{04} \\ 0 & \mathbf{d}_{04} & \mathbf{d}_{03} \end{pmatrix},$$

il s'ensuit que $\mathbf{d}_{01}(\mathbf{d}_{04}^2 - \mathbf{d}_{02}\mathbf{d}_{03}) = 0$ si et seulement si $\rho(\sigma(h)) \in \mathrm{Q}$.

Comme l'hyperplan $\mathbf{P}(\mathrm{T})\cap\mathrm{H} \subset \mathrm{H}$ est tangent en un point lisse (à savoir h) à la quadrique projective d'équation $q(x) = 0$ dans H, le rang de la restriction de q à $\mathrm{T}\cap\langle e_1, \ldots, e_4\rangle$ est égal à $r - 2$, où r désigne le rang de la restriction de q à $\langle e_1, \ldots, e_4\rangle$. La matrice de la restriction de q à $\mathrm{T}\cap\langle e_1, \ldots, e_4\rangle$ dans la base (f_1, f_2, f_3) étant égale à

$$\begin{pmatrix} 0 & 0 & 0 \\ 0 & \mathbf{d}_{12} & \mathbf{d}_{14} \\ 0 & \mathbf{d}_{14} & \mathbf{d}_{13} \end{pmatrix},$$

on en déduit que $r < 4$ si et seulement si $\mathbf{d}_{14}^2 - \mathbf{d}_{12}\mathbf{d}_{13} = 0$. La condition $r < 4$ est par ailleurs équivalente à $h \in \bigcup_{t\in\mathscr{S}'} \mathrm{Q}_t$, d'où la conclusion recherchée.

Enfin, on a $\rho(\sigma(h)) \in \mathrm{R}$ si et seulement si $\mathbf{P}(\mathrm{T})\cap\mathrm{H}\cap\mathrm{X}$ n'est pas lisse (par définition de R), si et seulement si le discriminant du polynôme $f_{\mathbf{P}(\mathrm{T})\cap\mathrm{H}}$ est nul (cf. proposition 3.26). La dernière assertion de la proposition s'en déduit en calculant ce polynôme, qui est un déterminant, dans la base (f_1, f_2, f_3) de $\mathrm{T}\cap\langle e_1, \ldots, e_4\rangle$. □

Rappelons maintenant comment s'exprime la jacobienne de la fibre de π_{H^0} en h, lorsque celle-ci est lisse. Posons $c = 4\mathbf{d}_{04}\mathbf{d}_{14} - 2\mathbf{d}_{02}\mathbf{d}_{13} - 2\mathbf{d}_{03}\mathbf{d}_{12}$ et $d = 4\mathbf{d}_{01}^2(\mathbf{d}_{23}^2 + 4\mathbf{d}_{24}\mathbf{d}_{34})$. Il est utile de remarquer que $c^2 - d = 16(\mathbf{d}_{04}^2 - \mathbf{d}_{02}\mathbf{d}_{03})(\mathbf{d}_{14}^2 - \mathbf{d}_{12}\mathbf{d}_{13})$.

Proposition 3.66 — *Supposons la fibre de π_{H^0} en h lisse et notons E' sa jacobienne. La courbe elliptique E' a pour équation de Weierstrass $\mathrm{Y}^2 = (\mathrm{X}-c)(\mathrm{X}^2-d)$. De plus, si $\varphi' \colon \mathrm{E}' \to \mathrm{E}''$ désigne le quotient de E' par le point de coordonnées $(\mathrm{X},\mathrm{Y}) = (c,0)$ et $\varphi'' \colon \mathrm{E}'' \to \mathrm{E}'$ l'isogénie duale de φ', la courbe elliptique E'' a pour équation de Weierstrass $\mathrm{Y}^2 = (\mathrm{X}+2c)(\mathrm{X}^2 - 4(c^2-d))$ et la fibre de π_{H^0} en h est canoniquement un 2-revêtement de E', déterminant une classe de $\mathrm{H}^1(k, {}_2\mathrm{E}')$ dont l'image dans $\mathrm{H}^1(k, {}_{\varphi''}\mathrm{E}'') = k^\star/k^{\star 2}$ par la flèche induite par $\varphi' \colon {}_2\mathrm{E}' \to {}_{\varphi''}\mathrm{E}''$ est égale à la classe de $\mathbf{d}_{14}^2 - \mathbf{d}_{12}\mathbf{d}_{13}$ dans $k^\star/k^{\star 2}$.*

Démonstration — Ces généralités sont décrites en détail dans [1, §3]. □

Cas simultanément diagonal

Supposons les formes quadratiques q_1 et q_2 simultanément diagonales dans la base e. On pose alors $a_i = q_1(e_i)$, $b_i = q_2(e_i)$ et $d_{ij} = a_i b_j - a_j b_i$ pour $i,j \in \{0,\ldots,4\}$, conformément aux notations introduites dans l'exemple 3.35. Définissons des polynômes $p_0,\ldots,p_6 \in k[y_1,\ldots,y_4]$ par les formules suivantes (pour $i,j \in \{1,2,3,4\}$ distincts fixés, nous convenons de noter k et ℓ les entiers uniquement déterminés par les conditions $1 \leqslant k < \ell \leqslant 4$ et $\{i,j,k,\ell\} = \{1,2,3,4\}$; de même pour i', j', k' et ℓ') :

$$\begin{aligned} p_i &= \sum_{j=1}^{4} d_{ij} y_j^2 \quad \text{pour } i \in \{0,1,2,3,4\}, \\ p_5 &= \sum_{1\leqslant i<j\leqslant 4} d_{ij}^2 d_{0k} d_{0\ell} y_i^2 y_j^2, \\ p_6 &= \sum_{\substack{1\leqslant i<j\leqslant 4 \\ 1\leqslant i'<j'\leqslant 4}} d_{ij}^2 d_{i'j'}^2 \left(d_{k'k} d_{\ell\ell'} + d_{\ell'k} d_{\ell k'}\right) y_i^2 y_j^2 y_{i'}^2 y_{j'}^2. \end{aligned}$$

Les équations (3.12) se simplifient et fournissent les expressions suivantes pour les α_i et les β_i :

$$\begin{aligned} \alpha_0 &= a_0, & \beta_0 &= b_0, \\ \alpha_1 &= q_1(y), & \beta_1 &= q_2(y), \\ \alpha_2 &= a_4\gamma_2^2 + a_2\gamma_4^2 - \delta_{24}^2 q_1(y), & \beta_2 &= b_4\gamma_2^2 + b_2\gamma_4^2 - \delta_{24}^2 q_2(y), \\ \alpha_3 &= a_4\gamma_3^2 + a_3\gamma_4^2 - \delta_{34}^2 q_1(y), & \beta_3 &= b_4\gamma_3^2 + b_3\gamma_4^2 - \delta_{34}^2 q_2(y), \\ \alpha_4 &= a_4\gamma_2\gamma_3 - \delta_{24}\delta_{34} q_1(y), & \beta_4 &= b_4\gamma_2\gamma_3 - \delta_{24}\delta_{34} q_2(y). \end{aligned} \tag{3.14}$$

On a de plus $\gamma_i = -y_i p_i$ et $\delta_{ij} = d_{ij} y_i y_j$ pour tous $i, j \in \{1, \ldots, 4\}$.

Proposition 3.67 — *Les égalités suivantes ont lieu :*

$$\mathbf{d}_{01} = p_0, \qquad \mathbf{d}_{14}^2 - \mathbf{d}_{12}\mathbf{d}_{13} = y_1^2\gamma_4^2 \prod_{i=1}^{4} p_i,$$
$$\mathbf{d}_{04}^2 - \mathbf{d}_{02}\mathbf{d}_{03} = -y_1^2\gamma_4^2 p_5, \qquad \mathbf{d}_{23}^2 + 4\mathbf{d}_{24}\mathbf{d}_{34} = y_1^4\gamma_4^4 p_6.$$

Démonstration — Ces égalités sont purement formelles, au sens où elles valent dans l'anneau des polynômes à coefficients entiers en les a_i, les b_i et les y_i. Quelques explications semblent néanmoins appropriées (excepté pour l'égalité $\mathbf{d}_{01} = p_0$, qui est une trivialité). Introduisons, à la suite de Swinnerton-Dyer, les invariants fondamentaux

$$\Theta_{\alpha\alpha} = \alpha_4^2 - \alpha_2\alpha_3, \quad \Theta_{\alpha\beta} = 2\alpha_4\beta_4 - \alpha_2\beta_3 - \alpha_3\beta_2, \quad \Theta_{\beta\beta} = \beta_4^2 - \beta_2\beta_3$$

du couple de formes quadratiques considéré. Si l'on admet les égalités

$$\Theta_{\alpha\alpha} = -y_1^2\gamma_4^2 \sum_{1\leqslant i<j\leqslant 4} d_{ij}^2 a_k a_\ell y_i^2 y_j^2, \tag{3.15}$$

$$\Theta_{\alpha\beta} = -y_1^2\gamma_4^2 \sum_{1\leqslant i<j\leqslant 4} d_{ij}^2 \left(a_k b_\ell + a_\ell b_k\right) y_i^2 y_j^2, \tag{3.16}$$

$$\Theta_{\beta\beta} = -y_1^2\gamma_4^2 \sum_{1\leqslant i<j\leqslant 4} d_{ij}^2 b_k b_\ell y_i^2 y_j^2, \tag{3.17}$$

(cf. [1, p. 326]), les formules

$$\begin{aligned}
\mathbf{d}_{04}^2 - \mathbf{d}_{02}\mathbf{d}_{03} &= \alpha_0^2\Theta_{\beta\beta} - \alpha_0\beta_0\Theta_{\alpha\beta} + \beta_0^2\Theta_{\alpha\alpha}, \\
\mathbf{d}_{14}^2 - \mathbf{d}_{12}\mathbf{d}_{13} &= \alpha_1^2\Theta_{\beta\beta} - \alpha_1\beta_1\Theta_{\alpha\beta} + \beta_1^2\Theta_{\alpha\alpha}, \\
\mathbf{d}_{23}^2 + 4\mathbf{d}_{24}\mathbf{d}_{34} &= \Theta_{\alpha\beta}^2 - 4\Theta_{\alpha\alpha}\Theta_{\beta\beta}
\end{aligned}$$

(cf. [1, p. 324]) permettent de conclure. Il reste donc à établir (3.15) et (3.16), l'égalité (3.17) étant symétrique de (3.15). Nous allons détailler la preuve de (3.15) ; celle de (3.16) est similaire. À l'aide de (3.14), on peut écrire que

$$\begin{aligned}
\Theta_{\alpha\alpha} &= (a_4\gamma_2\gamma_3 - \delta_{24}\delta_{34}q_1(y))^2 - (a_4\gamma_2^2 + a_2\gamma_4^2 - \delta_{24}^2 q_1(y))(a_4\gamma_3^2 + a_3\gamma_4^2 \\
&\qquad - \delta_{34}^2 q_1(y)) \\
&= q_1(y)\left((a_2\delta_{34}^2 + a_3\delta_{24}^2)\gamma_4^2 + a_4(\delta_{34}\gamma_2 - \delta_{24}\gamma_3)^2\right) \\
&\qquad - \gamma_4^2(a_2a_3\gamma_4^2 + a_3a_4\gamma_2^2 + a_2a_4\gamma_3^2).
\end{aligned}$$

L'identité $\delta_{34}\gamma_2 + \delta_{42}\gamma_3 + \delta_{23}\gamma_4 = 0$ permet de simplifier l'expression ci-dessus ; on trouve ainsi que

$$-\Theta_{\alpha\alpha}/\gamma_4^2 = a_2a_3\gamma_4^2 + a_3a_4\gamma_2^2 + a_2a_4\gamma_3^2 - q_1(y)(a_2\delta_{34}^2 + a_3\delta_{24}^2 + a_4\delta_{23}^2).$$

Pour vérifier que la formule que l'on vient d'obtenir pour $-\Theta_{\alpha\alpha}/\gamma_4^2$ coïncide avec celle à laquelle on veut aboutir, il est utile de remarquer qu'elles sont toutes deux invariantes par permutation des indices $\{2,3,4\}$ et homogènes de degré 3 en les y_i^2. Il suffit donc de calculer les coefficients, dans $-\Theta_{\alpha\alpha}/\gamma_4^2$, des monômes suivants : $y_2^2y_3^2y_4^2$, $y_2^4y_3^2, y_2^6$, $y_1^2y_2^2y_3^2$, $y_1^2y_2^4$, $y_1^4y_2^2$, y_1^6. Il est immédiat que les coefficients de $y_2^4y_3^2$, y_2^6, $y_1^2y_2^4$ et y_1^6 sont nuls et que celui de $y_1^4y_2^2$ est bien $d_{12}^2a_3a_4$. Que le coefficient de $y_1^2y_2^2y_3^2$ soit égal à $d_{23}^2a_1a_4$ et que celui de $y_2^2y_3^2y_4^2$ soit nul résulte des identités $a_1d_{32}+a_2d_{13}+a_3d_{21}=0$ et $a_2^2d_{34}^2+a_3^2d_{24}^2+a_4^2d_{23}^2=2(a_2a_3d_{42}d_{43}+a_3a_4d_{23}d_{24}+a_2a_4d_{32}d_{34})$. □

Notons $\Delta\subset \mathrm{H}^0$ l'intersection de H^0 et de l'hypersurface de H définie par l'équation

$$\prod_{i=0}^{6} p_i = 0.$$

Proposition 3.68 — *L'ensemble des $h\in\mathrm{H}^0$ au-dessus desquels la fibre de π_{H^0} est singulière est égal à l'ensemble sous-jacent à Δ.*

Démonstration — Soit $h\in\mathrm{H}^0$, de coordonnées homogènes $[0:y_1:\cdots:y_4]$. Compte tenu de l'invariance des polynômes $p_0,\ldots,p_6$ par permutation des indices 1 à 4, les commentaires qui suivent les équations (3.10) permettent de supposer que $y_1\gamma_4\neq 0$ pour établir que la fibre de π_{H^0} en h est lisse si et seulement si $h\notin\Delta$. Sous cette hypothèse, on a vu que la fibre de π_{H^0} en h est lisse si et seulement si la relation (3.13) est satisfaite. Celle-ci équivaut bien à ce que $h\notin\Delta$, d'après la proposition 3.67. □

Proposition 3.69 — *Les polynômes $p_i\in k[y_1,\ldots,y_4]$ pour $i\in\{0,\ldots,6\}$ sont irréductibles et premiers entre eux deux à deux.*

Démonstration — La lissité de X entraîne que $d_{ij}\neq 0$ pour i,j distincts. Les polynômes $p_0,\ldots,p_4$ sont donc des formes quadratiques de rang $\geqslant 3$, ce qui assure leur irréductibilité. Il résulte des propositions 3.65 et 3.67 que l'image par $\rho\circ\sigma$ de chaque point générique de l'hypersurface de H définie par l'équation $p_0p_5=0$ appartient à Q. Les fibres de π_{H^0} au-dessus de ces points ne sont donc pas géométriquement intègres (cf. proposition 3.55 et [EGA IV_3, 12.2.4 (viii)]). Comme par ailleurs l'hypersurface d'équation $p_1p_2p_3p_4=0$ coïncide avec $\bigcup_{t\in\mathscr{S}'}\mathrm{Q}_t\cap\mathrm{H}$, les deux premières assertions du théorème 3.58 permettent d'en déduire que le polynôme p_6 est irréductible.

L'irréductibilité de p_5 est prouvée dans [1, p. 326] ; pour la commodité du lecteur, nous reproduisons l'argument ici. Considérons l'action du groupe $\mathrm{G}=(\mathbf{Z}/2)^4$ sur $k[y_1,\ldots,y_4]$ donnée par $(\varepsilon_1,\ldots,\varepsilon_4)\cdot y_i=(-1)^{\varepsilon_i}y_i$. Étant donné que p_5 est invariant sous cette action, le groupe G agit naturellement sur l'ensemble F des facteurs irréductibles de p_5 à multiplication par une unité près. Si cette action n'était pas transitive, il existerait $f, g \in k[y_1, \ldots, y_4]$ non constants, invariants sous G à multiplication par une unité près, tels que $p_5 = fg$. Les polynômes f et g seraient nécessairement invariants sous G puisque p_5 n'est divisible par y_i pour aucun $i \in \{1, \ldots, 4\}$; ils appartiendraient donc au sous-anneau $k[y_1^2, \ldots, y_4^2]$. Quitte à échanger f et g, on pourrait supposer qu'il existe $i, j \in \{1, \ldots, 4\}$ distincts tels que f soit de degré non nul en y_i et en y_j. Comme p_5 est de degré total 4 et de degré 2 en y_i et en y_j, que g est non constant et que les degrés de f en y_i et en y_j sont pairs (puisque $f \in k[y_1^2, \ldots, y_4^2]$) et non nuls, on conclurait que le coefficient de $y_i^2 y_j^2$ dans p_5 est nul, ce qu'il n'est pas. L'action de G sur F est donc transitive. Il en résulte que p_5 est irréductible, compte tenu que le coefficient dominant de p_5 vu comme polynôme en y_1 à coefficients dans $k[y_2, y_3, y_4]$ est lui-même un polynôme irréductible, étant une forme quadratique de rang 3.

Enfin, pour vérifier que les polynômes $p_0, \ldots, p_6$ sont premiers entre eux deux à deux, sachant qu'ils sont irréductibles, il suffit de remarquer que les p_i pour $i \in \{0, \ldots, 4\}$ sont deux à deux non proportionnels et que $\deg(p_i) < \deg(p_5) < \deg(p_6)$ pour tout $i \in \{0, \ldots, 4\}$. □

Remarque — Il est possible d'établir l'irréductibilité de p_6 en travaillant directement sur sa définition. Inversement, une variante du théorème 3.110 permettrait sans doute d'obtenir l'irréductibilité de p_5 par voie abstraite.

Voici enfin quelques identités dont nous aurons besoin par la suite. Notons $c_6(y_i^m)$ le coefficient de y_i^m dans p_6, où l'on considère p_6 comme un polynôme en y_i à coefficients dans $k[(y_\ell)_{\ell \neq i}]$.

Proposition 3.70 — *Les égalités suivantes ont lieu :*

$$16p_1^3 y_2^2 y_3^2 y_4^2 d_{34}^2 d_{23}^2 d_{24}^2 d_{21} d_{31} d_{41} = (2c_6(y_1^4)y_1^2 + c_6(y_1^2))^2 - 4c_6(y_1^4)p_6, \quad (3.18)$$

$$16p_2^3 y_1^2 y_3^2 y_4^2 d_{34}^2 d_{13}^2 d_{14}^2 d_{12} d_{32} d_{42} = (2c_6(y_2^4)y_2^2 + c_6(y_2^2))^2 - 4c_6(y_2^4)p_6, \quad (3.19)$$

$$4d_{01}d_{02}p_1p_2 = (d_{01}p_2 + d_{02}p_1)^2 - d_{12}^2 p_0^2. \quad (3.20)$$

Démonstration — La troisième égalité n'est autre que l'identité $d_{01}p_2 - d_{02}p_1 = -d_{12}p_0$ élevée au carré. Les deux premières étant symétriques, il reste seulement à établir (3.18). C'est à nouveau une égalité formelle, au sens où elle vaut dans l'anneau des polynômes à coefficients entiers en les a_i, b_i, y_i ; tout logiciel de calcul symbolique permet de la vérifier. Alternativement, il est possible de la démontrer à la main en moins de trois pages, comme me le prouva par l'exemple Swinnerton-Dyer peu de temps après que je lui eus envoyé une version préliminaire du manuscrit (lettre de Swinnerton-Dyer à l'auteur, 21 octobre 2005). □

Cas presque simultanément diagonal

Nous supposons ici que les formes quadratiques q_1 et q_2 sont « presque simultanément diagonales » dans la base e, c'est-à-dire que pour ces deux formes, les vecteurs e_0, e_1 et e_2 sont deux à deux orthogonaux et orthogonaux à e_3 et e_4. Soient $a_i = q_1(e_i)$ et $b_i = q_2(e_i)$ pour $i \in \{0, \ldots, 4\}$, $a_5 = \varphi_1(e_3, e_4)$, $b_5 = \varphi_2(e_3, e_4)$ et $d_{ij} = a_i b_j - a_j b_i$ pour $i, j \in \{0, \ldots, 5\}$. Les équations (3.12) deviennent ici :

$$\begin{aligned} \alpha_0 &= a_0, \\ \alpha_1 &= q_1(y), \\ \alpha_2 &= a_4\gamma_2^2 + a_2\gamma_4^2 - \delta_{24}^2 q_1(y), \\ \alpha_3 &= a_4\gamma_3^2 + a_3\gamma_4^2 - 2a_5\gamma_3\gamma_4 - \delta_{34}^2 q_1(y), \\ \alpha_4 &= a_4\gamma_2\gamma_3 - a_5\gamma_2\gamma_4 - \delta_{24}\delta_{34} q_1(y), \end{aligned} \tag{3.21}$$

et de même en remplaçant α_i et a_i respectivement par β_i et b_i pour tout i, et q_1 par q_2. Posons $p_i = a_i q_2 - b_i q_1$ pour $i \in \{0, 1\}$.

Proposition 3.71 — *Le polynôme p_0 divise $d_{01}^2 c + 4d_{02}(d_{03}d_{04} - d_{05}^2)y_1^2\gamma_4^2 p_1^3$ dans $k[y_1, \ldots, y_4]$.*

Remarquons que $\varepsilon_0 \in k^\star/k^{\star 2}$ est représenté par $d_{01}d_{02}(d_{03}d_{04} - d_{05}^2)$.

Démonstration — Une fois remplacés dans la définition de c les α_i et les β_i par les membres de droite des équations (3.21) (et des équations analogues pour les β_i) et développée l'expression obtenue, l'identité $\delta_{34}\gamma_2 - \delta_{24}\gamma_3 = -\delta_{23}\gamma_4$ permet de voir que c est divisible par γ_4^2, et plus précisément que

$$\frac{c}{2\gamma_4^2} = -2\gamma_3\gamma_4(d_{02}f_5 + d_{05}f_2) - 2d_{05}\gamma_2^2 f_5 + \sum_{\{i,j,k\}=\{2,3,4\}} d_{0k}\gamma_i^2 f_j \mod p_0,$$

où $f_i = a_i q_2 - b_i q_1$ pour $i \in \{2, \ldots, 5\}$. Le résultat voulu s'en déduit aisément, compte tenu des relations suivantes :

$$\begin{aligned} d_{01}f_i &= d_{0i}p_1 \mod p_0 \quad \text{pour tout } i \in \{2, \ldots, 5\}, \\ d_{01}\gamma_2 &= -d_{02}y_2p_1 \mod p_0, \\ d_{01}\gamma_3 &= -(d_{03}y_3 + d_{05}y_4)p_1 \mod p_0, \\ d_{01}\gamma_4 &= -(d_{05}y_3 + d_{04}y_4)p_1 \mod p_0, \\ d_{01}y_1^2 &= -d_{02}y_2^2 - d_{03}y_3^2 - d_{04}y_4^2 - 2d_{05}y_3y_4 \mod p_0. \end{aligned}$$

□

3.4.5 Spécialisation de la condition (D)

À toute droite de H suffisamment générale est associée un pinceau de courbes de genre 1 : la restriction de π_{H^0} au-dessus de cette droite. Nous avons vu que la fibration jacobienne de ce pinceau admet une section d'ordre 2 (cf. proposition 3.48). Cette fibration étant par ailleurs semi-stable, comme nous le prouverons ci-dessous, nous pouvons lui appliquer les résultats du chapitre 2, et notamment le théorème 2.5, dans l'énoncé duquel une « condition (E) » a été définie. L'objet de ce paragraphe est d'exhiber beaucoup de droites de H pour lesquelles le pinceau associé satisfait à la condition (E), lorsque k est un corps de nombres. Il sera pour cela nécessaire de supposer qu'une certaine forme générique de la condition (D) est vérifiée. Occupons-nous donc d'abord de définir celle-ci précisément.

Dans tout ce paragraphe, on suppose donnés un point $h_0 \in \mathrm{H}^0(k)$ au-dessus duquel la fibre de π_{H^0} est lisse et un hyperplan k-rationnel $\Pi \subset \mathrm{H}$ ne contenant pas h_0.

Soit E′ la jacobienne de la fibre générique de π_{H^0}.

Proposition 3.72 — *La courbe elliptique* E′ *est à réduction semi-stable en tout point de codimension* 1 *de* H^0. *Elle possède un unique point rationnel d'ordre* 2, *et si l'on note* E″ *le quotient de* E′ *par ce point, la courbe elliptique* E″ *possède elle aussi un unique point rationnel d'ordre* 2.

Démonstration — Il est déjà connu que E′ possède au moins un point rationnel d'ordre 2 (cf. proposition 3.48). Toute courbe elliptique 2-isogène à E′ possède donc un point rationnel d'ordre 2. Ainsi, pour prouver la proposition, on peut supposer k algébriquement clos, auquel cas les formes quadratiques q_1 et q_2 sont simultanément diagonalisables (cf. proposition 3.28). Soit $h \in \mathrm{H}^0$ un point de codimension 1. Reprenons les notations du paragraphe 3.4.4; une transformation linéaire dans $\mathbf{P}^4_k$ permet de supposer que q_1 et q_2 sont simultanément diagonales dans la base e, que le point P_0 a pour coordonnées homogènes $[1 : 0 : 0 : 0 : 0]$ et que $(y_1\gamma_4)(h) \neq 0$, comme expliqué immédiatement après les équations (3.10). Notons $r \colon k[y_1, \ldots, y_4] \to \mathscr{O}_{\mathrm{H}^0,h}$ l'application qui à $f(y_1, \ldots, y_4)$ associe $f(1, y_2/y_1, y_3/y_1, y_4/y_1)$; c'est un morphisme d'anneaux. Nous avons vu que la courbe elliptique E′ a pour équation de Weierstrass

$$\mathrm{Y}^2 = (\mathrm{X} - r(c))(\mathrm{X}^2 - r(d))$$

(cf. proposition 3.66, appliquée au point générique de H^0 ; en toute rigueur, dans le paragraphe 3.4.4, le point h était supposé k-rationnel, mais rien n'empêche d'étendre les scalaires de k à $\kappa(\mathrm{H})$ avant d'appliquer cette proposition). Notons v la valuation normalisée associée à l'anneau de valuation discrète $\mathscr{O}_{\mathrm{H}^0,h}$. Compte tenu que $v(r(y_1)) = v(r(\gamma_4)) = 0$, les propositions 3.67 et 3.69 montrent que l'un de $v(r(d))$ et de $v(r(c^2-d))$ est nul. Il en résulte d'une part que l'équation de Weierstrass ci-dessus est minimale (en tant qu'équation de Weierstrass à coefficients dans $\mathscr{O}_{\mathrm{H}^0,h}$) et d'autre part, comme son discriminant est $16r(d)r(c^2-d)^2$, que la courbe elliptique E′ est à réduction semi-stable en h. Les propositions 3.67 et 3.69 montrent de plus que ni $r(d)$ ni $r(c^2-d)$ ne sont des carrés dans $\kappa(\mathrm{H})$, ce qui prouve la seconde assertion, étant donné que le quotient de E′ par le point de coordonnées $(\mathrm{X},\mathrm{Y}) = (r(c), 0)$ a pour équation de Weierstrass $\mathrm{Y}^2 = (\mathrm{X}+2r(c))(\mathrm{X}^2 - 4r(c^2-d))$ (cf. proposition 3.66). □

Soient $\varphi'\colon \mathrm{E}' \to \mathrm{E}''$ le morphisme canonique et $\varphi''\colon \mathrm{E}'' \to \mathrm{E}'$ l'isogénie duale. Notons $\mathfrak{t}' \in \kappa(\mathrm{H})^\star/\kappa(\mathrm{H})^{\star 2}$ (resp. $\mathfrak{t}'' \in \kappa(\mathrm{H})^\star/\kappa(\mathrm{H})^{\star 2}$) l'image de l'unique point rationnel d'ordre 2 de E″ (resp. de E′) par la flèche $\mathrm{E}''(\kappa(\mathrm{H})) \to \mathrm{H}^1(\kappa(\mathrm{H}), \mathbf{Z}/2)$ (resp. $\mathrm{E}'(\kappa(\mathrm{H})) \to \mathrm{H}^1(\kappa(\mathrm{H}), \mathbf{Z}/2)$) induite par la suite exacte

$$0 \longrightarrow \mathbf{Z}/2 \longrightarrow \mathrm{E}' \xrightarrow{\varphi'} \mathrm{E}'' \longrightarrow 0$$

(resp.

$$0 \longrightarrow \mathbf{Z}/2 \longrightarrow \mathrm{E}'' \xrightarrow{\varphi''} \mathrm{E}' \longrightarrow 0).$$

Notons de plus $\mathfrak{m}'' \in \kappa(\mathrm{H})^\star/\kappa(\mathrm{H})^{\star 2}$ l'image par la flèche $\mathrm{H}^1(\kappa(\mathrm{H}), {}_2\mathrm{E}') \to \mathrm{H}^1(\kappa(\mathrm{H}), {}_{\varphi''}\mathrm{E}'')$ induite par $\varphi'\colon {}_2\mathrm{E}' \to {}_{\varphi''}\mathrm{E}''$ de la classe de la fibre générique de π_{H^0}, vue comme 2-revêtement de E′ (cf. proposition 3.66).

Soit $\Delta \subset \mathrm{H}^0$ l'ensemble des points de H^0 au-dessus desquels la fibre de π_{H^0} est singulière. C'est un fermé purement de codimension 1 dans H^0 d'après la proposition 3.68, que l'on peut appliquer après extension des scalaires de k à $\bar{k}$ et diagonalisation simultanée de q_1 et q_2. (Cette propriété résulte aussi des considérations du paragraphe 3.4.3.) Si h est le point générique d'une composante irréductible de Δ, on peut donc considérer le modèle de Néron de E′ au-dessus de $\mathrm{Spec}(\mathscr{O}_{\mathrm{H}^0,h})$. Deux cas se présentent alors, selon que l'unique point rationnel d'ordre 2 de E′ se spécialise sur la composante neutre de la fibre spéciale du modèle de Néron ou non. Notons Δ' (resp. Δ'') la réunion des composantes irréductibles de Δ pour lesquelles le point rationnel d'ordre 2 de E′ se spécialise (resp. ne se spécialise pas) sur la composante neutre.

Proposition 3.73 — *Les classes* $\mathfrak{m}''$ *et* $\mathfrak{t}''$ *appartiennent au sous-groupe* $\mathbf{G}_\mathrm{m}(\mathrm{H} \setminus (\Delta'' \cup \Pi))/2$ *de* $\kappa(\mathrm{H})^\star/\kappa(\mathrm{H})^{\star 2}$. *De même, la classe* $\mathfrak{t}'$ *appartient au sous-groupe* $\mathbf{G}_\mathrm{m}(\mathrm{H} \setminus (\Delta' \cup \Pi))/2$.

Démonstration — Comme Π est un hyperplan, il suffit de vérifier que les classes $\mathfrak{m}''$ et $\mathfrak{t}''$ appartiennent (resp. que la classe $\mathfrak{t}'$ appartient) aux noyaux des flèches $\kappa(\mathrm{H})^\star/\kappa(\mathrm{H})^\star \to \mathbf{Z}/2$ induites par les valuations normalisées aux points de codimension 1 de $\mathrm{H} \setminus \Delta''$ (resp. de $\mathrm{H} \setminus \Delta'$). Fixons un tel point h. Le k-schéma $\mathrm{Spec}(\mathscr{O}_{\mathrm{H},h})$ est un schéma de Dedekind connexe, puisque c'est un trait ; vu la proposition 3.72, nous sommes donc en situation d'appliquer la proposition 2.1 aux modèles de Néron des courbes elliptiques E′ et E″ au-dessus de $\mathrm{Spec}(\mathscr{O}_{\mathrm{H},h})$. Pour conclure, il reste à remarquer que $\mathfrak{m}''$ et $\mathfrak{t}''$ appartiennent (resp. $\mathfrak{t}'$ appartient) au groupe de φ''-Selmer géométrique de E″ (resp. au groupe de φ'-Selmer géométrique de E′) relativement à $\mathrm{Spec}(\mathscr{O}_{\mathrm{H},h})$.

Ceci est évident pour les classes $\mathfrak{t}'$ et $\mathfrak{t}''$ puisqu'elles proviennent de points rationnels ; quant à $\mathfrak{m}''$, cela résulte de ce que la fibre de π_{H^0} au-dessus de h est géométriquement réduite (cf. théorème 3.58). □

Proposition 3.74 — *Pour tout $h \in \mathrm{H}^0$ de codimension 1, la surface $\mathrm{C}_{\mathrm{H}^0} \times_{\mathrm{H}^0} \mathrm{Spec}(\mathscr{O}_{\mathrm{H},h})$ est un modèle propre et régulier minimal de la fibre générique de π_{H^0} au-dessus de $\mathrm{Spec}(\mathscr{O}_{\mathrm{H},h})$ et la courbe $\pi_{\mathrm{H}^0}^{-1}(h)$ est de type I_0, I_1 ou I_2.*

Nous disons qu'une courbe est *de type* I_0 si elle est propre, lisse, géométriquement connexe et de genre 1 ; *de type* I_1 si elle est propre, géométriquement intègre, rationnelle et qu'elle possède un unique point singulier, qui est un point double ordinaire ; *de type* I_2 si elle est propre et qu'elle est géométriquement réunion de deux courbes rationnelles lisses se rencontrant transversalement en deux points distincts.

Démonstration — Que cette surface soit régulière résulte de la proposition 3.60 ; sa connexité découle de la proposition 3.52. Notons temporairement S le spectre du hensélisé strict de $\mathscr{O}_{\mathrm{H},h}$ et $\mathrm{C}_\mathrm{S} = \mathrm{C}_{\mathrm{H}^0} \times_{\mathrm{H}^0} \mathrm{S}$. La surface C_S est elle aussi régulière. La fibre spéciale de la projection $\pi_\mathrm{S} \colon \mathrm{C}_\mathrm{S} \to \mathrm{S}$ est réduite (cf. théorème 3.58). Elle admet donc un point rationnel lisse ; celui-ci se relève en une section de π_S, d'où un isomorphisme entre la fibre générique de π_S et la courbe elliptique $\mathrm{E}' \times_{\kappa(\mathrm{H})} \kappa(\mathrm{S})$. Il s'ensuit qu'après éventuellement une ou plusieurs contractions (dont on note m le nombre) de composantes irréductibles de la fibre spéciale de π_S, la surface C_S devient isomorphe à un modèle propre et régulier minimal de la courbe elliptique $\mathrm{E}' \times_{\kappa(\mathrm{H})} \kappa(\mathrm{S})$ au-dessus de S. Étant donné que celle-ci est à réduction semi-stable (cf. proposition 3.72) et que la fibre spéciale de π_S possède au plus deux composantes irréductibles (cf. théorème 3.58), on en déduit que si la conclusion de la proposition est en défaut, alors $m = 1$, la courbe elliptique E' est à réduction de type I_1 en h, la fibre spéciale de π_S admet deux composantes irréductibles et soit l'une de ces composantes irréductibles est de genre arithmétique 1 (cas où C_S est obtenu en éclatant un point régulier de la fibre spéciale d'un modèle propre et régulier minimal de $\mathrm{E}' \times_{\kappa(\mathrm{H})} \kappa(\mathrm{S})$), soit l'une de ces composantes irréductibles est de multiplicité 2 (cas où C_S est obtenu en éclatant le point singulier). Une telle situation ne peut arriver ; en effet, d'une part nous savons que la fibre spéciale de π_S est réduite, d'autre part, comme c'est une intersection de deux quadriques dans $\mathbf{P}^3$, si elle est réductible, alors ses composantes irréductibles sont des courbes de degré $\leqslant 2$ et donc de genre arithmétique nul. □

Notons Irr(Z) l'ensemble des composantes irréductibles d'une variété Z. Pour $m \in \mathrm{Irr}(\Delta)$, la proposition 3.74 montre que la fibre géométrique de π_{H^0} au-dessus du point générique de m possède au plus deux composantes irréductibles et au plus deux points singuliers. La plus petite extension de $\kappa(m)$ par laquelle se factorise l'action du groupe de Galois absolu de $\kappa(m)$ sur ces deux composantes irréductibles (resp. sur ces deux points singuliers) est donc une extension quadratique ou triviale ; notons β_m (resp. γ_m) sa classe dans $\kappa(m)^\star/\kappa(m)^{\star 2}$.

Définition 3.75 — *Nous dirons que* la condition (D'_g) est satisfaite *si le noyau de la flèche naturelle*

$$\mathbf{G}_\mathrm{m}(\mathrm{H}\setminus(\Delta'\cup\Pi))/2 \longrightarrow \prod_{m\in\mathrm{Irr}(\Delta'')} \kappa(m)^\star/\langle\kappa(m)^{\star 2},\beta_m\rangle$$

est engendré par $\mathfrak{t}'$. *Nous dirons que* la condition $(\mathrm{D}''_\mathrm{g})$ est satisfaite *si le noyau de la flèche naturelle*

$$\mathbf{G}_\mathrm{m}(\mathrm{H}\setminus(\Delta''\cup\Pi))/2 \longrightarrow \prod_{m\in\mathrm{Irr}(\Delta')} \kappa(m)^\star/\langle\kappa(m)^{\star 2},\beta_m,\gamma_m\rangle$$

est engendré par $\mathfrak{m}''$ *et* $\mathfrak{t}''$. *Nous dirons enfin que* la condition (D_g) *(ou : la* condition (D) générique*)* est satisfaite *si les conditions* (D'_g) *et* $(\mathrm{D}''_\mathrm{g})$ *le sont.*

Nous sommes maintenant en position d'énoncer le résultat principal de ce paragraphe. Notons $\mathscr{R}$ l'ensemble des points $p\in\Pi(k)$ tels que les conditions suivantes soient vérifiées :

(i) le point p n'appartient pas à Δ ;

(ii) la droite D de H passant par p et h_0 est incluse dans H^0 ;

(iii) la surface $\pi_{\mathrm{H}^0}^{-1}(\mathrm{D})$ est lisse et géométriquement connexe sur k ;

(iv) le morphisme $\pi_{\mathrm{H}^0}^{-1}(\mathrm{D})\to\mathrm{D}$ induit par π_{H^0} est propre, plat, à fibres réduites, de fibre générique une courbe lisse et géométriquement connexe de genre 1 et de période $\leqslant 2$ dont la jacobienne est une courbe elliptique à réduction semi-stable sur D admettant un unique point rationnel d'ordre 2 ;

(v) il existe un k-isomorphisme $\tau\colon \mathrm{D}\xrightarrow{\sim}\mathbf{P}^1_k$ tel que $\tau(p)=\infty$, tel que la condition (E) du théorème 2.5 soit satisfaite pour la famille

$$\tau\circ\pi_{\mathrm{H}^0}\colon \pi_{\mathrm{H}^0}^{-1}(\mathrm{D})\longrightarrow\mathbf{P}^1_k$$

relativement à l'ensemble de places S que l'énoncé du théorème 2.5 associe à cette famille et au point $x_0=\tau(h_0)\in\mathbf{P}^1(k)$, et tel que $\tau(h_0)$ n'appartienne à la composante connexe non minorée de $\mathrm{U}(k_v)$ pour aucune place v réelle, où $\mathrm{U}=\tau(\mathrm{D}\setminus(\mathrm{D}\cap(\Delta\cup\Pi)))$.

Proposition 3.76 — *Supposons que k soit un corps de nombres. Si la condition* (D_g) *est satisfaite, l'ensemble* $\mathscr{R}$ *est dense dans* $\Pi(\mathbf{A}_k)$ *pour la topologie adélique.*

Démonstration — Choisissons, pour chaque place réelle v de k, un élément $a_v\in k^\star$ qui soit négatif en v et positif en toute autre place réelle. Soit $\mathrm{S}\subset\Omega$

un ensemble fini arbitrairement grand de places de k contenant les places archimédiennes, les places dyadiques, un système de générateurs du groupe de classes de k, les places finies de mauvaise réduction pour la jacobienne de $\pi_{\mathrm{H}^0}^{-1}(h_0)$, les places finies v telles que l'adhérence de $h_0 \in \mathrm{H} \subset \mathbf{P}^4_k$ dans $\mathbf{P}^4_{\mathscr{O}_v}$ rencontre celle de $\Delta \cup \Pi$ et enfin les places finies en lesquelles au moins l'un des a_v pour v réelle n'est pas une unité. Nous allons exhiber un élément de $\mathscr{R}$ arbitrairement proche de k_v-points fixés de Π pour $v \in \mathrm{S}$.

Si Z est un sous-schéma de $\mathbf{P}^4_k$, notons $\widetilde{\mathrm{Z}}$ son adhérence dans $\mathbf{P}^4_{\mathscr{O}_\mathrm{S}}$, où $\mathscr{O}_\mathrm{S}$ désigne l'anneau des S-entiers de k. Pour $m \in \mathrm{Irr}(\Delta'')$ (resp. $m \in \mathrm{Irr}(\Delta')$), soit $\mathrm{G}_m \subset \kappa(m)^\star/\kappa(m)^{\star 2}$ le sous-groupe engendré par β_m (resp. β_m et γ_m) et par l'image de la flèche

$$\mathbf{G}_\mathrm{m}\Big(\widetilde{\mathrm{H}} \setminus \big(\widetilde{\Delta' \cup \Pi}\big)\Big)/2 \longrightarrow \kappa(m)^\star/\kappa(m)^{\star 2}$$

(resp.

$$\mathbf{G}_\mathrm{m}\Big(\widetilde{\mathrm{H}} \setminus \big(\widetilde{\Delta'' \cup \Pi}\big)\Big)/2 \longrightarrow \kappa(m)^\star/\kappa(m)^{\star 2})$$

d'évaluation au point générique de m. Les groupes G_m sont finis en vertu du théorème des unités de Dirichlet.

Notons $q\colon \mathrm{H} \setminus \{h_0\} \to \Pi$ le morphisme de projection sur Π depuis h_0 et munissons $\Delta \subset \mathrm{H}$ de sa structure de sous-schéma fermé réduit. Le morphisme $\Delta \to \Pi$ induit par q est fini (puisque $h_0 \notin \Delta$) et génériquement étale (puisque Δ est réduit). Il existe donc un ouvert dense $\Pi^0 \subset \Pi$ tel que le morphisme $q^{-1}(\Pi^0) \cap \Delta \to \Pi^0$ induit par q soit fini étale. Quitte à rétrécir Π^0, on peut supposer que $\Pi^0 \cap q(\mathrm{E}) = \varnothing$ et donc que $q^{-1}(\Pi^0) \subset \mathrm{H}^0$, puisque E est de codimension $\geqslant 2$ dans H. On peut aussi supposer que $\Pi^0 \cap \Delta = \varnothing$ puisque Δ ne contient pas d'hyperplan de H (cf. proposition 3.68, que l'on peut appliquer après extension des scalaires de k à $\bar{k}$; au lieu d'utiliser cette propriété non triviale, on pourrait tout aussi bien prendre pour hypothèse que $\Pi \not\subset \Delta$ dans tout le paragraphe).

Lemme 3.77 — *Quitte à rétrécir l'ouvert $\Pi^0 \subset \Pi$, on peut supposer que $\pi_{\mathrm{H}^0}^{-1}(\mathrm{D})$ est une surface lisse et connexe pour tout $p \in \Pi^0$, notant* D *la droite de* H *passant par p et h_0.*

Démonstration — Soit $\mathrm{E}' \subset \mathrm{H}$ la réunion de E et de l'image par π_{H^0} du lieu singulier de $\mathrm{C}_{\mathrm{H}^0}$. Posons

$$\mathrm{I} = \{(p,h) \in \Pi \times_k (\mathrm{H} \setminus \mathrm{E}')\,;\, p, h \text{ et } h_0 \text{ sont alignés dans H}\}.$$

La seconde projection $\mathrm{I} \to \mathrm{H} \setminus \mathrm{E}'$ permet d'identifier I à l'image réciproque de $\mathrm{H} \setminus \mathrm{E}'$ dans le H-schéma obtenu en faisant éclater h_0. Notons $\mathrm{C}_{\mathrm{H}\setminus\mathrm{E}'} = \pi_{\mathrm{H}^0}^{-1}(\mathrm{H} \setminus \mathrm{E}')$ et $\mathrm{C}_\mathrm{I} = \mathrm{C}_{\mathrm{H}\setminus\mathrm{E}'} \times_{\mathrm{H}\setminus\mathrm{E}'} \mathrm{I}$. Comme le morphisme π_{H^0} est plat (cf. proposition 3.51) et que les éclatements commutent à de tels changements de base, la première projection $C_I \to C_{H\setminus E'}$ permet d'identifier C_I à l'image réciproque de $C_{H\setminus E'}$ dans le C_{H^0}-schéma obtenu en faisant éclater $\pi_{H^0}^{-1}(h_0)$. Comme $C_{H\setminus E'}$ et $\pi_{H^0}^{-1}(h_0)$ sont des variétés lisses et connexes ($C_{H\setminus E'}$ est lisse par définition de E', connexe d'après la proposition 3.52), il en résulte que C_I est lisse et connexe (cf. [39, II, 8.24]). En particulier, c'est une variété régulière et irréductible, d'où l'on tire que la fibre générique de la composée des projections $C_I \to I \to \Pi$ est régulière et irréductible. La proposition s'ensuit, étant donné que $q(E')$ est un fermé strict de Π (cf. proposition 3.60). □

Pour $m \in \mathrm{Irr}(\Delta)$, chaque $g \in G_m \setminus \{1\}$ définit un revêtement double connexe de m. Quitte à rétrécir Π^0, on peut supposer que pour tout $m \in \mathrm{Irr}(\Delta)$ et tout $g \in G_m \setminus \{1\}$, le revêtement double de m défini par g est étale au-dessus de $q^{-1}(\Pi^0) \cap m$. Nous noterons alors $g(M) \in \kappa(M)^\star/\kappa(M)^{\star 2}$ la classe de la fibre en M du revêtement associé à $g \in G_m$, pour $M \in q^{-1}(\Pi^0) \cap m$.

Quitte à rétrécir encore Π^0, on peut supposer que pour tout $m \in \mathrm{Irr}(\Delta)$, si la fibre de π_{H^0} au-dessus du point générique de m est de type I_1 (resp. I_2), alors toute fibre de π_{H^0} au-dessus de $q^{-1}(\Pi^0) \cap m$ est géométriquement intègre (resp. est réduite et possède géométriquement deux composantes irréductibles, qui sont des courbes rationnelles lisses se rencontrant en deux points distincts). (Cela résulte de [EGA IV_3, 9.7.7 et 9.9.5], que l'on applique d'une part au morphisme obtenu à partir de $\pi_{H^0}^{-1}(m) \to m$ par le changement de base de degré 2 défini par β_m suivi de la restriction à une composante irréductible de l'espace total, d'autre part, dans le cas I_2, au morphisme obtenu par restriction de $\pi_{H^0}^{-1}(m) \to m$ au lieu de non lissité, changement de base de degré 2 défini par γ_m puis restriction à une composante irréductible de l'espace total.)

Enfin, il résulte du lemme 3.12 qu'un dernier rétrécissement de Π^0 permet de supposer que pour tout $m \in \mathrm{Irr}(\Delta)$ tel que la fibre de π_{H^0} au-dessus du point générique de m soit de type I_2 et tout $M \in q^{-1}(\Pi^0) \cap m$, la plus petite extension de $\kappa(M)$ par laquelle se factorise l'action du groupe de Galois absolu de $\kappa(M)$ sur les deux composantes irréductibles (resp. sur les deux points singuliers) de la fibre géométrique de π_{H^0} en m est une extension quadratique ou triviale dont la classe dans $\kappa(M)^\star/\kappa(M)^{\star 2}$ est égale à $\beta_m(M)$ (resp. $\gamma_m(M)$).

Nous disposons maintenant d'un certain nombre de revêtements étales connexes de Π^0 : les revêtements connexes $q^{-1}(\Pi^0) \cap m \to \Pi^0$ pour $m \in \mathrm{Irr}(\Delta)$ (ils sont étales parce que $q^{-1}(\Pi^0) \cap \Delta \to \Pi^0$ l'est par hypothèse) et les revêtements obtenus en composant ceux-ci avec les revêtements étales doubles connexes de $q^{-1}(\Pi^0) \cap m$ définis par les éléments de $G_m \setminus \{1\}$. D'après le théorème d'irréductibilité de Hilbert avec approximation faible (cf. [27]), il existe $p \in \Pi^0(k)$ arbitrairement proche de k_v-points fixés de Π aux places $v \in S$, tel que les fibres en p de tous ces revêtements de Π^0 soient intègres.

Il reste à vérifier que $p \in \mathscr{R}$. Notons D la droite de H passant par p et h_0. Les conditions (i) et (ii) de la définition de $\mathscr{R}$ sont satisfaites par construction de Π^0 ; de même pour la lissité et la connexité de la surface $\pi_{H^0}^{-1}(D)$. Sachant que cette surface est lisse et connexe, sa connexité géométrique résultera de (iv). Il suffit donc d'établir les propriétés (iv) et (v). Le morphisme $\pi_{\mathrm{H}^0}^{-1}(\mathrm{D}) \to \mathrm{D}$ est évidemment propre. Il est plat d'après la proposition 3.51. Ses fibres sont réduites par construction de Π^0 : plus précisément, nous savons que ses fibres géométriques singulières sont intègres ou sont des réunions de deux courbes rationnelles lisses. Comme $h_0 \notin \Delta$, le point générique de D n'appartient pas à Δ ; la fibre générique de ce morphisme est donc lisse. C'est une courbe géométriquement connexe de genre 1 d'après la proposition 3.46, de période $\leqslant 2$ d'après la proposition 3.66. Notons E'_0 la jacobienne de la fibre générique du morphisme $\pi_{\mathrm{H}^0}^{-1}(\mathrm{D}) \to \mathrm{D}$. Le lemme suivant termine de prouver que la propriété (iv) est satisfaite.

Lemme 3.78 — *La courbe elliptique* E'_0 *est à réduction semi-stable en tout point fermé de* D. *Elle possède un unique point rationnel d'ordre 2, et si l'on note* E''_0 *le quotient de* E'_0 *par ce point, la courbe elliptique* E''_0 *possède elle aussi un unique point rationnel d'ordre 2. De plus, l'ensemble des points fermés de* D *de mauvaise réduction pour* E'_0 *au-dessus desquels le point rationnel d'ordre 2 de* E'_0 *se spécialise (resp. ne se spécialise pas) sur la composante neutre du modèle de Néron est égal à* $\mathrm{D} \cap \Delta'$ *(resp.* $\mathrm{D} \cap \Delta''$*).*

Démonstration — Compte tenu qu'il est déjà connu que E'_0 admet un point d'ordre 2 rationnel (cf. proposition 3.66), on peut s'autoriser une extension des scalaires pour démontrer le lemme. On peut donc supposer les formes quadratiques q_1 et q_2 simultanément diagonalisables (cf. proposition 3.28). Soit $h \in \mathrm{D} \cap \Delta$. Dans les arguments ci-dessous, le point h sera parfois soumis à une contrainte, parfois quelconque. Reprenons les notations du paragraphe 3.4.4 ; une transformation linéaire de $\mathbf{P}^4_k$ permet de supposer que q_1 et q_2 sont simultanément diagonales dans la base e, que le point P_0 a pour coordonnées homogènes $[1:0:0:0:0]$ et que $(y_1\gamma_4)(h) \neq 0$. (La même remarque que dans la preuve de la proposition 3.72 vaut ici : si l'on veut que le point h soit rationnel, comme cela avait été supposé au paragraphe 3.4.4, il suffit d'étendre les scalaires de k à $\kappa(h)$ avant d'appliquer les résultats de ce paragraphe. Nous ne referons plus cette remarque à l'avenir.) Notons $r\colon k[y_1,\dots,y_4] \to \mathscr{O}_{\mathrm{D},h}$ le morphisme d'anneaux qui à $f(y_1,\dots,y_4)$ associe le germe de fonction induit par $f(1, y_2/y_1, y_3/y_1, y_4/y_1)$ et v la valuation discrète normalisée associée à l'anneau de valuation discrète $\mathscr{O}_{\mathrm{D},h}$. La courbe elliptique E'_0 a pour équation de Weierstrass

$$\mathrm{Y}^2 = (\mathrm{X} - r(c))(\mathrm{X}^2 - r(d))$$

(cf. proposition 3.66). Compte tenu que $v(r(y_1)) = v(r(\gamma_4)) = 0$, la proposition 3.67 montre que

$$v(r(d)) = 2v(r(p_0)) + v(r(p_6)) \tag{3.22}$$

et

$$v(r(c^2-d)) = \sum_{i=1}^{5} v(r(p_i)). \tag{3.23}$$

Les hypersurfaces de H^0 d'équation $p_i = 0$ pour $i \in \{0, \ldots, 6\}$ sont les composantes irréductibles de Δ (cf. proposition 3.68). Par ailleurs, comme par construction de Π^0 le schéma $\mathrm{D} \cap \Delta$ est réduit, le point h appartient à une unique composante irréductible de Δ et celle-ci rencontre D transversalement en h. Il s'ensuit qu'il existe un unique $i(h) \in \{0, \ldots, 6\}$ tel que $v(r(p_{i(h)})) \neq 0$ et que l'on a alors $v(r(p_{i(h)})) = 1$. Les équations (3.22) et (3.23) permettent d'en déduire que l'un de $v(r(d))$ et de $v(r(c^2-d))$ est nul, ce qui assure que la courbe elliptique E'_0 est à réduction semi-stable en h (cf. preuve de la proposition 3.72 pour les détails).

Choisissons temporairement le point h dans la composante irréductible de Δ d'équation $p_6 = 0$. On a alors $i(h) = 6$ et donc $v(r(d)) = 1$, vu l'équation (3.22), ce qui entraîne que $r(d)$ n'est pas un carré dans $\kappa(\mathrm{D})$. Nous avons ainsi prouvé que la courbe elliptique E'_0 admet un unique point rationnel d'ordre 2. Choisissons maintenant le point h dans la composante irréductible de Δ d'équation $p_5 = 0$. On a alors $i(h) = 5$ et donc $v(r(c^2-d)) = 1$, vu l'équation (3.23), ce qui entraîne que $r(c^2-d)$ n'est pas un carré dans $\kappa(\mathrm{D})$. Nous avons ainsi prouvé que la courbe elliptique E''_0 admet un unique point rationnel d'ordre 2, étant donné qu'elle a pour équation de Weierstrass $\mathrm{Y}^2 = (\mathrm{X} + 2r(c))(\mathrm{X}^2 - 4r(c^2-d))$.

Revenons à la situation où le point h est quelconque. Le point rationnel d'ordre 2 de E'_0 se spécialise sur la composante neutre du modèle de Néron de E'_0 au-dessus de $\mathrm{Spec}(\mathscr{O}_{\mathrm{D},h})$ si et seulement si $v(r(d)) > 0$, autrement dit, si et seulement si h appartient à l'hypersurface d'équation $p_0p_6 = 0$. Le même calcul, effectué au niveau des points génériques des composantes irréductibles de Δ, toujours en supposant q_1 et q_2 simultanément diagonales, montre que Δ' est l'hypersurface de H^0 définie par l'équation $p_0p_6 = 0$ (cf. preuve de la proposition 3.72 pour les détails). Ceci démontre la dernière assertion du lemme. □

Lemme 3.79 — *La surface $\pi_{\mathrm{H}^0}^{-1}(\mathrm{D})$ est un modèle propre et régulier minimal de la fibre de $\pi_{\mathrm{H}^0}^{-1}$ au-dessus du point générique de* D. *Les fibres singulières du morphisme $\pi_{\mathrm{H}^0}^{-1}(\mathrm{D}) \to \mathrm{D}$ sont de type I_1 ou I_2.*

Démonstration — Nous savons déjà que cette surface est propre, lisse et connexe et que les fibres géométriques réductibles de $\pi_{\mathrm{H}^0}^{-1}(\mathrm{D}) \to \mathrm{D}$ sont des réunions de deux courbes rationnelles lisses. Sachant que E'_0 est à réduction semi-stable en tout point fermé de D (cf. lemme 3.78), il s'ensuit que cette surface est relativement minimale au-dessus de D et que ses fibres singulières sont de type I_1 ou I_2 (cf. fin de la preuve de la proposition 3.74). □

Soient $\varphi'_0 \colon \mathrm{E}'_0 \to \mathrm{E}''_0$ le morphisme canonique et $\varphi''_0 \colon \mathrm{E}''_0 \to \mathrm{E}'_0$ l'isogénie duale. Notons $\mathrm{t}'_0 \in \kappa(\mathrm{D})^\star/\kappa(\mathrm{D})^{\star 2}$ (resp. $\mathrm{t}''_0 \in \kappa(\mathrm{D})^\star/\kappa(\mathrm{D})^{\star 2}$) l'image de l'unique point rationnel d'ordre 2 de E_0'' (resp. de E_0') par la flèche $E_0''(\kappa(D)) \to H^1(\kappa(D), \mathbf{Z}/2)$ (resp. $E_0'(\kappa(D)) \to H^1(\kappa(D), \mathbf{Z}/2)$) induite par la suite exacte

$$0 \longrightarrow \mathbf{Z}/2 \longrightarrow E_0' \xrightarrow{\varphi_0'} E_0'' \longrightarrow 0$$

(resp.

$$0 \longrightarrow \mathbf{Z}/2 \longrightarrow E_0'' \xrightarrow{\varphi_0''} E_0' \longrightarrow 0).$$

Notons de plus $\mathfrak{m}_0'' \in \kappa(D)^\star/\kappa(D)^{\star 2}$ l'image par la flèche $H^1(\kappa(D), {}_2E_0') \to H^1(\kappa(D), {}_{\varphi_0''}E_0'')$ induite par $\varphi_0' \colon {}_2E_0' \to {}_{\varphi_0''}E_0''$ de la classe de la fibre de π_{H^0} au-dessus du point générique de D, vue comme 2-revêtement de E_0' (cf. proposition 3.66).

Lemme 3.80 — *L'image de* $\mathfrak{t}'$ *(resp.* $\mathfrak{t}''$, $\mathfrak{m}''$*) par la flèche*

$$\mathbf{G}_m(H \setminus (\Delta \cup \Pi))/2 \longrightarrow \kappa(D)^\star/\kappa(D)^{\star 2}$$

d'évaluation au point générique de D est égale à $\mathfrak{t}_0'$ *(resp.* $\mathfrak{t}_0''$, $\mathfrak{m}_0''$*).*

Démonstration — Notons h le point générique de D et reprenons les notations du paragraphe 3.4.4, de sorte que $(y_1\gamma_4)(h) \neq 0$. Soit $r \colon k[y_1, \ldots, y_4] \to \mathscr{O}_{H,h}$ le morphisme d'anneaux qui à $f(y_1, \ldots, y_4)$ associe $f(1, y_2/y_1, y_3/y_1, y_4/y_1)$. Il résulte de la proposition 3.66 que $\mathfrak{t}'$ (resp. $\mathfrak{t}''$, $\mathfrak{m}''$) est égal à la classe de $r(d)$ (resp. $r(c^2-d)$, $r(\mathbf{d}_{14}^2 - \mathbf{d}_{12}\mathbf{d}_{13})$) dans $\mathscr{O}_{H,h}^\star/\mathscr{O}_{H,h}^{\star 2}$ et que $\mathfrak{t}_0'$ (resp. $\mathfrak{t}_0''$, $\mathfrak{m}_0''$) est égal à l'image de $r(d)$ (resp. $r(c^2-d)$, $r(\mathbf{d}_{14}^2 - \mathbf{d}_{12}\mathbf{d}_{13})$) par la flèche naturelle $\mathscr{O}_{H,h}^\star \to \kappa(h)^\star/\kappa(h)^{\star 2}$, d'où le lemme. □

Lemme 3.81 — *Il existe un* k*-isomorphisme* $\tau \colon D \xrightarrow{\sim} \mathbf{P}_k^1$ *tel que* $\tau(p) = \infty$ *et qui se prolonge en un* $\mathscr{O}_S$*-isomorphisme* $\widetilde{D} \xrightarrow{\sim} \mathbf{P}_{\mathscr{O}_S}^1$.

Démonstration — C'est essentiellement une conséquence de l'hypothèse que $\mathrm{Pic}(\mathscr{O}_S) = 0$. Celle-ci entraîne en effet que le groupe $\mathrm{PGL}_{n+1}(\mathscr{O}_S)$ agit transitivement sur $\mathbf{P}^n(\mathscr{O}_S)$ pour tout $n \geqslant 1$. De manière générale, pour toute droite $L \subset \mathbf{P}_k^4$ et tout point $\ell \in L(k)$, il existe un $\mathscr{O}_S$-isomorphisme $\widetilde{L} \xrightarrow{\sim} \mathbf{P}_{\mathscr{O}_S}^1$ envoyant ℓ sur ∞. En effet, la transitivité de l'action de $\mathrm{PGL}_5(\mathscr{O}_S)$ sur $\mathbf{P}^4(\mathscr{O}_S)$, puis de $\mathrm{PGL}_4(\mathscr{O}_S)$ sur $\mathbf{P}^3(\mathscr{O}_S)$, puis de $\mathrm{PGL}_3(\mathscr{O}_S)$ sur $\mathbf{P}^2(\mathscr{O}_S)$, permet de supposer que la droite L est incluse dans l'hyperplan d'équation $x_0 = 0$, puis qu'elle est incluse dans le sous-espace linéaire d'équation $x_0 = x_1 = 0$, puis qu'elle a pour équation $x_0 = x_1 = x_2 = 0$, où $[x_0 : \cdots : x_4]$ sont les coordonnées homogènes de $\mathbf{P}_k^4$; il est alors évident que $\widetilde{L}$ est $\mathscr{O}_S$-isomorphe à $\mathbf{P}_{\mathscr{O}_S}^1$ et l'on conclut grâce à la transitivité de l'action de $\mathrm{PGL}_2(\mathscr{O}_S)$ sur $\mathbf{P}^1(\mathscr{O}_S)$. □

Fixons τ comme dans le lemme 3.81. Pour chaque place réelle $v \in \Omega$, on peut supposer, quitte à remplacer τ par sa composée avec l'automorphisme $t \mapsto a_v t$ de $\mathbf{P}^1_k$, que $\tau(h_0)$ n'appartient pas à la composante connexe non minorée de $\tau(\mathrm{D} \setminus (\mathrm{D} \cap (\Delta \cup \Pi)))(k_v)$.

Nous savons que $\pi_{\mathrm{H}^0}^{-1}(\mathrm{D}) \xrightarrow{\tau \circ \pi_{\mathrm{H}^0}} \mathbf{P}^1_k$ est une famille de courbes de genre 1 satisfaisant aux hypothèses générales du chapitre 2. Nous pouvons donc reprendre les notations de ce chapitre relatives à cette famille, notamment $\mathscr{M}$, $\mathscr{M}'$, $\mathscr{M}''$, $\mathfrak{S}_{\varphi',\mathrm{S}}(\mathbf{A}^1_k, \mathscr{E}')$, $\mathfrak{S}_{\varphi'',\mathrm{S}}(\mathbf{A}^1_k, \mathscr{E}'')$, L'_{M}, $\mathrm{L}''_{\mathrm{M}}$, F'_{M}, $\mathrm{F}''_{\mathrm{M}}$, δ'_{M}, δ''_{M}, $[\mathscr{X}]$, $[\mathscr{X}'']$. (Ceci rend la notation φ', φ'' conflictuelle ; le contexte permettra facilement de lever toute ambiguïté.) Soient respectivement $\widetilde{\mathscr{M}'}$ et $\widetilde{\mathscr{M}''}$ les adhérences de $\mathscr{M}'$ et $\mathscr{M}''$ dans $\mathbf{A}^1_{\mathscr{O}_\mathrm{S}}$. Dans le lemme suivant, nous identifions le corps des fonctions de $\mathbf{P}^1_k$ à $\kappa(\mathrm{D})$ *via* τ.

Lemme 3.82 — *Pour que la condition* (E) *du théorème 2.5 soit satisfaite relativement à l'ensemble de places que l'énoncé de ce théorème associe au point* $x_0 = \tau(h_0)$, *il suffit que le noyau de la flèche naturelle*

$$\mathbf{G}_\mathrm{m}\Big(\mathbf{A}^1_{\mathscr{O}_\mathrm{S}} \setminus \widetilde{\mathscr{M}'}\Big)/2 \longrightarrow \prod_{\mathrm{M} \in \mathscr{M}''} \kappa(\mathrm{M})^\star / \langle \kappa(\mathrm{M})^{\star 2}, \beta_m(\mathrm{M}) \rangle$$

soit inclus dans le sous-groupe de $\kappa(\mathrm{D})^\star/\kappa(\mathrm{D})^{\star 2}$ *engendré par* $\mathfrak{t}'_0$ *et que le noyau de la flèche naturelle*

$$\mathbf{G}_\mathrm{m}\Big(\mathbf{A}^1_{\mathscr{O}_\mathrm{S}} \setminus \widetilde{\mathscr{M}''}\Big)/2 \longrightarrow \prod_{\mathrm{M} \in \mathscr{M}'} \kappa(\mathrm{M})^\star / \langle \kappa(\mathrm{M})^{\star 2}, \beta_m(\mathrm{M}), \gamma_m(\mathrm{M}) \rangle$$

soit inclus dans le sous-groupe de $\kappa(\mathrm{D})^\star/\kappa(\mathrm{D})^{\star 2}$ *engendré par* $\mathfrak{t}''_0$ *et* $\mathfrak{m}''_0$.

Démonstration — Étant donné que τ se prolonge en un $\mathscr{O}_\mathrm{S}$-isomorphisme $\widetilde{\mathrm{D}} \xrightarrow{\sim} \mathbf{P}^1_{\mathscr{O}_\mathrm{S}}$, que $\tau(\mathrm{D} \cap (\Delta \cup \Pi)) = \mathscr{M} \cup \{\infty\}$ et que l'adhérence de h_0 dans $\mathbf{P}^4_{\mathscr{O}_\mathrm{S}}$ ne rencontre pas celle de $\Delta \cup \Pi$ (par définition de S), l'adhérence de $\tau(h_0)$ dans $\mathbf{P}^1_{\mathscr{O}_\mathrm{S}}$ ne rencontre pas celle de $\mathscr{M} \cup \{\infty\}$. Il s'ensuit que l'ensemble de places que l'énoncé du théorème 2.5 associe au point $\tau(h_0)$ est inclus dans S, et il suffit donc de vérifier la condition (E) relative à S.

Les groupes $\mathfrak{S}_{\varphi',\mathrm{S}}(\mathbf{A}^1_k, \mathscr{E}')$ et $\mathfrak{S}_{\varphi'',\mathrm{S}}(\mathbf{A}^1_k, \mathscr{E}'')$ s'identifient respectivement à $\mathbf{G}_\mathrm{m}\Big(\mathbf{A}^1_{\mathscr{O}_\mathrm{S}} \setminus \widetilde{\mathscr{M}'}\Big)/2$ et $\mathbf{G}_\mathrm{m}\Big(\mathbf{A}^1_{\mathscr{O}_\mathrm{S}} \setminus \widetilde{\mathscr{M}''}\Big)/2$, d'après la proposition 2.1 et l'hypothèse selon laquelle $\mathrm{Pic}(\mathscr{O}_\mathrm{S}) = 0$. Les groupes F'_{M} pour $\mathrm{M} \in \mathscr{M}$ sont tous d'ordre $\leqslant 2$ puisque les fibres géométriques de $\pi_{\mathrm{H}^0}^{-1}(\mathrm{D}) \to \mathrm{D}$ comportent au plus deux composantes irréductibles. Par conséquent, les extensions $\mathrm{L}'_{\mathrm{M}}/\kappa(\mathrm{M})$ pour $\mathrm{M} \in \mathscr{M}$ sont toutes triviales et le groupe $\mathrm{H}^1(\mathrm{L}'_{\mathrm{M}}, \mathrm{F}'_{\mathrm{M}})$ se plonge naturellement dans $\kappa(\mathrm{M})^\star/\kappa(\mathrm{M})^{\star 2}$. Pour tout $\mathrm{M} \in \mathscr{M}''$, l'image de $\delta'_{\mathrm{M}}([\mathscr{X}])$ dans $\kappa(\mathrm{M})^\star/\kappa(\mathrm{M})^{\star 2}$ est égale à la classe de la fermeture algébrique de $\kappa(\mathrm{M})$

dans une composante irréductible de $\pi_{\mathrm{H}^0}^{-1}(\tau^{-1}(\mathrm{M}))$. Cette dernière n'est autre que $\beta_m(\mathrm{M})$, par hypothèse ; d'où un plongement naturel

$$\prod_{\mathrm{M}\in\mathscr{M}''} \mathrm{H}^1(\mathrm{L}'_\mathrm{M},\mathrm{F}'_\mathrm{M})/\langle\delta'_\mathrm{M}([\mathscr{X}])\rangle \hookrightarrow \prod_{\mathrm{M}\in\mathscr{M}''} \kappa(\mathrm{M})^\star/\langle\kappa(\mathrm{M})^{\star 2},\beta_m(\mathrm{M})\rangle.$$

De plus, un diagramme commutatif analogue à (2.14) (précisément, celui obtenu en remplaçant $\mathbf{P}^1_k$ par $\mathbf{A}^1_k$) assure la commutativité du carré

$$\begin{array}{ccc}
\mathfrak{S}_{\varphi',\mathrm{S}}(\mathbf{A}^1_k,\mathscr{E}') & \longrightarrow & \displaystyle\prod_{\mathrm{M}\in\mathscr{M}''} \frac{\mathrm{H}^1(\mathrm{L}'_\mathrm{M},\mathrm{F}'_\mathrm{M})}{\langle\delta'_\mathrm{M}([\mathscr{X}])\rangle} \\
\downarrow \wr & & \downarrow \\
\mathbf{G}_\mathrm{m}\left(\mathbf{A}^1_{\mathscr{O}_\mathrm{S}} \setminus \widetilde{\mathscr{M}'}\right)/2 & \longrightarrow & \displaystyle\prod_{\mathrm{M}\in\mathscr{M}''} \kappa(\mathrm{M})^\star/\langle\kappa(\mathrm{M})^{\star 2},\beta_m(\mathrm{M})\rangle,
\end{array} \tag{3.24}$$

dont on vient de construire les flèches verticales, dont la flèche horizontale supérieure est la composée de la flèche $\mathfrak{S}_{\varphi',\mathrm{S}}(\mathbf{A}^1_k,\mathscr{E}') \to {}_{\varphi'}\mathrm{H}^1(\mathbf{A}^1_k,\mathscr{E}')$ issue de la suite exacte (2.3) et de la flèche (2.6) et dont la flèche horizontale inférieure est celle apparaissant dans l'énoncé de ce lemme. On prouve de la même manière l'existence d'un carré commutatif

$$\begin{array}{ccc}
\mathfrak{S}_{\varphi'',\mathrm{S}}(\mathbf{A}^1_k,\mathscr{E}'') & \longrightarrow & \displaystyle\prod_{\mathrm{M}\in\mathscr{M}'} \frac{{}_2\mathrm{H}^1(\mathrm{L}''_\mathrm{M},\mathrm{F}''_\mathrm{M})}{\langle\delta''_\mathrm{M}([\mathscr{X}''])\rangle} \\
\downarrow \wr & & \downarrow \\
\mathbf{G}_\mathrm{m}\left(\mathbf{A}^1_{\mathscr{O}_\mathrm{S}} \setminus \widetilde{\mathscr{M}''}\right)/2 & \longrightarrow & \displaystyle\prod_{\mathrm{M}\in\mathscr{M}'} \mathrm{L}''^\star_\mathrm{M}/\langle\mathrm{L}''^{\star 2}_\mathrm{M},\beta_m(\mathrm{M})\rangle.
\end{array} \tag{3.25}$$

La seule différence est que les groupes F''_M pour $\mathrm{M} \in \mathscr{M}$ ne sont pas tous d'ordre $\leqslant 2$ et que les extensions $\mathrm{L}''_\mathrm{M}/\kappa(\mathrm{M})$ ne sont pas toutes triviales, mais il n'en reste pas moins vrai que ${}_2\mathrm{H}^1(\mathrm{L}''_\mathrm{M},\mathrm{F}''_\mathrm{M}) = \mathrm{H}^1(\mathrm{L}''_\mathrm{M},{}_2\mathrm{F}''_\mathrm{M}) = \mathrm{L}''^\star_\mathrm{M}/\mathrm{L}''^{\star 2}_\mathrm{M}$.

Le lemme 3.79 montre que pour tout $\mathrm{M} \in \mathscr{M}$, après extension des scalaires de $\kappa(\mathrm{M})$ à l'extension quadratique ou triviale définie par $\beta_m(\mathrm{M})$, la fibre en M d'un modèle propre et régulier minimal de E'_0 au-dessus de D s'identifie à $\pi_{\mathrm{H}^0}^{-1}(\mathrm{M})$. Il en résulte, compte tenu du corollaire A.10, que pour $\mathrm{M} \in \mathscr{M}'$, l'image dans $\kappa(\mathrm{M})^\star/\langle\kappa(\mathrm{M})^{\star 2},\beta_m(\mathrm{M})\rangle$ de la classe de l'extension quadratique ou triviale $\mathrm{L}''_\mathrm{M}/\kappa(\mathrm{M})$ est égale à l'image de $\gamma_m(\mathrm{M})$. Le noyau de la flèche horizontale inférieure du carré (3.25) coïncide donc avec le noyau de la seconde flèche de l'énoncé de ce lemme.

Nous avons maintenant établi que la condition du lemme est satisfaite si et seulement si les noyaux des flèches horizontales supérieures des carrés commutatifs (3.24) et (3.25), qui s'identifient à $\mathfrak{S}'_{D_0} \cap \mathfrak{S}_{\varphi',S}(\mathbf{A}^1_k, \mathscr{E}')$ et à $\mathfrak{S}''_{D_0} \cap \mathfrak{S}_{\varphi'',S}(\mathbf{A}^1_k, \mathscr{E}'')$, sont respectivement inclus dans les sous-groupes de $\kappa(\mathrm{D})^\star/\kappa(\mathrm{D})^{\star 2}$ engendrés par $\mathfrak{t}'_0$ et par $\mathfrak{t}''_0$ et $\mathfrak{m}''_0$. Cette dernière condition implique bien la condition (E), puisque l'image de $\mathfrak{m}''_0$ dans le groupe ${}_{\varphi''}\mathrm{H}^1(\mathbf{A}^1_k, \mathscr{E}'')$ n'est autre que la classe $[\mathscr{X}'']$. □

Le lemme 3.78 montre que $\tau(\mathrm{D} \cap \Delta') = \mathscr{M}'$ et $\tau(\mathrm{D} \cap \Delta'') = \mathscr{M}''$, ce qui permet de définir des morphismes $\mathbf{G}_\mathrm{m}(\mathrm{H} \setminus (\Delta' \cup \Pi))/2 \to \mathbf{G}_\mathrm{m}(\mathbf{A}^1_k \setminus \mathscr{M}')/2$ et $\mathbf{G}_\mathrm{m}(\mathrm{H} \setminus (\Delta'' \cup \Pi))/2 \to \mathbf{G}_\mathrm{m}(\mathbf{A}^1_k \setminus \mathscr{M}'')/2$ par restriction à $\tau^{-1}(\mathbf{A}^1_k \setminus \mathscr{M}')$ et à $\tau^{-1}(\mathbf{A}^1_k \setminus \mathscr{M}'')$.

Lemme 3.83 — *Les morphismes de restriction* $\mathbf{G}_\mathrm{m}(\mathrm{H} \setminus (\Delta' \cup \Pi))/2 \to \mathbf{G}_\mathrm{m}(\mathbf{A}^1_k \setminus \mathscr{M}')/2$ *et* $\mathbf{G}_\mathrm{m}(\mathrm{H} \setminus (\Delta'' \cup \Pi))/2 \to \mathbf{G}_\mathrm{m}(\mathbf{A}^1_k \setminus \mathscr{M}'')/2$ *sont des isomorphismes. Ils induisent par restriction des isomorphismes*

$$\mathbf{G}_\mathrm{m}\Big(\widetilde{\mathrm{H}} \setminus \big(\widetilde{\Delta' \cup \Pi}\big)\Big)/2 \xrightarrow{\sim} \mathbf{G}_\mathrm{m}\Big(\mathbf{A}^1_{\mathscr{O}_\mathrm{S}} \setminus \widetilde{\mathscr{M}'}\Big)/2$$

et

$$\mathbf{G}_\mathrm{m}\Big(\widetilde{\mathrm{H}} \setminus \big(\widetilde{\Delta'' \cup \Pi}\big)\Big)/2 \xrightarrow{\sim} \mathbf{G}_\mathrm{m}\Big(\mathbf{A}^1_{\mathscr{O}_\mathrm{S}} \setminus \widetilde{\mathscr{M}''}\Big)/2.$$

Démonstration — Intéressons-nous au premier de ces morphismes seulement, la preuve pour le second étant symétrique. Le schéma $\mathrm{D} \cap m$ est par hypothèse intègre pour tout $m \in \mathrm{Irr}(\Delta')$. Il en résulte tout d'abord que l'inclusion $\mathrm{D} \cap \Delta' \subset \Delta'$ induit une bijection entre composantes irréductibles, ce qui entraîne que l'ensemble sous-jacent à $\mathscr{M}'$ s'identifie à $\mathrm{Irr}(\Delta')$ et permet ainsi de définir le diagramme

$$\begin{array}{ccccccccc}
0 & \longrightarrow & \mathbf{G}_\mathrm{m}(k)/2 & \longrightarrow & \mathbf{G}_\mathrm{m}(\mathrm{H} \setminus (\Delta' \cup \Pi))/2 & \longrightarrow & (\mathbf{Z}/2)^{\mathrm{Irr}(\Delta')} & \longrightarrow & 0 \\
 & & \| & & \downarrow & & \| & & \\
0 & \longrightarrow & \mathbf{G}_\mathrm{m}(k)/2 & \longrightarrow & \mathbf{G}_\mathrm{m}(\mathbf{A}^1_k \setminus \mathscr{M}')/2 & \longrightarrow & (\mathbf{Z}/2)^{\mathscr{M}'} & \longrightarrow & 0,
\end{array}$$

dont les flèches horizontales de droite sont induites par les valuations normalisées. Il en résulte ensuite que la droite D rencontre transversalement chacune des composantes irréductibles de Δ', de sorte que ce diagramme est commutatif. Ses lignes étant évidemment exactes, le lemme des cinq permet de conclure quant à la première assertion du lemme.

Considérons maintenant le carré

$$\begin{array}{ccc}
\mathbf{G}_\mathrm{m}(\mathrm{H} \setminus (\Delta' \cup \Pi))/2 & \longrightarrow & (\mathbf{Z}/2)^{\Omega \setminus \mathrm{S}} \\
\downarrow \wr & & \| \\
\mathbf{G}_\mathrm{m}(\mathbf{A}^1_k \setminus \mathscr{M}')/2 & \longrightarrow & (\mathbf{Z}/2)^{\Omega \setminus \mathrm{S}},
\end{array}$$

dans lequel les flèches horizontales sont induites par les valuations normalisées aux points de codimension 1 de $\mathbf{A}^1_{\mathscr{O}_S}$ et de $\widetilde{\mathrm{H}}$ associés aux places de $\Omega \setminus \mathrm{S}$. Les noyaux des flèches horizontales sont précisément les sous-groupes $\mathbf{G}_{\mathrm{m}}\Big(\widetilde{\mathrm{H}} \setminus \Big(\widetilde{\Delta' \cup \Pi}\Big)\Big)/2$ et $\mathbf{G}_{\mathrm{m}}\Big(\mathbf{A}^1_{\mathscr{O}_S} \setminus \widetilde{\mathscr{M}'}\Big)/2$, puisque $\mathrm{Pic}(\mathscr{O}_S) = 0$; tout ce qu'il reste à faire pour établir la seconde assertion du lemme est donc de prouver que ce carré est commutatif. Notons $\xi \in \widetilde{\mathrm{D}}$ le point générique de la fibre en v du morphisme structural $\widetilde{\mathrm{D}} \to \mathrm{Spec}(\mathscr{O}_S)$. Comme τ s'étend en un $\mathscr{O}_S$-isomorphisme $\widetilde{\mathrm{D}} \xrightarrow{\sim} \mathbf{P}^1_{\mathscr{O}_S}$, il suffit de vérifier que pour toute fonction $f \in \mathbf{G}_{\mathrm{m}}(\mathrm{H} \setminus (\Delta' \cup \Pi))$ et toute place $v \in \Omega \setminus \mathrm{S}$, la valuation de f au point générique de la fibre en v du morphisme structural $\widetilde{\mathrm{H}} \to \mathrm{Spec}(\mathscr{O}_S)$ est égale à la valuation en ξ de la restriction de f à $\mathrm{D} \setminus (\mathrm{D} \cap (\Delta' \cup \Pi))$. On peut supposer la première de ces deux valuations nulle, grâce à l'hypothèse $\mathrm{Pic}(\mathscr{O}_S) = 0$. Il suffit alors pour conclure de prouver que ξ n'appartient pas à $\widetilde{\Delta' \cup \Pi}$; mais si tel était le cas, la fibre en v de $\widetilde{\mathrm{D}}$ serait incluse dans $\widetilde{\Delta' \cup \Pi}$ et en particulier l'adhérence de h_0 dans $\widetilde{\mathrm{H}}$ rencontrerait celle de $\Delta' \cup \Pi$, ce qui est exclu par définition de S. □

Pour tout $m \in \mathrm{Irr}(\Delta)$, on dispose d'une flèche d'évaluation $\mathrm{G}_m \to \kappa(\mathrm{M})^\star/\kappa(\mathrm{M})^{\star 2}$, où $\mathrm{M} = \mathrm{D} \cap m$, puisque les revêtements de m définis par les éléments de G_m sont par hypothèse étales au-dessus d'un voisinage de M. Cette flèche est injective par construction de p ; les flèches

$$\mathrm{G}_m/\langle \beta_m(\mathrm{M})\rangle \to \kappa(\mathrm{M})^\star/\langle \kappa(\mathrm{M})^{\star 2}, \beta_m(\mathrm{M})\rangle$$

(pour $m \in \mathrm{Irr}(\Delta'')$) et

$$\mathrm{G}_m/\langle \beta_m(\mathrm{M}), \gamma_m(\mathrm{M})\rangle \to \kappa(\mathrm{M})^\star/\langle \kappa(\mathrm{M})^{\star 2}, \beta_m(\mathrm{M}), \gamma_m(\mathrm{M})\rangle$$

(pour $m \in \mathrm{Irr}(\Delta')$) qu'elle induit sont donc elles aussi injectives. Celles-ci s'insèrent dans les carrés commutatifs

$$\begin{array}{ccc}
\mathbf{G}_{\mathrm{m}}\Big(\widetilde{\mathrm{H}} \setminus \Big(\widetilde{\Delta' \cup \Pi}\Big)\Big)/2 & \longrightarrow & \displaystyle\prod_{m \in \mathrm{Irr}(\Delta'')} \mathrm{G}_m/\langle \beta_m(\mathrm{M})\rangle \\
\big\downarrow \wr & & \big\downarrow \\
\mathbf{G}_{\mathrm{m}}\Big(\mathbf{A}^1_{\mathscr{O}_S} \setminus \widetilde{\mathscr{M}'}\Big)/2 & \longrightarrow & \displaystyle\prod_{\mathrm{M} \in \mathscr{M}''} \kappa(\mathrm{M})^\star/\langle \kappa(\mathrm{M})^{\star 2}, \beta_m(\mathrm{M})\rangle
\end{array}$$

et

$$\begin{array}{ccc} \mathbf{G}_{\mathrm{m}}\Big(\widetilde{\mathrm{H}} \setminus \big(\widetilde{\Delta'' \cup \Pi}\big)\Big)/2 & \longrightarrow & \prod_{m \in \mathrm{Irr}(\Delta')} \mathrm{G}_m/\langle \beta_m(\mathrm{M}), \gamma_m(\mathrm{M})\rangle \\ \downarrow \wr & & \downarrow \\ \mathbf{G}_{\mathrm{m}}\Big(\mathbf{A}^1_{\mathscr{O}_{\mathrm{S}}} \setminus \widetilde{\mathscr{M}''}\Big)/2 & \longrightarrow & \prod_{\mathrm{M} \in \mathscr{M}'} \kappa(\mathrm{M})^\star/\langle \kappa(\mathrm{M})^{\star 2}, \beta_m(\mathrm{M}), \gamma_m(\mathrm{M})\rangle, \end{array}$$

dont les flèches verticales de gauche sont les isomorphismes donnés par le lemme 3.83. Combinant ces deux carrés, le lemme 3.80 et le lemme 3.82, on voit maintenant que si la condition $(\mathrm{D_g})$ est satisfaite, alors la condition (E) relative à l'ensemble de places associé au point $\tau(h_0)$ l'est aussi, ce qui achève la preuve de la proposition 3.76. □

Concluons ce paragraphe avec la remarque suivante.

Proposition 3.84 — *Le noyau de la flèche apparaissant dans la définition de la condition* $(\mathrm{D}'_{\mathrm{g}})$ *(resp.* $(\mathrm{D}''_{\mathrm{g}})$*) contient toujours* $\mathfrak{t}'$ *(resp.* $\mathfrak{m}''$ *et* $\mathfrak{t}''$*).*

Démonstration — Soient $m \in \mathrm{Irr}(\Delta'')$ et h le point générique de m. Nous avons déjà vu (cf. preuve de la proposition 3.73) que $\mathfrak{t}'$ appartient au groupe de φ'-Selmer géométrique de E′ relativement au trait $\mathrm{Spec}(\mathscr{O}_{\mathrm{H},h})$. La courbe elliptique E′ ayant réduction de type I_1 ou I_2 en h (cf. proposition 3.74), le diagramme commutatif (2.14) montre que l'image de $\mathfrak{t}'$ dans $\kappa(m)^\star/\kappa(m)^{\star 2}$ est nulle. Soient maintenant $m \in \mathrm{Irr}(\Delta')$ et h le point générique de m. Les mêmes arguments que ceux que l'on vient d'employer prouvent d'une part que l'image de $\mathfrak{t}''$ dans $\kappa(m)^\star/\langle \kappa(m)^{\star 2}, \gamma_m\rangle$ est nulle, compte tenu que γ_m est la classe de l'extension quadratique ou triviale minimale de $\kappa(h)$ sur laquelle le groupe des composantes connexes de la fibre spéciale du modèle de Néron de E″ au-dessus de $\mathrm{Spec}(\mathscr{O}_{\mathrm{H},h})$ devienne constant (cf. corollaire A.10), et d'autre part que l'image de $\mathfrak{m}''$ dans $\kappa(m)^\star/\kappa(m)^{\star 2}$ est égale à β_m (le raisonnement est exactement le même que celui qui précède le diagramme (3.24)). □

3.4.6 Vérification de la condition (D) générique

Les hypothèses du paragraphe précédent sont toujours en vigueur. Supposons de plus que k soit un corps de nombres. Nous allons prouver que la condition $(\mathrm{D_g})$ est satisfaite sous l'hypothèse (v) du théorème 3.36 ; la démonstration de la proposition ci-dessous occupera tout le paragraphe 3.4.6.

Proposition 3.85 — *Supposons que la condition (3.7) soit satisfaite, que* $\mathrm{Br}(\mathrm{X})/\mathrm{Br}(k) = 0$ *et que soit* $\varepsilon_0 = 1$ *dans* $k^\star/k^{\star 2}$*, soit il existe* $t \in \mathscr{S}'$ *tel que l'image de* ε_0 *dans* $\kappa(t)^\star/\kappa(t)^{\star 2}$ *soit distincte de* 1 *et de* ε_t*. Alors la condition* $(\mathrm{D_g})$ *est satisfaite.*

Il est possible d'étudier certaines questions liées à la structure galoisienne de X en appliquant sur $\overline{k}$ les calculs explicites du paragraphe 3.4.4 pour le cas simultanément diagonal et en suivant l'action de Γ sur les coefficients des polynômes ainsi obtenus. Ce type de raisonnement sera utilisé à plusieurs reprises dans la preuve de la proposition 3.85. Nous le détaillons ici une fois pour toutes.

Pour $i \in \{0, \ldots, 4\}$, soit $e_i \in \overline{k}^5$ un vecteur non nul dont l'image dans $\mathbf{P}^4(\overline{k})$ soit égale à P_i. Quitte à multiplier les e_i par des scalaires non nuls, on peut supposer le vecteur e_0 invariant sous Γ et la famille $(e_1, \ldots, e_4)$ globalement stable sous Γ. D'après la proposition 3.28, la famille $e = (e_0, \ldots, e_4)$ est une base de $\overline{k}^5$ et les formes quadratiques q_1 et q_2 sont simultanément diagonales dans e. Reprenons donc les notations du paragraphe 3.4.4, cas simultanément diagonal, associées à e et au corps $\overline{k}$; d'où notamment des éléments $a_0, \ldots, a_4, b_0, \ldots, b_4 \in \overline{k}$. Notons $\chi\colon \Gamma \to \mathfrak{S}_4$ le morphisme de groupes tel que $\gamma e_i = e_{\chi(\gamma)(i)}$ pour tout $\gamma \in \Gamma$ et tout $i \in \{1, \ldots, 4\}$. La base e détermine un isomorphisme de $\overline{k}$-algèbres

$$\Gamma\left(\mathrm{H} \otimes_k \overline{k}, \bigoplus_{d \geqslant 0} \mathscr{O}(d)\right) \xrightarrow{\sim} \overline{k}[y_1, \ldots, y_4], \tag{3.26}$$

d'où une action du groupe Γ sur la k-algèbre $\overline{k}[y_1, \ldots, y_4]$, par transport de structure. L'action de Γ sur les monômes unitaires est donnée par χ ; plus précisément, on a $\gamma y_i = y_{\chi(\gamma)(i)}$ pour tout $\gamma \in \Gamma$ et tout $i \in \{1, \ldots, 4\}$. Par ailleurs, les polynômes $q_1(y) = a_1 y_1^2 + \cdots + a_4 y_4^2$ et $q_2(y) = b_1 y_1^2 + \cdots + b_4 y_4^2$ sont invariants sous Γ puisque $q_1, q_2 \in \Gamma(\mathrm{H}, \mathscr{O}(2))$; il en résulte que $\gamma a_i = a_{\chi(\gamma)(i)}$ et $\gamma b_i = b_{\chi(\gamma)(i)}$ pour tout $\gamma \in \Gamma$ et tout $i \in \{1, \ldots, 4\}$. Enfin, on a $a_0, b_0 \in k$ puisque e_0 est invariant sous Γ. Ainsi a-t-on prouvé :

Lemme 3.86 — *Soit $f \in \mathbf{Z}[a_0, \ldots, a_4, b_0, \ldots, b_4, y_1, \ldots, y_4]$ un polynôme invariant par l'action de $\chi(\Gamma) \subset \mathfrak{S}_4$ sur les indices $\{1, \ldots, 4\}$, où les a_i et les b_i désignent ici des indéterminées. L'image de f dans $\overline{k}[y_1, \ldots, y_4]$ par le morphisme d'anneaux qui envoie les indéterminées $a_0, \ldots, a_4, b_0, \ldots, b_4$ sur les éléments de $\overline{k}$ précédemment notés $a_0, \ldots, a_4, b_0, \ldots, b_4$ est invariante sous Γ et définit donc un élément de $\Gamma\left(\mathrm{H}, \bigoplus_{d \geqslant 0} \mathscr{O}(d)\right)$ via l'isomorphisme (3.26).*

Démonstration de la proposition 3.85 — Nous allons d'abord récrire la condition ($\mathrm{D_g}$) en tenant compte des résultats obtenus aux paragraphes 3.4.3 et 3.4.4. Posons $\Delta_0 = \mathrm{Q}_{t_0} \cap \mathrm{H}^0$ et $\Delta_{1234} = \bigcup_{t \in \mathscr{S}'} \mathrm{Q}_t \cap \mathrm{H}^0$. Soit $\Delta_6 \subset \mathrm{H}^0$ l'hypersurface intègre contenant l'unique point de codimension 1 de H^0 au-dessus duquel la fibre de π_{H^0} est singulière et géométriquement intègre (cf. théorème 3.58). Les variétés Δ_0 et Δ_6 sont géométriquement intègres (pour Δ_6, cela découle par exemple de l'assertion d'unicité dans le théorème 3.58 (i), que l'on applique cette fois après extension des scalaires de k à $\overline{k}$) ; la variété $\Delta_{1234} \otimes_k \overline{k}$ possède quatre composantes irréductibles, sur lesquelles Γ agit comme sur $\{t_1, \dots, t_4\}$. Dans une base de $\overline{k}^5$ dans laquelle q_1 et q_2 sont simultanément diagonales, les hypersurfaces $\Delta_0 \otimes_k \overline{k}$ et $\Delta_{1234} \otimes_k \overline{k}$ de H^0 sont respectivement définies par les équations $p_0 = 0$ et $p_1p_2p_3p_4 = 0$, dans la notation du paragraphe 3.4.4. Les propositions 3.65, 3.67 et 3.55 montrent que la fibre géométrique de π_{H^0} au-dessus du point générique de l'hypersurface d'équation $p_6 = 0$ (cf. proposition 3.69) est singulière et intègre ; vu la définition de Δ_6, cela signifie que $p_6 = 0$ est l'équation de l'hypersurface $\Delta_6 \otimes_k \overline{k}$. On peut maintenant déduire des propositions 3.68 et 3.69 que les composantes irréductibles de Δ_{1234} ainsi que Δ_0 et Δ_6 sont des composantes irréductibles de Δ, que Δ possède une unique autre composante irréductible et que celle-ci est géométriquement irréductible. Notons-la Δ_5 et munissons-la de sa structure de sous-schéma fermé réduit de Δ.

Lemme 3.87 — *On a $\Delta' = \Delta_0 \cup \Delta_6$ et $\Delta'' = \Delta_{1234} \cup \Delta_5$.*

Démonstration — Pour démontrer ce lemme, on peut supposer les formes quadratiques q_1 et q_2 simultanément diagonalisables sur k, quitte à étendre les scalaires. Soit h le point générique d'une composante irréductible de Δ. Reprenons les notations du paragraphe 3.4.4 ; comme dans la preuve de la proposition 3.72, on peut supposer que q_1 et q_2 sont simultanément diagonales dans e et que $(y_1\gamma_4)(h) \neq 0$, de sorte que la courbe elliptique E' a pour équation de Weierstrass $\mathrm{Y}^2 = (\mathrm{X}-r(c))(\mathrm{X}^2-r(d))$, où $r\colon k[y_1, \dots, y_4] \to \mathscr{O}_{\mathrm{H},h}$ est l'application qui à $f(y_1, \dots, y_4)$ associe $f(1, y_2/y_1, y_3/y_1, y_4/y_1)$. Nous avons vu, au cours de la preuve de la proposition 3.72, que cette équation est minimale en tant qu'équation de Weierstrass à coefficients dans $\mathscr{O}_{\mathrm{H},h}$. Par conséquent, on a $h \in \Delta'$ si et seulement si $r(d)$ n'est pas inversible, si et seulement si $d(h) = 0$. La proposition 3.67 montre que $d = 4y_1^4\gamma_4^4p_0^2p_6$, d'où le lemme. □

Pour $t \in \mathscr{S}'$, notons $\Delta_t = \mathrm{Q}_t \cap \mathrm{H}^0$. C'est une k-variété intègre. La fermeture algébrique de k dans $\kappa(\Delta_t)$ s'identifie naturellement à $\kappa(t)$. Il est donc légitime de considérer ε_t comme un élément de $\kappa(\Delta_t)^\star/\kappa(\Delta_t)^{\star 2}$ pour $t \in \mathscr{S}'$; de même, pour $i \in \{0, 5, 6\}$, comme Δ_i est géométriquement intègre sur k, on peut identifier le groupe $k^\star/k^{\star 2}$ à son image dans $\kappa(\Delta_i)^\star/\kappa(\Delta_i)^{\star 2}$.

Lemme 3.88 — *Les β_m pour $m \in \mathrm{Irr}(\Delta)$ sont donnés par les égalités suivantes :*

$$\beta_{\Delta_0} = \varepsilon_0\,; \qquad \beta_{\Delta_t} = \varepsilon_t \text{ pour tout } t \in \mathscr{S}'\,; \qquad \beta_{\Delta_5} = \varepsilon_0\,; \qquad \beta_{\Delta_6} = 1.$$

Par ailleurs, on a $\gamma_{\Delta_6} = 1$.

Démonstration — Il est clair que $\beta_{\Delta_6} = 1$ et $\gamma_{\Delta_6} = 1$ puisque la fibre de π_{H^0} au-dessus du point générique de Δ_6 est de type I_1 (cf. proposition 3.74, compte tenu que cette fibre est géométriquement irréductible par définition de Δ_6). Les autres égalités résultent des assertions (ii) et (iii) du théorème 3.58. □

Afin de simplifier les notations, posons $\gamma_0 = \gamma_{\Delta_0}$. En combinant les lemmes 3.87 et 3.88, nous obtenons :

Lemme 3.89 — *La condition* $(\mathrm{D}'_{\mathrm{g}})$ *est équivalente à ce que le noyau de la flèche naturelle*

$$\mathbf{G}_{\mathrm{m}}(\mathrm{H}\backslash(\Delta_0\cup\Delta_6\cup\Pi))/2 \xrightarrow{\theta'} \kappa(\Delta_5)^\star/\langle\kappa(\Delta_5)^{\star 2},\varepsilon_0\rangle\times\prod_{t\in\mathscr{S}'}\kappa(\Delta_t)^\star/\langle\kappa(\Delta_t)^{\star 2},\varepsilon_t\rangle$$

soit engendré par $\mathfrak{t}'$. *La condition* $(\mathrm{D}''_{\mathrm{g}})$ *est équivalente à ce que le noyau de la flèche naturelle*

$$\mathbf{G}_{\mathrm{m}}(\mathrm{H}\backslash(\Delta_{1234}\cup\Delta_5\cup\Pi))/2 \xrightarrow{\theta''} \kappa(\Delta_0)^\star/\langle\kappa(\Delta_0)^{\star 2},\varepsilon_0,\gamma_0\rangle\times\kappa(\Delta_6)^\star/\kappa(\Delta_6)^{\star 2}$$

soit engendré par $\mathfrak{m}''$ *et* $\mathfrak{t}''$.

Pour $i \in \{0,5,6\}$ ou $i \in \mathscr{S}'$, fixons une fonction rationnelle $f_i \in \kappa(\mathrm{H})^\star$ dont le diviseur soit égal à $[\Delta_i] - \deg(\Delta_i)[\Pi]$ et posons $f_{1234} = \prod_{t\in\mathscr{S}'} f_t$. Le lemme suivant précise la proposition 3.73.

Lemme 3.90 — *La classe* $\mathfrak{t}'$ *(resp.* $\mathfrak{t}''$, $\mathfrak{m}''$*) est le produit d'un élément de* $k^\star/k^{\star 2}$ *et de la classe de* f_6 *(resp.* $f_{1234}f_5$, f_{1234}*).*

Démonstration — On peut supposer les formes quadratiques q_1 et q_2 simultanément diagonalisables sur k, quitte à étendre les scalaires, et raisonner comme dans la preuve du lemme 3.87, dont on reprend les notations. La classe $\mathfrak{t}'$ (resp. $\mathfrak{t}''$, $\mathfrak{m}''$) est égale à l'image dans $\kappa(\mathrm{H})^\star/\kappa(\mathrm{H})^{\star 2}$ de $r(d)$ (resp. $r(c^2-d)$, $r(\mathbf{d}_{14}^2-\mathbf{d}_{12}\mathbf{d}_{13})$) (cf. proposition 3.66 pour l'expression de $\mathfrak{m}''$), qui à son tour est égale à l'image de $r(p_6)$ (resp. $r(-p_1p_2p_3p_4p_5)$, $r(p_1p_2p_3p_4)$), comme le montre la proposition 3.67. Le résultat voulu s'ensuit. □

Lemme 3.91 — *Aucune classe de la forme* αf_0 *pour* $\alpha \in k^\star/k^{\star 2}$ *n'appartient au noyau de* θ'.

Démonstration — On peut supposer k algébriquement clos (au sens où d'une part l'hypothèse que k est un corps de nombres ne va jouer ici aucun rôle et d'autre part, le lemme pour k algébriquement clos implique le lemme pour k arbitraire ; la réciproque n'est pas claire *a priori*). Sous cette hypothèse, l'ensemble $\mathscr{S}'$ s'identifie à $\{t_1,t_2,t_3,t_4\}$ et l'on a $\varepsilon_t = 1$ pour tout $t \in \mathscr{S}'$, de sorte qu'il suffit de prouver par exemple que la fonction de $\kappa(\Delta_1)^\star$ induite par f_0 n'est pas un carré, où l'on a posé $\Delta_1 = \Delta_{t_1}$. Vu les définitions de Δ_0 et de Δ_1, on a $\Delta_0 \cap \Delta_1 = \mathrm{X} \cap \mathrm{H}^0$. Cette variété est une courbe lisse et connexe (cf. proposition 3.53) ; notons ξ son point générique. Étant donné que $\xi \notin \Pi$ (cf. [18, Lemma 1.3 (i)]), les fonctions rationnelles f_0 et f_1 sont respectivement des équations locales pour Δ_0 et Δ_1 au voisinage de ξ. On a donc $\mathscr{O}_{\Delta_i,\xi} = \mathscr{O}_{\mathrm{H},\xi}/(f_i)$ pour $i \in \{0,1\}$, d'où $\mathscr{O}_{\Delta_1,\xi}/(f_0) = \mathscr{O}_{\mathrm{H},\xi}/(f_0,f_1) = \mathscr{O}_{\Delta_0\cap\Delta_1,\xi}$. Comme $\Delta_0 \cap \Delta_1$ est intègre, ceci prouve que $\mathscr{O}_{\Delta_1,\xi}/(f_0)$ est un corps. Autrement dit, la fonction de $\kappa(\Delta_1)^\star$ induite par f_0 s'annule à l'ordre 1 sur le diviseur $\Delta_0 \cap \Delta_1$; ce n'est donc pas un carré. □

Lemme 3.92 — *Le noyau de θ' ne rencontre pas $(k^\star/k^{\star 2}) \setminus \{1\}$.*

Démonstration — La flèche naturelle $k^\star/k^{\star 2} \to \kappa(\Delta_5)^\star/\kappa(\Delta_5)^{\star 2}$ est injective puisque Δ_5 est géométriquement intègre sur k. Vu la définition de θ', ceci prouve déjà que les seules classes de $k^\star/k^{\star 2}$ susceptibles d'appartenir au noyau de θ' sont la classe triviale et ε_0. Supposons donc que $\theta'(\varepsilon_0) = 1$. Considérant les autres facteurs du but de θ', on voit que pour tout $t \in \mathscr{S}'$, l'image de ε_0 dans $\kappa(\Delta_t)^\star/\kappa(\Delta_t)^{\star 2}$ doit appartenir au sous-groupe $\{1, \varepsilon_t\}$. L'hypothèse de la proposition 3.85 permet d'en déduire que $\varepsilon_0 = 1$, ce qui termine de prouver le lemme. □

Étant donné que le groupe $\mathbf{G}_\mathrm{m}(\mathrm{H} \setminus (\Delta_0 \cup \Delta_6 \cup \Pi))/2$ est engendré par les classes de f_0 et de f_6 et par le sous-groupe $k^\star/k^{\star 2}$, les lemmes 3.89, 3.90, 3.91 et 3.92 et la proposition 3.84 prouvent ensemble que la condition (D'_g) est satisfaite.

Lemme 3.93 — *Le noyau de θ'' ne rencontre pas $(k^\star/k^{\star 2}) \setminus \{1\}$.*

Démonstration — La flèche naturelle $k^\star/k^{\star 2} \to \kappa(\Delta_6)^\star/\kappa(\Delta_6)^{\star 2}$ est en effet injective, la variété Δ_6 étant géométriquement intègre sur k. □

Si J est une partie de $\mathscr{S}'$, on appellera *longueur de* J le degré sur k du sous-schéma réduit de $\mathscr{S}'$ associé et l'on notera $f_\mathrm{J} = \prod_{t\in \mathrm{J}} f_t$.

Lemme 3.94 — *Aucune classe de la forme αf_J pour $\alpha \in k^\star/k^{\star 2}$ et $\mathrm{J} \subset \mathscr{S}'$ de longueur 1 n'appartient au noyau de θ''.*

Démonstration — Supposons qu'il existe $\mathrm{J} \subset \mathscr{S}'$ de longueur 1 et $\alpha \in k^\star/k^{\star 2}$ tels que $\alpha f_\mathrm{J} \in \mathrm{Ker}(\theta'')$. L'ensemble J est un singleton et son unique élément est k-rationnel ; quitte à renuméroter les t_i, on peut donc supposer que $t_1 \in \mathbf{P}^1(k)$ et que $\mathrm{J} = \{t_1\}$. Notons alors $f_1 = f_{t_1} = f_\mathrm{J}$, $\Delta_1 = \Delta_{t_1}$ et $\varepsilon_1 = \varepsilon_{t_1}$. Fixons des vecteurs $e_0, e_1 \in k^5 \setminus \{0\}$ dont les images dans $\mathbf{P}^4(k)$ soient respectivement égales à P_0 et P_1 et posons $a_i = q_1(e_i)$ et $b_i = q_2(e_i)$ pour $i \in \{0,1\}$ et $d_{01} = a_0b_1 - a_1b_0$.

La seule condition imposée jusqu'à présent sur la fonction rationnelle f_1 est que son diviseur soit égal à $[\Delta_1] - \deg(\Delta_1)[\Pi]$. Nous allons maintenant la normaliser. Soit $\ell \in \Gamma(\mathrm{H}, \mathscr{O}(1)) \setminus \{0\}$ une forme linéaire s'annulant sur Π. La forme quadratique $a_1q_2 - b_1q_1$ définit, par restriction, un élément de $\Gamma(\mathrm{H}, \mathscr{O}(2))$, que l'on note p_1. La fonction rationnelle $p_1/\ell^2 \in \kappa(\mathrm{H})$ a pour diviseur $[\Delta_1] - \deg(\Delta_1)[\Pi]$. Quitte à multiplier f_1 par une constante, on peut donc supposer que $f_1 = p_1/\ell^2$.

Sous-lemme 3.95 — *La classe dans $\kappa(\Delta_6)^\star/\kappa(\Delta_6)^{\star 2}$ de la fonction rationnelle induite par f_1 est égale à la classe de $d_{01}\varepsilon_1$.*

Démonstration — Choisissons des vecteurs $e_2, e_3, e_4 \in \overline{k}^5$ tels que la famille $e = (e_0, \dots, e_4)$ soit une base de $\overline{k}^5$ stable sous Γ dans laquelle les formes quadratiques q_1 et q_2 sont simultanément diagonales et reprenons les notations introduites immédiatement avant le lemme 3.86. Remarquons que les notations a_0, a_1, b_0, b_1, d_{01} et p_1 définies ci-dessus coïncident avec celles du paragraphe 3.4.4. Définissons des éléments $\rho \in \overline{k}^\star$, $\mathrm{A} \in \Gamma(\mathrm{H} \otimes_k \overline{k}, \mathscr{O}(3))$, $\mathrm{B} \in \Gamma(\mathrm{H} \otimes_k \overline{k}, \mathscr{O}(6))$ et $\mathrm{C} \in \Gamma(\mathrm{H} \otimes_k \overline{k}, \mathscr{O}(4))$ par les formules :

$$\begin{aligned} \rho &= (d_{34}d_{23}d_{24})^2 d_{21}d_{31}d_{41}, \\ \mathrm{A} &= 4y_2y_3y_4, \\ \mathrm{B} &= 2c_6(y_1^4)y_1^2 + c_6(y_1^2), \\ \mathrm{C} &= -4c_6(y_1^4). \end{aligned} \tag{3.27}$$

(Rappelons que $c_6(y_i^m)$ désigne le coefficient de y_i^m dans p_6, où p_6 est considéré comme un polynôme en y_i à coefficients dans $k[(y_\ell)_{\ell \neq i}]$.) On vérifie tout de suite qu'en tant qu'éléments de $\mathbf{Z}[a_0, \dots, a_4, b_0, \dots, b_4, y_1, \dots, y_4]$, les membres de droite des égalités ci-dessus et de l'égalité définissant p_6 sont invariants par toute permutation des indices $\{2, 3, 4\}$. Compte tenu que le vecteur e_1 est invariant sous Γ, le lemme 3.86 permet d'en déduire que ρ, A, B, C et p_6 appartiennent respectivement à k, $\Gamma(\mathrm{H}, \mathscr{O}(3))$, $\Gamma(\mathrm{H}, \mathscr{O}(6))$, $\Gamma(\mathrm{H}, \mathscr{O}(4))$ et $\Gamma(\mathrm{H}, \mathscr{O}(8))$. D'après la proposition 3.70, l'égalité

$$(\mathrm{A}p_1)^2 \rho p_1 = \mathrm{B}^2 + \mathrm{C}p_6$$

d'éléments de $\Gamma(\mathrm{H}, \mathscr{O}(12))$ a lieu. En restreignant cette égalité à $\Gamma(\Delta_6, \mathscr{O}(12))$ et en la divisant par ℓ^{12}, on voit que la classe dans $\kappa(\Delta_6)^\star/\kappa(\Delta_6)^{\star 2}$ de la fonction rationnelle induite par f_1 est égale à la classe de ρ dans $k^\star/k^{\star 2}$.

Il reste seulement à vérifier que $d_{01}\varepsilon_1\rho$ est un carré dans k. Pour cela, on peut s'autoriser à remplacer k par une extension finie de degré impair. En particulier, on peut supposer que Γ n'agit pas transitivement sur $\{e_2, e_3, e_4\}$; quitte à permuter ces trois vecteurs, on peut donc supposer e_2 invariant sous Γ. Pour obtenir une expression de ε_1 en fonction des d_{ij}, il faut trouver un hyperplan k-rationnel de H ne contenant pas P_1, exprimer une base k-rationnelle de l'espace vectoriel associé puis calculer le déterminant de la matrice de $a_1q_2 - b_1q_1$ dans cette base. Posons donc $f_0 = e_0$, $f_1 = e_2$, $f_2 = e_3 + e_4$ et $f_3 = d_{34}(e_3 - e_4)$. Les vecteurs f_i sont invariants sous Γ puisqu'ils sont invariants par permutation des indices 3 et 4. La famille $f = (f_0, \dots, f_3)$ est clairement libre, et la matrice dans f de la restriction au sous-espace engendré par f de la forme quadratique $a_1q_2 - b_1q_1$ a pour déterminant $4d_{10}d_{12}d_{34}^2d_{13}d_{14}$. Le quotient de cet élément de k par $d_{01}\rho$ est égal à $4(d_{23}d_{24})^{-2}$: c'est bien le carré d'un élément de k puisque $d_{23}d_{24}$ est invariant par permutation des indices 3 et 4. □

Sous-lemme 3.96 — *La classe dans $\kappa(\Delta_0)^\star/\kappa(\Delta_0)^{\star 2}$ de la fonction rationnelle induite par f_1 est égale à la classe de $d_{01}\varepsilon_0\gamma_0$.*

Démonstration — Pour prouver ce sous-lemme, on peut remplacer k par une extension finie de degré impair, ce qui permet de supposer que l'un de t_2, t_3 et t_4 est k-rationnel. Quitte à renuméroter les t_i, on peut supposer que $t_2 \in \mathbf{P}^1(k)$. Une transformation linéaire de $\mathbf{P}^4_k$ permet de supposer de plus les formes quadratiques q_1 et q_2 presque simultanément diagonales dans la base canonique e de k^5. Reprenons alors les notations du paragraphe 3.4.4, cas presque simultanément diagonal, en prenant pour h le point générique de Δ_0, de sorte que $(y_1\gamma_4)(h) \neq 0$. Soit $r\colon k[y_1, \dots, y_4] \to \mathscr{O}_{\mathrm{H},h}$ le morphisme d'anneaux qui à $f(y_1, \dots, y_4)$ associe $f(1, y_2/y_1, y_3/y_1, y_4/y_1)$. Comme on l'a vu au cours de la preuve de la proposition 3.72, l'équation $\mathrm{Y}^2 = (\mathrm{X} - r(c))(\mathrm{X}^2 - r(d))$ est une équation de Weierstrass minimale à coefficients dans l'anneau de valuation discrète $\mathscr{O}_{\mathrm{H},h}$ pour la courbe elliptique E′. On peut donc déterminer la classe γ_0 en lisant sur cette équation la plus petite extension de $\kappa(h)$ sur laquelle les pentes des tangentes de la cubique réduite en son point singulier deviennent rationnelles (cf. lemmes A.7 et A.11). On voit ainsi que γ_0 coïncide avec la classe de $r(-c)$ dans $\kappa(h)^\star/\kappa(h)^{\star 2}$, compte tenu que $r(d)$ s'annule en h (cf. proposition 3.65). Il suffit donc pour conclure de prouver que la classe de f_1 est égale à celle de $-d_{01}\varepsilon_0 r(c)$. La proposition 3.71 et la remarque qui la suit montrent que

$$-d_{01}\varepsilon_0 r(c) = \left(2\frac{\varepsilon_0}{d_{01}} r(y_1\gamma_4 p_1)\right)^2 r(p_1) \mod \mathfrak{m}_{\mathrm{H},h}.$$

Comme $r(p_1) = (r(\ell))^2 f_1$, ceci achève la démonstration. □

Sous-lemme 3.97 — *La classe $\gamma_0 \in \kappa(\Delta_0)^\star/\kappa(\Delta_0)^{\star 2}$ n'appartient pas au sous-groupe $k^\star/k^{\star 2}$.*

Démonstration — Compte tenu du sous-lemme 3.96, il suffit de prouver que la fonction de $\kappa(\Delta_0 \otimes_k \overline{k})^\star$ induite par f_1 n'est pas un carré. L'argument est exactement le même que celui employé dans la preuve du lemme 3.91. □

L'injectivité de la flèche naturelle $k^\star/k^{\star 2} \to \kappa(\Delta_6)^\star/\kappa(\Delta_6)^{\star 2}$, le sous-lemme 3.95 et l'hypothèse que $\theta''(\alpha f_1) = 0$ entraînent que $\alpha = d_{01}\varepsilon_1$, d'où l'on déduit, grâce au sous-lemme 3.96, que la classe $\varepsilon_0\varepsilon_1\gamma_0 \in \kappa(\Delta_0)^\star/\kappa(\Delta_0)^{\star 2}$ appartient au sous-groupe engendré par ε_0 et γ_0. Vu le sous-lemme 3.97, il en résulte que $\varepsilon_1 \in \{1, \varepsilon_0\}$. L'hypothèse (3.7) assure que $\varepsilon_1 \neq 1$; on a donc $\varepsilon_0\varepsilon_1 = 1$ et $\varepsilon_0 \neq 1$. Notons d' la dimension du sous-$\mathbf{Z}/2$-espace vectoriel de $k^\star/k^{\star 2}$ engendré par les normes $\mathrm{N}_{\kappa(t)/k}(\varepsilon_t)$ pour $t \in \mathscr{S}'$. L'égalité $\varepsilon_0\varepsilon_1 = 1$ et la proposition 3.39 fournissent la relation $\prod_{t\in\mathscr{S}'\setminus\{t_1\}} \varepsilon_t = 1$, d'où résulte l'inégalité $d' < \mathrm{Card}(\mathscr{S}')$. Soient n et d les entiers définis dans l'énoncé du théorème 3.37. Comme $\mathscr{S}'$ contient un point k-rationnel, l'hypothèse (3.7) entraîne que $\varepsilon_t \neq 1$ pour tout $t \in \mathscr{S}'$. D'autre part, on a vu que $\varepsilon_0 \neq 1$. On a donc $n = \mathrm{Card}(\mathscr{S}) = \mathrm{Card}(\mathscr{S}') + 1$. La proposition 3.39 montre par ailleurs que $d = d'$; d'où finalement $d < n - 1$. Cette inégalité contredit la nullité de $\mathrm{Br}(\mathrm{X})/\mathrm{Br}(k)$ d'après le théorème 3.37. □

Lemme 3.98 — *Aucune classe de la forme αf_J pour $\alpha \in k^\star/k^{\star 2}$ et $\mathrm{J} \subset \mathscr{S}'$ de longueur 2 n'appartient au noyau de θ''.*

Démonstration — La preuve de ce lemme est similaire à celle du lemme 3.94. Supposons qu'il existe $\mathrm{J} \subset \mathscr{S}'$ de longueur 2 et $\alpha \in k^\star/k^{\star 2}$ tels que $\alpha f_\mathrm{J} \in \mathrm{Ker}(\theta'')$. Quitte à renuméroter les t_i, on peut supposer que l'ensemble des points géométriques de J est $\{t_1, t_2\}$. Fixons des vecteurs $e_0, \ldots, e_4 \in \overline{k}^5 \setminus \{0\}$ dont les images dans $\mathbf{P}^4(\overline{k})$ soient respectivement égales à $\mathrm{P}_0, \ldots, \mathrm{P}_4$, avec la condition supplémentaire que $e_0 \in k^5$ et que les ensembles $\{e_1, e_2\}$ et $\{e_3, e_4\}$ soient stables sous Γ. Pour $i, j \in \{0, 1, 2\}$, posons $a_i = q_1(e_i)$, $b_i = q_2(e_i)$, $d_{ij} = a_i b_j - a_j b_i$.

Soit $\ell \in \Gamma(\mathrm{H}, \mathscr{O}(1)) \setminus \{0\}$ une forme linéaire s'annulant sur Π. La forme homogène $(a_1q_2 - b_1q_1)(a_2q_2 - b_2q_1)$ est invariante sous Γ et définit donc un élément de $\Gamma(\mathrm{H}, \mathscr{O}(4))$, que l'on note p_{12}. La fonction rationnelle $p_{12}/\ell^4 \in \kappa(\mathrm{H})$ a pour diviseur $\sum_{t\in\mathrm{J}}([\Delta_t] - \deg(\Delta_t)[\Pi])$. Quitte à multiplier l'un des f_t pour $t \in \mathrm{J}$ par une constante, on peut donc supposer que $f_\mathrm{J} = p_{12}/\ell^4$.

Sous-lemme 3.99 — *La classe dans $\kappa(\Delta_6)^\star/\kappa(\Delta_6)^{\star 2}$ de la fonction rationnelle induite par f_J est égale à la classe de $d_{01}d_{02}\prod_{t\in\mathrm{J}} \mathrm{N}_{\kappa(t)/k}(\varepsilon_t)$.*

(La formule $d_{01}d_{02}\prod_{t\in\mathrm{J}} \mathrm{N}_{\kappa(t)/k}(\varepsilon_t)$ définit bien un élément de $k^\star$ puisque $d_{01}d_{02}$ est invariant sous Γ. La même remarque vaudra pour le prochain sous-lemme.)

Démonstration — Définissons ρ, A, B et C par les formules (3.27) et ρ', A$'$, B$'$ et C$'$ par les formules obtenues à partir de (3.27) en échangeant les indices 1 et 2.

En tant qu'éléments de $\mathbf{Z}[a_0, \ldots, a_4, b_0, \ldots, b_4, y_1, \ldots, y_4]$, les formules définissant les polynômes AA', $\rho\rho'$, BB', CC', $\mathrm{CB}'^2 + \mathrm{BC}'^2$ et p_6 sont invariantes si l'on permute les indices 1 et 2 ou les indices 3 et 4. Compte tenu que Γ agit sur $e_1, \ldots, e_4$ à travers le sous-groupe engendré par ces deux transpositions, le lemme 3.86 permet d'en déduire que tous ces polynômes homogènes déterminent des sections sur H des faisceaux $\mathscr{O}(d)$ pour divers entiers d. D'après la proposition 3.70, on a alors l'égalité

$$(\mathrm{AA}'p_{12})^2\rho\rho' p_{12} = (\mathrm{BB}')^2 + (\mathrm{CB}'^2 + \mathrm{C}'\mathrm{B}^2 + \mathrm{CC}'p_6)p_6$$

dans $\Gamma(\mathrm{H}, \mathscr{O}(24))$. (Considérer le produit des équations (3.18) et (3.19).) En la restreignant à $\Gamma(\Delta_6, \mathscr{O}(24))$ et en la divisant par ℓ^{24}, on voit que la classe dans $\kappa(\Delta_6)^\star/\kappa(\Delta_6)^{\star 2}$ de la fonction rationnelle induite par f_J est égale à la classe de $\rho\rho'$ dans $k^\star/k^{\star 2}$.

Il reste seulement à vérifier que $\rho\rho' d_{01}d_{02}\prod_{t\in \mathrm{J}} \mathrm{N}_{\kappa(t)/k}(\varepsilon_t)$ est un carré dans k. Si J comporte deux points rationnels, on procède exactement comme dans la preuve du sous-lemme 3.95 pour calculer ε_{t_1} ; en échangeant les indices 1 et 2, on obtient alors le calcul de la classe ε_{t_2}. Lorsque J est un singleton, disons $\mathrm{J} = \{t\}$, on identifie l'extension quadratique $\kappa(t)/k$ à la sous-extension de $\overline{k}/k$ engendrée par les coordonnées de $t_1 \in \mathbf{P}^1(\overline{k})$, de sorte que la famille f du sous-lemme 3.95 est formée de vecteurs $\kappa(t)$-rationnels et permet donc encore une fois de calculer la classe $\varepsilon_t \in \kappa(t)^\star/\kappa(t)^{\star 2}$ et de conclure comme pour le sous-lemme 3.95. □

Sous-lemme 3.100 — *La classe dans $\kappa(\Delta_0)^\star/\kappa(\Delta_0)^{\star 2}$ de la fonction rationnelle induite par f_J est égale à la classe de $d_{01}d_{02}$.*

Démonstration — Le lemme 3.86 permet d'interpréter l'équation (3.20) comme une égalité dans $\Gamma(\mathrm{H}, \mathscr{O}(4))$, compte tenu que $d_{01}d_{02}$, $d_{01}p_2 + d_{02}p_1$ et d_{12}^2 sont invariants par permutation des indices 1 et 2 et par permutation des indices 3 et 4. Restreignant cette égalité à $\Gamma(\Delta_0, \mathscr{O}(4))$ et divisant ses deux membres par ℓ^4, on obtient le résultat voulu. □

L'injectivité de la flèche naturelle $k^\star/k^{\star 2} \to \kappa(\Delta_6)^\star/\kappa(\Delta_6)^{\star 2}$, le sous-lemme 3.99 et l'hypothèse que $\theta''(\alpha f_\mathrm{J}) = 0$ entraînent que

$$\alpha = d_{01}d_{02}\prod_{t\in\mathrm{J}} \mathrm{N}_{\kappa(t)/k}(\varepsilon_t),$$

d'où l'on déduit, grâce au sous-lemme 3.100, que la classe $\prod_{t\in\mathrm{J}} \mathrm{N}_{\kappa(t)/k}(\varepsilon_t) \in \kappa(\Delta_0)^\star/\kappa(\Delta_0)^{\star 2}$ appartient au sous-groupe engendré par ε_0 et γ_0. Vu le sous-lemme 3.97, il en résulte que $\prod_{t\in\mathrm{J}} \mathrm{N}_{\kappa(t)/k}(\varepsilon_t) \in \{1, \varepsilon_0\}$, ce que la proposition 3.39 permet de reformuler en disant qu'au moins l'une des deux égalités

$$\prod_{t\in \mathrm{J}} \mathrm{N}_{\kappa(t)/k}(\varepsilon_t) = 1 \qquad \text{et} \qquad \prod_{t\in \mathscr{S}'\setminus \mathrm{J}} \mathrm{N}_{\kappa(t)/k}(\varepsilon_t) = 1 \tag{3.28}$$

a lieu. On a donc $d' < \mathrm{Card}(\mathscr{S}')$, en notant d' la dimension du sous-$\mathbf{Z}/2$-espace vectoriel de $k^\star/k^{\star 2}$ engendré par les normes $\mathrm{N}_{\kappa(t)/k}(\varepsilon_t)$ pour $t \in \mathscr{S}'$. Soient n et d les entiers définis dans l'énoncé du théorème 3.37. Comme $\mathscr{S}'$ contient un point de degré $\leqslant 2$, l'hypothèse (3.7) entraîne que $\varepsilon_t \neq 1$ pour tout $t \in \mathscr{S}'$, d'où il résulte que $n = \mathrm{Card}(\mathscr{S}')$ si $\varepsilon_0 = 1$ et $n = \mathrm{Card}(\mathscr{S}') + 1$ sinon. On a donc $d' < n - 1$ si $\varepsilon_0 \neq 1$. Par ailleurs, si $\varepsilon_0 = 1$, la proposition 3.39 montre que les deux égalités (3.28) sont équivalentes ; elles sont donc toutes les deux satisfaites, ce qui entraîne que $d' < \mathrm{Card}(\mathscr{S}') - 1$ et donc à nouveau $d' < n-1$. Enfin, la proposition 3.39 montre que $d = d'$. L'inégalité $d < n - 1$ a donc toujours lieu, ce qui contredit la nullité de $\mathrm{Br}(\mathrm{X})/\mathrm{Br}(k)$ d'après le théorème 3.37. □

Étant donné que le groupe $\mathbf{G}_\mathrm{m}(\mathrm{H}\setminus(\Delta_{1234}\cup\Delta_5\cup\Pi))/2$ est engendré par les classes des fonctions f_t pour $t \in \mathscr{S}'$ et de f_5 et par le sous-groupe $k^\star/k^{\star 2}$, les lemmes 3.89, 3.90, 3.93, 3.94, et 3.98 et la proposition 3.84 prouvent ensemble que la condition $(\mathrm{D}''_\mathrm{g})$ est satisfaite. □

3.4.7 Preuve du théorème 3.36

Nous admettons désormais l'hypothèse de Schinzel et la finitude des groupes de Tate-Shafarevich des courbes elliptiques sur les corps de nombres.

Commençons par prouver que la surface X satisfait au principe de Hasse sous l'hypothèse (v) du théorème 3.36. Comme le point t_0 est supposé k-rationnel, on peut se servir des résultats du paragraphe 3.4.3. On dispose notamment d'une variété $\mathrm{C}_{\mathrm{H}^0}$ géométriquement intègre sur k (cf. proposition 3.52), d'une variété H^0 isomorphe au complémentaire dans $\mathbf{P}^3_k$ d'un fermé de codimension $\geqslant 2$ et d'un morphisme projectif $\pi_{\mathrm{H}^0}\colon \mathrm{C}_{\mathrm{H}^0} \to \mathrm{H}^0$ dont la fibre générique est géométriquement intègre (cf. proposition 3.48) et dont la fibre au-dessus de tout point $m \in \mathrm{H}^0$ de codimension 1 possède une composante irréductible Y de multiplicité 1 dans le corps des fonctions de laquelle la fermeture algébrique de $\kappa(m)$ est une extension abélienne de $\kappa(m)$ (cf. théorème 3.58). On peut donc appliquer le théorème 3.4 à ce morphisme.

Supposons que $\mathrm{X}(k_\Omega) \neq \varnothing$. D'après la proposition 3.64, il existe un ouvert dense $\mathrm{U} \subset \mathrm{X}$ et un k-morphisme $f\colon \mathrm{U} \to (\mathrm{C}_{\mathrm{H}^0})^{\mathrm{reg}}$, où $(\mathrm{C}_{\mathrm{H}^0})^{\mathrm{reg}}$ désigne l'ouvert de lissité de $\mathrm{C}_{\mathrm{H}^0}$ sur k. Étant donné que $\mathrm{Br}(\mathrm{X})/\mathrm{Br}(k) = 0$, tout k_Ω-point de U est orthogonal à $\mathrm{Br}_{\mathrm{nr}}(\mathrm{U})$. Comme $f^\star\mathrm{Br}_{\mathrm{nr}}((\mathrm{C}_{\mathrm{H}^0})^{\mathrm{reg}}) \subset \mathrm{Br}_{\mathrm{nr}}(\mathrm{U})$ (cf. [31, Théorème 7.4]), le lemme 3.9, appliqué au morphisme $f \otimes_k k_v$ pour chaque place $v \in \Omega$ (avec $\mathrm{S} = \mathrm{Y} = (\mathrm{C}_{\mathrm{H}^0})^{\mathrm{reg}} \otimes_k k_v$), permet d'en déduire que l'image par f de tout k_Ω-point de U est orthogonale à $\mathrm{Br}_{\mathrm{nr}}((\mathrm{C}_{\mathrm{H}^0})^{\mathrm{reg}})$. Le théorème des fonctions implicites assure par ailleurs l'existence d'un k_Ω-point de U ; on a ainsi montré que $(\mathrm{C}_{\mathrm{H}^0})^{\mathrm{reg}}(k_\Omega)^{\mathrm{Br}_{\mathrm{nr}}} \neq \varnothing$. D'après le théorème 3.4 appliqué au morphisme π_{H^0} et à l'ouvert $\mathrm{H}^0 \setminus \Delta$, il existe donc $h_0 \in (\mathrm{H}^0 \setminus \Delta)(k)$ tel que la fibre $\pi_{\mathrm{H}^0}^{-1}(h_0)$ admette un k_v-point pour tout $v \in \Omega$.

Soit $h_1 \in (\mathrm{H}^0 \setminus \Delta)(k)$ un point distinct de h_0 mais suffisamment proche de h_0 aux places réelles de k pour que, notant D_0 la droite de H passant par h_0 et h_1, les points h_0 et h_1 appartiennent à la même composante connexe de $(\mathrm{D}_0 \setminus (\mathrm{D}_0 \cap \Delta))(k_v)$ pour toute place v réelle. Comme $\pi_{\mathrm{H}^0}^{-1}(h_0)$ est lisse et possède un k_v-point pour toute place v réelle et que le morphisme π_{H^0} est plat (cf. proposition 3.51), le théorème des fonctions implicites permet de supposer, quitte à choisir h_1 suffisamment proche de h_0, que $\pi_{\mathrm{H}^0}^{-1}(h_1)$ possède un k_v-point pour toute place v réelle.

Soit $\Pi \subset \mathrm{H}$ un hyperplan k-rationnel contenant h_1 mais ne contenant pas h_0. Nous sommes maintenant dans la situation du paragraphe 3.4.5, où une « condition $(\mathrm{D_g})$ » a été définie (cf. définition 3.75). Celle-ci est satisfaite en vertu de la proposition 3.85. D'après la proposition 3.76, il existe donc un point $p \in \Pi(k)$ arbitrairement proche de h_1 aux places réelles de k et un k-isomorphisme $\tau\colon \mathrm{D} \xrightarrow{\sim} \mathbf{P}^1_k$ vérifiant toutes les conditions énoncées immédiatement avant la proposition 3.76, où D désigne la droite de H passant par h_0 et p. Quitte à choisir p suffisamment proche de h_1, on peut supposer que h_0 et p appartiennent à la même composante connexe de $(\mathrm{D} \setminus (\mathrm{D} \cap \Delta))(k_v)$ pour toute place v réelle et que la fibre $\pi_{\mathrm{H}^0}^{-1}(p)$ possède un k_v-point pour toute place v réelle. Il résulte alors de la condition (v) précédant l'énoncé de la proposition 3.76 que $\tau(h_0)$ appartient à la composante connexe non majorée de $\tau(\mathrm{D} \setminus (\mathrm{D} \cap (\Delta \cup \Pi)))(k_v)$ pour toute place v réelle.

Toutes les hypothèses du théorème 2.5 sont satisfaites pour la famille $\tau \circ \pi_{\mathrm{H}^0} \colon \pi_{\mathrm{H}^0}^{-1}(\mathrm{D}) \to \mathbf{P}^1_k$ et le point $\tau(h_0)$. Sa conclusion l'est donc aussi ; il en résulte que la variété $\mathrm{C}_{\mathrm{H}^0}$ admet un point k-rationnel. L'existence d'un morphisme $\mathrm{C}_{\mathrm{H}^0} \to \mathrm{X}$ permet de conclure quant à l'existence d'un point k-rationnel sur la surface X.

Reste à prouver le principe de Hasse pour X sous chacune des hypothèses (i) à (iv) du théorème 3.36. Les deux propositions suivantes nous seront utiles pour éliminer un certain nombre de cas particuliers. Rappelons que la surface X admet un point rationnel si elle admet un point sur une extension finie de k de degré impair ; sous diverses formes plus générales, ce résultat fut démontré par Amer, Brumer et Coray (cf. [7], [26]).

Proposition 3.101 — *Soit k'/k une extension finie de degré impair. Supposons que la k'-variété $\mathrm{X} \otimes_k k'$ admette un point rationnel si l'obstruction de Brauer-Manin ne s'y oppose pas. Alors la k-variété X admet un point rationnel si l'obstruction de Brauer-Manin ne s'y oppose pas.*

Démonstration — Soit $(\mathrm{P}_v)_{v\in\Omega} \in \mathrm{X}(\mathbf{A}_k)^{\mathrm{Br}}$. Notons Ω' l'ensemble des places de k' et $t\colon \Omega' \to \Omega$ l'application trace. Pour $w \in \Omega'$, posons $\mathrm{P}'_w = \mathrm{P}_{t(w)}$. Le point adélique $(\mathrm{P}'_w)_{w\in\Omega'}$ de la k'-variété $\mathrm{X} \otimes_k k'$ est orthogonal au groupe de

Brauer, comme il résulte des égalités

$$\sum_{w\in\Omega'} \operatorname{inv}_w \mathrm{A}(\mathrm{P}'_w) = \sum_{v\in\Omega}\sum_{w|v} \operatorname{inv}_w \mathrm{A}(\mathrm{P}_v) = \sum_{v\in\Omega} \operatorname{inv}_v(\mathrm{Cores}_{k'/k}\mathrm{A})(\mathrm{P}_v),$$

valables pour tout $\mathrm{A} \in \mathrm{Br}(\mathrm{X} \otimes_k k')$. Vu l'hypothèse de la proposition, on a alors $\mathrm{X}(k') \neq \varnothing$, d'où l'on déduit que $\mathrm{X}(k) \neq \varnothing$ grâce au théorème d'Amer, Brumer et Coray. □

Proposition 3.102 — *Supposons qu'il existe $t \in \mathscr{S}$ de degré impair sur k tel que $\varepsilon_t = 1$. Alors la surface X admet un point rationnel si l'obstruction de Brauer-Manin ne s'y oppose pas. En particulier, sous cette hypothèse, le principe de Hasse vaut pour X dès que* $\mathrm{Br}(\mathrm{X})/\mathrm{Br}(k) = 0$.

Démonstration — La proposition 3.101 permet de supposer que le point t est k-rationnel. L'hypothèse $\varepsilon_t = 1$ et la k-rationalité de t entraînent que la surface X est fibrée en coniques au-dessus d'une conique, avec quatre fibres géométriques singulières (cf. [46, Corollary 3.4]). Il est connu que de telles surfaces admettent un point rationnel dès que l'obstruction de Brauer-Manin ne s'y oppose pas (cf. [11, Théorème 2], [57]). □

Voici maintenant quelques conditions suffisantes pour que l'hypothèse (v) du théorème 3.36 soit satisfaite.

Proposition 3.103 — *Supposons que t_0 et t_1 soient k-rationnels. Si la condition (3.7) est satisfaite et que* $\mathrm{Br}(\mathrm{X})/\mathrm{Br}(k) = 0$, *l'hypothèse (v) du théorème 3.36 est satisfaite.*

Démonstration — Supposons, par l'absurde, que $\varepsilon_0 \neq 1$ et que pour tout $t \in \mathscr{S}'$, l'image de ε_0 dans $\kappa(t)^\star/\kappa(t)^{\star 2}$ appartienne au sous-groupe $\{1, \varepsilon_t\}$. Choisissant $t = t_1$, on en déduit que $\varepsilon_0 = \varepsilon_{t_1}$. Cette égalité et la proposition 3.39 montrent que l'entier noté d dans l'énoncé du théorème 3.37 est $< \mathrm{Card}(\mathscr{S}) - 1$. Par ailleurs, la condition (3.7) et l'hypothèse que $\varepsilon_0 \neq 1$ entraînent que l'entier noté n dans l'énoncé du théorème 3.37 est égal à $\mathrm{Card}(\mathscr{S})$, compte tenu que tout point de $\mathscr{S}'$ est de degré $\leqslant 3$. Il résulte donc du théorème 3.37 que $\mathrm{Br}(\mathrm{X})/\mathrm{Br}(k) \neq 0$, ce qui contredit l'hypothèse de la proposition. □

Proposition 3.104 — *Supposons que t_0 soit k-rationnel. Si le groupe Γ agit transitivement sur $\{t_1, \ldots, t_4\}$ et si*

$$\varepsilon_0 \notin \mathrm{Ker}\left(k^\star/k^{\star 2} \to \kappa(t)^\star/\kappa(t)^{\star 2}\right) \setminus \{1\},$$

où t désigne l'unique élément de $\mathscr{S}'$, l'hypothèse (v) du théorème 3.36 est satisfaite.

Lemme 3.105 — *Supposons que t_0 soit k-rationnel. Si $\varepsilon_0 \neq 1$, il existe $t \in \mathscr{S}'$ tel que l'image de ε_0 dans $\kappa(t)^\star/\kappa(t)^{\star 2}$ soit distincte de ε_t.*

Démonstration — Supposons que pour tout $t \in \mathscr{S}'$, l'image de ε_0 dans $\kappa(t)^\star/\kappa(t)^{\star 2}$ soit égale à ε_t. On a alors $\mathrm{N}_{\kappa(t)/k}(\varepsilon_t) = \varepsilon_0^{[\kappa(t):k]}$ pour tout $t \in \mathscr{S}$. Compte tenu que $\sum_{t\in\mathscr{S}}[\kappa(t) : k] = 5$ et que $\prod_{t\in\mathscr{S}} \mathrm{N}_{\kappa(t)/k}(\varepsilon_t) = 1$ (cf. proposition 3.39), il en résulte que $\varepsilon_0 = 1$. □

Démonstration de la proposition 3.104 — La condition (3.7) est vide lorsque Γ agit transitivement sur $\{t_1, \ldots, t_4\}$. De même, le groupe $\mathrm{Br}(\mathrm{X})/\mathrm{Br}(k)$ est automatiquement nul (cf. corollaire 3.38). Notant t l'unique point de $\mathscr{S}'$, le lemme 3.105 montre que l'image de ε_0 dans $\kappa(t)^\star/\kappa(t)^{\star 2}$ est distincte de ε_t. Elle est non triviale par hypothèse, d'où le résultat. □

Proposition 3.106 — *Supposons que t_0 soit k-rationnel. Si le groupe Γ agit transitivement et primitivement sur $\{t_1, \ldots, t_4\}$ (ce qui est par exemple le cas s'il agit 2-transitivement), l'hypothèse (v) du théorème 3.36 est satisfaite.*

Démonstration — Sous cette hypothèse, si t désigne l'unique élément de $\mathscr{S}'$, l'extension quartique $\kappa(t)/k$ ne contient aucune sous-extension quadratique, de sorte que l'on peut appliquer la proposition 3.104. □

Nous pouvons à présent terminer la démonstration du théorème 3.36.

Supposons l'hypothèse (iv) de ce théorème satisfaite. S'il existe $t \in \mathscr{S}$ tel que $\varepsilon_t = 1$, la proposition 3.102 permet de conclure. Sinon, la condition (3.7) est satisfaite et la proposition 3.103 montre donc que l'hypothèse (v) du théorème l'est aussi, d'où le résultat.

Supposons l'hypothèse (iii) du théorème 3.36 satisfaite. Tout point de $\mathscr{S}$ est alors de degré impair sur k. S'il existe $t \in \mathscr{S}$ tel que $\varepsilon_t = 1$, la proposition 3.102 permet donc de conclure. Sinon, quitte à renuméroter les t_i, on peut supposer que t_0 et t_1 sont k-rationnels ; la condition (3.7) est alors satisfaite et l'hypothèse (v) l'est donc aussi, d'après la proposition 3.103.

Si l'hypothèse (ii) du théorème 3.36 est satisfaite, on peut supposer que t_0 est k-rationnel, quitte à renuméroter les t_i. Il suffit alors d'appliquer la proposition 3.106 pour conclure.

Enfin, si l'hypothèse (i) du théorème 3.36 est satisfaite, l'ensemble $\mathscr{S}$ est un singleton. Notons t son unique élément. Comme l'extension $\kappa(t)/k$ est de degré 5, le théorème d'Amer, Brumer et Coray montre qu'il suffit d'établir le principe de Hasse pour la surface $\mathrm{X} \otimes_k \kappa(t)$; or celle-ci est justiciable d'un cas déjà établi du théorème 3.36 puisque l'hypothèse (ii) relative à $\mathrm{X} \otimes_k \kappa(t)$ est satisfaite.

3.4.8 Groupe de Brauer et obstruction à la méthode

Le théorème 3.36 ne prédit la validité du principe de Hasse que pour des surfaces de del Pezzo de degré 4 vérifiant $\mathrm{Br}(\mathrm{X})/\mathrm{Br}(k) = 0$. De fait, cette hypothèse est nécessaire pour que la condition (D) générique soit satisfaite (cf. proposition 3.85 ; il est facile de voir que l'implication apparaissant dans l'énoncé de cette proposition est une équivalence). L'objet de ce paragraphe est d'établir *a priori* (c'est-à-dire indépendamment de tout calcul) l'existence, dès que $\mathrm{Br}(\mathrm{X})/\mathrm{Br}(k) \neq 0$, d'une obstruction à la méthode employée pour prouver le théorème 3.36. Plus précisément, nous allons montrer que toute classe non constante de $\mathrm{Br}(\mathrm{X})$ donne naissance à une classe de $\mathrm{Br}(\mathrm{C}_{\mathrm{H}^0})$ non verticale par rapport à π_{H^0}. Il est vraisemblable que si $\mathrm{D} \subset \mathrm{H}^0$ est une droite suffisamment générale et si $\mathrm{A} \in \mathrm{Br}(\mathrm{C}_{\mathrm{H}^0})$ est une classe non verticale, la restriction de A à $\pi_{\mathrm{H}^0}^{-1}(\mathrm{D})$ ne soit jamais verticale. À tout le moins, on ne sait pas trouver systématiquement de droite D mettant cette propriété en défaut ; en particulier ne sait-on pas trouver de droite D telle que la condition (D) associée au pinceau $\pi_{\mathrm{H}^0}^{-1}(\mathrm{D}) \to \mathrm{D}$ soit satisfaite (cf. corollaire 1.46 ; un énoncé analogue au corollaire 1.46 vaut dans la situation du chapitre 2).

Les notations sont celles du paragraphe 3.4.3. Le morphisme sous-entendu dans $\mathrm{Br}_{\mathrm{vert}}(\mathrm{C}_\Lambda)$ et $\mathrm{Br}_{\mathrm{hor}}(\mathrm{C}_\Lambda)$ (resp. dans $\mathrm{Br}_{\mathrm{vert}}(\mathrm{C}_{\mathrm{H}^0})$ et $\mathrm{Br}_{\mathrm{hor}}(\mathrm{C}_{\mathrm{H}^0})$) sera toujours π_Λ (resp. π_{H^0}).

Théorème 3.107 — *L'application naturelle* $\mathrm{Br}(\mathrm{X})/\mathrm{Br}(k) \to \mathrm{Br}_{\mathrm{hor}}(\mathrm{C}_{\mathrm{H}^0})$ *(cf. diagramme (3.9)) est injective.*

Démonstration — Notons $\alpha\colon \mathrm{Br}(\mathrm{X})/\mathrm{Br}(k) \to \mathrm{Br}_{\mathrm{hor}}(\mathrm{C}_\Lambda)$ l'application induite par la projection $\mathrm{C}_\Lambda \to \mathrm{X}$. Comme le morphisme $\mathrm{H}^0 \xrightarrow{\rho\circ\sigma} \Lambda$ est dominant, la flèche $\mathrm{Br}(\mathrm{C}_\Lambda) \to \mathrm{Br}(\mathrm{C}_{\mathrm{H}^0})$ issue du diagramme (3.9) induit une application $\beta\colon \mathrm{Br}_{\mathrm{hor}}(\mathrm{C}_\Lambda) \to \mathrm{Br}_{\mathrm{hor}}(\mathrm{C}_{\mathrm{H}^0})$. La composée

$$\mathrm{Br}(\mathrm{X})/\mathrm{Br}(k) \xrightarrow{\alpha} \mathrm{Br}_{\mathrm{hor}}(\mathrm{C}_\Lambda) \xrightarrow{\beta} \mathrm{Br}_{\mathrm{hor}}(\mathrm{C}_{\mathrm{H}^0})$$

est égale à l'application dont on veut montrer qu'elle est injective.

Lemme 3.108 — *La restriction de β au sous-groupe de 2-torsion de* $\mathrm{Br}_{\mathrm{hor}}(\mathrm{C}_\Lambda)$ *est injective.*

Démonstration — Comme la variété C_Λ est régulière et connexe (cf. proposition 3.47), son groupe de Brauer s'injecte dans celui de son corps de fonctions. Il suffit donc de s'intéresser aux groupes de Brauer des corps de fonctions des variétés envisagées (cf. proposition 3.52 pour l'intégrité de $\mathrm{C}_{\mathrm{H}^0}$) ; ceux-ci s'inscrivent dans le carré commutatif suivant :

$$\begin{array}{ccc} \mathrm{Br}(\kappa(\mathrm{C}_\Lambda)) & \xrightarrow{\gamma'} & \mathrm{Br}(\kappa(\mathrm{C}_{\mathrm{H}^0})) \\ \uparrow \delta & & \uparrow \delta' \\ \mathrm{Br}(\kappa(\Lambda)) & \xrightarrow{\gamma} & \mathrm{Br}(\kappa(\mathrm{H}^0)). \end{array}$$

Étant donné $\mathrm{A} \in \mathrm{Br}(\kappa(\mathrm{C}_\Lambda))$ tel que $\gamma'(\mathrm{A}) \in \mathrm{Im}(\delta')$ et $2\mathrm{A} \in \mathrm{Im}(\delta)$, on doit alors prouver que $\mathrm{A} \in \mathrm{Im}(\delta)$. Soit $\mathrm{B} \in \mathrm{Br}(\kappa(\mathrm{H}^0))$ tel que $\delta'(\mathrm{B}) = \gamma'(\mathrm{A})$. Comme $\kappa(\mathrm{C}_{\mathrm{H}^0}) = \kappa(\mathrm{C}_\Lambda) \otimes_{\kappa(\Lambda)} \kappa(\mathrm{H}^0)$, on a $\mathrm{Cores}_{\kappa(\mathrm{C}_{\mathrm{H}^0})/\kappa(\mathrm{C}_\Lambda)}(\delta'(\mathrm{B})) = \delta(\mathrm{Cores}_{\kappa(\mathrm{H}^0)/\kappa(\Lambda)}(\mathrm{B}))$. Par ailleurs, l'extension $\kappa(\mathrm{C}_{\mathrm{H}^0})/\kappa(\mathrm{C}_\Lambda)$ étant de degré 3, on a $\mathrm{Cores}_{\kappa(\mathrm{C}_{\mathrm{H}^0})/\kappa(\mathrm{C}_\Lambda)}(\gamma'(\mathrm{A})) = 3\mathrm{A}$. Combinant les trois égalités qui précèdent, on obtient $\mathrm{A} = \delta(\mathrm{Cores}_{\kappa(\mathrm{H}^0)/\kappa(\Lambda)}(\mathrm{B})) - 2\mathrm{A}$, d'où $\mathrm{A} \in \mathrm{Im}(\delta)$. □

Lemme 3.109 — *L'application α est injective.*

Démonstration — La projection $\mathrm{C}_\Lambda \to \mathrm{X}$ est un fibré projectif (localement libre). Par conséquent, l'application $\mathrm{Br}(\mathrm{X}) \to \mathrm{Br}(\mathrm{C}_\Lambda)$ qu'elle induit est un isomorphisme. L'injectivité de α équivaut donc à la nullité du groupe $\mathrm{Br}_{\mathrm{vert}}(\mathrm{C}_\Lambda)/\mathrm{Br}(k)$; c'est cette dernière propriété que nous allons démontrer. Rappelons qu'il existe une hypersurface quadrique lisse $\mathrm{Q} \subset \Lambda$ telle que les fibres de π_Λ au-dessus des points de codimension 1 de $\Lambda \setminus \mathrm{Q}$ soient géométriquement intègres (cf. propositions 3.54 et 3.55). Il en résulte que toute classe de $\mathrm{Br}_{\mathrm{vert}}(\mathrm{C}_\Lambda)$ est l'image réciproque par π_Λ d'une classe de $\mathrm{Br}(\Lambda \setminus \mathrm{Q})$ (cf. [23, Proposition 1.1.1, Theorem 1.3.2] et la proposition 3.47). Pour conclure, il reste seulement à montrer que si $\mathrm{A} \in \mathrm{Br}(\Lambda \setminus \mathrm{Q})$ est telle que $\pi_\Lambda^\star \mathrm{A} \in \mathrm{Br}(\mathrm{C}_\Lambda)$, alors $\pi_\Lambda^\star \mathrm{A}$ appartient à l'image de $\mathrm{Br}(k)$.

Comme Q est géométriquement intègre sur k, la flèche de restriction

$$\mathrm{Br}(\mathrm{X})/\mathrm{Br}(k) \longrightarrow \mathrm{Br}(\mathrm{X} \otimes_k \kappa(\mathrm{Q}))/\mathrm{Br}(\kappa(\mathrm{Q}))$$

est injective (l'argument est exactement le même que celui employé dans les preuves des lemmes 3.42 et 3.43 ; le point clé est que le groupe de Picard géométrique de X est un **Z**-module libre de type fini) ; pour prouver la proposition, on peut donc supposer que $\mathrm{Q}(k) \neq \varnothing$, quitte à étendre les scalaires de k à $\kappa(\mathrm{Q})$. Soit alors $q \in \mathrm{Q}(k)$. Choisissons une droite k-rationnelle $\mathrm{D} \subset \Lambda$ passant par q, tangente à Q en q mais non incluse dans $\mathrm{Q} \cup \mathrm{R}$, et posons $\mathrm{D}^0 = \mathrm{D} \setminus \{q\}$. (Une telle droite existe car $\mathrm{Q} \cup \mathrm{R}$ ne contient pas de plan.) Comme $\mathrm{D} \not\subset \mathrm{Q} \cup \mathrm{R}$, la fibre de π_Λ au-dessus du point générique de D est irréductible. Le morphisme π_Λ étant propre et plat et la variété C_Λ étant de Cohen-Macaulay, on en déduit que la surface $\pi_\Lambda^{-1}(\mathrm{D}^0)$ est irréductible (cf. preuve de la proposition 3.52). Le morphisme composé $\pi_\Lambda^{-1}(\mathrm{D}^0) \hookrightarrow \mathrm{C}_\Lambda \to \mathrm{X}$ est birationnel ; en effet, si $\mathrm{L}^0 \subset \mathbf{P}^4_k$ désigne l'hyperplan correspondant à q, on peut définir un inverse birationnel de ce morphisme sur l'ouvert dense $\mathrm{X} \setminus (\mathrm{X} \cap \mathrm{L}^0) \subset \mathrm{X}$ en associant à x le couple formé de x et de l'unique hyperplan de D contenant x. Il en résulte que la flèche horizontale du triangle commutatif

$$\begin{array}{ccc} \mathrm{Br}(\mathrm{C}_\Lambda) & & \\ \uparrow \wr & \searrow & \\ \mathrm{Br}(\mathrm{X}) & \longrightarrow & \mathrm{Br}(\pi_\Lambda^{-1}(\mathrm{D}^0)) \end{array}$$

est injective. La flèche de restriction $\mathrm{Br}(\mathrm{C}_\Lambda) \to \mathrm{Br}(\pi_\Lambda^{-1}(\mathrm{D}^0))$ est donc elle aussi injective. Celle-ci s'insère dans le diagramme commutatif

$$\begin{array}{ccc} \mathrm{Br}(\mathrm{C}_\Lambda) & & \\ \downarrow & \searrow & \\ \mathrm{Br}(\pi_\Lambda^{-1}(\Lambda \setminus \mathrm{Q})) & \longrightarrow & \mathrm{Br}(\pi_\Lambda^{-1}(\mathrm{D}^0)) \\ \uparrow \pi_\Lambda^\star & & \uparrow \pi_\Lambda^\star \\ \mathrm{Br}(\Lambda \setminus \mathrm{Q}) & \longrightarrow & \mathrm{Br}(\mathrm{D}^0), \end{array}$$

où les flèches dépourvues d'étiquette sont les flèches de restriction ; on a en effet $\mathrm{D}^0 \subset \Lambda \setminus \mathrm{Q}$ puisque Q est une quadrique, que D est tangente à Q en q et que $\mathrm{D} \not\subset \mathrm{Q}$. La flèche naturelle $\mathrm{Br}(k) \to \mathrm{Br}(\mathrm{D}^0)$ est un isomorphisme puisque la variété D^0 est k-isomorphe à $\mathbf{A}^1_k$. Grâce à cette remarque, il est maintenant évident sur le diagramme ci-dessus que si $\mathrm{A} \in \mathrm{Br}(\Lambda \setminus \mathrm{Q})$ est telle que $\pi_\Lambda^\star \mathrm{A} \in \mathrm{Br}(\mathrm{C}_\Lambda)$, alors $\pi_\Lambda^\star \mathrm{A}$ appartient à l'image de $\mathrm{Br}(k)$. □

On déduit des lemmes 3.108 et 3.109 que la restriction de $\beta \circ \alpha$ au sous-groupe de 2-torsion de $\mathrm{Br}(\mathrm{X})/\mathrm{Br}(k)$ est injective. Compte tenu que $\mathrm{Br}(\mathrm{X})/\mathrm{Br}(k)$ est tué par 2 (cf. théorème 3.37 et la remarque qui suit sa démonstration), ceci prouve le théorème. □

3.5 Principe de Hasse pour les intersections de deux quadriques dans $\mathbf{P}^n$ avec $n \geqslant 5$

3.5.1 Un résultat de monodromie

Reprenons les notations du paragraphe 3.3 et supposons la variété X lisse sur k et purement de codimension 2 dans $\mathbf{P}(\mathrm{V})$. Nous avons défini un morphisme $p\colon \mathrm{Z} \to \mathbf{P}(\mathrm{V}^\star)$, fini et plat de degré $n = \dim \mathbf{P}(\mathrm{V})$ (cf. proposition 3.31).

Théorème 3.110 — *Le revêtement $p\colon \mathrm{Z} \to \mathbf{P}(\mathrm{V}^\star)$ est irréductible et génériquement étale. Son groupe de monodromie est isomorphe au groupe symétrique $\mathfrak{S}_n$.*

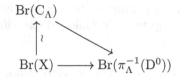

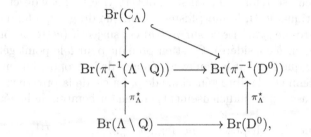

(Le *groupe de monodromie* d'un revêtement irréductible et génériquement étale est par définition le groupe de Galois d'une clôture galoisienne de sa fibre générique.)

Nous donnons deux démonstrations de cette proposition.

Première démonstration — Soit $U \subset \mathbf{P}(V^\star)$ le plus grand ouvert au-dessus duquel le morphisme p soit étale. Comme il est bien connu (cf. [32, Exp. V]), la proposition peut se reformuler ainsi : l'ouvert U est non vide et si b est un point géométrique de U, le morphisme canonique du groupe fondamental $\pi_1(U, b)$ vers le groupe symétrique sur $p^{-1}(b)$ est surjectif (cette propriété ne dépend pas du point b considéré). C'est en prenant pour b le point générique géométrique de U que l'on fait le lien avec l'énoncé de la proposition en termes de clôture galoisienne de la fibre générique de p. La clé de la preuve va être de choisir le point base b plus judicieusement, en tenant compte de la géométrie de la situation.

Rappelons que l'on dispose d'une famille $t_0, \ldots, t_n \in \mathbf{P}^1(\overline{k})$ et d'une famille $P_0, \ldots, P_n$ de $\overline{k}$-points de $\mathbf{P}(V)$ qui ne sont pas contenus dans un même hyperplan (cf. corollaire 3.29). Pour $i \in \{0, \ldots, n\}$, notons $P_i^\star$ le $\overline{k}$-point de $\mathbf{P}(V^\star)$ associé à l'hyperplan de $\mathbf{P}(V)$ contenant $\{P_j \,;\, j \in \{0, \ldots, n\} \setminus \{i\}\}$. Pour chaque $i \in \{0, \ldots, n\}$, l'inclusion $Z \subset \mathbf{P}^1_k \times_k \mathbf{P}(V^\star)$ permet d'identifier la fibre $p^{-1}(P_i^\star)$ à l'ensemble des couples $(t_j, P_i^\star)$ pour $j \in \{0, \ldots, n\} \setminus \{i\}$. Comme les t_j sont deux à deux distincts, il en résulte que $p^{-1}(P_i^\star)$ est de cardinal n pour tout i ; les points $P_0^\star, \ldots, P_n^\star$ appartiennent donc tous à $U(\overline{k})$, ce qui prouve au passage que $U \neq \varnothing$.

Posons $b = P_0^\star$. Nous allons maintenant montrer que l'image du morphisme canonique $\pi_1(U, b) \to \mathrm{Aut}(\pi^{-1}(b))$ (où le symbole « Aut » désigne simplement le groupe symétrique) contient toutes les transpositions.

Si S est un schéma, notons FÉt(S) la catégorie des S-schémas finis étales. Notons Ens la catégorie des ensembles finis. Pour $i \in \{0, \ldots, n\}$, notons $F_i \colon \text{FÉt}(U) \to \text{Ens}$ le foncteur fibre en $P_i^\star$: par définition, si $S \to U$ est un morphisme fini étale, $F_i(S)$ est sa fibre en $P_i^\star$. Pour $i, j \in \{0, \ldots, n\}$ distincts, notons D_{ij} la $\overline{k}$-droite de $\mathbf{P}(V^\star)$ passant par $P_i^\star$ et $P_j^\star$ et $F_{ij} \colon \text{FÉt}(U \cap D_{ij}) \to \text{Ens}$ le foncteur fibre en $P_i^\star$. Compte tenu que $U \cap D_{ij} = U \cap D_{ji}$ et que ce schéma est connexe, les foncteurs F_{ij} et F_{ji} sont (non canoniquement) isomorphes (cf. [32, Exp. V, §7]). Choisissons, indépendamment pour chaque couple d'entiers $i, j \in \{0, \ldots, n\}$ distincts, un isomorphisme $u_{ij} \colon F_{ij} \xrightarrow{\sim} F_{ji}$. Des isomorphismes $v_{ij} \colon F_i \xrightarrow{\sim} F_j$ s'en déduisent par composition avec le foncteur de restriction $\text{FÉt}(U) \to \text{FÉt}(U \cap D_{ij})$.

Lemme 3.111 — *Soient $i, j \in \{0, \ldots, n\}$ distincts. La bijection*

$$p^{-1}(P_i^\star) \longrightarrow p^{-1}(P_j^\star)$$

induite par v_{ij} applique $(t_\ell, \mathrm{P}_i^\star)$ sur $(t_\ell, \mathrm{P}_j^\star)$ pour tout $\ell \in \{0, \dots, n\} \setminus \{i, j\}$ et $(t_j, \mathrm{P}_i)^\star$ sur $(t_i, \mathrm{P}_j^\star)$.

Démonstration — Notons $f : p^{-1}(\mathrm{P}_i^\star) \to p^{-1}(\mathrm{P}_j^\star)$ cette application. Il suffit de prouver que $f((t_\ell, \mathrm{P}_i^\star)) = (t_\ell, \mathrm{P}_j^\star)$ pour tout $\ell \in \{0, \dots, n\} \setminus \{i, j\}$, puisque f est bijective. Fixons donc un tel entier ℓ. La droite D_{ij} s'identifie au pinceau des hyperplans de $\mathbf{P}(\mathrm{V})$ contenant $\{\mathrm{P}_s\ ;\ s \in \{0, \dots, n\} \setminus \{i, j\}\}$. En particulier, les hyperplans de D_{ij} contiennent tous P_ℓ ; il en résulte que l'on peut définir une section s du $\bar{k}$-morphisme $p^{-1}(\mathrm{U} \cap \mathrm{D}_{ij}) \to \mathrm{U} \cap \mathrm{D}_{ij}$ induit par p en posant $s(\mathrm{L}) = (t_\ell, \mathrm{L})$. Considérons s comme un morphisme dans la catégorie $\mathrm{FÉt}(\mathrm{U} \cap \mathrm{D}_{ij})$. La fonctorialité de l'isomorphisme u_{ij} fournit alors un carré commutatif

$$\begin{array}{ccc} \{\mathrm{P}_i^\star\} & \longrightarrow & p^{-1}(\mathrm{P}_i^\star) \\ \downarrow & & \downarrow f \\ \{\mathrm{P}_j^\star\} & \longrightarrow & p^{-1}(\mathrm{P}_j^\star), \end{array}$$

où les flèches horizontales sont induites par s. Celui-ci montre bien que $f((t_\ell, \mathrm{P}_i^\star)) = (t_\ell, \mathrm{P}_j^\star)$, vu la définition de s. □

Pour $i, j \in \{1, \dots, n\}$ distincts, notons w_{ij} l'automorphisme de F_0 défini comme la composée

$$\mathrm{F}_0 \xrightarrow{v_{0i}} \mathrm{F}_i \xrightarrow{v_{ij}} \mathrm{F}_j \xrightarrow{v_{j0}} \mathrm{F}_0.$$

Le lemme 3.111 montre que l'automorphisme de $p^{-1}(b)$ induit par w_{ij} n'est autre que la transposition $(i\ j)$, si l'on identifie $p^{-1}(b)$ à $\{1, \dots, n\}$ par l'application $(t_i, \mathrm{P}_0^\star) \mapsto i$. Par définition du groupe fondamental, les automorphismes w_{ij} sont des éléments de $\pi_1(\mathrm{U}, b)$. Nous venons de prouver que l'ensemble de leurs images dans $\mathrm{Aut}(p^{-1}(b))$ est exactement l'ensemble des transpositions de $p^{-1}(b)$; ainsi le morphisme $\pi_1(\mathrm{U}, b) \to \mathrm{Aut}(p^{-1}(b))$ est-il bien surjectif. □

Remarque — Lorsque k est de caractéristique 0, on voit facilement que l'on peut supposer que $k = \mathbf{C}$, auquel cas la démonstration ci-dessus s'interprète topologiquement comme suit. Pour simplifier les notations, prenons $i = 1$ et $j = 2$. Considérons alors la courbe connexe $\mathrm{T} = \mathrm{D}_{01} \cup \mathrm{D}_{12} \cup \mathrm{D}_{02}$, que l'on pourrait qualifier de « triangle ». Comme les sommets de ce triangle appartiennent à U, il existe un lacet γ sur $\mathrm{T}(\mathbf{C})$, d'origine $\mathrm{P}_0^\star$, évitant le lieu de branchement de p et « faisant une fois le tour de T » (dans un sens ou dans l'autre ; pour fixer les idées, mettons que γ visite le point $\mathrm{P}_1^\star$ avant le point $\mathrm{P}_2^\star$). Les fibres fermées de p sont canoniquement des sous-ensembles de $\mathbf{P}^1(\mathbf{C})$. De ce point de vue, la fibre $p^{-1}(\mathrm{P}_0^\star)$ s'identifie à l'ensemble $\{t_1, \ldots, t_n\}$; voyons ce qu'il en advient lorsqu'on parcourt le lacet γ. Dans un premier temps, si l'on va de $\mathrm{P}_0^\star$ à $\mathrm{P}_1^\star$ tout en ne quittant pas la droite D_{01}, les t_i pour $i > 2$ restent fixes tandis que le n-ème point de la fibre, initialement égal à t_1, se déplace progressivement pour finalement atteindre t_0. Dans un second temps, les t_i pour $i > 2$ ou $i = 0$ sont fixes et le point restant passe de t_2 à t_1. Enfin, le parcours du troisième côté de T laisse les t_i pour $i > 2$ ou $i = 1$ fixes et déplace le point restant de t_0 vers t_2. Le lacet γ agit donc bien par la transposition attendue.

Au premier abord, il pourrait sembler surprenant que l'action de γ sur $p^{-1}(\mathrm{P}_0^\star)$ ne dépende pas du choix de ce lacet ; il existe pourtant une infinité de chemins deux à deux non homotopes permettant de relier $\mathrm{P}_i^\star$ à $\mathrm{P}_j^\star$ sur $(\mathrm{U} \cap \mathrm{D}_{ij})(\mathbf{C})$, pour chaque couple (i,j). (Ce choix correspond à celui des isomorphismes u_{ij} dans la preuve algébrique.) L'explication est la suivante. Bien que le revêtement plat $p^{-1}(\mathrm{D}_{ij}) \to \mathrm{D}_{ij}$ soit ramifié au-dessus de $\mathrm{R} \cap \mathrm{D}_{ij}$, où $\mathrm{R} = \mathbf{P}(\mathrm{V}^\star) \setminus \mathrm{U}$, il ne s'agit que de ramification factice : la courbe $p^{-1}(\mathrm{D}_{ij})$ n'est pas normale, et le revêtement de D_{ij} obtenu après normalisation de $p^{-1}(\mathrm{D}_{ij})$ est étale (et même constant). Ce phénomène a lieu car l'hypersurface $\mathrm{R} \subset \mathbf{P}(\mathrm{V}^\star)$ est tangente à la droite D_{ij} en tout point d'intersection.

Seconde démonstration — Les fibres géométriques de la première projection $\mathrm{Z} \to \mathbf{P}_k^1$ sont irréductibles ; en effet, d'un point de vue ensembliste, la fibre au-dessus de $t \in \mathbf{P}^1(\bar{k})$ coïncide avec la variété duale de la quadrique lisse Q_t si $t \notin \{t_0, \ldots, t_n\}$ ou avec l'ensemble des hyperplans de $\mathbf{P}(\mathrm{V})$ passant par P_i si $t = t_i$. Par conséquent, la variété Z est géométriquement irréductible.

Si $n = 2$, il n'y a plus rien à démontrer. Supposons donc $n \geqslant 3$. Il résulte alors de la description des fibres géométriques de p (cf. les remarques qui précèdent la proposition 3.31) et de la proposition 3.26 que le lieu de branchement $\mathrm{R} \subset \mathbf{P}(\mathrm{V}^\star)$ de p s'identifie à l'ensemble des hyperplans de $\mathbf{P}(\mathrm{V})$ tangents à X, c'est-à-dire à la variété duale de X puisque X est lisse. Ceci montre déjà que $\mathrm{R} \neq \mathbf{P}(\mathrm{V}^\star)$, donc que p est génériquement étale, et que R est un fermé géométriquement irréductible (cf. [42, Proposition 3.1.4] ; la variété X est elle-même géométriquement irréductible car c'est une intersection complète lisse de dimension $\geqslant 1$ dans $\mathbf{P}(\mathrm{V})$). Notons $\mathrm{U} = \mathbf{P}(\mathrm{V}^\star) \setminus \mathrm{R}$. Si R était de codimension $\geqslant 2$ dans $\mathbf{P}(\mathrm{V}^\star)$, la variété $\mathrm{U} \otimes_k \bar{k}$ serait simplement connexe (cf. [32, Exp. XI, Proposition 1.1 et Exp. X, Corollaire 3.3]) et $p^{-1}(\mathrm{U} \otimes_k \bar{k})$ serait donc un revêtement constant de $\mathrm{U} \otimes_k \bar{k}$, contredisant ainsi l'irréductibilité géométrique de Z. Le fermé $\mathrm{R} \subset \mathbf{P}(\mathrm{V}^\star)$ est donc une hypersurface irréductible.

Comme R est une hypersurface, le pinceau des hyperplans de $\mathbf{P}(\mathrm{V})$ contenant $\mathrm{P}_2, \ldots, \mathrm{P}_n$ rencontre R. Autrement dit, il existe $r \in \mathrm{R}(\bar{k})$ tel que $p^{-1}(r)$ contienne les points (t_i, r) pour $i \in \{2, \ldots, n\}$. En particulier, comme les t_i sont deux à deux distincts, cette fibre géométrique possède au plus un point double. Compte tenu de la semi-continuité inférieure du nombre géométrique de points dans les fibres d'un morphisme fini et plat (cf. [EGA IV_3, 15.5.1 (i)]), il en résulte que la fibre de p au-dessus du point générique de R possède au plus un point double.

Notons K le corps des fonctions de la grassmannienne des droites de $\mathbf{P}(\mathrm{V}^\star)$ et D la droite générique de $\mathbf{P}(\mathrm{V}^\star)$ (c'est-à-dire la fibre générique du fibré en droites tautologique sur la grassmannienne des droites de $\mathbf{P}(\mathrm{V}^\star)$). Posons $\mathrm{Z_D} = \mathrm{Z} \times_{\mathbf{P}(\mathrm{V}^\star)} \mathrm{D}$, où le produit fibré est relatif à p et au morphisme canonique $i\colon \mathrm{D} \to \mathbf{P}(\mathrm{V}^\star)$. Comme p est dominant et que Z est géométriquement irréductible sur k, $\mathrm{Z_D}$ est géométriquement irréductible sur K (cf. [41, I, Th. 6.10]). Soit $\mathrm{Z'_D} \to \mathrm{Z_D}$ la normalisation de $\mathrm{Z_D}$. On a vu que les fibres de p au-dessus des points de codimension 1 possèdent au plus un point double. Compte tenu que l'image du morphisme i ne contient aucun point de codimension > 1, il en résulte que les fibres de la projection $\mathrm{Z_D} \to \mathrm{D}$ possèdent au plus un point double. Il en va nécessairement de même pour la projection $\mathrm{Z'_D} \to \mathrm{D}$. Ainsi disposons-nous d'une courbe régulière $\mathrm{Z'_D}$, géométriquement irréductible sur K, et d'un K-morphisme $\mathrm{Z'_D} \to \mathrm{D}$ génériquement étale de degré n dont les fibres ont au plus un point double, où D est K-isomorphe à $\mathbf{P}^1_\mathrm{K}$. Il est bien connu, au moins en caractéristique 0, que le groupe de monodromie d'un tel revêtement est isomorphe à $\mathfrak{S}_n$ (cf. [2, Proposition 2.2] pour une preuve en toute caractéristique). Comme le morphisme $\pi_1(i^{-1}(\mathrm{U}), b) \to \pi_1(\mathrm{U}, i(b))$ induit par i est compatible aux actions respectives de ces groupes sur la fibre $p^{-1}(i(b))$, où b désigne un point géométrique de $i^{-1}(\mathrm{U})$, le résultat voulu s'en déduit. □

3.5.2 Preuve du théorème 3.3

Le corps k est maintenant un corps de nombres. Rappelons que le théorème 3.3 affirme que toute intersection lisse de deux quadriques dans $\mathbf{P}^n_k$ pour $n \geqslant 5$ satisfait au principe de Hasse, si l'on admet l'hypothèse de Schinzel et la finitude des groupes de Tate-Shafarevich des courbes elliptiques sur les corps de nombres.

Démonstration du théorème 3.3 — Soit $\mathrm{X} \subset \mathbf{P}^5_k$ une intersection lisse de deux quadriques. Il est clair que l'on peut supposer X purement de codimension 2 dans $\mathbf{P}^5_k$, compte tenu du théorème de Hasse-Minkowski. Notons alors

$$\mathrm{C} = \left\{(x, \mathrm{L}) \in \mathrm{X} \times_k (\mathbf{P}^5_k)^\star \,;\, x \in \mathrm{L}\right\}$$

et munissons ce fermé de $\mathrm{X} \times_k (\mathbf{P}^5_k)^\star$ de sa structure de sous-schéma fermé réduit. La première projection $\mathrm{C} \to \mathrm{X}$ fait de C un fibré projectif (localement libre) sur X. La variété C est donc lisse et géométriquement intègre sur k.

Notons $f\colon \mathrm{C} \to (\mathbf{P}^5_k)^\star$ la seconde projection et $p\colon \mathrm{Z} \to (\mathbf{P}^5_k)^\star$ le revêtement plat de degré 5 que l'on a associé à X au paragraphe 3.3. Le théorème 3.110 montre qu'il existe un ensemble hilbertien H de points k-rationnels de $(\mathbf{P}^5_k)^\star$

au-dessus desquels la fibre de p est le spectre d'une extension finie de k dont la clôture galoisienne a pour groupe de Galois $\mathfrak{S}_5$. Comme la fibre générique de f est lisse (la variété C étant lisse sur k), quitte à rétrécir H, on peut supposer que les fibres de f au-dessus de H sont lisses. D'après le théorème 3.36 (hypothèse (i)), le principe de Hasse vaut pour les fibres de f au-dessus de H.

Comme X est une intersection complète lisse de dimension $\geqslant 3$ dans un espace projectif, toutes les fibres de f sont géométriquement intègres (cf. [28, Remark 7.5]). (On aurait aussi pu déduire cette propriété de la proposition 3.26, du corollaire 3.29 et de [18, Lemma 1.11].) Nous pouvons donc appliquer le théorème suivant au morphisme $f^{-1}(\mathrm{U}) \to \mathrm{U}$ induit par f, où U est un ouvert de $(\mathbf{P}^5_k)^\star$ isomorphe à $\mathbf{A}^5_k$; l'hypothèse (Sect) est satisfaite en vertu du théorème de Tsen (cf. la remarque 1 précédant le §3 de [65]).

Théorème 3.112 — *Soit $f\colon \mathrm{X} \to \mathrm{Y}$ un morphisme projectif entre variétés géométriquement intègres sur un corps de nombres k. Supposons que les fibres de f soient géométriquement intègres, qu'il existe un entier $n \geqslant 1$ tel que* Y *soit le complémentaire dans $\mathbf{A}^n_k$ d'un fermé de $\mathbf{A}^n_k$ de codimension $\geqslant 2$, que le principe de Hasse vaille pour les fibres de f au-dessus d'un sous-ensemble hilbertien de* $\mathrm{Y}(k)$ *et que la condition suivante soit satisfaite :*

> (Sect) *Il existe un ouvert dense* U *de l'espace des droites de $\mathbf{A}^n_k$ tel que pour toute droite* $\mathrm{D} \in \mathrm{U}$, *si $\overline{k}$ désigne une clôture algébrique de k et η le point générique de $\mathrm{D} \otimes_k \overline{k} \subset \mathbf{A}^n_{\overline{k}}$, la $\kappa(\eta)$-variété $\mathrm{X} \times_{\mathrm{Y}} \eta$ admet un point rationnel lisse.*

Alors le principe de Hasse vaut pour X.

Démonstration — Ce théorème est prouvé par Skorobogatov dans [65]. La technique sous-jacente, due à Colliot-Thélène, Sansuc et Swinnerton-Dyer, est expliquée en détail dans l'introduction de [18]. □

Ainsi le principe de Hasse vaut-il pour C, et donc pour X.

Le théorème 3.3 est à présent démontré pour $n = 5$. Le cas général s'en déduit par récurrence, en suivant exactement l'argument que l'on vient d'employer pour établir le cas $n = 5$, à ceci près que l'on remplace chaque occurrence du chiffre 5 par n (bien entendu, l'ensemble H est maintenant inutile). □

Annexe

Un certain nombre de lemmes généraux au sujet des courbes elliptiques à réduction semi-stable sur le corps des fonctions d'un trait hensélien sont utilisés de manière répétée tout au long du texte. Il a semblé plus commode de les rassembler ici, en dépit de leur disparité.

Dans toute l'annexe, on fixe un anneau de valuation discrète R de corps résiduel κ et de corps des fractions K et l'on suppose κ parfait[4] de caractéristique $p \neq 2$ (éventuellement nulle). Si E est une courbe elliptique sur K, on note $\mathscr{E}$ son modèle de Néron au-dessus de R, $\mathscr{E}^0 \subset \mathscr{E}$ la composante neutre de $\mathscr{E}$ et F le κ-schéma en groupes fini étale des composantes connexes de la fibre spéciale de $\mathscr{E}$, c'est-à-dire la fibre spéciale de $\mathscr{E}/\mathscr{E}^0$. De même, si E′ et E″ sont des courbes elliptiques sur K, on désigne par $\mathscr{E}'$, $\mathscr{E}'^0$, F′, $\mathscr{E}''$, $\mathscr{E}''^0$, F″ les objets correspondants. Soit enfin $\overline{\kappa}$ une clôture algébrique de κ.

Lemme A.1 — *Soient* E′ *et* E″ *des courbes elliptiques sur* K *et* $\varphi' \colon \mathrm{E}' \to \mathrm{E}''$ *une isogénie. Si p ne divise pas* $\deg(\varphi')$, *le morphisme* $\varphi'^0 \colon \mathscr{E}'^0 \to \mathscr{E}''^0$ *induit par* φ' *est un épimorphisme de faisceaux étales sur* Spec(R).

Démonstration — Il suffit de vérifier que φ'^0 est un morphisme de schémas surjectif et étale. Il est surjectif d'après [5, 7.3/6]. Pour qu'il soit étale, il suffit que le morphisme $\mathscr{E}' \to \mathscr{E}''$ induit par φ' le soit, et ceci résulte de [5, 7.3/2 (b) et 7.3/5]. □

Lemme A.2 — *Supposons* R *strictement hensélien. Soient* E′ *et* E″ *des courbes elliptiques sur* K *et* $\varphi' \colon \mathrm{E}' \to \mathrm{E}''$ *une isogénie dont le degré n'est pas divisible par p. Alors l'application* $\mathrm{E}'(\mathrm{K}) \to \mathrm{E}''(\mathrm{K})$ *induite par* φ' *est surjective si et seulement si l'application* $\mathrm{F}'(\kappa) \to \mathrm{F}''(\kappa)$ *induite par* φ' *l'est.*

Démonstration — Comme R est strictement hensélien, les lignes du diagramme commutatif suivant sont exactes :

[4] Cette hypothèse est sans doute inutile ; elle permet néanmoins d'appliquer la classification de Kodaira-Néron telle qu'on la trouve dans la littérature.

$$\begin{array}{ccccccccc} 0 & \longrightarrow & \mathscr{E}'^0(\mathrm{R}) & \longrightarrow & \mathscr{E}'(\mathrm{R}) & \longrightarrow & \mathrm{F}'(\kappa) & \longrightarrow & 0 \\ & & \downarrow & & \downarrow & & \downarrow & & \\ 0 & \longrightarrow & \mathscr{E}''^0(\mathrm{R}) & \longrightarrow & \mathscr{E}''(\mathrm{R}) & \longrightarrow & \mathrm{F}''(\kappa) & \longrightarrow & 0. \end{array}$$

La flèche verticale de gauche est surjective d'après le lemme A.1, ce qui permet de conclure, compte tenu que $\mathscr{E}'(\mathrm{R}) = \mathrm{E}'(\mathrm{K})$ et $\mathscr{E}''(\mathrm{R}) = \mathrm{E}''(\mathrm{K})$. □

Proposition A.3 — *Soit* E *une courbe elliptique sur* K*, à réduction multiplicative. Le groupe* $\mathrm{F}(\overline{\kappa})$ *est cyclique. Si de plus* ${}_2\mathrm{E}(\mathrm{K}) \simeq \mathbf{Z}/2 \times \mathbf{Z}/2$*, le groupe* $\mathrm{F}(\overline{\kappa})$ *est cyclique d'ordre pair. Dans tous les cas, si le* κ*-groupe* F *n'est pas constant, il existe une extension quadratique* ℓ/κ*, unique à isomorphisme près, telle que le* ℓ*-groupe* $\mathrm{F} \otimes_\kappa \ell$ *soit constant. Le groupe* $\mathrm{Gal}(\ell/\kappa)$ *agit alors sur* $\mathrm{F}(\ell)$ *par multiplication par* -1 *(et en particulier* $\mathrm{F}(\kappa)$ *est d'ordre* $\leqslant 2$*).*

Démonstration — Notons $\overline{s}$ le point géométrique de Spec(R) défini par $\overline{\kappa}$ et $\mathrm{E}^\star$ un modèle propre et régulier minimal de E au-dessus de R. Que le groupe $\mathrm{F}(\overline{\kappa})$ soit cyclique est une conséquence bien connue de l'hypothèse de réduction multiplicative ; plus précisément, il résulte de cette hypothèse que la fibre $\mathrm{E}^\star_{\overline{s}}$ de $\mathrm{E}^\star$ au-dessus de $\overline{s}$ est réduite et qu'il existe un générateur $\alpha \in \mathrm{F}(\overline{\kappa})$ et une bijection canonique et $\mathrm{Gal}(\overline{\kappa}/\kappa)$-équivariante m de $\mathrm{F}(\overline{\kappa})$ sur l'ensemble des composantes irréductibles de $\mathrm{E}^\star_{\overline{s}}$ tels que $\{m(\alpha), m(0), m(-\alpha)\}$ soit exactement l'ensemble des composantes irréductibles de $\mathrm{E}^\star_{\overline{s}}$ rencontrant $m(0)$.

Faute de référence satisfaisante, nous donnons ici une preuve de cette dernière assertion. (Le cœur de la démonstration se trouve au bas de [53, p. 105].) L'ouvert de lissité de $\mathrm{E}^\star$ sur Spec(R) est canoniquement isomorphe à $\mathscr{E}$ (cf. [64, Ch. IV, §6, Th. 6.1]). La fibre spéciale de $\mathrm{E}^\star$ étant réduite (grâce à l'hypothèse de réduction multiplicative, cf. [64, Ch IV, §9, Th. 8.2]), il en résulte une bijection canonique et $\mathrm{Gal}(\overline{\kappa}/\kappa)$-équivariante entre l'ensemble des composantes irréductibles de la fibre de $\mathrm{E}^\star$ au-dessus de $\overline{s}$ et $\mathrm{F}(\overline{\kappa})$. Pour vérifier qu'elle remplit la condition voulue, on peut supposer R strictement hensélien, puisque la formation du modèle propre et régulier minimal et la formation du modèle de Néron commutent tous deux aux changements de base étales (cf. [47, Chapter 9, Proposition 3.28] et [5, 1.2/2], respectivement). Vu la structure de la fibre spéciale de $\mathrm{E}^\star$ dans le cas de réduction multiplicative (cf. [64, Ch IV, §9, Th. 8.2]), il est possible de numéroter les composantes irréductibles $\mathrm{C}_0, \dots, \mathrm{C}_{n-1}$ de la fibre spéciale de $\mathrm{E}^\star$ de telle sorte que C_0 soit la composante rencontrant la section nulle, que C_i rencontre transversalement C_{i+1} en un unique point $z_i \in \mathrm{E}^\star$ pour tout $i \in \{0, \dots, n-1\}$, où l'on a posé $\mathrm{C}_n = \mathrm{C}_0$, que les z_i soient deux à deux distincts et qu'il n'y ait aucune autre intersection entre les C_i que celles que l'on vient de spécifier. Si $n \leqslant 2$, le groupe $\mathrm{F}(\overline{\kappa})$ est trivial ou isomorphe à $\mathbf{Z}/2$ et il n'y a rien à prouver. Supposons donc que $n > 2$. Il reste seulement à établir que $\mathrm{C}_1 + \mathrm{C}_i = \mathrm{C}_{i+1}$ pour tout $i \in \{0, \dots, n-1\}$, la somme étant calculée dans $\mathrm{F}(\overline{\kappa})$. Compte tenu que la fibre spéciale de $\mathrm{E}^\star$ est réduite et que R est strictement hensélien, il existe un point $a \in \mathrm{E(K)}$ qui se spécialise sur C_1. D'après la propriété universelle caractérisant $\mathrm{E}^\star$, l'automorphisme de E de translation par a s'étend en un automorphisme τ de $\mathrm{E}^\star$. La restriction de τ à $\mathscr{E} \subset \mathrm{E}^\star$ est l'automorphisme de $\mathscr{E}$ déduit de la translation par a par la propriété universelle du modèle de Néron ; en particulier, si l'on munit l'ensemble des composantes irréductibles de la fibre spéciale de $\mathrm{E}^\star$ de la loi de groupe de $\mathrm{F}(\overline{\kappa})$, l'application τ induit un endomorphisme du groupe $\{\mathrm{C}_0, \ldots, \mathrm{C}_{n-1}\}$. Comme C_0 est le neutre de ce groupe et que $\tau(\mathrm{C}_0) = \mathrm{C}_1$, il suffit, pour conclure, de montrer que $\tau(\mathrm{C}_i) = \mathrm{C}_{i+1}$ pour tout $i \in \{0, \ldots, n-1\}$. Utilisant à nouveau la propriété universelle du modèle de Néron, celle de $\mathrm{E}^\star$ et la comparaison entre $\mathrm{E}^\star$ et $\mathscr{E}$, on voit que la multiplication par -1 sur $\mathscr{E}$ s'étend en un automorphisme $\sigma \colon \mathrm{E}^\star \to \mathrm{E}^\star$. Celui-ci stabilise C_0 puisqu'il stabilise $\mathscr{E}^0$; étant donné que C_0 est κ-isomorphe à $\mathbf{P}^1_\kappa$, que C_0 est ensemblistement la réunion de $\mathscr{E}^0_\kappa$ et de $\{z_{n-1}, z_0\}$, que σ fixe un point de $\mathscr{E}^0_\kappa$ (le neutre du groupe), que la restriction de σ à $\mathscr{E}^0_\kappa$ n'est pas l'identité (c'est la multiplication par -1) et que l'identité est le seul automorphisme de $\mathbf{P}^1_\kappa$ fixant trois points, il est nécessaire que $\sigma(z_0) = z_{n-1}$. Par ailleurs, on a $\tau\sigma = \sigma\tau^{-1}$ puisque cette égalité vaut après restriction à la fibre générique de $\mathrm{E}^\star$. D'autre part, on a $\tau(\{z_{n-1}, z_0\}) = \{z_0, z_1\}$ puisque $\tau(\mathrm{C}_0) = \mathrm{C}_1$ et que τ stabilise le lieu singulier de la fibre spéciale de $\mathrm{E}^\star$. Si l'on avait $\tau(z_0) = z_0$, les relations $\tau\sigma = \sigma\tau^{-1}$ et $\sigma(z_0) = z_{n-1}$ entraîneraient que $\tau(z_{n-1}) = z_{n-1}$, d'où $z_{n-1} \in \{z_0, z_1\}$, ce qui contredirait l'hypothèse selon laquelle $n > 2$. On a donc $\tau(z_0) = z_1$. Le résultat voulu s'en déduit par des considérations purement combinatoires ; en effet, τ agit sur le graphe dont les sommets sont les z_i et dont les arêtes sont les C_i, or le seul automorphisme de ce graphe envoyant C_0 sur C_1 et z_0 sur z_1 est la rotation évidente.

Compte tenu que la propriété que deux composantes irréductibles de la fibre de $\mathrm{E}^\star$ au-dessus de $\overline{s}$ se rencontrent est préservée par l'action de $\mathrm{Gal}(\overline{\kappa}/\kappa)$ et que $m(0)$ est invariant sous $\mathrm{Gal}(\overline{\kappa}/\kappa)$, l'assertion que l'on vient de démontrer suffit à assurer que $\mathrm{Gal}(\overline{\kappa}/\kappa)$ agit soit trivialement sur $\mathrm{F}(\overline{\kappa})$, soit par multiplication par -1 à travers le groupe de Galois d'une extension quadratique ℓ/κ, nécessairement unique à isomorphisme près.

Comme $p \neq 2$, la flèche de spécialisation ${}_2\mathrm{E(K)} \to {}_2\mathscr{E}(\kappa)$ est injective (cf. [5, 7.3/3]). Il s'ensuit que $\mathrm{F}(\overline{\kappa})$ est d'ordre pair si ${}_2\mathrm{E(K)} \simeq \mathbf{Z}/2 \times \mathbf{Z}/2$, compte tenu que $\mathrm{F}(\overline{\kappa}) = \mathscr{E}(\overline{\kappa})/\mathscr{E}^0(\overline{\kappa})$ et que $\mathscr{E}^0(\overline{\kappa}) \simeq \overline{\kappa}^\star$. □

Rappelons que si E est une courbe elliptique sur K à réduction multiplicative, la fibre spéciale $\mathscr{E}^0_\kappa$ de $\mathscr{E}^0$ est un tore, et l'on dit que E est à réduction multiplicative déployée lorsque ce tore est lui-même déployé. Les tores de dimension 1 sur κ sont classifiés par le groupe $\mathrm{H}^1(\kappa, \mathbf{Z}/2)$, de sorte qu'un tel tore est soit déployé sur κ, soit déployé sur une extension quadratique, unique à isomorphisme près. Ceci fournit une seconde extension quadratique ou triviale de κ naturellement associée à toute courbe elliptique à réduction multiplicative sur K (la première étant donnée par la proposition A.3). Il est faux que ces deux extensions soient isomorphes en général, mais ce n'est pas non plus loin d'être vrai :

Proposition A.4 — *Soit* E *une courbe elliptique sur* K, *à réduction de type* I_n *avec* $n > 2$. *L'extension quadratique ou triviale minimale* ℓ/κ *telle que le* ℓ*-groupe* $\mathrm{F} \otimes_\kappa \ell$ *soit constant (cf. proposition A.3) est isomorphe à l'extension quadratique ou triviale minimale de* κ *qui déploie le tore* $\mathscr{E}^0_\kappa$.

Corollaire A.5 — *Soit* E *une courbe elliptique sur* K, *à réduction multiplicative. Le* κ*-groupe* F *est constant si et seulement si* E *est à réduction multiplicative déployée ou à réduction de type* I_1 *ou* I_2.

Démonstration — Si le type de réduction de E est I_1 ou I_2, il est évident que F ne peut être que constant. Sinon, il suffit d'appliquer la proposition A.4. □

Avant de prouver la proposition A.4, rappelons, sans démonstration, une propriété très élémentaire des tores de dimension 1.

Lemme A.6 — *Soit* T *un tore sur* κ, $\mathrm{T} \hookrightarrow \mathbf{P}^1_\kappa$ *une* κ*-immersion ouverte et* $x \in \mathbf{P}^1_\kappa \setminus \mathrm{T}$. *L'extension* $\kappa(x)/\kappa$ *est la plus petite extension de* κ *qui déploie le tore* T.

Démonstration de la proposition A.4 — La preuve de la proposition A.3 montre que pour toute sous-extension quadratique ou triviale ℓ/κ de $\overline{\kappa}/\kappa$, lorsque $n > 2$, le groupe $\mathrm{Gal}(\overline{\kappa}/\ell)$ agit trivialement sur $\mathrm{F}(\overline{\kappa})$ si et seulement si les points singuliers de la fibre spéciale $\mathrm{E}^\star_\kappa$ de $\mathrm{E}^\star$ sont tous ℓ-rationnels, si et seulement si l'un d'entre eux est ℓ-rationnel. En particulier, notant ℓ/κ l'extension quadratique ou triviale minimale telle que le ℓ-groupe $\mathrm{F} \otimes_\kappa \ell$ soit constant, tous les points singuliers de $\mathrm{E}^\star_\kappa$ ont un corps résiduel κ-isomorphe à ℓ. Par ailleurs, la composante irréductible de $\mathrm{E}^\star_\kappa$ contenant $\mathscr{E}^0_\kappa$ est κ-isomorphe à $\mathbf{P}^1_\kappa$ et le complémentaire de $\mathscr{E}^0_\kappa$ dans cette composante est formé de points singuliers de $\mathrm{E}^\star_\kappa$. Le lemme A.6 permet donc de conclure. □

Le lemme suivant est extrêmement bien connu, mais une démonstration semble plus facile à fournir qu'une référence.

Lemme A.7 — *Soit* E *une courbe elliptique sur* K, *à réduction multiplicative. Choisissons une équation de Weierstrass minimale de* E *et notons* C *la courbe sur* κ *définie par cette équation (c'est donc une cubique plane à point double). Alors la courbe* E *est à réduction multiplicative déployée si et seulement si les pentes des directions tangentes à* C *en son point singulier sont* κ*-rationnelles.*

Démonstration — Comme l'équation de Weierstrass choisie est minimale, la κ-variété $\mathscr{E}^0_\kappa$ est isomorphe à l'ouvert de lissité C^0 de C (cf. [64, Ch. IV, §9, Cor. 9.1]). D'autre part, si $\pi\colon \widetilde{\mathrm{C}} \to \mathrm{C}$ désigne la normalisation de C, le complémentaire de $\pi^{-1}(\mathrm{C}^0)$ dans $\widetilde{\mathrm{C}}$ est un κ-schéma fini de degré 2, déployé si et seulement si les pentes des directions tangentes à C en son point singulier sont κ-rationnelles. Le lemme A.6 permet de conclure, compte tenu que $\widetilde{\mathrm{C}}$ est κ-isomorphe à $\mathbf{P}^1_\kappa$. □

Comparons maintenant les groupes de composantes connexes des fibres spéciales des modèles de Néron de deux courbes elliptiques 2-isogènes dans le cas de réduction multiplicative.

Proposition A.8 — *Soient* E′ *et* E″ *des courbes elliptiques sur* K*, à réduction multiplicative, et* $\varphi'\colon \mathrm{E}' \to \mathrm{E}''$ *une isogénie de degré 2. Notons* P′ *le* K*-point non nul de* $\mathrm{Ker}(\varphi')$ *et* P″ *le* K*-point non nul de* $\mathrm{Ker}(\varphi'')$*, où* φ'' *est l'isogénie duale de* φ'*. Les conditions suivantes sont équivalentes :*

1. *Le point* P′ *se spécialise dans* $\mathscr{E}'^0(\kappa)$*.*
2. *Le point* P″ *ne se spécialise pas dans* $\mathscr{E}''^0(\kappa)$*.*
3. *Le morphisme* $\mathrm{F}' \to \mathrm{F}''$ *induit par* φ' *est injectif et a pour conoyau* $\mathbf{Z}/2$*.*
4. *Le morphisme* $\mathrm{F}'' \to \mathrm{F}'$ *induit par* φ'' *est surjectif et a pour noyau* $\mathbf{Z}/2$*.*

Démonstration — Comme $p \neq 2$, la courbe elliptique E′ admet une équation de Weierstrass minimale de la forme $y^2 = (x-c)(x^2-d)$ avec $c, d \in \mathrm{R}$, telle que le point P′ ait pour coordonnées $(x,y) = (c,0)$. Son discriminant est $\Delta' = 16d(c^2-d)^2$. L'hypothèse de réduction multiplicative se traduit par la condition que l'un de d et de c^2-d est inversible dans R et que l'autre ne l'est pas. Il en résulte notamment que l'équation de Weierstrass $y^2 = (x+2c)(x^2-4(c^2-d))$ est minimale. Celle-ci définit une courbe elliptique isomorphe à E″, son discriminant vaut $\Delta'' = 4096d^2(c^2-d)$ et le point P″ a pour coordonnées $(x,y) = (-2c,0)$. Comme les équations de Weierstrass considérées sont minimales, les ouverts de lissité des R-schémas projectifs W′ et W″ qu'elles définissent sont respectivement isomorphes à $\mathscr{E}'^0$ et $\mathscr{E}''^0$; un point rationnel de E′ (resp. de E″) se spécialise donc sur $\mathscr{E}'^0$ (resp. $\mathscr{E}''^0$) si et seulement si la section de W′ (resp. W″) qu'il définit ne rencontre pas le point singulier de la fibre spéciale de W′ (resp. W″). En particulier, la condition 1 (resp. la condition 2) équivaut à ce que $d \notin \mathrm{R}^\star$ (resp. $c^2 - d \in \mathrm{R}^\star$), d'où l'équivalence entre 1 et 2.

Notons v la valuation normalisée de K associée à R. Les groupes $\mathrm{F}'(\overline{\kappa})$ et $\mathrm{F}''(\overline{\kappa})$ sont cycliques, d'ordres respectifs $v(\Delta')$ et $v(\Delta'')$ (cf. [64, Step 2, p. 366]). On voit sur les expressions de Δ' et Δ'' que $d \notin \mathrm{R}^\star$ si et seulement si $v(\Delta'') = 2v(\Delta')$, si et seulement si $v(\Delta') \neq 2v(\Delta'')$. L'observation suivante permet donc de conclure : si A et B sont deux groupes cycliques tels que $\mathrm{Card}(\mathrm{B}) = 2\,\mathrm{Card}(\mathrm{A})$ et si $u\colon \mathrm{A} \to \mathrm{B}$ et $v\colon \mathrm{B} \to \mathrm{A}$ sont des morphismes de groupes vérifiant $uv = 2$ et $vu = 2$, on a nécessairement $\mathrm{Ker}(u) = 0$, $\mathrm{Coker}(u) = \mathbf{Z}/2$, $\mathrm{Ker}(v) = \mathbf{Z}/2$ et $\mathrm{Coker}(v) = 0$. □

Corollaire A.9 — *Soient* E′ *et* E″ *des courbes elliptiques sur* K, *à réduction multiplicative, et* φ': E′ $\to$ E″ *une isogénie de degré* 2. *Si* E′ *n'est pas à réduction de type* I_1 *ou* I_2, *alors l'extension quadratique ou triviale minimale* ℓ/κ *qui déploie le tore* $\mathscr{E}'^0_\kappa$ *est aussi la plus petite extension de* κ *telle que les deux* ℓ*-groupes* $F' \otimes_\kappa \ell$ *et* $F'' \otimes_\kappa \ell$ *soient constants.*

Démonstration — Vu la proposition A.4, il suffit de vérifier que pour toute extension ℓ/κ, si le ℓ-groupe $F' \otimes_\kappa \ell$ est constant, il en va de même de $F'' \otimes_\kappa \ell$. D'après la proposition A.8, l'un des deux κ-groupes F′ et F″ est isomorphe à un sous-groupe de l'autre. Si $F'' \hookrightarrow F'$, l'assertion est évidente. Supposons donc que $F' \hookrightarrow F''$ et que $F' \otimes_\kappa \ell$ soit constant. Le groupe $F'(\ell)$ est d'ordre > 2, compte tenu de l'hypothèse sur E′ ; il en résulte que $F''(\ell)$ est lui aussi d'ordre > 2. La proposition A.3 montre alors que le ℓ-groupe $F'' \otimes_\kappa \ell$ est nécessairement constant. □

Corollaire A.10 — *Mêmes notations que dans la proposition A.8. Soient* $E'^\star$ *un modèle propre et régulier minimal de* E′ *au-dessus de* R *et* $x \in E'^\star$ *un point en lequel* $E'^\star \to \mathrm{Spec}(R)$ *n'est pas lisse. Si* E′ *est à réduction de type* I_1 *ou* I_2 *et que* P′ *se spécialise dans* $\mathscr{E}'^0(\kappa)$, *alors l'extension quadratique ou triviale minimale* ℓ/κ *telle que le* ℓ*-groupe* $F'' \otimes_\kappa \ell$ *soit constant est* κ*-isomorphe à* $\kappa(x)$.

Démonstration — Notons n l'ordre du groupe $F'(\overline{\kappa})$. D'après la proposition A.8, les courbes elliptiques E′ et E″ sont respectivement à réduction de type I_n et I_{2n}. Si $n = 1$, alors $F'' = \mathbf{Z}/2$ et $\ell = \kappa$, et d'autre part la fibre spéciale de $E'^\star$ contient un unique point singulier, qui est rationnel ; la conclusion du corollaire est donc satisfaite. Supposons maintenant que $n = 2$. L'extension ℓ/κ est alors la plus petite extension qui déploie le tore $\mathscr{E}''^0_\kappa$ (cf. proposition A.4). Comme les tores $\mathscr{E}'^0_\kappa$ et $\mathscr{E}''^0_\kappa$ sont isomorphes (deux κ-tores isogènes de dimension 1 étant nécessairement isomorphes), le lemme suivant permet de conclure. □

Lemme A.11 — *Soient* E *une courbe elliptique sur* K, *à réduction de type* I_2. *Soient* $E^\star$ *un modèle propre et régulier minimal de* E *au-dessus de* R *et* $x \in E^\star$ *un point en lequel* $E^\star \to \mathrm{Spec}(R)$ *n'est pas lisse. L'extension quadratique ou triviale minimale de* κ *qui déploie le tore* $\mathscr{E}^0_\kappa$ *est* κ*-isomorphe à* $\kappa(x)$.

Démonstration — Vu la structure de la fibre spéciale de $E^\star$, et compte tenu que $\mathscr{E}$ est isomorphe à l'ouvert de lissité de $E^\star$ sur R (cf. [64, Ch. IV, §6, Th. 6.1]), il suffit d'appliquer le lemme A.6. □

Voici enfin quelques propriétés spécifiques aux courbes elliptiques dont tous les points d'ordre 2 sont rationnels.

Proposition A.12 — *Soit* E *une courbe elliptique sur* K *telle que* ${}_2\mathrm{E}(\mathrm{K}) \simeq \mathbf{Z}/2 \times \mathbf{Z}/2$. *Si* R *est hensélien (resp. strictement hensélien), la flèche de spécialisation* $\mathrm{E}(\mathrm{K})/2 \to \mathrm{F}(\kappa)/2$ *est surjective (resp. bijective).*

Démonstration — Considérons la suite exacte

$$0 \longrightarrow \mathscr{E}^0 \longrightarrow \mathscr{E} \longrightarrow i_\star \mathrm{F} \longrightarrow 0 \qquad (\mathrm{A}.1)$$

de faisceaux étales sur Spec(R), où $i\colon \mathrm{Spec}(\kappa) \to \mathrm{Spec}(\mathrm{R})$ désigne l'immersion fermée canonique. Si R est strictement hensélien, cette suite reste exacte par passage aux sections globales, d'où il résulte (compte tenu que $\mathrm{E}(\mathrm{K}) = \mathscr{E}(\mathrm{R})$) que le noyau de la flèche de spécialisation $\mathrm{E}(\mathrm{K})/2 \to \mathrm{F}(\kappa)/2$ est un quotient de $\mathscr{E}^0(\mathrm{R})/2$; or ce dernier groupe est nul (cf. lemme A.1).

Il reste à établir la surjectivité de la flèche $\mathrm{E}(\mathrm{K})/2 \to \mathrm{F}(\kappa)/2$ lorsque R est hensélien. Nous allons en fait montrer que $s\colon \mathrm{E}(\mathrm{K}) \to \mathrm{F}(\kappa)$ est surjective. On peut évidemment supposer que E a mauvaise réduction. Comme $p \neq 2$, la flèche de spécialisation ${}_2\mathrm{E}(\mathrm{K}) \to {}_2\mathscr{E}(\kappa)$ est injective (cf. [5, 7.3/3]). D'autre part, le groupe ${}_2\mathscr{E}^0(\kappa)$ est d'ordre $\leqslant 2$ puisque $\mathscr{E}^0(\overline{\kappa}^\star)$ est isomorphe à $\overline{\kappa}$ ou à $\overline{\kappa}^\star$. Compte tenu que ${}_2\mathrm{E}(\mathrm{K})$ est d'ordre 4, il en résulte que s est surjective si $\mathrm{F}(\kappa)$ est d'ordre $\leqslant 2$. Supposons maintenant $\mathrm{F}(\kappa)$ d'ordre > 2. Si E est à réduction multiplicative, la proposition A.3 montre que le κ-groupe F est constant ; comme il est constant et d'ordre > 2, la courbe elliptique E est alors à réduction multiplicative déployée (cf. corollaire A.5). Ainsi le groupe $\mathscr{E}^0_\kappa$ est-il nécessairement isomorphe à $\mathbf{G}_\mathrm{m}$ ou à $\mathbf{G}_\mathrm{a}$. Dans les deux cas, on a $\mathrm{H}^1(\kappa, \mathscr{E}^0_\kappa) = 0$ (théorème de Hilbert 90 et sa version additive, cf. [60, Ch. X, §1]), d'où l'on déduit, puisque R est hensélien, que $\mathrm{H}^1(\mathrm{R}, \mathscr{E}^0) = 0$ (par exemple à l'aide de la représentabilité des éléments de ce groupe par des torseurs, cf. [50, Theorem 4.3]). L'exactitude de (A.1) est donc préservée par passage aux sections globales, ce qui prouve le résultat voulu. □

Remarque — Voici un exemple montrant que la conclusion de la proposition A.12 peut être en défaut si l'on suppose seulement que ${}_2\mathrm{E}(\mathrm{K}) \neq 0$. Soit k un corps de caractéristique $\neq 2$ sur lequel il existe une conique sans point rationnel, disons $ax^2 + by^2 = 1$ avec $a, b \in k^\star$. Notons C cette conique et considérons la courbe elliptique E sur $k((t))$ définie par l'équation de Weierstrass $y^2 = (x+a)(x^2 - bt^2)$. Elle est à réduction de type I_2, possède un point rationnel d'ordre 2, et l'on vérifie sans peine (par un calcul d'éclatement) que la composante connexe non neutre de la fibre spéciale de son modèle de Néron est k-birationnelle à C, de sorte qu'elle ne possède pas de point rationnel. La flèche de spécialisation $\mathrm{E}(\mathrm{K}) \to \mathrm{F}(\kappa)$ est donc nulle, alors que $\mathrm{F}(\kappa) = \mathbf{Z}/2$.

Lemme A.13 — *Soit* E *une courbe elliptique sur* K, *à réduction multiplicative et telle que* ${}_2\mathrm{E}(\mathrm{K}) \simeq \mathbf{Z}/2 \times \mathbf{Z}/2$. *Il existe un unique point de* ${}_2\mathrm{E}(\mathrm{K}) \setminus \{0\}$ *qui se spécialise dans* $\mathscr{E}^0(\kappa)$.

Démonstration — Comme la flèche de spécialisation ${}_2\mathrm{E}(\mathrm{K}) \to {}_2\mathscr{E}(\kappa)$ est injective et que ${}_2\mathscr{E}^0(\kappa) = \mathbf{Z}/2$ (puisque $\mathscr{E}^0$ est un tore de dimension 1), l'unicité est claire. Quant à l'existence, il suffit de remarquer que la composée ${}_2\mathrm{E}(\mathrm{K}) \to {}_2\mathscr{E}(\kappa) \to {}_2\mathrm{F}(\kappa)$ ne peut être injective, le groupe ${}_2\mathrm{F}(\kappa)$ étant d'ordre 2 (cf. proposition A.3). □

Proposition A.14 — *Supposons* R *strictement hensélien. Soit* E *une courbe elliptique sur* K, *à réduction multiplicative et telle que* ${}_2\mathrm{E}(\mathrm{K}) \simeq \mathbf{Z}/2 \times \mathbf{Z}/2$. *Le sous-groupe* $\mathrm{E}(\mathrm{K})/2 \hookrightarrow \mathrm{H}^1(\mathrm{K}, {}_2\mathrm{E})$ *est égal à l'image du morphisme*

$$\mathrm{H}^1(\mathrm{K}, \mathbf{Z}/2) \longrightarrow \mathrm{H}^1(\mathrm{K}, {}_2\mathrm{E})$$

induit par l'inclusion $\mathbf{Z}/2 \subset {}_2\mathrm{E}$ *de l'unique point de* ${}_2\mathrm{E}(\mathrm{K}) \setminus \{0\}$ *qui se spécialise dans* $\mathscr{E}^0(\kappa)$.

Démonstration — Notons $\varphi\colon \mathrm{E} \to \mathrm{E}''$ le quotient de E par l'unique point P de ${}_2\mathrm{E}(\mathrm{K}) \setminus \{0\}$ qui se spécialise dans $\mathscr{E}^0(\kappa)$ et $\varphi''\colon \mathrm{E}'' \to \mathrm{E}$ l'isogénie duale. Il résulte de la proposition A.8 et du lemme A.2 que l'application $\mathrm{E}''(\mathrm{K}) \to \mathrm{E}(\mathrm{K})$ induite par φ'' est surjective. Le diagramme commutatif

$$\begin{array}{ccccccccc}
0 & \longrightarrow & {}_2\mathrm{E} & \longrightarrow & \mathrm{E} & \xrightarrow{\;2\;} & \mathrm{E} & \longrightarrow & 0 \\
 & & \downarrow & & \downarrow{\scriptstyle\varphi} & & \| & & \\
0 & \longrightarrow & \mathbf{Z}/2 & \longrightarrow & \mathrm{E}'' & \xrightarrow{\;\varphi''\;} & \mathrm{E} & \longrightarrow & 0,
\end{array}$$

dont les lignes sont exactes, permet d'en déduire la nullité de la composée

$$\mathrm{E}(\mathrm{K})/2 \hookrightarrow \mathrm{H}^1(\mathrm{K}, {}_2\mathrm{E}) \longrightarrow \mathrm{H}^1(\mathrm{K}, \mathbf{Z}/2),$$

où la seconde flèche est induite par la flèche ${}_2\mathrm{E} \to \mathbf{Z}/2$ de quotient par P, d'où le résultat. □

Remarque — On se gardera de croire que la proposition A.14 affirme quoi que ce soit au sujet des classes dans E(K)/2 des points d'ordre 2 de E. Ces classes sont toutes nulles dès que le type de réduction de E est I_n avec $n > 2$ (sous l'hypothèse que R est strictement hensélien).

Bibliographie

1. A. O. Bender et Sir Peter Swinnerton-Dyer, *Solubility of certain pencils of curves of genus 1, and of the intersection of two quadrics in* $\mathbf{P}^4$, Proc. London Math. Soc. (3) **83** (2001), no. 2, 299–329.
2. A. O. Bender et O. Wittenberg, *A potential analogue of Schinzel's hypothesis for polynomials with coefficients in* $\mathbf{F}_q[t]$, Int. Math. Res. Not. **2005** (2005), no. 36, 2237–2248.
3. B. J. Birch et H. P. F. Swinnerton-Dyer, *Notes on elliptic curves, I*, J. reine angew. Math. **212** (1963), 7–25.
4. ———, *The Hasse problem for rational surfaces*, J. reine angew. Math. **274/275** (1975), 164–174, Collection of articles dedicated to Helmut Hasse on his seventy-fifth birthday, III.
5. S. Bosch, W. Lütkebohmert et M. Raynaud, *Néron models*, Ergebnisse der Mathematik und ihrer Grenzgebiete (3), vol. 21, Springer-Verlag, Berlin, 1990.
6. M. Bright, *Computations on diagonal quartic surfaces*, thèse, Cambridge, 2002.
7. A. Brumer, *Remarques sur les couples de formes quadratiques*, C. R. Acad. Sci. Paris Sér. A-B **286** (1978), no. 16, A679–A681.
8. J. W. S. Cassels, *Second descents for elliptic curves*, J. reine angew. Math. **494** (1998), 101–127.
9. J. W. S. Cassels et A. Fröhlich (eds.), *Algebraic number theory*, Proceedings of an instructional conference organized by the London Mathematical Society (a NATO Advanced Study Institute) with the support of the International Mathematical Union, Academic Press, London, 1967.
10. J. W. S. Cassels et A. Schinzel, *Selmer's conjecture and families of elliptic curves*, Bull. London Math. Soc. **14** (1982), no. 4, 345–348.
11. J-L. Colliot-Thélène, *Surfaces rationnelles fibrées en coniques de degré* 4, Séminaire de Théorie des Nombres, Paris 1988–1989, Progr. Math., vol. 91, Birkhäuser Boston, Boston, MA, 1990, 43–55.
12. ———, *L'arithmétique des variétés rationnelles*, Ann. Fac. Sci. Toulouse Math. (6) **1** (1992), no. 3, 295–336.
13. ———, *The Hasse principle in a pencil of algebraic varieties*, Number theory (Tiruchirapalli, 1996), Contemp. Math., vol. 210, Amer. Math. Soc., Providence, RI, 1998, 19–39.

14. ———, *Hasse principle for pencils of curves of genus one whose Jacobians have a rational 2-division point, close variation on a paper of Bender and Swinnerton-Dyer*, Rational points on algebraic varieties, Progr. Math., vol. 199, Birkhäuser, Basel, 2001, 117–161.

15. ———, *Points rationnels sur les fibrations*, Higher dimensional varieties and rational points (Budapest, 2001), Bolyai Soc. Math. Stud., vol. 12, Springer, Berlin, 2003, 171–221.

16. J-L. Colliot-Thélène et J-J. Sansuc, *La descente sur les variétés rationnelles*, Journées de Géometrie Algébrique d'Angers, Juillet 1979, Sijthoff & Noordhoff, Alphen aan den Rijn, 1980, 223–237.

17. ———, *Sur le principe de Hasse et l'approximation faible, et sur une hypothèse de Schinzel*, Acta Arith. **41** (1982), no. 1, 33–53.

18. J-L. Colliot-Thélène, J-J. Sansuc et Sir Peter Swinnerton-Dyer, *Intersections of two quadrics and Châtelet surfaces, I*, J. reine angew. Math. **373** (1987), 37–107.

19. ———, *Intersections of two quadrics and Châtelet surfaces, II*, J. reine angew. Math. **374** (1987), 72–168.

20. J-L. Colliot-Thélène et A. N. Skorobogatov, *Descent on fibrations over* $\mathbf{P}^1_k$ *revisited*, Math. Proc. Cambridge Philos. Soc. **128** (2000), no. 3, 383–393.

21. J-L. Colliot-Thélène, A. N. Skorobogatov et Sir Peter Swinnerton-Dyer, *Hasse principle for pencils of curves of genus one whose Jacobians have rational 2-division points*, Invent. math. **134** (1998), no. 3, 579–650.

22. ———, *Rational points and zero-cycles on fibred varieties : Schinzel's hypothesis and Salberger's device*, J. reine angew. Math. **495** (1998), 1–28.

23. J-L. Colliot-Thélène et Sir Peter Swinnerton-Dyer, *Hasse principle and weak approximation for pencils of Severi-Brauer and similar varieties*, J. reine angew. Math. **453** (1994), 49–112.

24. B. Conrad, K. Conrad et H. Helfgott, *Root numbers and ranks in positive characteristic*, Adv. Math. **198** (2005), no. 2, 684–731.

25. R. J. Cook, *Simultaneous quadratic equations*, J. London Math. Soc. (2) **4** (1971), 319–326.

26. D. Coray, *Points algébriques sur les surfaces de del Pezzo*, C. R. Acad. Sci. Paris Sér. A-B **284** (1977), no. 24, A1531–A1534.

27. T. Ekedahl, *An effective version of Hilbert's irreducibility theorem*, Séminaire de Théorie des Nombres, Paris 1988–1989, Progr. Math., vol. 91, Birkhäuser Boston, Boston, MA, 1990, 241–249.

28. W. Fulton et R. Lazarsfeld, *Connectivity and its applications in algebraic geometry*, Algebraic geometry (Chicago, Ill., 1980), Lecture Notes in Math., vol. 862, Springer, Berlin, 1981, 26–92.

29. A. Grothendieck, *Le groupe de Brauer I : Algèbres d'Azumaya et interprétations diverses*, Dix Exposés sur la Cohomologie des Schémas, North-Holland, Amsterdam, 1968, 46–66.

30. ———, *Le groupe de Brauer II : Théorie cohomologique*, Dix Exposés sur la Cohomologie des Schémas, North-Holland, Amsterdam, 1968, 67–87.

31. ———, *Le groupe de Brauer III : Exemples et compléments*, Dix Exposés sur la Cohomologie des Schémas, North-Holland, Amsterdam, 1968, 88–188.

32. A. Grothendieck et al., *Revêtements étales et groupe fondamental*, Springer-Verlag, Berlin, 1971, Séminaire de Géométrie Algébrique du Bois Marie 1960–1961 (SGA 1), dirigé par A. Grothendieck, augmenté de deux exposés de M. Raynaud, Lecture Notes in Mathematics, vol. 224.

33. ———, *Théorie des topos et cohomologie étale des schémas. Tome 2*, Springer-Verlag, Berlin, 1972, Séminaire de Géométrie Algébrique du Bois-Marie 1963–1964 (SGA 4), Lecture Notes in Mathematics, vol. 270.

34. D. Harari, *Spécialisation des conditions de Manin pour les variétés fibrées au-dessus de l'espace projectif*, à paraître dans Compositio Math.

35. ———, *Méthode des fibrations et obstruction de Manin*, Duke Math. J. **75** (1994), no. 1, 221–260.

36. ———, *Obstructions de Manin transcendantes*, Number theory (Paris, 1993–1994), London Math. Soc. Lecture Note Ser., vol. 235, Cambridge Univ. Press, Cambridge, 1996, 75–87.

37. ———, *Flèches de spécialisations en cohomologie étale et applications arithmétiques*, Bull. Soc. Math. France **125** (1997), no. 2, 143–166.

38. ———, *Weak approximation on algebraic varieties*, Arithmetic of higher-dimensional algebraic varieties (Palo Alto, CA, 2002), Progr. Math., vol. 226, Birkhäuser Boston, Boston, MA, 2004, 43–60.

39. R. Hartshorne, *Algebraic geometry*, Springer-Verlag, New York, 1977, Graduate Texts in Mathematics, No. 52.

40. V. A. Iskovskikh, *Minimal models of rational surfaces over arbitrary fields*, Izv. Akad. Nauk SSSR Ser. Mat. **43** (1979), no. 1, 19–43, 237.

41. J-P. Jouanolou, *Théorèmes de Bertini et applications*, Université Louis Pasteur, Institut de Recherche Mathématique Avancée, Strasbourg, 1979.

42. N. Katz, *Pinceaux de Lefschetz : théorème d'existence*, Exposé XVII, Groupes de monodromie en géométrie algébrique, II, Séminaire de Géométrie Algébrique du Bois-Marie 1967–1969 (SGA 7 II), dirigé par P. Deligne et N. Katz, Lecture Notes in Mathematics, vol. 340, Springer-Verlag, Berlin, 1973.

43. S. L. Kleiman, *Tangency and duality*, Proceedings of the 1984 Vancouver conference in algebraic geometry (Providence, RI), CMS Conf. Proc., vol. 6, Amer. Math. Soc., 1986, 163–225.

44. M-A. Knus et J-P. Tignol, *Quartic exercises*, Int. J. Math. Math. Sci. **2003** (2003), no. 68, 4263–4323.

45. K. Kodaira, *On compact analytic surfaces, II*, Ann. of Math. (2) **77** (1963), 563–626.

46. B. È. Kunyavskiĭ, A. N. Skorobogatov et M. A. Tsfasman, *Del Pezzo surfaces of degree four*, Mém. Soc. Math. France (N.S.) (1989), no. 37.

47. Q. Liu, *Algebraic geometry and arithmetic curves*, Oxford Graduate Texts in Mathematics, vol. 6, Oxford University Press, Oxford, 2002, Translated from the French by Reinie Erné, Oxford Science Publications.

48. Yu. I. Manin, *Rational surfaces over perfect fields*, Publ. Math. de l'I.H.É.S. (1966), no. 30, 55–113.

49. ______, *Le groupe de Brauer-Grothendieck en géométrie diophantienne*, Actes du Congrès International des Mathématiciens (Nice, 1970), Tome 1, Gauthier-Villars, Paris, 1971, 401–411.

50. J. S. Milne, *Étale cohomology*, Princeton Mathematical Series, vol. 33, Princeton University Press, Princeton, N.J., 1980.

51. ______, *Arithmetic duality theorems*, Perspectives in Mathematics, vol. 1, Academic Press Inc., Boston, MA, 1986.

52. L. J. Mordell, *Integer solutions of simultaneous quadratic equations*, Abh. Math. Sem. Univ. Hamburg **23** (1959), 126–143.

53. A. Néron, *Modèles minimaux des variétés abéliennes sur les corps locaux et globaux*, Publ. Math. de l'I.H.É.S. **21** (1964).

54. E. Peyre, *Obstructions au principe de Hasse et à l'approximation faible*, Astérisque **299** (2005), Exp. No. 931, 323–344, Séminaire Bourbaki, Vol. 2003/2004.

55. B. Poonen, *Heuristics for the Brauer-Manin obstruction for curves*, à paraître dans Experiment. Math.

56. D. E. Rohrlich, *Variation of the root number in families of elliptic curves*, Compositio Math. **87** (1993), no. 2, 119–151.

57. P. Salberger, *Some new Hasse principles for conic bundle surfaces*, Séminaire de Théorie des Nombres, Paris 1987–88, Progr. Math., vol. 81, Birkhäuser Boston, Boston, MA, 1990, 283–305.

58. P. Salberger et A. N. Skorobogatov, *Weak approximation for surfaces defined by two quadratic forms*, Duke Math. J. **63** (1991), no. 2, 517–536.

59. A. Schinzel et W. Sierpiński, *Sur certaines hypothèses concernant les nombres premiers*, Acta Arith. **4** (1958), 185–208 ; erratum ibid. **5** (1958), 259.

60. J-P. Serre, *Corps locaux*, troisième éd., Hermann, Paris, 1968, Publications de l'Institut de Mathématique de l'Université de Nancago, No. VIII.

61. ______, *Lie algebras and Lie groups*, seconde éd., 1964 lectures given at Harvard University, Lecture Notes in Mathematics, vol. 1500, Springer-Verlag, Berlin, 1992.

62. ______, *Cohomologie galoisienne*, cinquième éd., Lecture Notes in Mathematics, vol. 5, Springer-Verlag, Berlin, 1994.

63. S. Siksek, *4-descent*, appendice à : A. N. Skorobogatov, *Beyond the Manin obstruction*, Invent. math. **135** (1999), no. 2, 399–424.

64. J. H. Silverman, *Advanced topics in the arithmetic of elliptic curves*, Graduate Texts in Mathematics, vol. 151, Springer-Verlag, New York, 1994.

65. A. N. Skorobogatov, *On the fibration method for proving the Hasse principle and weak approximation*, Séminaire de Théorie des Nombres, Paris 1988–1989, Progr. Math., vol. 91, Birkhäuser Boston, Boston, MA, 1990, 205–219.

66. ______, *Descent on fibrations over the projective line*, Amer. J. Math. **118** (1996), no. 5, 905–923.

67. ______, *Beyond the Manin obstruction*, Invent. math. **135** (1999), no. 2, 399–424.

68. ______, *Torsors and rational points*, Cambridge Tracts in Mathematics, vol. 144, Cambridge University Press, Cambridge, 2001.

69. A. N. Skorobogatov et Peter Swinnerton-Dyer, 2-*descent on elliptic curves and rational points on certain Kummer surfaces*, Adv. Math. **198** (2005), no. 2, 448–483.

70. H. P. F. Swinnerton-Dyer, *Rational zeros of two quadratic forms*, Acta Arith. **9** (1964), 261–270.

71. ———, *Rational points on del Pezzo surfaces of degree* 5, Algebraic geometry, Oslo 1970 (Proc. Fifth Nordic Summer School in Math.), Wolters-Noordhoff, Groningen, 1972, 287–290.

72. Sir Peter Swinnerton-Dyer, *The Brauer group of cubic surfaces*, Math. Proc. Cambridge Philos. Soc. **113** (1993), no. 3, 449–460.

73. ———, *Rational points on certain intersections of two quadrics*, Abelian varieties (Egloffstein, 1993), de Gruyter, Berlin, 1995, 273–292.

74. ———, *Arithmetic of diagonal quartic surfaces, II*, Proc. London Math. Soc. (3) **80** (2000), no. 3, 513–544, erratum ibid. **85** (2002), 564.

75. ———, *The solubility of diagonal cubic surfaces*, Ann. Sci. École Norm. Sup. (4) **34** (2001), no. 6, 891–912.

76. ———, *Diophantine equations : progress and problems*, Arithmetic of higher-dimensional algebraic varieties (Palo Alto, CA, 2002), Progr. Math., vol. 226, Birkhäuser Boston, Boston, MA, 2004, 3–35.

77. W. C. Waterhouse, *A probable Hasse principle for pencils of quadrics*, Trans. Amer. Math. Soc. **242** (1978), 297–306.

78. O. Zariski, *Introduction to the problem of minimal models in the theory of algebraic surfaces*, Publications of the Mathematical Society of Japan, no. 4, The Mathematical Society of Japan, Tokyo, 1958.

[EGA II] A. Grothendieck, *Éléments de géométrie algébrique (rédigés avec la collaboration de Jean Dieudonné) : II. Étude globale élémentaire de quelques classes de morphismes*, Publ. Math. de l'I.H.É.S. (1961), no. 8.

[EGA IV_1] ———, *Éléments de géométrie algébrique (rédigés avec la collaboration de Jean Dieudonné) : IV. Étude locale des schémas et des morphismes de schémas, I*, Publ. Math. de l'I.H.É.S. (1964), no. 20.

[EGA IV_2] ———, *Éléments de géométrie algébrique (rédigés avec la collaboration de Jean Dieudonné) : IV. Étude locale des schémas et des morphismes de schémas, II*, Publ. Math. de l'I.H.É.S. (1965), no. 24.

[EGA IV_3] ———, *Éléments de géométrie algébrique (rédigés avec la collaboration de Jean Dieudonné) : IV. Étude locale des schémas et des morphismes de schémas, III*, Publ. Math. de l'I.H.É.S. (1966), no. 28.

[EGA IV_4] ———, *Éléments de géométrie algébrique (rédigés avec la collaboration de Jean Dieudonné) : IV. Étude locale des schémas et des morphismes de schémas, IV*, Publ. Math. de l'I.H.É.S. (1967), no. 32.

Index des notations

Conventions

Chapitre 1

Chapitre 2

Chapitre 3

Index terminologique

Lecture Notes in Mathematics

For information about earlier volumes please contact your bookseller or Springer LNM Online archive: springerlink.com

Vol. 1711: W. Ricker, Operator Algebras Generated by Commuting Projećtions: A Vector Measure Approach (1999)

Vol. 1712: N. Schwartz, J. J. Madden, Semi-algebraic Function Rings and Reflectors of Partially Ordered Rings (1999)

Vol. 1713: F. Bethuel, G. Huisken, S. Müller, K. Steffen, Calculus of Variations and Geometric Evolution Problems. Cetraro, 1996. Editors: S. Hildebrandt, M. Struwe (1999)

Vol. 1714: O. Diekmann, R. Durrett, K. P. Hadeler, P. K. Maini, H. L. Smith, Mathematics Inspired by Biology. Martina Franca, 1997. Editors: V. Capasso, O. Diekmann (1999)

Vol. 1715: N. V. Krylov, M. Röckner, J. Zabczyk, Stochastic PDE's and Kolmogorov Equations in Infinite Dimensions. Cetraro, 1998. Editor: G. Da Prato (1999)

Vol. 1716: J. Coates, R. Greenberg, K. A. Ribet, K. Rubin, Arithmetic Theory of Elliptic Curves. Cetraro, 1997. Editor: C. Viola (1999)

Vol. 1717: J. Bertoin, F. Martinelli, Y. Peres, Lectures on Probability Theory and Statistics. Saint-Flour, 1997. Editor: P. Bernard (1999)

Vol. 1718: A. Eberle, Uniqueness and Non-Uniqueness of Semigroups Generated by Singular Diffusion Operators (1999)

Vol. 1719: K. R. Meyer, Periodic Solutions of the N-Body Problem (1999)

Vol. 1720: D. Elworthy, Y. Le Jan, X-M. Li, On the Geometry of Diffusion Operators and Stochastic Flows (1999)

Vol. 1721: A. Iarrobino, V. Kanev, Power Sums, Gorenstein Algebras, and Determinantal Loci (1999)

Vol. 1722: R. McCutcheon, Elemental Methods in Ergodic Ramsey Theory (1999)

Vol. 1723: J. P. Croisille, C. Lebeau, Diffraction by an Immersed Elastic Wedge (1999)

Vol. 1724: V. N. Kolokoltsov, Semiclassical Analysis for Diffusions and Stochastic Processes (2000)

Vol. 1725: D. A. Wolf-Gladrow, Lattice-Gas Cellular Automata and Lattice Boltzmann Models (2000)

Vol. 1726: V. Marić, Regular Variation and Differential Equations (2000)

Vol. 1727: P. Kravanja M. Van Barel, Computing the Zeros of Analytic Functions (2000)

Vol. 1728: K. Gatermann Computer Algebra Methods for Equivariant Dynamical Systems (2000)

Vol. 1729: J. Azéma, M. Émery, M. Ledoux, M. Yor (Eds.) Séminaire de Probabilités XXXIV (2000)

Vol. 1730: S. Graf, H. Luschgy, Foundations of Quantization for Probability Distributions (2000)

Vol. 1731: T. Hsu, Quilts: Central Extensions, Braid Actions, and Finite Groups (2000)

Vol. 1732: K. Keller, Invariant Factors, Julia Equivalences and the (Abstract) Mandelbrot Set (2000)

Vol. 1733: K. Ritter, Average-Case Analysis of Numerical Problems (2000)

Vol. 1734: M. Espedal, A. Fasano, A. Mikelić, Filtration in Porous Media and Industrial Applications. Cetraro 1998. Editor: A. Fasano. 2000.

Vol. 1735: D. Yafaev, Scattering Theory: Some Old and New Problems (2000)

Vol. 1736: B. O. Turesson, Nonlinear Potential Theory and Weighted Sobolev Spaces (2000)

Vol. 1737: S. Wakabayashi, Classical Microlocal Analysis in the Space of Hyperfunctions (2000)

Vol. 1738: M. Émery, A. Nemirovski, D. Voiculescu, Lectures on Probability Theory and Statistics (2000)

Vol. 1739: R. Burkard, P. Deuflhard, A. Jameson, J.-L. Lions, G. Strang, Computational Mathematics Driven by Industrial Problems. Martina Franca, 1999. Editors: V. Capasso, H. Engl, J. Periaux (2000)

Vol. 1740: B. Kawohl, O. Pironneau, L. Tartar, J.-P. Zolesio, Optimal Shape Design. Tróia, Portugal 1999. Editors: A. Cellina, A. Ornelas (2000)

Vol. 1741: E. Lombardi, Oscillatory Integrals and Phenomena Beyond all Algebraic Orders (2000)

Vol. 1742: A. Unterberger, Quantization and Non-holomorphic Modular Forms (2000)

Vol. 1743: L. Habermann, Riemannian Metrics of Constant Mass and Moduli Spaces of Conformal Structures (2000)

Vol. 1744: M. Kunze, Non-Smooth Dynamical Systems (2000)

Vol. 1745: V. D. Milman, G. Schechtman (Eds.), Geometric Aspects of Functional Analysis. Israel Seminar 1999-2000 (2000)

Vol. 1746: A. Degtyarev, I. Itenberg, V. Kharlamov, Real Enriques Surfaces (2000)

Vol. 1747: L. W. Christensen, Gorenstein Dimensions (2000)

Vol. 1748: M. Ruzicka, Electrorheological Fluids: Modeling and Mathematical Theory (2001)

Vol. 1749: M. Fuchs, G. Seregin, Variational Methods for Problems from Plasticity Theory and for Generalized Newtonian Fluids (2001)

Vol. 1750: B. Conrad, Grothendieck Duality and Base Change (2001)

Vol. 1751: N. J. Cutland, Loeb Measures in Practice: Recent Advances (2001)

Vol. 1752: Y. V. Nesterenko, P. Philippon, Introduction to Algebraic Independence Theory (2001)

Vol. 1753: A. I. Bobenko, U. Eitner, Painlevé Equations in the Differential Geometry of Surfaces (2001)

Vol. 1754: W. Bertram, The Geometry of Jordan and Lie Structures (2001)

Vol. 1755: J. Azéma, M. Émery, M. Ledoux, M. Yor (Eds.), Séminaire de Probabilités XXXV (2001)

Vol. 1756: P. E. Zhidkov, Korteweg de Vries and Nonlinear Schrödinger Equations: Qualitative Theory (2001)

Vol. 1757: R. R. Phelps, Lectures on Choquet's Theorem (2001)
Vol. 1758: N. Monod, Continuous Bounded Cohomology of Locally Compact Groups (2001)
Vol. 1759: Y. Abe, K. Kopfermann, Toroidal Groups (2001)
Vol. 1760: D. Filipović, Consistency Problems for Heath-Jarrow-Morton Interest Rate Models (2001)
Vol. 1761: C. Adelmann, The Decomposition of Primes in Torsion Point Fields (2001)
Vol. 1762: S. Cerrai, Second Order PDE's in Finite and Infinite Dimension (2001)
Vol. 1763: J.-L. Loday, A. Frabetti, F. Chapoton, F. Goichot, Dialgebras and Related Operads (2001)
Vol. 1764: A. Cannas da Silva, Lectures on Symplectic Geometry (2001)
Vol. 1765: T. Kerler, V. V. Lyubashenko, Non-Semisimple Topological Quantum Field Theories for 3-Manifolds with Corners (2001)
Vol. 1766: H. Hennion, L. Hervé, Limit Theorems for Markov Chains and Stochastic Properties of Dynamical Systems by Quasi-Compactness (2001)
Vol. 1767: J. Xiao, Holomorphic Q Classes (2001)
Vol. 1768: M.J. Pflaum, Analytic and Geometric Study of Stratified Spaces (2001)
Vol. 1769: M. Alberich-Carramiñana, Geometry of the Plane Cremona Maps (2002)
Vol. 1770: H. Gluesing-Luerssen, Linear Delay-Differential Systems with Commensurate Delays: An Algebraic Approach (2002)
Vol. 1771: M. Émery, M. Yor (Eds.), Séminaire de Probabilités 1967-1980. A Selection in Martingale Theory (2002)
Vol. 1772: F. Burstall, D. Ferus, K. Leschke, F. Pedit, U. Pinkall, Conformal Geometry of Surfaces in S^4 (2002)
Vol. 1773: Z. Arad, M. Muzychuk, Standard Integral Table Algebras Generated by a Non-real Element of Small Degree (2002)
Vol. 1774: V. Runde, Lectures on Amenability (2002)
Vol. 1775: W. H. Meeks, A. Ros, H. Rosenberg, The Global Theory of Minimal Surfaces in Flat Spaces. Martina Franca 1999. Editor: G. P. Pirola (2002)
Vol. 1776: K. Behrend, C. Gomez, V. Tarasov, G. Tian, Quantum Comohology. Cetraro 1997. Editors: P. de Bartolomeis, B. Dubrovin, C. Reina (2002)
Vol. 1777: E. García-Río, D. N. Kupeli, R. Vázquez-Lorenzo, Osserman Manifolds in Semi-Riemannian Geometry (2002)
Vol. 1778: H. Kiechle, Theory of K-Loops (2002)
Vol. 1779: I. Chueshov, Monotone Random Systems (2002)
Vol. 1780: J. H. Bruinier, Borcherds Products on O(2,1) and Chern Classes of Heegner Divisors (2002)
Vol. 1781: E. Bolthausen, E. Perkins, A. van der Vaart, Lectures on Probability Theory and Statistics. Ecole d' Eté de Probabilités de Saint-Flour XXIX-1999. Editor: P. Bernard (2002)
Vol. 1782: C.-H. Chu, A. T.-M. Lau, Harmonic Functions on Groups and Fourier Algebras (2002)
Vol. 1783: L. Grüne, Asymptotic Behavior of Dynamical and Control Systems under Perturbation and Discretization (2002)
Vol. 1784: L.H. Eliasson, S. B. Kuksin, S. Marmi, J.-C. Yoccoz, Dynamical Systems and Small Divisors. Cetraro, Italy 1998. Editors: S. Marmi, J.-C. Yoccoz (2002)
Vol. 1785: J. Arias de Reyna, Pointwise Convergence of Fourier Series (2002)
Vol. 1786: S. D. Cutkosky, Monomialization of Morphisms from 3-Folds to Surfaces (2002)
Vol. 1787: S. Caenepeel, G. Militaru, S. Zhu, Frobenius and Separable Functors for Generalized Module Categories and Nonlinear Equations (2002)
Vol. 1788: A. Vasil'ev, Moduli of Families of Curves for Conformal and Quasiconformal Mappings (2002)
Vol. 1789: Y. Sommerhäuser, Yetter-Drinfel'd Hopf algebras over groups of prime order (2002)
Vol. 1790: X. Zhan, Matrix Inequalities (2002)
Vol. 1791: M. Knebusch, D. Zhang, Manis Valuations and Prüfer Extensions I: A new Chapter in Commutative Algebra (2002)
Vol. 1792: D. D. Ang, R. Gorenflo, V. K. Le, D. D. Trong, Moment Theory and Some Inverse Problems in Potential Theory and Heat Conduction (2002)
Vol. 1793: J. Cortés Monforte, Geometric, Control and Numerical Aspects of Nonholonomic Systems (2002)
Vol. 1794: N. Pytheas Fogg, Substitution in Dynamics, Arithmetics and Combinatorics. Editors: V. Berthé, S. Ferenczi, C. Mauduit, A. Siegel (2002)
Vol. 1795: H. Li, Filtered-Graded Transfer in Using Non-commutative Gröbner Bases (2002)
Vol. 1796: J.M. Melenk, hp-Finite Element Methods for Singular Perturbations (2002)
Vol. 1797: B. Schmidt, Characters and Cyclotomic Fields in Finite Geometry (2002)
Vol. 1798: W.M. Oliva, Geometric Mechanics (2002)
Vol. 1799: H. Pajot, Analytic Capacity, Rectifiability, Menger Curvature and the Cauchy Integral (2002)
Vol. 1800: O. Gabber, L. Ramero, Almost Ring Theory (2003)
Vol. 1801: J. Azéma, M. Émery, M. Ledoux, M. Yor (Eds.), Séminaire de Probabilités XXXVI (2003)
Vol. 1802: V. Capasso, E. Merzbach, B.G. Ivanoff, M. Dozzi, R. Dalang, T. Mountford, Topics in Spatial Stochastic Processes. Martina Franca, Italy 2001. Editor: E. Merzbach (2003)
Vol. 1803: G. Dolzmann, Variational Methods for Crystalline Microstructure – Analysis and Computation (2003)
Vol. 1804: I. Cherednik, Ya. Markov, R. Howe, G. Lusztig, Iwahori-Hecke Algebras and their Representation Theory. Martina Franca, Italy 1999. Editors: V. Baldoni, D. Barbasch (2003)
Vol. 1805: F. Cao, Geometric Curve Evolution and Image Processing (2003)
Vol. 1806: H. Broer, I. Hoveijn. G. Lunther, G. Vegter, Bifurcations in Hamiltonian Systems. Computing Singularities by Gröbner Bases (2003)
Vol. 1807: V. D. Milman, G. Schechtman (Eds.), Geometric Aspects of Functional Analysis. Israel Seminar 2000-2002 (2003)
Vol. 1808: W. Schindler, Measures with Symmetry Properties (2003)
Vol. 1809: O. Steinbach, Stability Estimates for Hybrid Coupled Domain Decomposition Methods (2003)
Vol. 1810: J. Wengenroth, Derived Functors in Functional Analysis (2003)
Vol. 1811: J. Stevens, Deformations of Singularities (2003)
Vol. 1812: L. Ambrosio, K. Deckelnick, G. Dziuk, M. Mimura, V. A. Solonnikov, H. M. Soner, Mathematical Aspects of Evolving Interfaces. Madeira, Funchal, Portugal 2000. Editors: P. Colli, J. F. Rodrigues (2003)
Vol. 1813: L. Ambrosio, L. A. Caffarelli, Y. Brenier, G. Buttazzo, C. Villani, Optimal Transportation and its

Applications. Martina Franca, Italy 2001. Editors: L. A. Caffarelli, S. Salsa (2003)
Vol. 1814: P. Bank, F. Baudoin, H. Föllmer, L.C.G. Rogers, M. Soner, N. Touzi, Paris-Princeton Lectures on Mathematical Finance 2002 (2003)
Vol. 1815: A. M. Vershik (Ed.), Asymptotic Combinatorics with Applications to Mathematical Physics. St. Petersburg, Russia 2001 (2003)
Vol. 1816: S. Albeverio, W. Schachermayer, M. Talagrand, Lectures on Probability Theory and Statistics. Ecole d'Eté de Probabilités de Saint-Flour XXX-2000. Editor: P. Bernard (2003)
Vol. 1817: E. Koelink, W. Van Assche(Eds.), Orthogonal Polynomials and Special Functions. Leuven 2002 (2003)
Vol. 1818: M. Bildhauer, Convex Variational Problems with Linear, nearly Linear and/or Anisotropic Growth Conditions (2003)
Vol. 1819: D. Masser, Yu. V. Nesterenko, H. P. Schlickewei, W. M. Schmidt, M. Waldschmidt, Diophantine Approximation. Cetraro, Italy 2000. Editors: F. Amoroso, U. Zannier (2003)
Vol. 1820: F. Hiai, H. Kosaki, Means of Hilbert Space Operators (2003)
Vol. 1821: S. Teufel, Adiabatic Perturbation Theory in Quantum Dynamics (2003)
Vol. 1822: S.-N. Chow, R. Conti, R. Johnson, J. Mallet-Paret, R. Nussbaum, Dynamical Systems. Cetraro, Italy 2000. Editors: J. W. Macki, P. Zecca (2003)
Vol. 1823: A. M. Anile, W. Allegretto, C. Ringhofer, Mathematical Problems in Semiconductor Physics. Cetraro, Italy 1998. Editor: A. M. Anile (2003)
Vol. 1824: J. A. Navarro González, J. B. Sancho de Salas, $\mathscr{C}^\infty$ – Differentiable Spaces (2003)
Vol. 1825: J. H. Bramble, A. Cohen, W. Dahmen, Multiscale Problems and Methods in Numerical Simulations, Martina Franca, Italy 2001. Editor: C. Canuto (2003)
Vol. 1826: K. Dohmen, Improved Bonferroni Inequalities via Abstract Tubes. Inequalities and Identities of Inclusion-Exclusion Type. VIII, 113 p, 2003.
Vol. 1827: K. M. Pilgrim, Combinations of Complex Dynamical Systems. IX, 118 p, 2003.
Vol. 1828: D. J. Green, Gröbner Bases and the Computation of Group Cohomology. XII, 138 p, 2003.
Vol. 1829: E. Altman, B. Gaujal, A. Hordijk, Discrete-Event Control of Stochastic Networks: Multimodularity and Regularity. XIV, 313 p, 2003.
Vol. 1830: M. I. Gil', Operator Functions and Localization of Spectra. XIV, 256 p, 2003.
Vol. 1831: A. Connes, J. Cuntz, E. Guentner, N. Higson, J. E. Kaminker, Noncommutative Geometry, Martina Franca, Italy 2002. Editors: S. Doplicher, L. Longo (2004)
Vol. 1832: J. Azéma, M. Émery, M. Ledoux, M. Yor (Eds.), Séminaire de Probabilités XXXVII (2003)
Vol. 1833: D.-Q. Jiang, M. Qian, M.-P. Qian, Mathematical Theory of Nonequilibrium Steady States. On the Frontier of Probability and Dynamical Systems. IX, 280 p, 2004.
Vol. 1834: Yo. Yomdin, G. Comte, Tame Geometry with Application in Smooth Analysis. VIII, 186 p, 2004.
Vol. 1835: O.T. Izhboldin, B. Kahn, N.A. Karpenko, A. Vishik, Geometric Methods in the Algebraic Theory of Quadratic Forms. Summer School, Lens, 2000. Editor: J.-P. Tignol (2004)
Vol. 1836: C. Năstăsescu, F. Van Oystaeyen, Methods of Graded Rings. XIII, 304 p, 2004.
Vol. 1837: S. Tavaré, O. Zeitouni, Lectures on Probability Theory and Statistics. Ecole d'Eté de Probabilités de Saint-Flour XXXI-2001. Editor: J. Picard (2004)
Vol. 1838: A.J. Ganesh, N.W. O'Connell, D.J. Wischik, Big Queues. XII, 254 p, 2004.
Vol. 1839: R. Gohm, Noncommutative Stationary Processes. VIII, 170 p, 2004.
Vol. 1840: B. Tsirelson, W. Werner, Lectures on Probability Theory and Statistics. Ecole d'Eté de Probabilités de Saint-Flour XXXII-2002. Editor: J. Picard (2004)
Vol. 1841: W. Reichel, Uniqueness Theorems for Variational Problems by the Method of Transformation Groups (2004)
Vol. 1842: T. Johnsen, A.L. Knutsen, K3 Projective Models in Scrolls (2004)
Vol. 1843: B. Jefferies, Spectral Properties of Noncommuting Operators (2004)
Vol. 1844: K.F. Siburg, The Principle of Least Action in Geometry and Dynamics (2004)
Vol. 1845: Min Ho Lee, Mixed Automorphic Forms, Torus Bundles, and Jacobi Forms (2004)
Vol. 1846: H. Ammari, H. Kang, Reconstruction of Small Inhomogeneities from Boundary Measurements (2004)
Vol. 1847: T.R. Bielecki, T. Björk, M. Jeanblanc, M. Rutkowski, J.A. Scheinkman, W. Xiong, Paris-Princeton Lectures on Mathematical Finance 2003 (2004)
Vol. 1848: M. Abate, J. E. Fornaess, X. Huang, J. P. Rosay, A. Tumanov, Real Methods in Complex and CR Geometry, Martina Franca, Italy 2002. Editors: D. Zaitsev, G. Zampieri (2004)
Vol. 1849: Martin L. Brown, Heegner Modules and Elliptic Curves (2004)
Vol. 1850: V. D. Milman, G. Schechtman (Eds.), Geometric Aspects of Functional Analysis. Israel Seminar 2002-2003 (2004)
Vol. 1851: O. Catoni, Statistical Learning Theory and Stochastic Optimization (2004)
Vol. 1852: A.S. Kechris, B.D. Miller, Topics in Orbit Equivalence (2004)
Vol. 1853: Ch. Favre, M. Jonsson, The Valuative Tree (2004)
Vol. 1854: O. Saeki, Topology of Singular Fibers of Differential Maps (2004)
Vol. 1855: G. Da Prato, P.C. Kunstmann, I. Lasiecka, A. Lunardi, R. Schnaubelt, L. Weis, Functional Analytic Methods for Evolution Equations. Editors: M. Iannelli, R. Nagel, S. Piazzera (2004)
Vol. 1856: K. Back, T.R. Bielecki, C. Hipp, S. Peng, W. Schachermayer, Stochastic Methods in Finance, Bressanone/Brixen, Italy, 2003. Editors: M. Fritelli, W. Runggaldier (2004)
Vol. 1857: M. Émery, M. Ledoux, M. Yor (Eds.), Séminaire de Probabilités XXXVIII (2005)
Vol. 1858: A.S. Cherny, H.-J. Engelbert, Singular Stochastic Differential Equations (2005)
Vol. 1859: E. Letellier, Fourier Transforms of Invariant Functions on Finite Reductive Lie Algebras (2005)
Vol. 1860: A. Borisyuk, G.B. Ermentrout, A. Friedman, D. Terman, Tutorials in Mathematical Biosciences I. Mathematical Neurosciences (2005)
Vol. 1861: G. Benettin, J. Henrard, S. Kuksin, Hamiltonian Dynamics – Theory and Applications, Cetraro, Italy, 1999. Editor: A. Giorgilli (2005)
Vol. 1862: B. Helffer, F. Nier, Hypoelliptic Estimates and Spectral Theory for Fokker-Planck Operators and Witten Laplacians (2005)

Vol. 1863: H. Fürh, Abstract Harmonic Analysis of Continuous Wavelet Transforms (2005)
Vol. 1864: K. Efstathiou, Metamorphoses of Hamiltonian Systems with Symmetries (2005)
Vol. 1865: D. Applebaum, B.V. R. Bhat, J. Kustermans, J. M. Lindsay, Quantum Independent Increment Processes I. From Classical Probability to Quantum Stochastic Calculus. Editors: M. Schürmann, U. Franz (2005)
Vol. 1866: O.E. Barndorff-Nielsen, U. Franz, R. Gohm, B. Kümmerer, S. Thorbjønsen, Quantum Independent Increment Processes II. Structure of Quantum Levy Processes, Classical Probability, and Physics. Editors: M. Schürmann, U. Franz, (2005)
Vol. 1867: J. Sneyd (Ed.), Tutorials in Mathematical Biosciences II. Mathematical Modeling of Calcium Dynamics and Signal Transduction. (2005)
Vol. 1868: J. Jorgenson, S. Lang, $Pos_n(R)$ and Eisenstein Sereies. (2005)
Vol. 1869: A. Dembo, T. Funaki, Lectures on Probability Theory and Statistics. Ecole d'Eté de Probabilités de Saint-Flour XXXIII-2003. Editor: J. Picard (2005)
Vol. 1870: V.I. Gurariy, W. Lusky, Geometry of Müntz Spaces and Related Questions. (2005)
Vol. 1871: P. Constantin, G. Gallavotti, A.V. Kazhikhov, Y. Meyer, S. Ukai, Mathematical Foundation of Turbulent Viscous Flows, Martina Franca, Italy, 2003. Editors: M. Cannone, T. Miyakawa (2006)
Vol. 1872: A. Friedman (Ed.), Tutorials in Mathematical Biosciences III. Cell Cycle, Proliferation, and Cancer (2006)
Vol. 1873: R. Mansuy, M. Yor, Random Times and Enlargements of Filtrations in a Brownian Setting (2006)
Vol. 1874: M. Yor, M. Émery (Eds.), In Memoriam Paul-André Meyer - Séminaire de Probabilités XXXIX (2006)
Vol. 1875: J. Pitman, Combinatorial Stochastic Processes. Ecole d'Eté de Probabilités de Saint-Flour XXXII-2002. Editor: J. Picard (2006)
Vol. 1876: H. Herrlich, Axiom of Choice (2006)
Vol. 1877: J. Steuding, Value Distributions of L-Functions(2006)
Vol. 1878: R. Cerf, The Wulff Crystal in Ising and Percolation Models, Ecole d'Eté de Probabilits de Saint-Flour XXXIV-2004. Editor: Jean Picard (2006)
Vol. 1879: G. Slade, The Lace Expansion and its Appli- cations, Ecole d'Eté de Probabilités de Saint-Flour XXXIV-2004. Editor: Jean Picard (2006)
Vol. 1880: S. Attal, A. Joye, C.-A. Pillet, Open Quantum Systems I, The Hamiltonian Approach (2006)
Vol. 1881: S. Attal, A. Joye, C.-A. Pillet, Open Quantum Systems II, The Markovian Approach (2006)
Vol. 1882: S. Attal, A. Joye, C.-A. Pillet, Open Quantum Systems III, Recent Developments (2006)
Vol. 1883: W. Van Assche, F. Marcellàn (Eds.), Orthogonal Polynomials and Special Functions, Computation and Application (2006)
Vol. 1884: N. Hayashi, E.I. Kaikina, P.I. Naumkin, I.A. Shishmarev, Asymptotics for Dissipative Nonlinear Equations (2006)
Vol. 1885: A. Telcs, The Art of Random Walks (2006)
Vol. 1886: S. Takamura, Splitting Deformations of Degenerations of Complex Curves (2006)
Vol. 1887: K. Habermann, L. Habermann, Introduction to Symplectic Dirac Operators (2006)
Vol. 1888: J. van der Hoeven, Transseries and Real Differential Algebra (2006)
Vol. 1889: G. Osipenko, Dynamical Systems, Graphs, and Algorithms (2006)
Vol. 1890: M. Bunge, J. Funk, Singular Coverings of Toposes (2006)
Vol. 1891: J.B. Friedlander, D.R. Heath-Brown, H. Iwaniec, J. Kaczorowski, Analytic Number Theory, Cetraro, Italy, 2002. Editors: A. Perelli, C. Viola (2006)
Vol. 1892: A. Baddeley, I. Bárány, R. Schneider, W. Weil, Stochastic Geometry, Martina Franca, Italy, 2004. Editor: W. Weil (2007)
Vol. 1893: H. Hanßmann, Local and Semi-Local Bifurcations in Hamiltonian Dynamical Systems, Results and Examples (2007)
Vol. 1894: C.W. Groetsch, Stable Approximate Evaluation of Unbounded Operators (2007)
Vol. 1895: L. Molnár, Selected Preserver Problems on Algebraic Structures of Linear Operators and on Function Spaces (2007)
Vol. 1896: P. Massart, Concentration Inequalities and Model Selection, Ecole d'Eté de Probabilitiés de Saint-Flour XXXIII-2003. Editor: J. Picard (2007)
Vol. 1897: R. Doney, Fluctuation Theory for Lévy Processes, Ecole d'Eté de Probabilitiés de Saint-Flour-2005. Editor: J. Picard (2007)
Vol. 1898: H.R. Beyer, Beyond Partial Differential Equations, On linear and Quasi-Linear Abstract Hyperbolic Evolution Equations (2007)
Vol. 1899: Seminaires de Probabilitiés XL. Editors: C. Donati-Martin, M. Émery, A. Rouault, C. Stricker (2007)
Vol. 1900: E. Bolthausen, A. Bovier (Eds.), Spin Glasses (2007)
Vol. 1901: Olivier Wittenberg, Intersections de deux quadriques et pinceaux de courbes de genre 1, Intersections of two quadrics and pencils of curves of genus 1 (2007)

Recent Reprints and New Editions

Vol. 1618: G. Pisier, Similarity Problems and Completely Bounded Maps. 1995 – 2nd exp. edition (2001)
Vol. 1629: J.D. Moore, Lectures on Seiberg-Witten Invariants. 1997 – 2nd edition (2001)
Vol. 1638: P. Vanhaecke, Integrable Systems in the realm of Algebraic Geometry. 1996 – 2nd edition (2001)
Vol. 1702: J. Ma, J. Yong, Forward-Backward Stochastic Differential Equations and their Applications. 1999. – Corr. 3rd printing (2005)
Vol. 830: J.A. Green, Polynomial Representations of GL_n, with an Appendix on Schensted Correspondence and Littelmann Paths by K. Erdmann, J.A. Green and M. Schocker. 1980 – 2nd corr. and augmented edition (2007)